精益工程视频讲堂（CAD/CAM/CAE）

UG NX 8.0 数控编程

谢龙汉　编著

清华大学出版社

北　京

内 容 简 介

本书以 UG NX 8.0 中文版为蓝本进行编写，全书共 7 讲，包括数控加工基础、平面铣削、型腔加工、固定轴曲面轮廓铣、点位加工、可变轴曲面轮廓加工、综合实例等内容。本书以“实例·模仿→功能讲解→实例·操作→实例·练习”为叙述结构，除第 1 讲外，每一讲均以一个简单的例子开篇，使读者易于理解与操作，在引起读者兴趣后再详细剖析该模块的主要功能以及注意事项，最后以综合实例巩固所学知识，通过典型实例操作与重点知识相结合的方法，以全视频的形式对 UG 数控编程进行深入讲解。本书语言简洁、讲解全面、循序渐进，并配有全程多媒体视频，包括详细的功能操作讲解和实例操作过程讲解，读者可以通过观看视频来学习。

本书可作为 NX 各版本（NX 5.0、NX 6.0、NX 7.0、NX 7.5 及 NX 8.0）初学者入门和提高的学习教程，也可作为各大中专院校相关专业和培训机构的教材，还可供具有中专以上文化程度的设计人员或学生使用，是从事 CAD/CAE/CAM 相关领域工作的技术人员的有价值的参考书。

图书在版编目（CIP）数据

UG NX 8.0 数控编程/谢龙汉编著. —北京：清华大学出版社，2013（2020.5重印）
（精益工程视频讲堂. CAD/CAM/CAE）

ISBN 978-7-302-31741-8

I. ①U… II. ①谢… III. ①数控机床-程序设计-应用软件 IV. ①TG659

中国版本图书馆 CIP 数据核字（2013）第 051298 号

责任编辑：钟志芳
封面设计：刘　超
版式设计：文森时代
责任校对：赵丽杰
责任印制：杨　艳
出版发行：清华大学出版社
　　网　　址：http://www.tup.com.cn，http://www.wqbook.com
　　地　　址：北京清华大学学研大厦 A 座　　邮　　编：100084
　　社 总 机：010-62770175　　邮　　购：010-62786544
　　投稿与读者服务：010-62776969，c-service@tup.tsinghua.edu.cn
　　质量反馈：010-62772015，zhiliang@tup.tsinghua.edu.cn
印 装 者：三河市铭诚印务有限公司
经　　销：全国新华书店
开　　本：185mm×260mm　印　　张：15　字　　数：371 千字
　　（附 DVD 光盘 1 张）
版　　次：2013 年 6 月第 1 版　印　　次：2020 年 5 月第 8 次印刷
定　　价：39.00 元

产品编号：048815-01

腾龙科技
Tenlong Tech

腾龙科技

主编：谢龙汉

编委：林　伟　魏艳光　林木议　郑　晓　吴　苗
林树财　林伟洁　王悦阳　辛　栋　刘艳龙
伍凤仪　张　磊　刘平安　鲁　力　张桂东
邓　奕　马双宝　王　杰　刘江涛　陈仁越
彭国之　光　耀　姜玲莲　姚健娣　赵新宇
莫　衍　朱小远　彭　勇　潘晓烨　耿　煜
刘新东　尚　涛　张炯明　李　翔　朱红钧
李宏磊　唐培培　刘文超　刘新让　林元华

前　言

丰田汽车公司的“精益生产”精神造就了丰田汽车王国，也直接影响了日本的整个工业体系，包括笔者曾经工作过的本田汽车公司。“精益生产”的精髓是“精简”和“效率”，简单地说，只有精简的组织结构，才能达到最高的生产效率。开发设计阶段是其中关键的一环。产品设计开发是复杂、繁琐、反复的设计过程，只有合理组织设计过程，使用合理的设计方法，才能最大限度地提高设计开发效率。因此，将精益生产的理念运用于设计开发阶段有着重要的现实意义。本丛书所提出的“精益工程”，包括精益设计（针对设计领域）、精益制造（针对数控加工领域）和精益分析（针对工程分析），其主要理念是：功能简洁必要、组织紧凑合理、学习高效方便。

UG（Unigraphics）是一款集 CAD/CAE/CAM 于一体的三维机械设计软件，也是当今世界上应用广泛的计算机辅助设计、分析与制造的软件之一，在汽车、交通、航空航天、日用消费品、通用机械及电子工业等工程设计领域都有大规模的应用。UG NX 8.0 是 NX 系列的最新版本（兼容了 NX 5.0、NX 6.0、NX 7.0、NX7.5 等版本），也是软件商重点推广的版本。本书精选 UG 在 CAD 领域应用所需的相关知识点进行详细讲解，并以丰富的实例、全视频讲解等方式进行全方位教学。

本书特色

本书除第 1 讲外，均以“实例・模仿→功能讲解→实例・操作→实例・练习”为叙述结构，通过典型实例操作和重点知识讲解相结合的方式，对 UG NX 8.0 的基础知识、常用的功能进行了讲解。在讲解中力求紧扣操作、语言简洁、形象直观，避免冗长的解释说明，省略对不常用功能的讲解，使读者能够快速了解 UG NX 8.0 的使用方法和操作步骤。

全书录制视频

本书将实例讲解、功能讲解、练习等全部内容，按照课堂教学的形式录制为多媒体视频，使读者如临教室，提高学习效果。读者甚至可以抛开书本，按照书中列出的视频路径，从光盘中打开相应的视频直接观看学习，以达到轻松学习的目的。随书附赠光盘可以用 Windows Media Player 等常用播放器播放，如果不能正常播放，请安装光盘中的 tscc.exe 插件。

本书内容

本书共 7 讲，讲解中配有大量图片，形象直观，便于读者模仿操作和学习。另附有光盘，包含本书的全部教学视频及实例讲解的操作源文件，方便读者自学。

第 1 讲为数控加工基础以及 UG NX 8.0 数控加工操作的基本方法。介绍了数控编程及相关技术、NX 8.0 的加工环境、数控加工的基本步骤等，并通过一个典型案例作为入门引例，演示 UG NX 8.0 数控加工的方法。

第 2 讲对平面铣削加工进行了详细的讲解。通过对这一讲的学习，读者可以掌握平面铣削加工的一般方法和流程，以及平面铣削加工的各种参数设置等。

第 3 讲对型腔加工进行了详细的讲解。型腔铣加工是固定轴轮廓铣最为常用的加工方法，它一般用于对平面类或者轮廓类几何模型的粗加工。型腔铣用于大范围、大深度切除模型材料。当需要对毛坯进行大量切除余量，达到一个比较接近具体零件形状的时候，型腔铣是最好的选择。本讲主要介绍型腔铣操作的基本原理、型腔铣操作的创建方法、型腔铣操作工艺参数的设置等。

第 4 讲重点介绍了固定轴曲面轮廓铣操作的创建方法、固定轴曲面轮廓铣的各种驱动方式以及固定轴曲面轮廓铣切削参数的设置等内容。通过对本讲的学习，读者可以掌握固定轴曲面轮廓铣的应用范围、理解固定轴曲面轮廓铣切削参数的作用、掌握创建固定轴曲面轮廓铣的操作步骤等。

第 5 讲对点位加工进行了详细的讲解。点位加工用于创建钻孔、铰孔、镗孔、攻丝等点位的刀轨，针对不同类型的孔，分别有很多不同的参数控制刀具深度和其他参数。钻孔加工的程序相对简单，通常可以在机床上直接输入程序语句进行加工，但对于使用 UG 进行编程的工件来说，使用 UG 进行钻孔程序的编制，可以直接生成完整的程序，从而提高了机床的利用率。

第 6 讲主要介绍了 UG 铣加工中的可变轴曲面轮廓加工。可变轴曲面轮廓针对的加工对象主要是复杂的曲面零件，可以使用的加工方法和加工参数更加复杂。

第 7 讲主要对一个综合实例——电吹风凹模加工进行了非常详细的讲述，全面演示了实际生产中数控编程的方法和操作过程。

本书读者对象

本书具有操作性强、指导性强、语言简练等特点，可作为 UG NX 各版本初学者入门和提高的学习教程，也可作为各大中专院校和培训机构的 UG NX 教材，还可供从事数控加工、产品设计、三维造型等领域的工作人员参考使用。

学习建议

建议读者按照本书编排的先后次序学习 UG NX 软件。从第 2 讲开始，读者可以首先浏览“实例·模仿”部分，然后打开相应的视频文件仔细观看，再根据实例的操作步骤在 UG 中进行操作练习。如果遇到操作困难的地方，可以再次观看视频。对于“功能讲解”部分，读者可以先观看每一节的视频，然后动手进行操作。对于“实例·操作”部分，建议读者直接根据书中的操作步骤动手操作，完成后再观看视频以加深印象，并解决操作中遇到的问题。对于“实例·练习”部分，建议读者根据实例的要求自行练习，遇到问题再查看书中操作步骤或观看操作视频。关于光盘的使用方法，请读者参见光盘中的 Readme.doc 文档。

感谢您选用本书进行学习，在学习的过程中，如果有什么意见和建议，请告诉我们，电子邮箱地址： xielonghan@yahoo.com.cn。

祝您学习愉快!

编　者

目　录

第 1 讲 数控加工基础

本讲主要包括数控加工基础知识的介绍，如工艺分析和规划、切削用量、刀具半径补偿与长度补偿、顺铣与逆铣等，还有数控加工的基本流程，如创建程序、创建几何体、创建刀具和创建操作等内容。

本讲内容

- 数控编程及相关技术
- UG NX 8.0 概述
- UG NX 8.0 加工环境
- UG CAM 数控加工的基本步骤
- 入门引例——凹模的加工

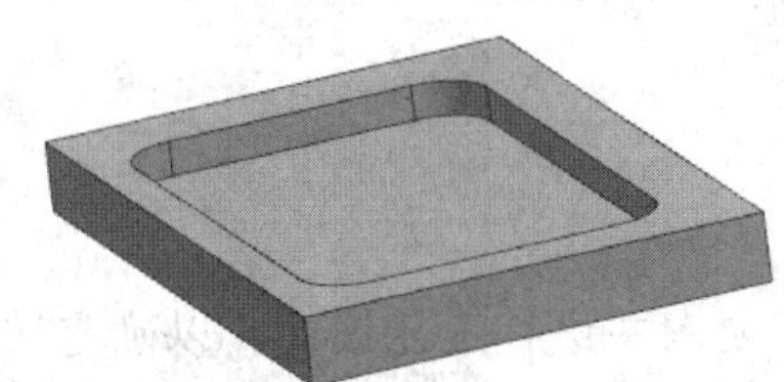

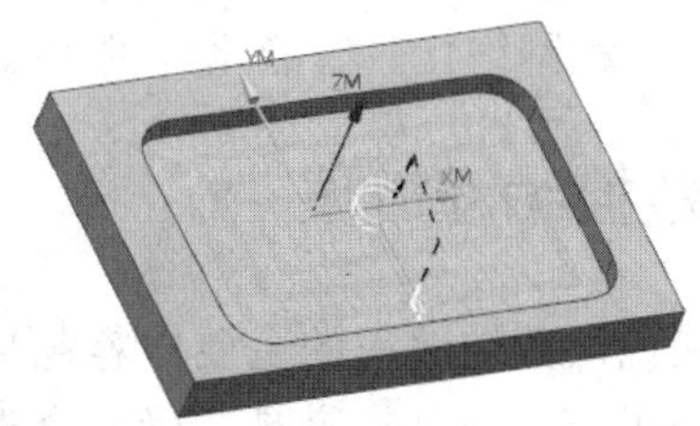

1.1 数控编程及相关技术

数控（Numerical Control），国标对其定义如下：用数字化信号对机床运动及其加工过程进行控制的一种方法。数控加工就是把数字化控制技术应用于传统的加工技术中，它几乎覆盖所有领域，如车、铣、刨、镗、钻、拉、电加工、板材成型等。

与传统的加工手段相比，数控加工方法的优势比较明显，主要表现在如下几个方面。

（1）柔性好。所谓的柔性即适应性，是指数控机床随生产对象的变化而变化的适应能力。数控机床把加工的要求、步骤与零件尺寸用代码和数字表示为数控程序，通过信息载体将数控程序输入数控装置。经过数控装置中的计算机处理与计算，发出各种控制信号，控制机床的动作，按程序加工出图纸要求的零件。在数控机床中使用的是可编程的数字量信号，当被加工零件改变时，只要编写“描写”该零件加工的程序即可。数控机床对加工对象改型的适应性强，这为单件、小批零件加工及试制新产品提供了极大的便利。

（2）加工精度高。数控机床有较高的加工精度，而且其加工精度不受零件形状复杂程度的影响。这对于一些用普通机床难以保证精度甚至无法加工的复杂零件来说是非常重要的。另外，数控加工消除了操作者的人为误差，提高了同批零件加工的一致性，使产品质量稳定。

（3）能加工复杂型面。数控加工运动的任意可控性使其能完成普通加工方法难以完成或者无法进行的复杂型面加工。

（4）生产效率高。数控机床的加工效率一般比普通机床高 2～3 倍，尤其在加工复杂零件时，生产率可提高十几倍甚至几十倍。一方面是因为其自动化程度高，具有自动换刀和其他辅助操作自动化等功能，而且工序集中，在一次装夹中能完成较多表面的加工，省去了画线、多次装夹、检测等工序；另一方面是加工中可采用较大的切削用量，有效地减少了加工中的切削工时。

（5）劳动条件好。在数控机床上加工零件自动化程度高，大大减轻了操作者的劳动强度，改善了劳动条件。

（6）有利于生产管理。用数控机床加工，能准确地计划零件的加工工时，简化检验工作，减轻了工夹具、半成品的管理工作，降低了因误操作而出废品及损坏刀具的可能性，这些都有利于管理水平的提高。

（7）易于建立计算机通信网络。由于数控机床是使用数字信息，易于与计算机辅助设计和制造（CAD/CAM）系统连接，形成计算机辅助设计和制造与数控机床紧密结合的一体化系统。另外，数控机床通过因特网（Internet）、内联网（Intranet）、外联网（Extranet）可实现远程故障诊断及维修，已初步具备远程控制和调度，进行异地分散网络化生产的可能，从而为今后进一步实现制造过程网络化、智能化提供了必备的基础条件。

1.1.1 数控编程概述

一般来说，数控编程的主要内容包括：分析加工要求并进行工艺设计，以确定加工方案，选择合适的机床、刀具、夹具，确定合理的走刀路线及切削用量等；建立工件的几何模型、计算加工过程中刀具相对于工件的运动轨迹或机床运动轨迹；按照数控系统可接受的程序格式，生成零件加工程序，然后对其进行验证和修改，直到得到合格的加工程序。

1. 数控编程技术的发展历程

20 世纪 50 年代，麻省理工学院（MIT）设计了一种专门用于零件数控加工程序编制的语言 APT，其后 MIT 组织美国各大飞机公司共同开发了 APTII。到了 20 世纪 60 年代，在 APTI 的基础上研制的 APTII 已经到了应用阶段。以后又几经修改和充实，发展成为 APT-IV、APT-AC 和 APT-IV/SS。

APT 能处理二维、三维铣削加工，但较难掌握。为此，在 APT 的基础上，世界各国发展了带有一定特色和专用性更强的 APT 衍生语言。

1972 年，美国洛克西德加里福尼亚飞机公司首先研究成功采用图像仪辅助设计、绘图和编制数控加工程序的一体化系统 CADAM 系统，从此揭开了 CAD/CAM 一体化的序幕。1975 年，法国达索飞机公司引进 CADAM 系统，为已有的二维加工系统 CALMRB 增加二维设计和绘图功能，1978 年进一步扩充，开发了 CATIA 系统。随着计算机处理速度的发展和图形设备的日益普及，数控编程系统进入了 CAD/CAM 一体化时代。

目前应用较为广泛的数控编程系统有 APT-IV/SS、CADAM、CATIA、EUKLID、UGII、INTERGRAPH、Pro/Engineer、MasterCAM 等。我国的西北工业大学、华中科技大学等开发的图形编程系统（如 NPU/GNCP 和 InteCAM）也具有两轴半零件加工和雕塑曲面多轴加工等功能，达到了实用化程度。

2. 数控编程技术的现状与趋势

日益增多的复杂形状零件和高精、高效的加工对数控编程技术提出了越来越高的要求，因此复杂零件的加工一直是数控编程技术的主要研究内容。

目前的编程系统对于三坐标加工一般能较好地完成，且能够达到较高的稳定性。对于多轴加工，虽然在加工复杂形状零件的许多方面有着显著的优势，但多轴加工编程较复杂，特别是零件形状具有复杂多变性，因而要实现较通用的多坐标自动编程难度较大。所以，目前编程系统中对多坐标加工都采取面向专用零件的方式。

加工方案与加工参数的选择是否合理极大地影响了数控加工的效率与质量，而在复杂形状零件的加工过程中，切削状态一般来说都是一直变化的，因此加工参数的优化措施还必须具有自适应的特点。对于加工方案与参数的自动与优化是数控编程走向智能化与自动化的重要标志和要解决的关键问题。在建立工艺数据库的基础上，采取自动特征识别和其子特征与知识的编程是解决该问题的重要途径。目前，各国对于加工方案自动选择与优化开展了不少研究，如韩国高等科学与技术研究院开发的 Unified CAM-System、应用并行工程和智能制造模式完成的模具 CAD/CAM、日本索尼公司的 Fresdam 系统以及美国 Purdue 大学开发的 CASCAM 系统等已实现了一定的智能化与自动化，但尚未达到系统实用的程度。

数控编程系统与计算机辅助设计系统、加工过程控制系统、质量控制系统等的集成化的目的是便于各系统间的信息反馈和并行处理，提高编程以至于整个产品设计制造过程的效率与质量。编程系统与 CAD 系统集成化目前多采用以实体造型几何数据库为核心的集成方法，这样便于直接从 CAD 数据库中提取所需要的几何信息及拓扑信息进行数控编程，但这种方式仍然需要较多的人工干预。还有一种以产品模型数据库为核心的集成化方法。采用新一代特征造型技术的产品模型的建立包含了产品的完整信息，因此有利于根据模型所包含的几何和非几何信息来自动确定加工方案、加工参数等，是一种很有价值的集成化方法，目前这种方法仍处于研究与开发之中。

1.1.2 数控程序格式

根据问题复杂程度的不同，数控加工可通过手工编程或计算机自动编程来获得。手工编程只能解决点位加工或者几何形状不太复杂的零件编程问题；编程人员只需借助数控编程系统提供的各种功能对加工对象、工艺参数及加工过程进行较简单的描述后，即可由编程系统自动完成数控加工程序编制的其余内容。

一个零件程序是一组被传送到数控装置中的指令和数据。

一个零件程序是由遵循一定结构、句法和格式规则的若干个程序段组成的，而每个程序段是由若干个指令字组成的，如图 1-1 所示。

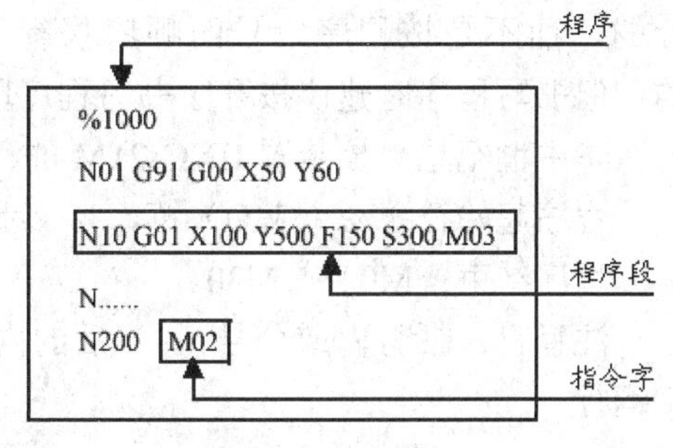

图 1-1　程序结构

1. 指令字的格式

一个指令字是由地址符（指令字符）和带符号（如定义尺寸的字）或不带符号（如准备功能字 G 代码）的数字数据组成的。

程序段中不同的指令字符及其后续数值确定了每个指令字的含义。在数控程序段中包含的主要指令字符如表 1-1 所示。

表 1-1　指令字符一览表

机　　能	地　　址	意　　义
零件程序号	%	程序编号：%1～4294967295
程序段号	N	程序段编号：N0～4294967295
准备机能	G	指令动作方式（直线、圆弧等） G00-99
尺寸字	X，Y，Z	坐标轴的移动命令 -99999.999～+99999.999
	A，B，C	
	U，V，W	
	R	圆弧半径固定循环的参数
	I，J，K	圆心相对于起点的坐标固定循环的参数
进给速度	F	进给速度的指定 F0～24000
主轴机能	S	主轴旋转速度的指定 S0～9999
刀具机能	T	刀具编号的指定 T0～99
辅助机能	M	机床侧开/关控制的指定 M0～99
补偿号	H，D	刀具补偿号的指定 00～99
暂停	P，X	暂停时间的指定 秒
程序号的指定	P	子程序号的指定 P1～4294967295
重复次数	L	子程序的重复次数，固定循环的重复次数
参数	P，Q，R	固定循环的参数

2. 程序段的格式

一个程序段定义一个由数控装置执行的指令行。

程序段的格式定义了每个程序段中功能字的句法，如图 1-2 所示。

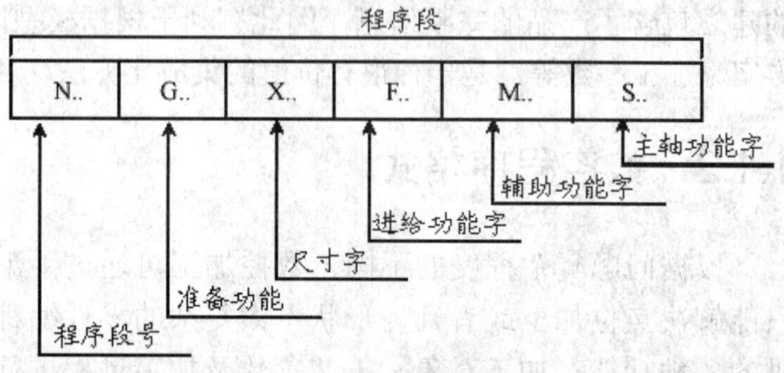

图 1-2　程序格式

3. 程序的一般结构

一个零件程序必须包括起始符和结束符。它是按程序段的输入顺序执行的，而不是按程序段号的顺序执行的，但书写程序时建议按升序书写程序段号。

华中世纪星数控装置 HNC-21M 的程序结构如下。

程序起始符：%（或 O）符，%（或 O）后跟程序号。

程序结束：M02 或 M30。

注释符：括号内或分号（;）后的内容为注释文字，该文字仅起注释作用，不影响程序的加工运行。

4. 编程的规定

（1）上一程序段（句）的终点为下一程序段（句）的起点。

（2）上一程序段（句）中出现的模态值，下一句中如果不变，可省略；X、Y、Z 坐标如果没有移动，可省略。

（3）程序的执行顺序与程序号 N 无关，只按程序段（句）书写的先后顺序执行，N 可任意排，也可省略。

（4）在同一程序段（句）中，程序的执行与 M、S、T、G、X、Y、Z 的书写无关，按系统自身设定的顺序执行，但一般按一定的顺序书写：N、G、X、Y、Z、F、M、S、T。

数控编程的指令，主要是 G、M、S、T、X、Y、Z 等都已实现标准化，但不同的数控系统并不完全一致，所编的程序不能完全通用，可参照相应系统的编程说明书，但基本上大同小异，学会一种就很容易学会另一种。

1.1.3 数控编程的关键技术

要想所编写的程序符合加工要求、技术要求、零件的性能指标，必须很好地把握编程的关键技术，就此分析如下。

（1）复杂形状零件的几何建模。对于基于图纸以及型面特征点测量数据的复杂形状零件数控编程，其首要环节是建立被加工零件的几何模型。复杂形状零件几何建模的主要技术包括曲线曲面生成、编辑、裁剪、拼接、过渡、偏置等。

（2）加工方案与加工参数的合理选择。数控加工效率与质量有赖于加工方案与加工参数的合理选择，其中刀具、刀轴控制方式、走刀路线和进给速度的自动优化选择与自适应控制是近年来所研究的重点问题。

（3）刀具轨迹生成。它是复杂形状零件数控加工中最重要同时也是最为广泛深入研究的内容，能否生成有效的刀具轨迹直接决定了加工的可能性、质量和效率。刀具轨迹生成的首要目标是使所生成的刀具轨迹能满足无干涉、无碰撞、轨迹光滑、切削负荷光滑并满足要求、代码质量高、代码量小等条件。

（4）数控加工仿真。由于零件形状的复杂多变性及加工环境的复杂性，所生成的加工程序在加工过程中可能还会存在诸如过切与欠切、与机床各部件的干涉碰撞等问题。这些问题对于高速加工来说往往都是致命的。因此，在实际加工前进行数控加工仿真是十分必要的。数控加工仿真通过软件模拟加工环境、刀具路径与材料切除过程来检验并优化加工程序，具有柔性好、成本低、效率高且安全可靠等特点，是提高编程效率与质量的重要措施。

（5）后置处理。它是数控加工编程技术的一个重要内容，它将通用前置处理生成的刀位数据转换成适合于机床数据和数控加工程序。其技术内容主要包括：机床运动学建模与求解、机床结构误差补偿、机床运动非线性误差校核修正、机床运动的平稳性校核修正、进给速度校核修正及代码转换等。因此，有效的后置处理对于保证加工质量、效率与机床可靠运行具有重要的作用。

1.1.4 数控加工技术概况

数控加工技术是 20 世纪 40 年代后期为适应加工复杂外形零件而发展起来的一种自动化加工技术，其研究起源于飞机制造业。1947 年，美国帕森斯（Parsons）公司为了精确地制作直升机机翼、桨叶和飞机框架，提出了用数字信息来控制机床自动加工外形复杂零件的设想，他们利用电子计算机对机翼加工路径进行数据处理，并考虑到刀具直径对加工路径的影响，使得加工精度达到±0.0015 英寸（0.0381mm），这在当时的水平来看是相当高的。1949 年美国空军为了能在短时间内制造出经常变更设计的火箭零件，与帕森斯公司和麻省理工学院伺服机构研究所合作，于 1952 年研制成功了世界上第一台数控机床——三坐标立式铣床，可控制铣刀进行连续空间曲面的加工，揭开了数控加工技术的序幕。随后，德、日、苏等国于 1956 年分别研制出本国第一台数控机床。1958 年清华大学和北京第一机床厂合作研制了我国第一台数控铣床。

20 世纪 50 年代末期，美国 K&T 公司开发了世界上第一台加工中心，从而揭开了加工中心的序幕。1967 年，英国首先把几台数控机床连接成具有柔性的加工系统，这就是最初的 FMS。20 世纪 70 年代，由于计算机数控（CNC）系统和微处理机数控系统的研制成功，使数控机床进入了一个较快的发展时期。

20 世纪 80 年代以后，随着数控系统和其他相关技术的发展，数控机床的效率、精度、柔性和可靠性进一步提高，品种规格系列化，门类扩展齐全，FMS 也进入了实用化。20 世纪 80 年代初出现了投资较少、见效快的 FMS。目前，以发展数控单机为基础，并加快了向 FMC、FMS 及计算机集成制造系统（CIMS）全面发展的步伐。数控加工装备的范围也正迅速延伸和扩展，除金属切削机床外，不但扩展到铸造机械、锻压设备等各种机械加工装备，且延伸到非金属加工行业中的玻璃、陶瓷制造等各类装备。数控机床已成为国家工业现代化和国民经济建设中的基础与关键装备。

数控机床技术可从精度、速度、柔性和自动化程度等方面来衡量，目前的技术现状与趋势主要朝着高精度化、高速度化、高柔性化、高自动化、智能化以及超复合化的方向发展，在国民经济发展中越来越体现出它的高效性、高柔性。

1.1.5 数控加工工艺的主要内容

数控机床的加工工艺与通用机床的加工工艺有许多相同之处，但在数控机床上加工零件比通用机床加工零件的工艺规程要复杂得多。在数控加工前，要将机床的运动过程、零件的工艺过程、刀具的形状、切削用量和走刀路线等都编入程序，这就要求程序设计人员具有多方面的知识基础。合格的程序员首先是一个合格的工艺人员，否则就无法做到全面周到地考虑零件加工的全过程，以及正确、合理地编制零件的加工程序。

在进行数控加工工艺设计时，一般应进行以下 3 方面的工作：数控加工工艺内容的选择、数控加工工艺性分析、数控加工工艺路线的设计。

1. 数控加工工艺内容的选择

对于一个零件来说，并非全部加工工艺过程都适合在数控机床上完成，而往往只是其中的一部分工艺内容适合数控加工。这就需要对零件图样进行仔细的工艺分析，选择那些最适合、最需要进行数控加工的内容和工序。在考虑选择内容时，应结合本企业设备的实际，立足于解决难题、攻克关键问题和提高生产效率，充分发挥数控加工的优势。

（1）适于数控加工的内容

在选择时，一般可按下列顺序考虑。

① 通用机床无法加工的内容应作为优先选择内容。

② 通用机床难加工，质量也难以保证的内容应作为重点选择内容。

③ 通用机床加工效率低、工人手工操作劳动强度大的内容，可在数控机床尚存在富裕加工能力时选择。

（2）不适于数控加工的内容

一般来说，上述这些加工内容采用数控加工后，在产品质量、生产效率与综合效益等方面都会得到明显提高。相比之下，下列一些内容不宜采用数控加工。

① 占机调整时间长。如以毛坯的粗基准定位加工第一个精基准，需用专用工装协调的内容。

② 加工部位分散，需要多次安装、设置原点。这时，采用数控加工很麻烦，效果不明显，可安排通用机床补加工。

③ 按某些特定的制造依据（如样板等）加工的型面轮廓。主要原因是获取数据困难，易于与检验依据发生矛盾，增加了程序编制的难度。

2. 数控加工工艺性分析

被加工零件的数控加工工艺性问题涉及面很广，下面结合编程的可能性和方便性提出一些必须分析和审查的主要内容。

（1）尺寸标注应符合数控加工的特点。在数控编程中，所有点、线、面的尺寸和位置都是以编程原点为基准的。因此零件图样上最好直接给出坐标尺寸，或尽量以同一基准引注尺寸。

（2）几何要素的条件应完整、准确。在程序编制中，编程人员必须充分掌握构成零件轮廓的几何要素参数及各几何要素间的关系。因为在自动编程时要对零件轮廓的所有几何元素进行定义，手工编程时要计算出每个节点的坐标，无论哪一点不明确或不确定编程都无法进行。但由于零件设计人员在设计过程中考虑不周或被忽略，常常出现参数不全或不清楚，如圆弧与直线、圆弧与圆弧是相切还是相交或相离。所以在审查与分析图纸时，一定要仔细核算，发现问题及时与设计人员联系。

（3）定位基准可靠。在数控加工中，加工工序往往较集中，以同一基准定位十分重要。因此往往需要设置一些辅助基准，或在毛坯上增加一些工艺凸台。

（4）统一几何类型及尺寸。零件的外形、内腔最好采用统一的几何类型及尺寸，这样可以减少换刀次数，还可能使应用控制程序或专用程序缩短程序长度。零件的形状尽可能对称，便于利用数控机床的镜像加工功能来编程，以节省编程时间。

3. 数控加工工艺路线的设计

数控加工工艺路线的设计与通用机床加工工艺路线的设计的主要区别在于它往往不是指从毛坯到成品的整个工艺过程，而仅是几道数控加工工序工艺过程的具体描述。因此在工艺路线设计中一定要注意到，由于数控加工工序一般都穿插于零件加工的整个工艺过程中，因而要与其他加工工艺衔接好。常见的工艺流程如图 1-3 所示。

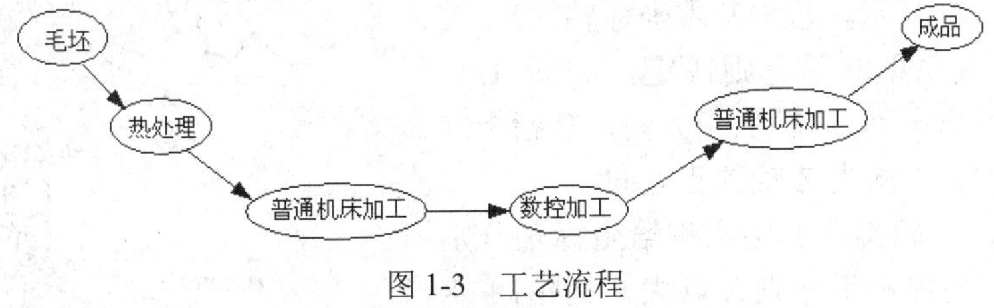

图 1-3　工艺流程

数控加工工艺路线设计中应注意以下几个问题。

（1）工序的划分

根据数控加工的特点，数控加工工序的划分一般可按下列方法进行。

① 以一次安装、加工作为一道工序。这种方法适合于加工内容较少的零件，加工完后就能达到待检状态。

② 以同一把刀具加工的内容划分工序。有些零件虽然能在一次安装中加工出很多待加工表面，但考虑到程序太长，会受到某些限制，如控制系统的限制（主要是内存容量）、机床连续工作时间的限制（如一道工序在一个工作班内不能结束）等。此外，程序太长会增加出错与检索的困难。因此程序不能太长，一道工序的内容不能太多。

③ 以加工部位划分工序。对于加工内容很多的工件，可按其结构特点将加工部位分成几个部分，如内腔、外形、曲面或平面，并将每一部分的加工作为一道工序。

④ 以粗、精加工划分工序。对于经加工后易发生变形的工件，由于对粗加工后可能发生的变形需要进行校形，故一般来说，凡要进行粗、精加工的过程，都要将工序分开。

（2）顺序的安排

顺序的安排应根据零件的结构和毛坯状况，以及定位、安装与夹紧的需要来考虑。顺序安排一般应按以下原则进行。

① 上道工序的加工不能影响下道工序的定位与夹紧，中间穿插有通用机床加工工序的也应综合考虑。

② 先进行内腔加工，后进行外形加工。

③ 以相同定位、夹紧方式加工或用同一把刀具加工的工序，最好连续加工，以减少重复定位次数、换刀次数与挪动压板次数。

（3）数控加工工艺与普通工序的衔接

数控加工工序前后一般都穿插有其他普通加工工序，如果衔接得不好，就容易产生矛盾。因此在熟悉整个加工工艺内容的同时，要清楚数控加工工序与普通加工工序各自的技术要求、加工目的、加工特点，如要不要留加工余量，留多少；定位面与孔的精度要求及形位公差；对校形工序的技术要求；对毛坯的热处理状态等，这样才能使各工序达到加工需要，且质量目标及技术要求明确，交接验收有依据。

1.1.6 数控机床概述

1. 机床坐标轴

为简化编程和保证程序的通用性，对数控机床的坐标轴和方向命名制订了统一的标准，规定直线进给坐标轴用 X、Y、Z 表示，常称基本坐标轴。X、Y、Z 坐标轴的相互关系用右手定则决定，如图 1-4 所示。图中大姆指的指向为 X 轴的正方向，食指指向为 Y 轴的正方向，中指指向为 Z 轴的正方向。

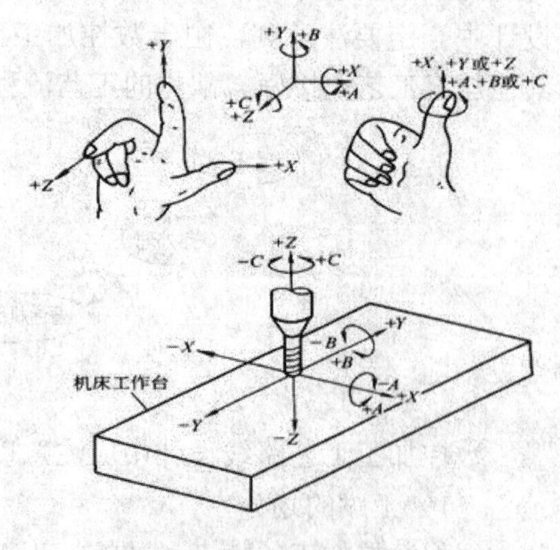

图 1-4　机床坐标轴

围绕 X、Y、Z 轴旋转的圆周进给坐标轴分别用 A、B、C 表示，根据右手定则，以大姆指指向+X、+Y、+Z 方向，则食指中指等的指向是圆周进给运动的+A、+B、+C 方向。

数控机床的进给运动有的由主轴带动刀具运动来

实现，有的由工作台带着工件运动来实现。上述坐标轴正方向是假定工件不动，刀具相对于工件做进给方向的运动。如果是工件移动则用加“′”的字母表示，按相对运动的关系，工件运动的正方向恰好与刀具运动的正方向相反，即有

$$+X=-X',\ +Y=-Y',\ +Z=-Z'$$

$$+A=-A',\ +B=-B',\ +C=-C'$$

同样，两者运动的负方向也彼此相反。

机床坐标轴的方向取决于机床的类型和各组成部分的布局，对铣床而言：

（1）Z 轴与主轴轴线重合，刀具远离工件的方向为正方向（+Z）。

（2）X 轴垂直于 Z 轴并平行于工件的装卡面，如果为单立柱铣床，面对刀具主轴向立柱方向看其右运动的方向为 X 轴的正方向（+X）。

（3）Y 轴与 X 轴和 Z 轴一起构成遵循右手定则的坐标系统。

2. 机床坐标系、机床零点和机床参考点

机床坐标系是机床固有的坐标系，机床坐标系的原点也称为机床原点或机床零点。在机床经过设计制造和调整后这个原点便被确定下来，它是固定的点。

数控装置上电时并不知道机床零点，每个坐标轴的机械行程是由最大和最小限位开关来限定的。

为了正确地在机床工作时建立机床坐标系，通常在每个坐标轴的移动范围内设置一个机床参考点（测量起点），机床启动时通常要进行机动或手动回参考点以建立机床坐标系。

机床参考点可以与机床零点重合，也可以不重合，通过参数指定机床参考点到机床零点的距离。

机床回到了参考点位置，也就知道了该坐标轴的零点位置，找到所有坐标轴的参考点，CNC 就建立起了机床坐标系。

机床坐标轴的有效行程范围是由软件限位来界定的，其值由制造商定义。机床零点（OM）、机床参考点（OM）、机床坐标轴的机械行程及有效行程的关系如图 1-5 所示。

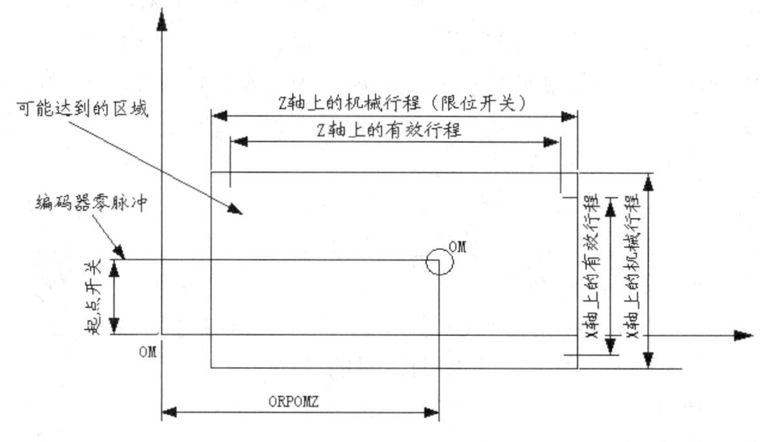

图 1-5　机床坐标轴的有效行程范围

3. 工件坐标系、程序原点和对刀点

工件坐标系是编程人员在编程时使用的，编程人员选择工件上的某一已知点为原点（也称

程序原点)，建立一个新的坐标系，称为工件坐标系。工件坐标系一旦建立便一直有效，直到被新的工件坐标系所取代。

工件坐标系的原点选择要尽量满足编程简单、尺寸换算少、引起的加工误差小等条件，一般情况下以坐标式尺寸标注的零件，程序原点应选在尺寸标注的基准点；对称零件或以同心圆为主的零件，程序原点应选在对称中心线或圆心上；Z 轴的程序原点通常选在工件的上表面。

对刀点是确定程序原点在机床坐标系中的位置的点，对刀点可与程序原点重合，也可在任何便于对刀之处，但该点与程序原点之间必须有确定的坐标联系。

可以通过 CNC 将相对于程序原点的任意点的坐标转换为相对于机床零点的坐标。

加工开始时要设置工件坐标系，用 G92 指令可建立工件坐标系；用 G54~G59 指令可选择工件坐标系。

1.2　UG NX 8.0 概述

UG（Unigraphics）是 EDS 公司出品的一个产品工程解决方案，来自 UGS PLM 的 NX 使企业能够通过新一代数字化产品开发系统实现向产品全生命周期管理转型的目标。

NX 为那些培养创造性和产品技术革新的工业设计和风格提供了强有力的解决方案。利用 NX 建模，工业设计师能够迅速地建立和改进复杂产品的形状，并且使用先进的渲染和可视化工具能最大限度地满足设计概念的审美要求，从而在开发周期中较早地运用了数字化仿真性能，使制造商可以改善产品质量，同时减少或者消除对于物理样机的昂贵耗时的设计、构建以及对变更周期的依赖。

UG 是当今较为流行的一种模具设计软件，主要是因为其强大的功能。它是集 CAD/CAE/CAM（计算机辅助设计、计算机辅助分析、计算机辅助制造）于一身的三维参数化设计软件，被广泛应用于航空航天、汽车、船舶、通用机械和电子等工业领域。作为 UG 公司提供的产品全生命周期管理解决方案中面向产品开发领域的产品的最新版本，UG NX 8.0 提供了一套更加完整的、集成的、全面的产品开发解决方案，用于产品的设计、分析和制造，集合了最新技术和一流实践经验的解决方案，成为业界公认的领先技术，充分体现了 UG 在高端工程领域，特别是军工领域的强大实力。

UG NX 8.0 增加了新的功能：

（1）更简洁的 NX 8.0 菜单图标和标注负数的输入。

（2）Reorder Blends 可以对相交的倒圆进行重排序。

（3）NX 8.0 新增了重复的命令。

（4）在历史模式下，进行拉出面和偏置区域的时候，区域边界面增强，即只要选择面上有封闭的曲线，则选择的不是整个面而是封闭曲线里的区域面。

（5）使用孔命令创建孔的时候可以改变类型。

（6）边倒圆和软倒圆支持二次曲线。

（7）抽取等参数曲线，曲线和原来模型保持相关联。

（8）表达式功能增强，支持国际语言，可以引用其他部件的属性和其他对象的属性。

（9）新增了约束导航器，可以对约束进行分析、组织。

（10）新增 Make Unique 命令，也就是重命名组件，用户可以任意更改打开装配中的组件名字，从而得到新的组件。

（11）编辑抑制状态功能增强，现在可以对多个组件，不同级别的组件进行编辑。

（12）新增只读部件提示。

（13）UG NX 8.0 利于管理的创建标准引用集。

（14）Cross Section 命令增强，现在支持在历史模式下使用该命令。

（15）删除面功能增强，增加了修复功能。

（16）GC 工具箱中增加了弹簧建模工具。

1.2.1 UG CAD 与 UG CAM 的关联

UG CAM 虽然是 UG NX 8.0 中非常重要的一个模块，但是它并不是孤立存在的，而是与其他的模块有着紧密联系的，特别是与 CAD 模块密不可分。CAM 与 CAD 是相辅相成的，两者之间经常需要数据的转换。CAM 直接利用 CAD 创建的模型进行加工编程，CAD 模型是数控编程的前提和基础，任何的 CAM 程序的编制都需要有 CAD 模型作为加工的对象。因为 CAM 与 CAD 息息相关，数据都是共享的，因此，只要修改了 CAD 模型文件，CAM 中的数据也会随着 CAD 数据的更改而自动更新，从而避免了不必要的重复工作，提高了工作效率。

1.2.2 UG CAD 简介

UG CAD 模块是 UG 软件的基本模块，其主要包括以下几方面的内容。

（1）UG/Gateway（入门模块）：提供一个 UG 应用的基础，UG/Gateway 在一个易于使用的基于 Motif 的环境中形成连接所有 UG 模块的底层结构，它支持关键操作，是对所有其他 UG 应用的基础。

（2）UG/Solid Modeling（实体建模）：提供了强大的复合建模功能。UG/Solid Modeling 无缝集成基于约束的特征建模和显示几何建模功能，用户能够方便地建立二维和三维线框模型，扫描和旋转实体，布尔运算及进行参数化编辑，是 UG/Feature Modeling（特征建模）和 UG/Freeform Modeling（自由形状建模）的基础。

（3）UG/Feature Modeling（特征建模）：该模块提高了表达式的级别，因此设计者可以在工程特征中来定义设计特征；它还支持建立和编辑标准设计的特征。

（4）UG/Freeform Modeling（自由形状建模）：该模块提供了进行复杂自由形状设计的能力。

（5）UG/User-Defined Features（用户定义的特征）：该模块提供一种交互设计方法，易于恢复和编辑、使用用户自定义的零件特征。

（6）UG/Drafting（制图）：UG/Drafting 使得任何设计师、工程师或者制图员能够以实体模型去绘制产品的工程图。UG/Drafting 是基于 UG 的复合建模技术，因此在模型尺寸改变时，工程图将随着模型自动更新，减少生成工程图的时间。UG/Drafting 支持业界主要的制图标准，包括 ANSI、ISO、DIN 和 JIS 等。

（7）UG/Assembly Modeling（装配建模）：提供一个并行的自顶向下的产品开发方法，UG/Assembly Modeling 的主模型可以在装配的上下文中设计和编辑，组件被灵活地配对或定位。

（8）UG/Advanced Assembly（高级装配）：提供了渲染和间隙分析功能，UG/Advanced

Assembly 还提供数据装载控制，允许用户过滤装配结构，管理、共享和评估数字化模型以获得对复杂产品布局的全数字的物理实物模拟过程。

（9）UG/Sheet Metal（钣金设计）：提供多种钣金形式，方便用户计算展开尺寸。

（10）UG/WAVE Control（WAVE 控制）：UG 的 WAVE 技术提供了一个产品文件夹工程的平台，该技术允许将概念设计与详细设计的改变传递到整个产品，而维持设计的完整性和意图，在这个平台上构造，创新的 WAVE 工程过程能够实现高一级产品设计的定度、控制和评估。

（11）UG/Geometric Tolerancing（几何公差）：该模块实现几何公差规定的智能定义，将几何公差完全相关到模型，并基于所选择的公差标准，如 ANSI、Y14.5M—1982、ASME、Y14.5M—1994 或者 ISO1101—1983。

（12）UG/Visual Studio（视觉效果）：提供多种方式对实体模型进行视觉处理，如渲染等。

1.2.3 UG CAM 简介

CAM（Computer Aided Manufacturing，计算机辅助制造）的核心是计算机数值控制（简称数控），是将计算机应用于制造生产过程的过程或系统。CAM 系统一般具有数据转换和过程自动化两方面的功能。目前为止，CAM 有狭义和广义两个概念。CAM 的狭义概念指的是从产品设计到加工制造之间的一切生产准备活动，它包括 CAPP、NC 编程、工时定额的计算、生产计划的制订、资源需求计划的制订等。这是最初 CAM 系统的狭义概念。到今天，CAM 的狭义概念甚至更进一步缩小为 NC 编程的同义词。CAM 的广义概念包括的内容则多得多，除了上述 CAM 狭义定义所包含的所有内容外，它还包括制造活动中与物流有关的所有过程（加工、装配、检验、存储、输送）的监视、控制和管理。

UG CAM 提供了一整套从钻孔、线切割到 5 轴铣削的单一加工解决方案。在加工过程中的模型、加工工艺、优化和刀具管理上，都可以与主模型设计相连接，始终保持最高的生产效率。UG CAM 由 5 个模块组成，即交互工艺参数输入模块、刀具轨迹生成模块、刀具轨迹编辑模块、三维加工动态仿真模块和后置处理模块。

1. 交互工艺参数输入模块

通过人机交互的方式，用对话框和过程向导的形式输入刀具、夹具、编程原点、毛坯、零件等工艺参数。

2. 刀具轨迹生成模块

UG CAM 最具特点的是其功能强大的刀具轨迹生成方法，包括车削、铣削、线切割等完善的加工方法。其中铣削主要有以下功能。

（1）Point to Point：完成各种孔加工。

（2）Planar Mill：平面铣削，包括单向行切、双向行切、环切以及轮廓加工等。

（3）Fixed Contour：固定多轴投影加工，用投影方法控制刀具在单张曲面上或多张曲面上的移动，控制刀具移动的可以是已生成的刀具轨迹、一系列点或一组曲线。

（4）Variable Contour：可变轴投影加工。

（5）Parameter Line：等参数线加工，可对单张曲面或多张曲面连续加工。

（6）Zig-Zag Surface：裁剪面加工。

（7）Rough to Depth：粗加工，将毛坯粗加工到指定深度。

（8）Cavity Mill：多级深度型腔加工，特别适用于凸模和凹模的粗加工。

（9）Sequential Surface：曲面交加工，按照零件面、导动面和检查面的思路对刀具的移动提供最大程度的控制。

3. 刀具轨迹编辑模块

刀具轨迹编辑器可用于观察刀具的运动轨迹，并提供延伸、缩短或修改刀具轨迹的功能。同时，能够通过控制图形的和文本的信息去编辑刀轨。因此，当要求对生成的刀具轨迹进行修改，或当要求显示刀具轨迹和使用动画功能显示时，都需要刀具轨迹编辑器。动画功能可选择显示刀具轨迹的特定段或整个刀具轨迹。附加的特征能够用图形方式修剪局部刀具轨迹，以避免刀具与定位件、压板等的干涉，并检查过切情况。

刀具轨迹编辑器的主要特点：显示对生成刀具轨迹的修改或修正；可进行对整个刀具轨迹或部分刀具轨迹的刀轨动画；可控制刀具轨迹动画的速度和方向；允许选择的刀具轨迹在线性或圆形方向延伸；能够通过已定义的边界来修剪刀具轨迹；提供运动范围，并执行在曲面轮廓铣削加工中的过切检查。

4. 三维加工动态仿真模块

三维加工动态仿真模块交互地仿真检验和显示 NC 刀轨，它是一个无需利用机床、成本低、高效率的测试 NC 加工应用的方法。三维加工动态仿真模块使用 UG/CAM 定义的 BLANK 作为初始的毛坯形状，显示 NC 刀轨的材料移去过程，检验包括如刀具和零件碰撞、曲面切削或过切和过多材料等错误。最后在显示屏幕上建立一个完成零件的着色模型，并可以把仿真切削后的零件与 CAD 的零件模型比较，以看到什么地方出现了不正确的加工情况。

5. 后置处理模块

后置处理模块包括一个通用的后置处理器（GPM），使用户能够方便地建立用户定制的后置处理。通过使用加工数据文件生成器（MDFG），一系列交互选项提示用户选择定义特定机床和控制器特性的参数。后置处理器的执行可以直接通过 Unigraphics 或通过操作系统来完成。

1.3 UG NX 8.0 加工环境

1.3.1 进入 UG NX 8.0 加工环境

双击桌面上的 UG NX 8.0 快捷方式图标或者在【开始】菜单中单击 UG NX 8.0 图标均可启动 UG，主界面如图 1-6 所示。

在进入 UG NX 8.0 的加工环境之前，首先要调入 CAD 模型文件。步骤如下：

（1）调入 CAD 模型文件。单击打开文件的图标，选择一个 CAD 部件（.prt）模型文件，单击 OK 按钮，如图 1-7 所示。读者这里可以打开附带光盘中“Model/Ch1”文件夹中的“1-3.prt”文件。

（2）进入加工环境。单击【开始】按钮的下拉菜单，选择【加工】选项（或者直接使用快捷键 Ctrl+Alt+M）。若是该模型文件第一次进入加工环境，那么此时系统将自动弹出【加工环境】对话框，需要用户自定义加工环境。【加工环境】对话框中包含【CAM 会话配置】和

【要创建的 CAM 设置】两个内容。【CAM 会话配置】需要用户定制加工配置文件，【要创建的 CAM 设置】则配置了对应用户定制的加工配置文件中包含的加工类型，用户可定制想用的加工类型。不同的加工配置文件，所包含的加工类型也会不同。定制好加工配置文件和加工类型后，单击【确定】按钮，即可进入加工环境，如图 1-7 所示。

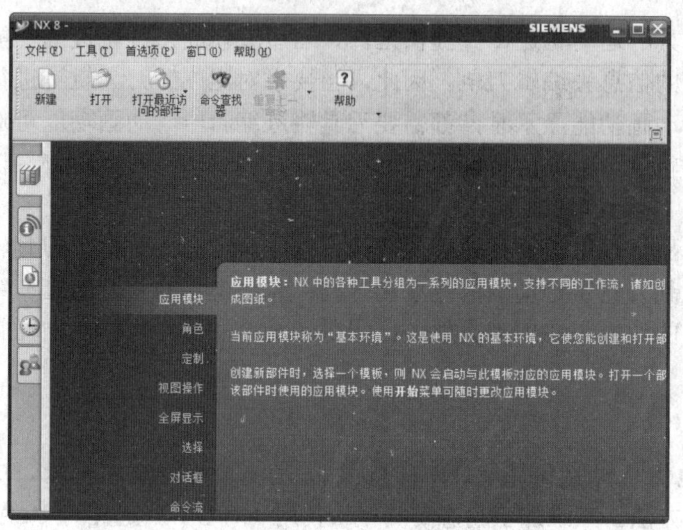

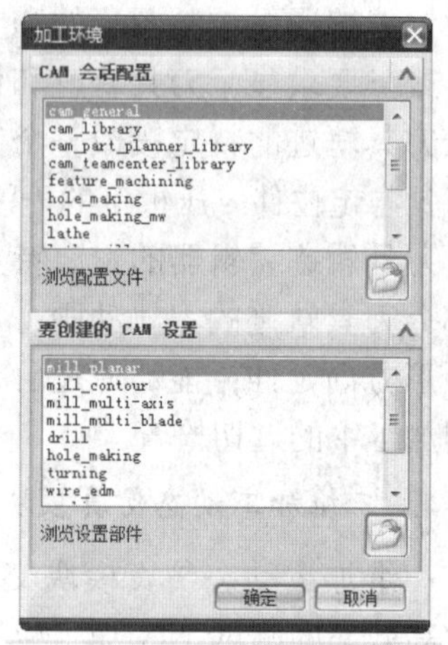

图 1-6　UG NX 8.0 启动界面

图 1-7　【加工环境】对话框

1.3.2　NX 8.0 CAM 的主界面

进入加工环境后，则可看到 CAM 的主界面。其主界面是由标题栏、菜单栏、工具栏、工序导航器和绘图区域等几部分组成，如图 1-8 所示。

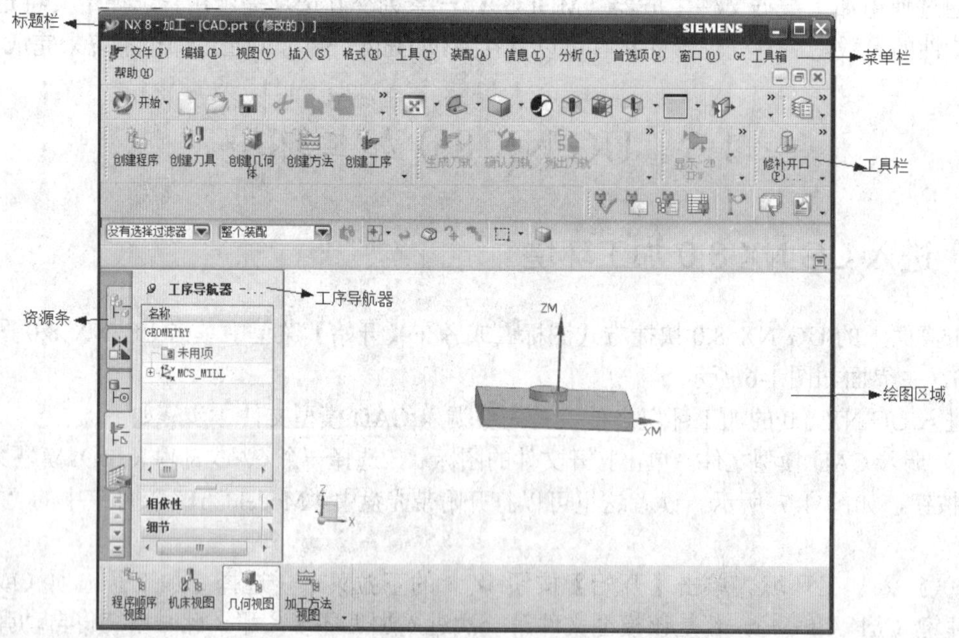

图 1-8　CAM 主界面

工序导航器是一种图形用户界面（简称 UGI），位于整个主界面的左侧，其中显示了创建的所有操作和父节点组内容。通过工序导航器，能够直观方便地管理当前存在的操作和其相关参数。工序导航器能够指定在操作间共享的参数组，可以对操作或组进行编辑、剪切、复制、粘贴和删除等。

工具栏位于下拉菜单的下方，其用图标的方式显示每一个命令的功能，单击工具栏中的图标按钮就能完成相对应的命令功能。在 CAM 的主界面，新增了【刀片】、【工件】、【导航器】【操作】一和【操作】二等 5 个工具条。

（1）【刀片】工具条：用于创建程序、刀具、几何体、方法和工序等，如图 1-9 所示。

（2）【工件】工具条：用于对加工工件进行设置和切换工件的显示状态，如图 1-10 所示。

（3）【导航器】工具条：用于切换工序导航器中显示的内容，如图 1-11 所示。

（4）【操作】工具条一：用于刀轨的生成、确认、列出、后处理和车间文档等，如图 1-12 所示。

图 1-9 【刀片】工具条

图 1-10 【工件】工具条

图 1-11 【导航器】工具条

图 1-12 【操作】工具条一

（5）【操作】工具条二：用于对程序、刀具、几何体和方法等加工对象进行编辑、剪切、复制和删除等，如图 1-13 所示。

图 1-13 【操作】工具条二

1.4 UG CAM 数控加工的基本步骤

UG CAM 数控加工的基本步骤：创建程序、创建刀具、创建几何体、创建方法、创建工序、生成刀轨、过切检查、确认刀轨、机床仿真、程序后处理文件。

1.4.1 创建程序

单击【刀片】工具条中的【创建程序】按钮，系统自动弹出【创建程序】对话框，在

【类型】下拉菜单中选择要创建的程序类型，在【程序子类型】列表中选择要创建程序的子类型，在【程序】下拉菜单中选择程序的存储位置，并且在【名称】文本框中设置该程序的名称，单击【确定】按钮，完成程序的创建，如图 1-14 所示。

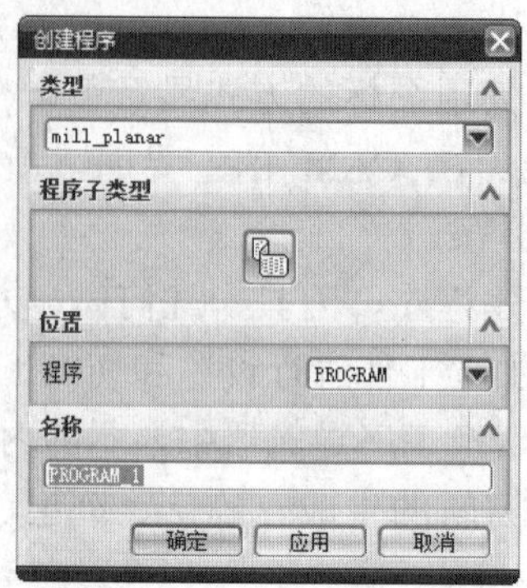

图 1-14　创建程序

1.4.2　创建刀具

单击【刀片】工具条中的【创建刀具】按钮，系统自动弹出【创建刀具】对话框，在【类型】下拉菜单中选择要创建的刀具类型，在【刀具子类型】列表中选择要创建刀具的子类型，在【刀具】下拉菜单中选择刀具的存储位置，并且在【名称】文本框中设置该刀具的名称，单击【确定】按钮，系统会自动弹出【铣刀-5 参数】对话框，完善刀具参数的设置后，单击【确定】按钮完成刀具的创建，如图 1-15 所示。

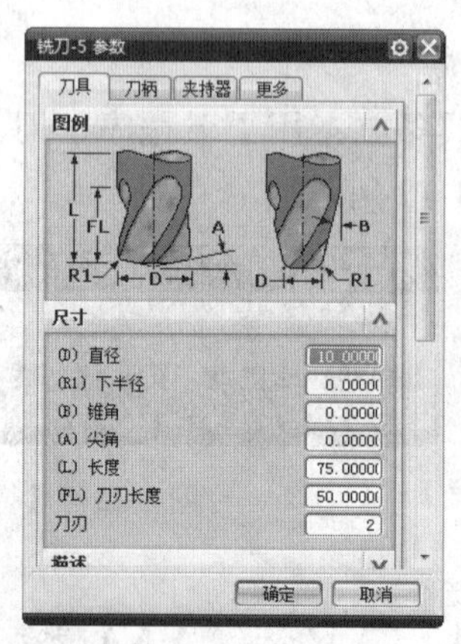

图 1-15　创建刀具

1.4.3　创建几何体

单击【刀片】工具条中的【创建几何体】按钮，系统自动弹出【创建几何体】对话框，在【类型】下拉菜单中选择要创建的几何体类型，在【几何体子类型】列表中选择要创建几何体的子类型，在【几何体】下拉菜单中选择几何体的存储位置，并且在【名称】文本框中设置该几何体的名称，单击【确定】按钮，系统会自动弹出【工件】对话框，完善几何体参数的设置后，单击【确定】按钮完成几何体的创建，如图 1-16 所示。

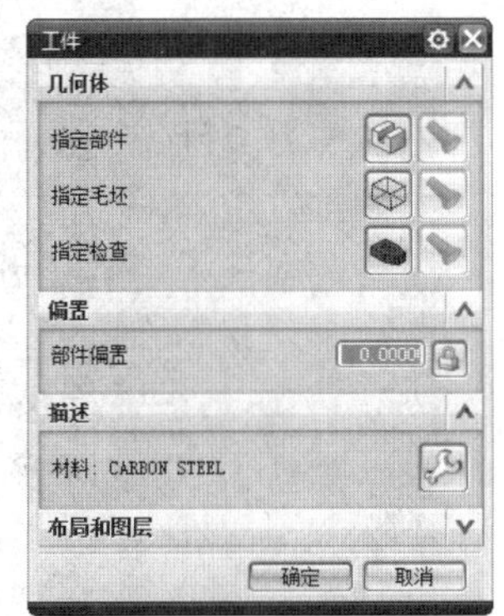

图 1-16　创建几何体

1.4.4　创建方法

单击【刀片】工具条中的【创建方法】按钮，系统会自动弹出【创建方法】对话框，在【类型】下拉菜单中选择要创建的方法类型，在【方法子类型】列表中选择要创建方法的子类型，在【方法】下拉菜单中选择方法的存储位置，并且在【名称】文本框中设置该方法的名称，单击【确定】按钮，系统会自动弹出【铣削方法】对话框，完善加工方法参数的设置后，单击【确定】按钮完成方法的创建，如图 1-17 所示。

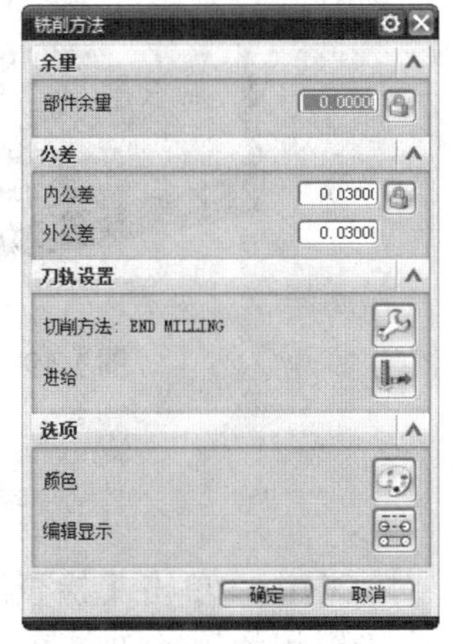

图 1-17　创建方法

1.4.5　创建工序

单击【刀片】工具条中的【创建工序】按钮，系统会自动弹出【创建工序】对话框，在【类型】下拉菜单中选择要创建的工序类型，在【工序子类型】列表中选择要创建工序的子类型，在【位置】下拉菜单中选择之前设置好的程序、刀具、几何体和方法，并且在【名称】文本框中设置该工序的名称，单击【确定】按钮，系统会自动弹出铣削对话框，完善铣削参数的设置后，单击【确定】按钮完成工序的创建，如图 1-18 所示。

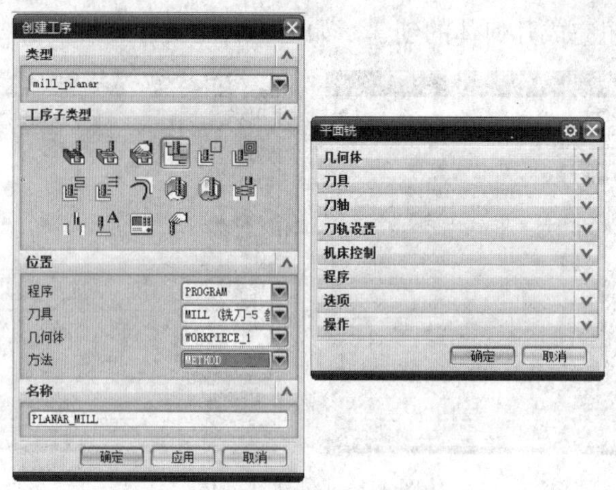

图 1-18　创建工序

1.4.6　生成刀轨

完成工序的创建以后，在铣削对话框的下方，有【操作】选项，单击里边的【生成刀轨】按钮，系统将自动根据之前设置的铣削参数生成相应的刀具轨迹，如图 1-19 所示。

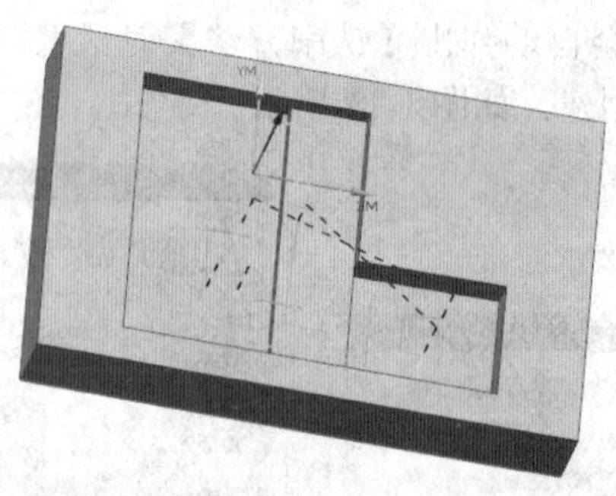

图 1-19　生成刀轨

1.4.7　过切检查

在【刀轨可视化】对话框中，单击【检查选项】按钮，系统将自动弹出【过切检查】对话框。用户可在该对话框中设置相关的过切参数，如图 1-20 所示。

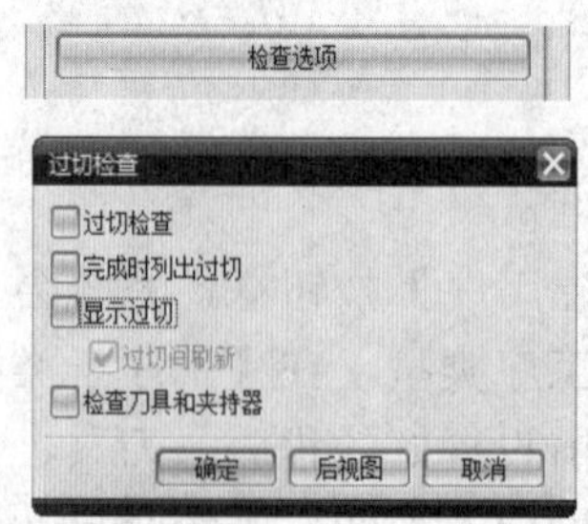

图 1-20　过切检查

1.4.8 确认刀轨

生成刀轨及经过过切检查后，可以确认刀轨。单击【确认刀轨】按钮，系统将自动弹出【刀轨可视化】对话框。在该对话框中，可以查看到当前刀具轨迹的路径，也可以实现刀具轨迹的重播、3D 动态和 2D 动态的演示，如图 1-21 所示。

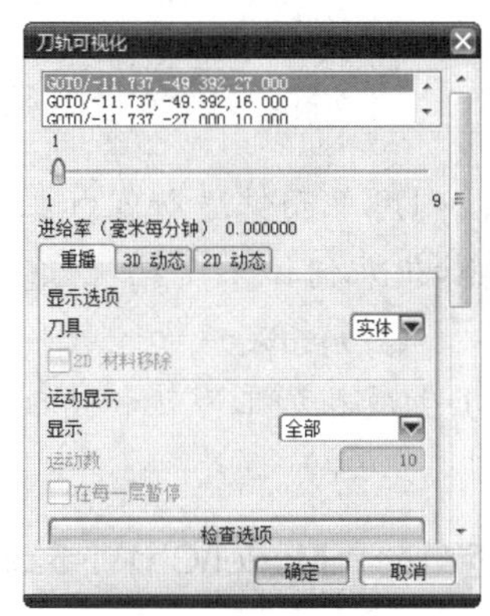

图 1-21 确认刀轨

1.4.9 程序后处理文件

确认刀轨无误后，可以进行程序的后处理。单击【操作】工具条中的【后处理】按钮，系统将自动弹出【后处理】对话框。在该对话框中用户可以自定义后处理器以及输出文件名，如图 1-22 所示。

图 1-22 程序后处理

1.5 入门引例——凹模的加工

本例的加工零件如图 1-23 所示。观察该部件，是典型的平面铣加工零件。先用粗加工程序去除大量的平面层材料，再用精加工程序来达到零件底面的精度和表面粗糙度的要求。

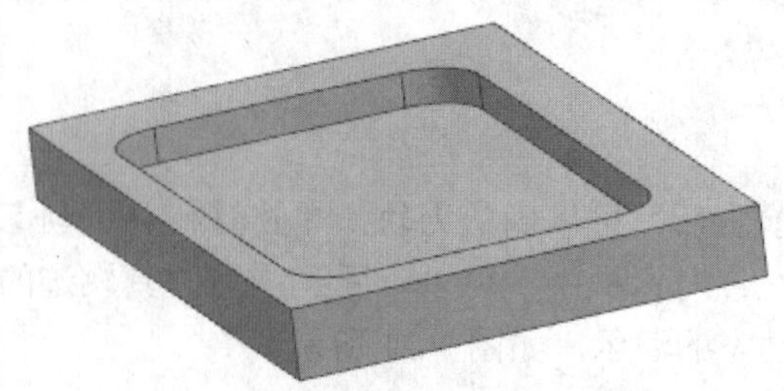

图 1-23　模型文件

【思路分析】

该零件需要铣削的底面为平面，利用平面铣进行粗加工和精加工的操作。创建一个平面铣操作大致分为 8 个步骤：（1）创建加工几何体；（2）创建粗加工刀具和精加工刀具；（3）创建加工坐标系；（4）指定部件边界；（5）指定底面；（6）指定切削层参数；（7）指定相应的切削参数和非切削移动参数；（8）生成粗加工刀轨和精加工刀轨。

【光盘文件】

——参见附带光盘中的“Model\Ch1\1-5.prt”文件。

——参见附带光盘中的“END\Ch1\1-5.prt”文件。

——参见附带光盘中的“AVI\Ch1\1-5.avi”文件。

【操作步骤】

（1）启动 UG NX 8.0，打开光盘中的源文件“Model\Ch1\1-5.prt”模型，如图 1-24 所示。

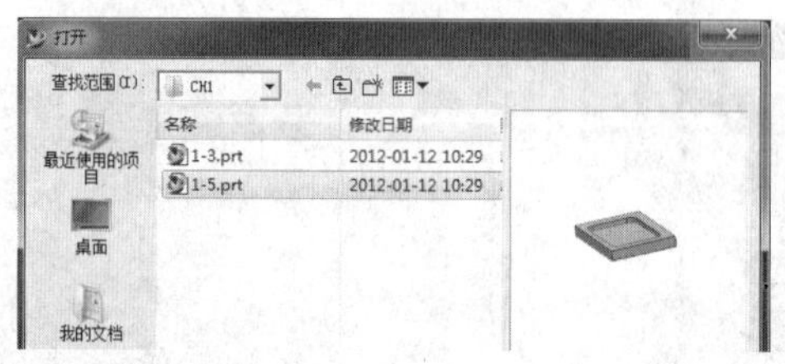

图 1-24　打开模型文件

图 1-25　进入加工环境

（2）进入加工环境。选择【开始】/【加工】命令，弹出【加工环境】对话框（快捷键为 Ctrl+Alt+M），设置加工环境参数后单击【确定】按钮，如图 1-25 所示。

（3）创建程序。单击【创建程序】按钮，弹出【创建程序】对话框。【类型】选择 mill_planar，【名称】为 PROGRAM_ROUGH，其余选项为默认参数，单击【确定】按钮，创建平面铣粗加工程序，如图 1-26 所示。

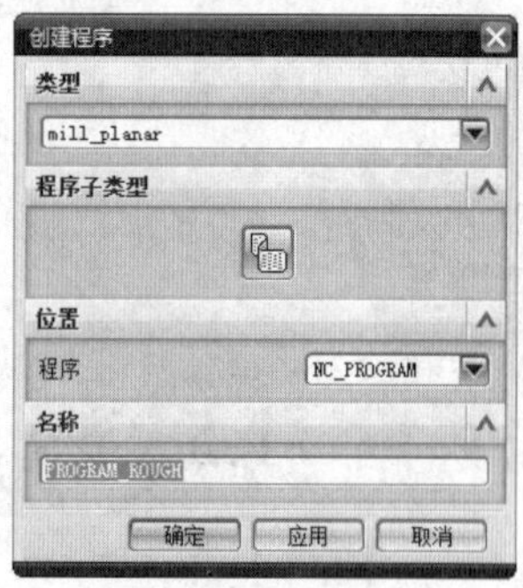

图 1-26　创建程序

之后在【工序导航器-程序顺序】中将显示新建的程序，如图 1-27 所示。

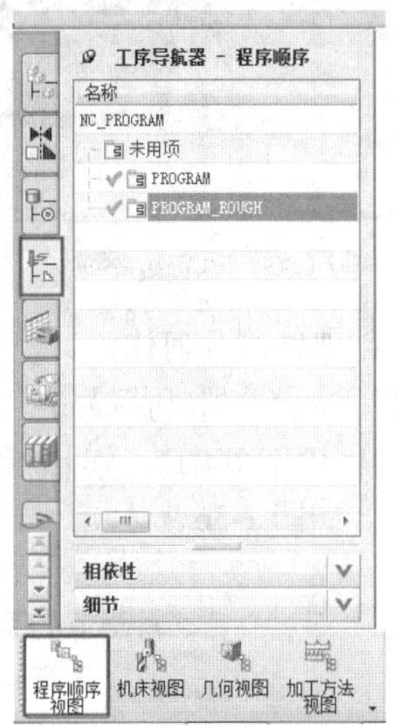

图 1-27　程序顺序视图

（4）创建 1 号刀具。单击【创建刀具】按钮，弹出【创建刀具】对话框。【类型】选择 mill_planar，【刀具子类型】选择，【位置】为默认选项，【名称】设为 D20R5，单击【确定】按钮，如图 1-28 所示。

图 1-28　创建 1 号刀具

（5）弹出【铣刀-5 参数】对话框，设置刀具参数：【直径】为 20，【下半径】为 5，【长度】为 65，【刀刃长度】为 45，其余参数为默认值，单击【确定】按钮，如图 1-29 所示。

之后在【工序导航器-机床】将显示新建的 D20R5 刀具，如图 1-30 所示。

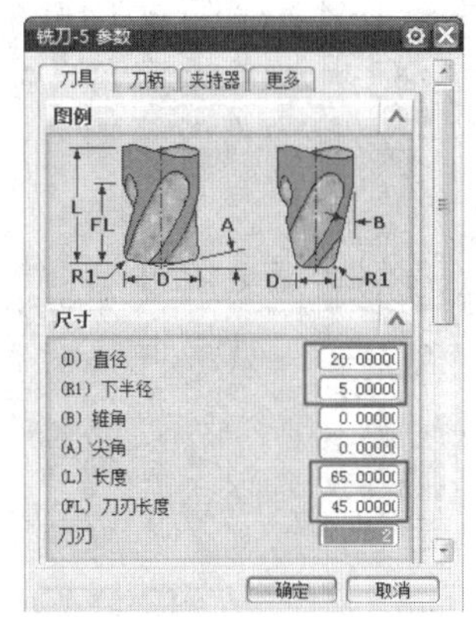

图 1-29　1 号刀具参数

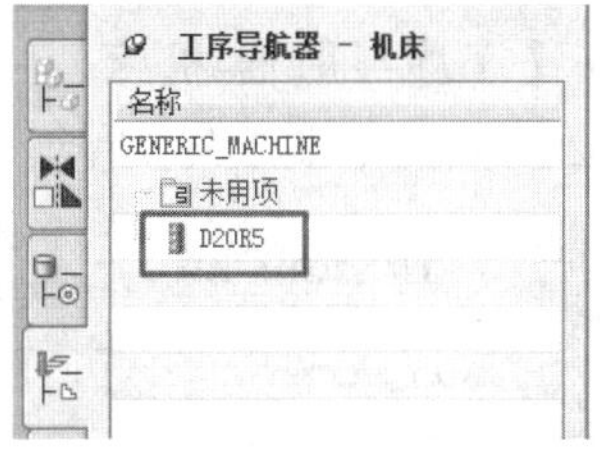

图 1-30　机床视图 1

（6）创建 2 号刀具。单击【创建刀具】按钮，弹出【创建刀具】对话框，【类型】选择 mill_planar，【刀具子类型】选择，【位置】为默认选项，【名称】设为 D10R2，单击【确定】按钮，如图 1-31 所示。

图 1-31　创建 2 号刀具

（7）弹出【铣刀-5 参数】对话框，设置刀具参数：【直径】为 10，【下半径】为 2，【长度】为 65，【刀刃长度】为 45，其余参数为默认设置，单击【确定】按钮，如图 1-32 所示。

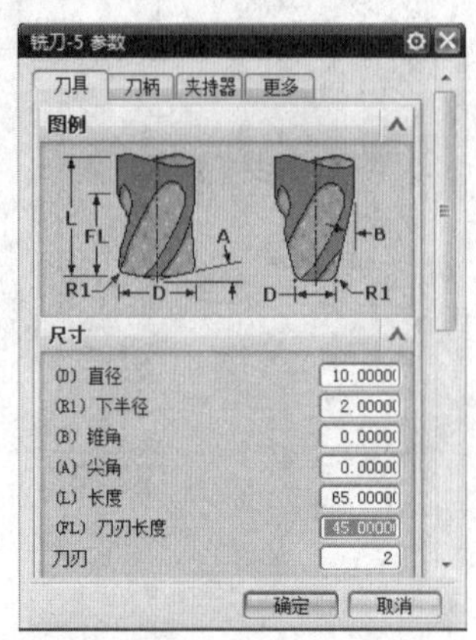

图 1-32　2 号刀具参数

之后在【工序导航器-机床】中将显示新建的 D10R2 刀具，如图 1-33 所示。

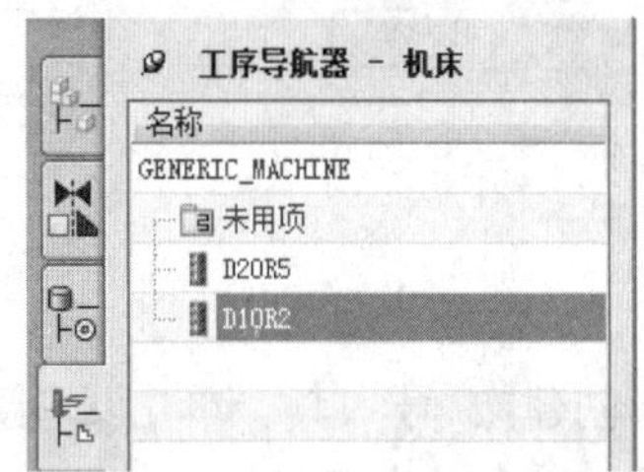

图 1-33　机床视图 2

（8）设置 MCS_MILL。

双击【工序导航器-几何】中的 MCS_MILL，弹出 Mill Orient 机床坐标系对话框，选择部件的底表面，系统默认该平面的中心为机床坐标系的中心，机床的坐标轴方向与基本坐标系的坐标轴方向一致，如图 1-34 所示。

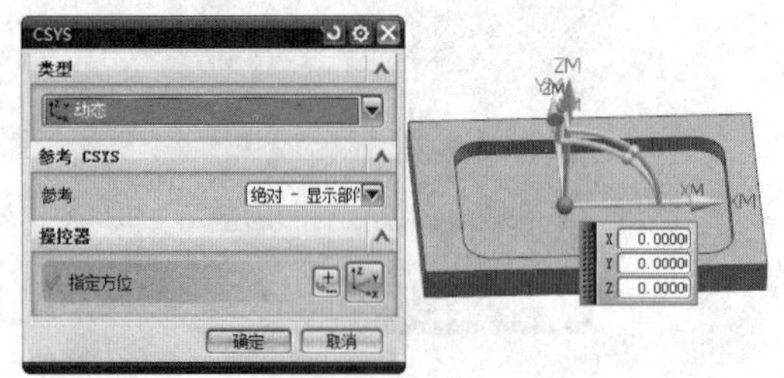

图 1-34　设置机床坐标系

（9）选择【安全设置选项】下拉菜单中的【平面】选项，选择部件的上表面，输入安全距离为 15，单击【确定】按钮，如图 1-35 所示。

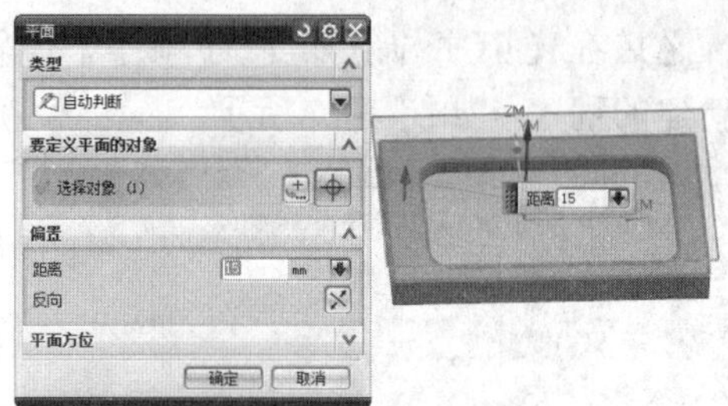

图 1-35　设置安全平面

（10）创建铣削几何体。

双击【工序导航器-几何】中 MCS_MILL 子菜单的 WORKPIECE，弹出【铣削几何体】对话框，如图 1-36 所示。

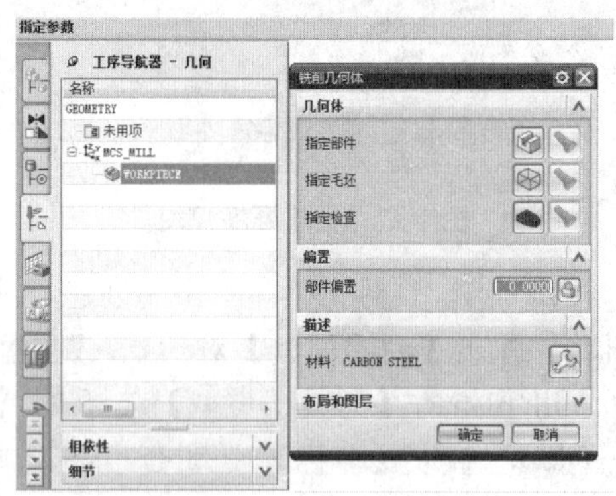

图 1-36　创建铣削几何体

（11）单击【指定部件】按钮，弹出【部件几何体】对话框，选择整个部件体，单击【确定】按钮，如图 1-37 所示。

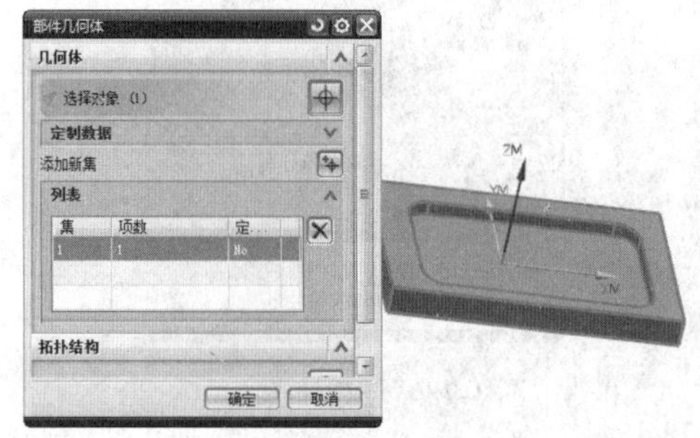

图 1-37　指定部件

（12）单击【指定毛坯】按钮，弹出【毛坯几何体】对话框，在【类型】下拉菜单中选择【包容块】选项，单击【确定】按钮，如图 1-38 所示。

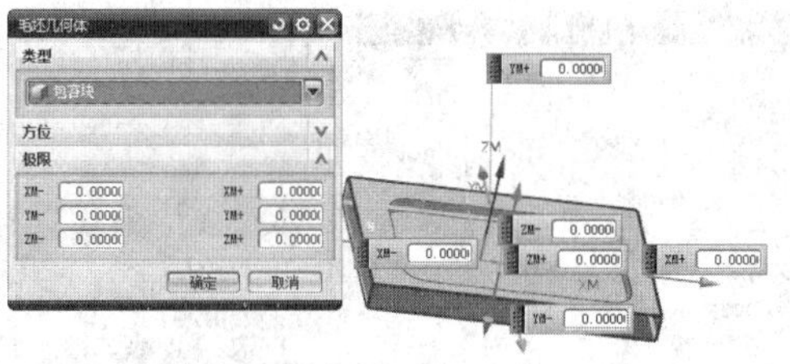

图 1-38　指定毛坯

（13）创建加工方法——粗加工方法。双击【工序导航器-加工方法】中的 MILL_ROUGH，弹出【铣削方法】对话框。设置【部件余量】为 0.5，【内公差】为 0.03，【外公差】为 0.03，如图 1-39 所示。

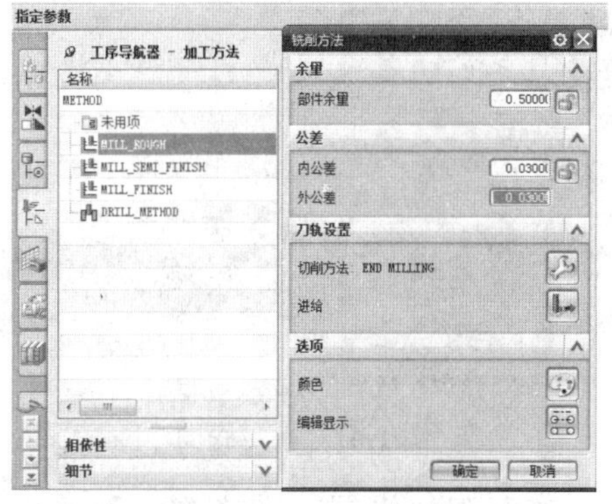

图 1-39　创建粗加工方法

（14）设置进给参数。单击【进给】按钮，弹出【进给】对话框。设置切削速度为 500，进刀为 250，其余参数为系统默认值，单击【确定】按钮，如图 1-40 所示。再单击【确定】按钮，完成粗加工方法的设置。

图 1-40　设置粗加工进给参数

（15）创建加工方法——精加工方法。

双击【工序导航器-加工方法】中的 MILL_FINISH，弹出【铣削方法】对话框，设置【部件余量】为 0，【内公差】为 0.01，【外公差为】0.01，如图 1-41 所示。

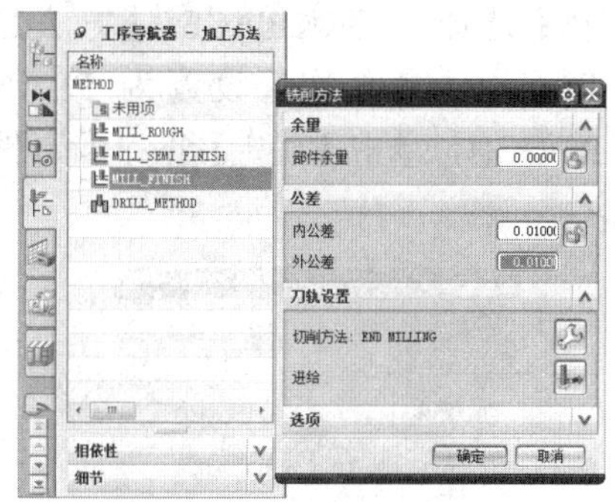

图 1-41　创建精加工方法

（16）单击【切削方法】按钮，弹出【搜索结果】对话框，选择 HSM FINISH_MILLING 选项，单击【确定】按钮，如图 1-42 所示。

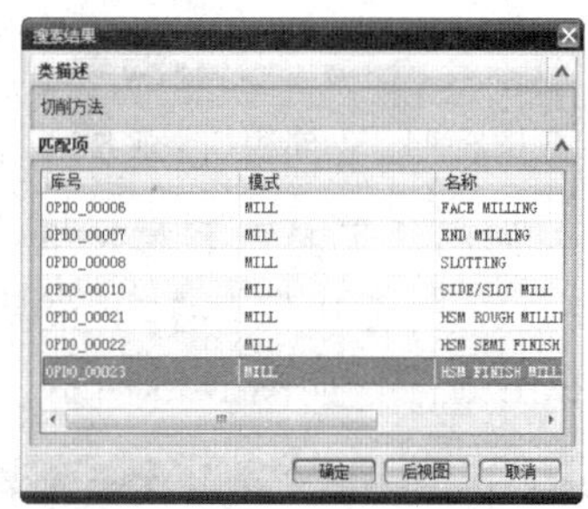

图 1-42　创建精加工方法类型

（17）单击【进给】按钮，弹出【进给】对话框。切削设置为 1000，其余参数为系统默认值，单击【确定】按钮，如图 1-43 所示。再单击【确定】按钮，完成精加工方法的设置。

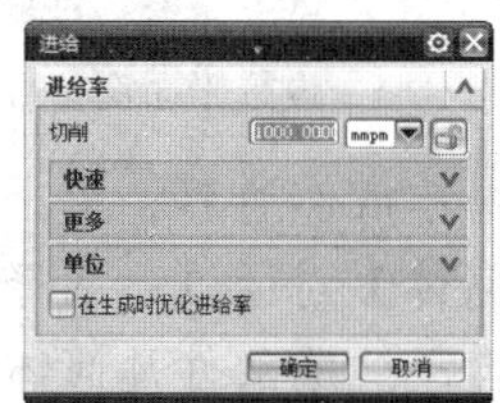

图 1-43　设置精加工进给参数

（18）创建粗加工工序。单击【创建工序】按钮，弹出【创建工序】对话框。在【类型】下拉菜单中选择 mill_planar 选项，【工序子类型】中选择，【程序】选择 PROGRAM_ROUGH，【刀具】选择 D20R5，【几何体】选择 WORKPIECE，【方法】选择 MILL_ROUGH，【名称】设置为 PLANAR_MILL_ROUGH，单击【确定】按钮，如图 1-44 所示。

图 1-44　创建粗加工工序

（19）弹出【平面铣】对话框，设置平面铣的参数。在【几何体】下菜单子选择 WORKPIECE 选项，如图 1-45 所示。

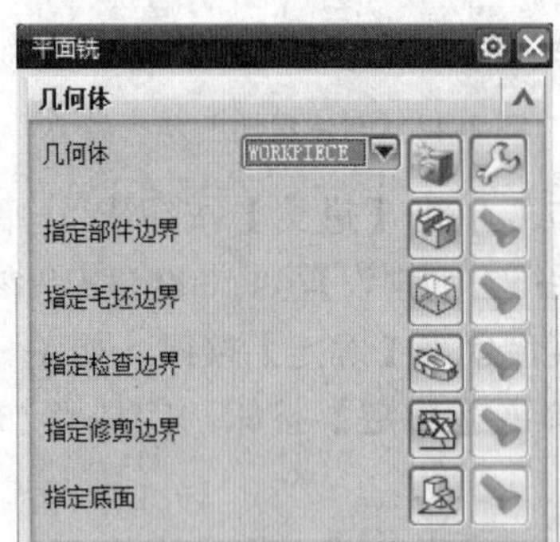

图 1-45　设置平面铣参数

（20）指定部件边界。单击按钮，弹出【边界几何体】对话框，选择部件体的上表面，系统自动生成部件几何体边界，单击【确定】按钮，如图 1-46 所示。

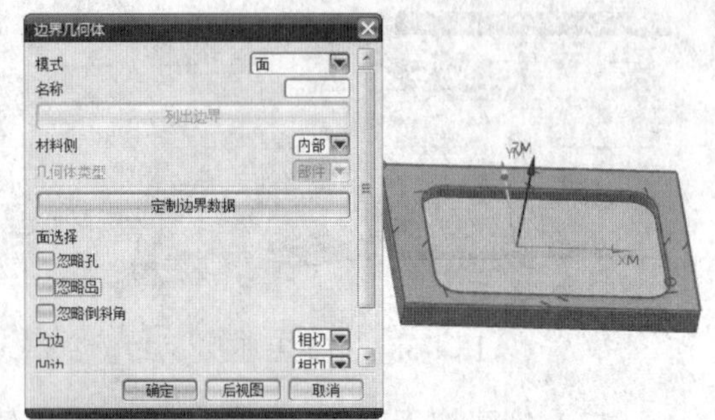

图 1-46　指定边界部件

（21）指定底面。单击按钮，弹出【平面】对话框，选择部件体的底面，偏置距离为 0，单击【确定】按钮，如图 1-47 所示。

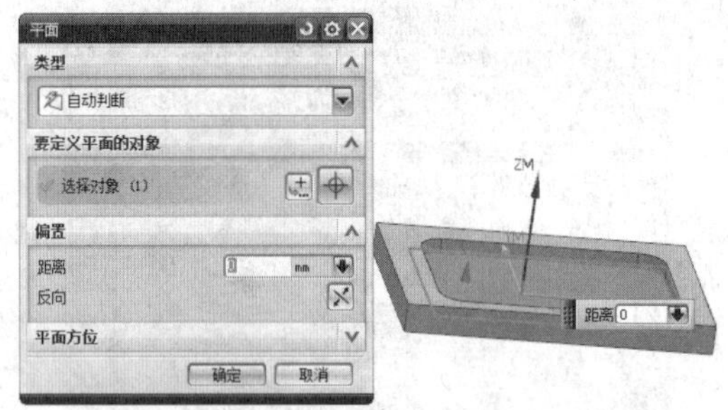

图 1-47　指定底面

（22）刀轨设置。在【方法】下拉菜单中选择 MILL_ROUGH 选项，在【切削模式】下拉菜单中选择【跟随周边】选项，在【步距】下拉菜单中选择【恒定】选项，【最大距离】设置为 15，其余参数为系统默认值，如图 1-48 所示。

图 1-48　设置切削模式

（23）切削层。单击【切削层】按钮，弹出【切削层】对话框，【类型】选择【恒定】选项，【每刀深度】设置为 3，【增量侧面余量】设置为 0，其余参数为系统默认值，单击【确定】按钮，如图 1-49 所示。

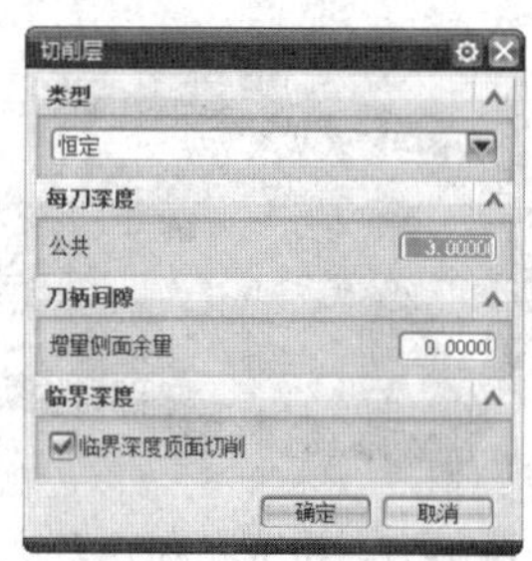

图 1-49　设置切削层参数

（24）进给率和速度。单击【进给率和速度】按钮，弹出【进给率和速度】对话框，选中【主轴速度】复选框，【主轴速度】设置为 2000，单击【主轴速度】后面的计算器按钮，系统自动计算出【表面速度】为 125 和【每齿进给量】为 0.125，其余参数为系统默认值，如图 1-50 所示。

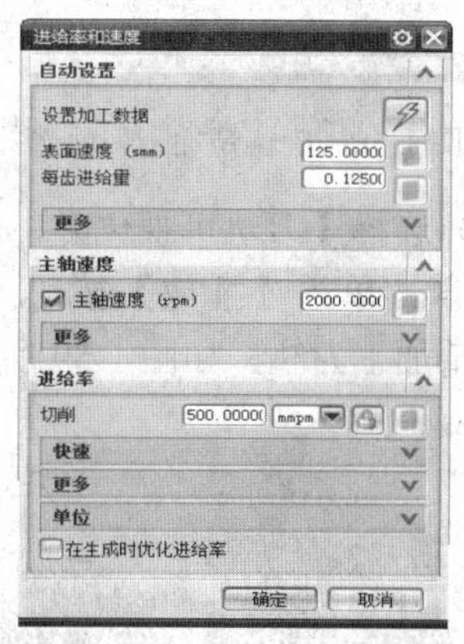

图 1-50　进给率和速度参数

（25）切削参数。单击【切削参数】按钮，弹出【切削参数】对话框，在【余量】选项卡下，【部件余量】设置为 0.5，【最终底面余量】设置为 0.2，【内公差】、【外公差】均设置为 0.03，其余参数为默认值，单击【确定】按钮，如图 1-51 所示。

（26）生成刀轨。单击【生成刀轨】按钮，系统自动生成刀轨，如图 1-52 所示。

（27）确认刀轨。单击【确认刀轨】按钮，弹出【刀轨可视化】对话框，如图 1-53 所示。

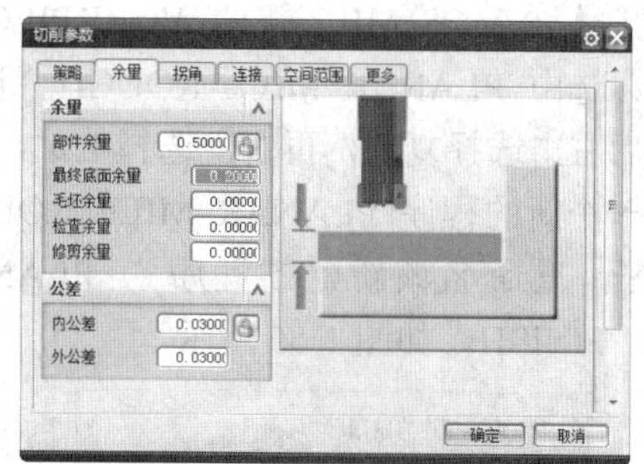

图 1-51　切削参数的设置

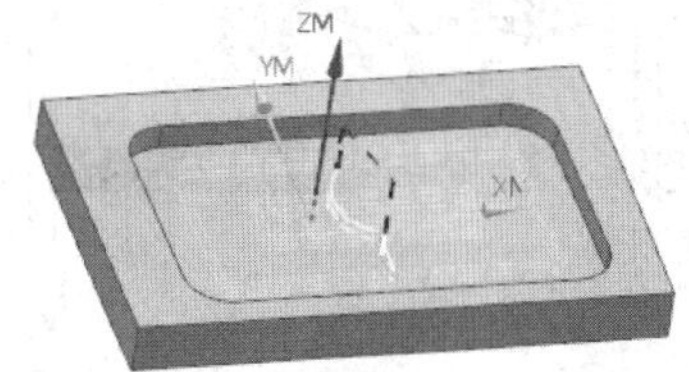

图 1-52　生成粗加工刀轨

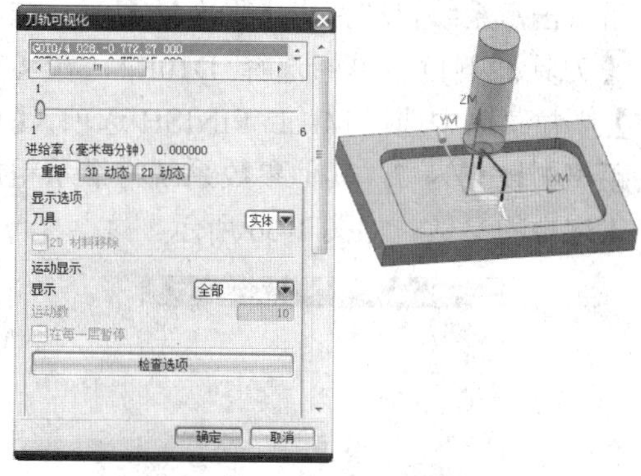

图 1-53　确认粗加工刀轨

（28）3D 效果图。选择【刀轨可视化】对话框中的【3D 动态】选项卡，单击【播放】按钮，可显示动画演示粗加工刀轨，如图 1-54 所示。单击【确定】按钮完成粗加工操作设置。

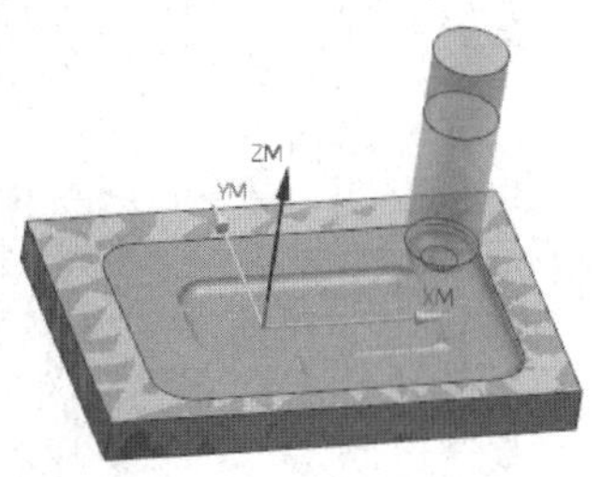

图 1-54　粗加工 3D 动态

（29）创建精加工工序。单击【工序导航器-几何】中 MCS_MILL 下的 WORKPIECE 子菜单，选中 PLANAR_MILL_ROUGH 粗加工程序后右击选择复制，再右击选择粘贴，就复制了一个新的程序 PLANAR_MILL_ROUGH_COPY，重命名该新建的程序为 PLANAR_MILL_FINISH，如图 1-55 所示。

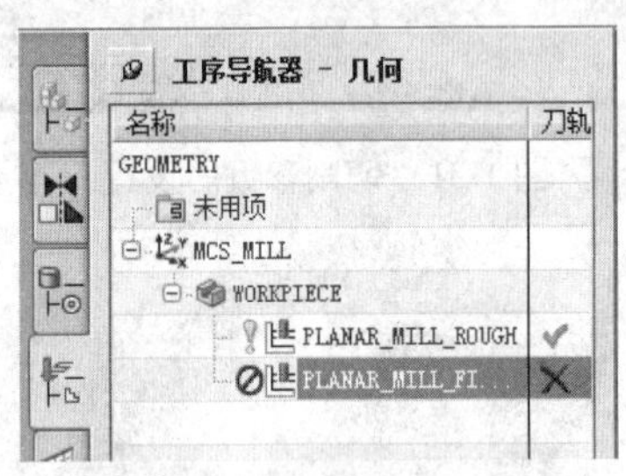

图 1-55　复制程序

（30）选中 PLANAR_MILL_FINISH 程序后双击，系统自动弹出【平面铣】对话框，在【刀具】下拉菜单中选择 D10R2，在【方法】下拉菜单中选择 MILL_FINISH 选项，【最大距离】设置为 7，其他参数系统将继承粗加工工序中的参数，如图 1-56 所示。

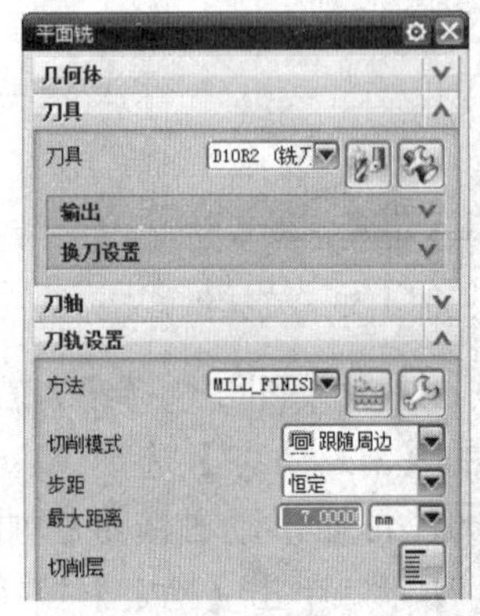

图 1-56　设置精加工工序参数

（31）单击【生成刀轨】按钮，系统自动生成刀轨，如图 1-57 所示。

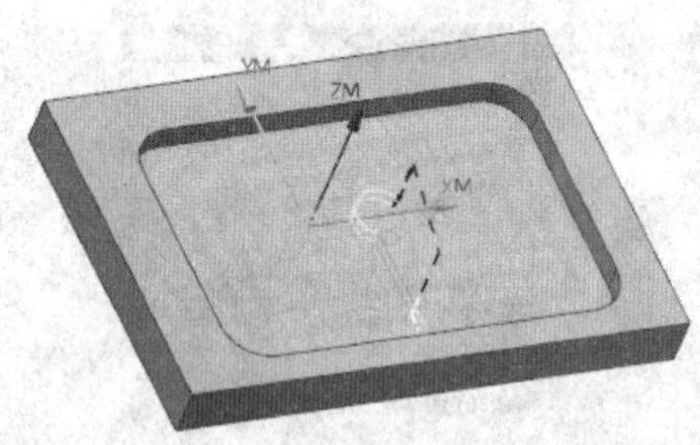

图 1-57　生成精加工刀轨

（32）单击【确认刀轨】按钮，弹出【刀轨可视化】对话框，如图 1-58 所示。

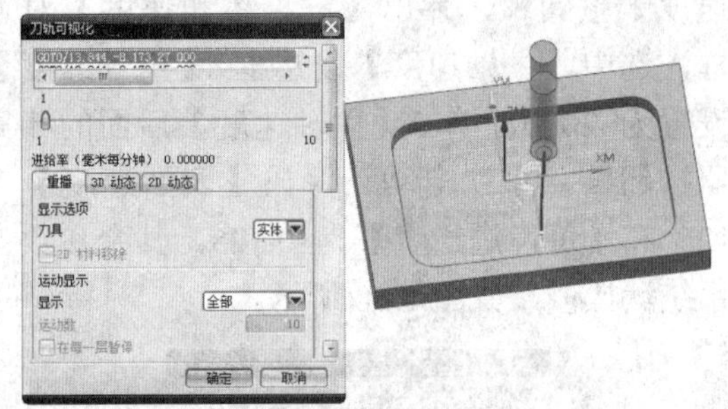

图 1-58　确认精加工刀轨选择

（33）选择【刀轨可视化】中的【3D 动态】选项卡，单击【播放】按钮，可显示动画演示精加工刀轨，如图 1-59 所示。

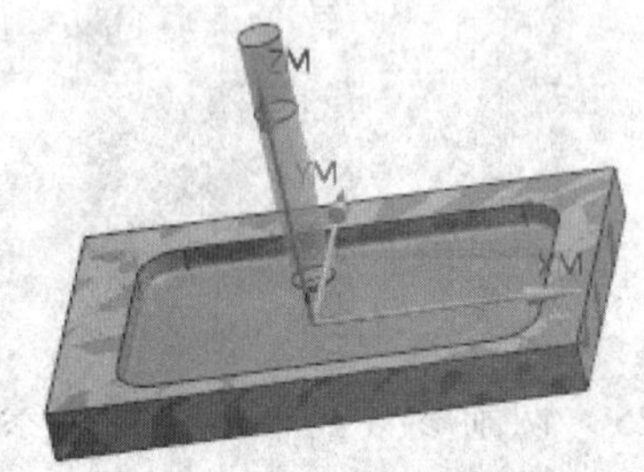

图 1-59　精加工 3D 动态

第2讲 平面铣削

本讲介绍了平面铣的主要特点，重点介绍了平面铣削的一般方法、铣削参数设置、几何体设定等，通过对平面铣实例的讲解，可以帮助读者熟悉、掌握平面铣的步骤和方法。

本讲内容

- 实例·模仿——方形凹模加工
- 平面铣削的一般方法
- 铣削参数设置
- 设定平面铣削几何体
- 实例·操作——带岛屿凹模加工
- 实例·练习——开放边界带岛屿型腔加工

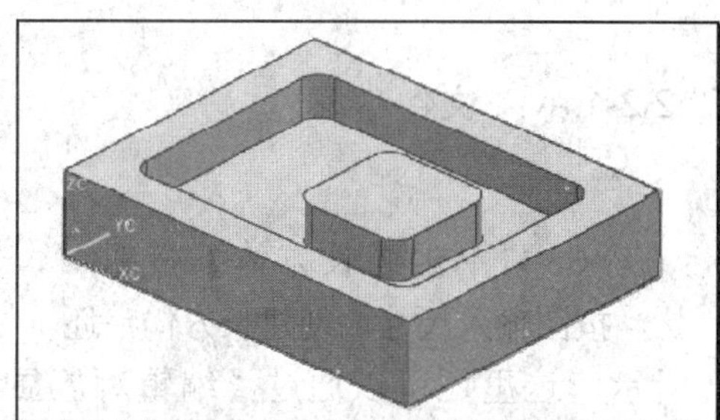

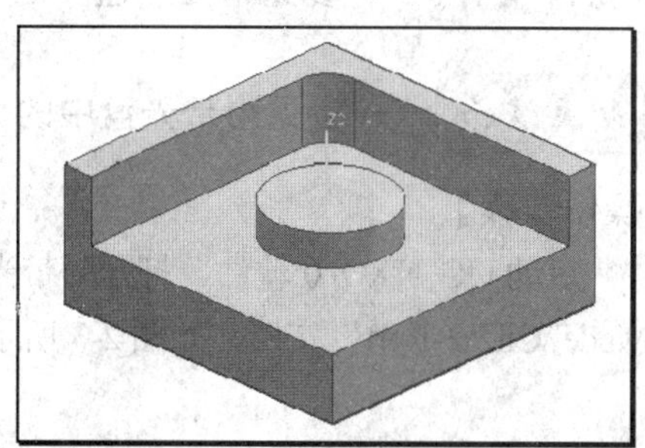

2.1 实例·模仿——方形凹模加工

本例所加工的工件比较简单，需要加工出中间的凹槽，毛坯尺寸为 100mm×80mm×20mm，如图 2-1 所示。

【思路分析】

从工件构成的几何类型分析，需要加工的区域为底面，符合平面铣加工的特点，选用平面铣加工方式。

1. 工件安装

将底平面固定安装在机床上。

2. 加工坐标原点

以工件上平面的一个顶点作为加工坐标原点。

3. 工步安排

此零件形状较为简单，可以选择平面铣加工方式。由图 2-2 可知工件没有尖角或很小的圆角，所以选用直径为 6mm 的平底铣刀进行一次精加工完成。

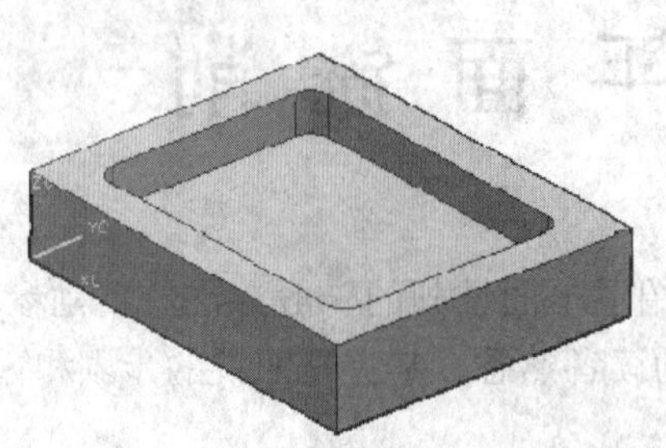

图 2-1　凹模零件

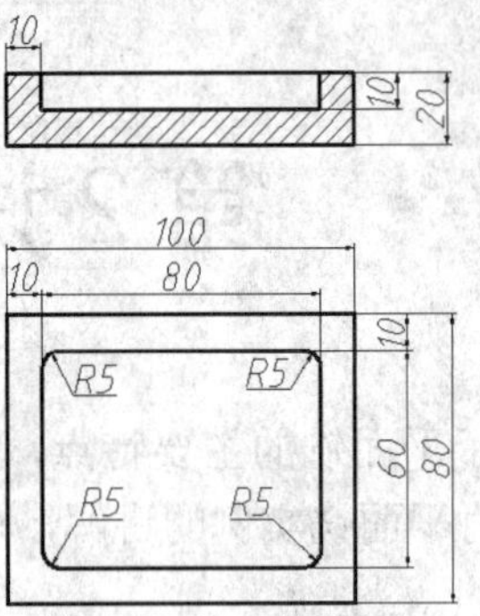

图 2-2　平面铣工作图

【光盘文件】

——参见附带光盘中的“Model\Ch2\2-1.prt”文件。

——参见附带光盘中的“END\Ch2\2-1.prt”文件。

——参见附带光盘中的“AVI\Ch2\2-1.avi”文件。

【操作步骤】

（1）启动 UG NX 8.0 软件，打开附带光盘中的“Model\Ch2\2-1.prt”文档，如图 2-3 所示。

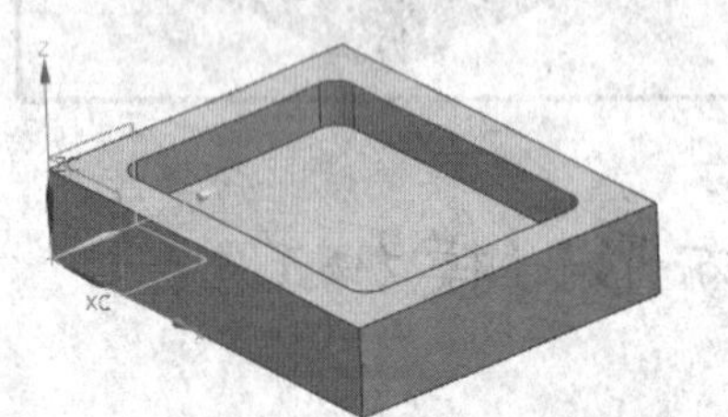

图 2-3　起始模型

（2）单击工具栏中【格式】选项中的【图层设置】按钮，将工作图层设置为第 10 层，如图 2-4 所示。

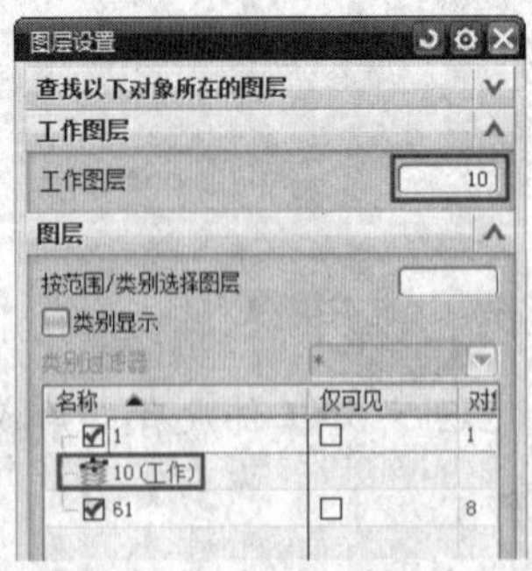

图 2-4　设置图层

（3）单击【长方体】按钮，顶点默认，按图输入尺寸，创建长方体毛坯，如图 2-5 所示。这里还可以通过【编辑对象显示】功能，修改毛坯的颜色和透明度。

图 2-5　建立长方体

（4）设置图层 1 为工作图层，图层 10 为不可见图层。单击【WCS 定向】按钮，系统弹出 CSYS 对话框，如图 2-6 所示。将工作坐标系调整到如图 2-7 所示的位置，该位置也作为数控加工时的工作坐标系原点，这样可以方便实际加工过程中的对刀操作。

图 2-6　坐标系设定

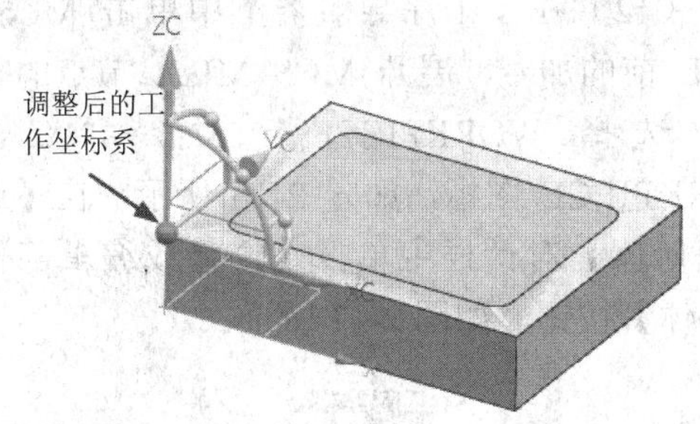

图 2-7　设定坐标线原点位置

（5）单击 UG 工具栏上的【开始】按钮，在弹出的菜单中选择【加工】命令，进入加工环境，如图 2-8 所示。

图 2-8　进入加工环境

（6）在【加工环境】对话框的【CAM 会话配置】列表中选择 cam_general 选项，在【要创建的 CAM 设置】列表框中选择 mill_planar 选项，最后单击【确定】按钮，如图 2-9 所示。

（7）单击【刀片】工具条中的【创建程序】按钮，出现如图 2-10 所示的对话框，按图中数据进行设置，单击【确定】按钮。

图 2-9　设定加工环境

图 2-10　创建程序

（8）单击【创建刀具】按钮，在弹出对话框的【刀具子类型】中选择，在【位置】下方的【刀具】中选择 GENERIC_MACHINE 选项，【名称】设为 END6，如图 2-11 所示。

图 2-11　新建 END6 刀具

（9）在系统弹出的【铣刀-5 参数】对话

框内，设置直径为 6mm 及其他相关参数，单击【确定】按钮。

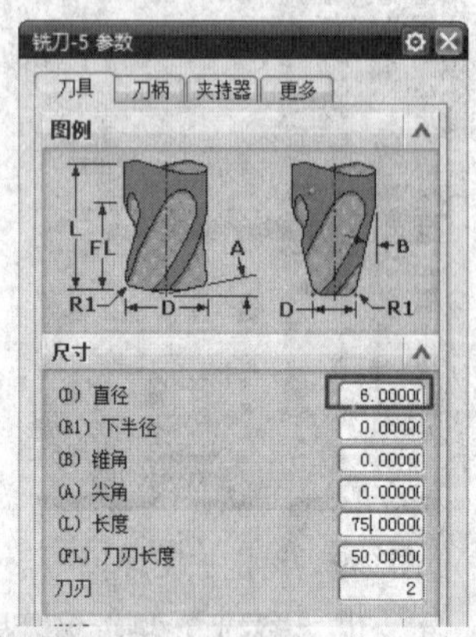
图 2-12　新建铣刀

（10）单击工具条中的【几何视图】按钮，然后双击工序导航器中的 MCS_MILL，如图 2-13 所示。在弹出的对话框中单击按钮，如图 2-14 所示。

图 2-13　打开工序导航器

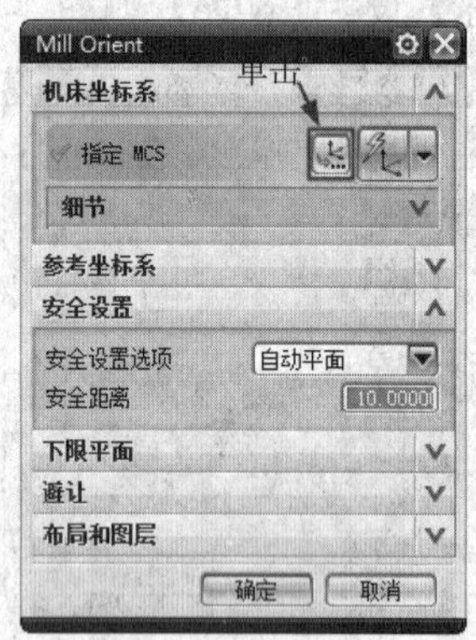

图 2-14　Mill Orient 对话框

（11）调整加工坐标系和工作坐标系，保证加工坐标系在工件顶面的顶点上，如图 2-15 所示，最终加工坐标系和工件坐标系重合。

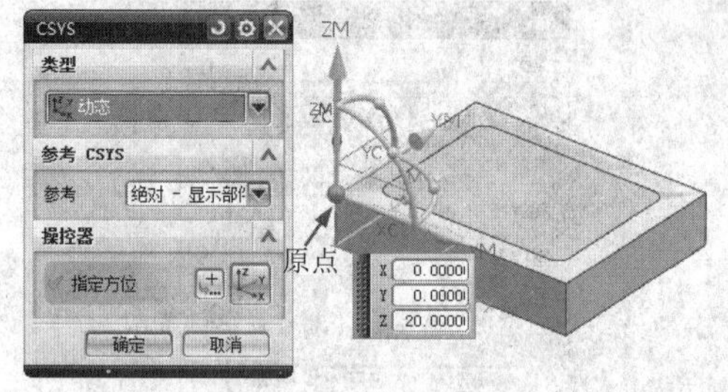

图 2-15　调整加工坐标系

（12）在【工序导航器】中单击 MCS_MILL 前的加号，展开 MCS_MILL 节点的子项，选择 WORKPIECE 选项，并双击 WORKPIECE 图标，如图 2-16 所示。在【铣削几何体】对话框中单击【选择或编辑部件几何体】按钮，如图 2-17 所示。

图 2-16　双击 WORKPIECE 图标

图 2-17　单击【选择或编辑部件几何体】按钮

（13）选择凹模零件作为工件，在【部件几何体】对话框中单击【确定】按钮，完成工件几何体的指定，如图 2-18 所示。

（14）单击【格式】按钮，选择【图层设置】选项，设置图层 10 为工作层，图层 1 为不可见图层。在【铣削几何体】对话框中单击按钮，接着选择第（3）步建立的长方体作为毛坯，如图 2-19 所示。

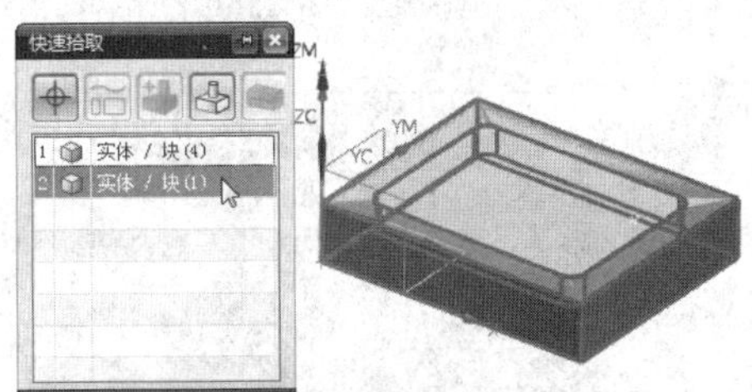

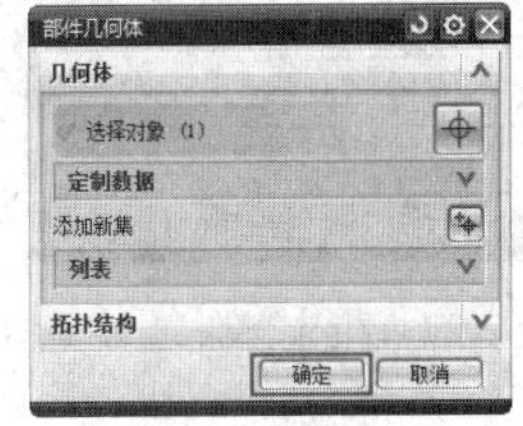

图 2-18　选择凹模零件作为工件

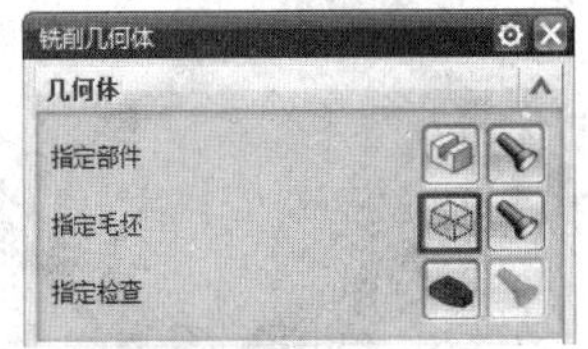

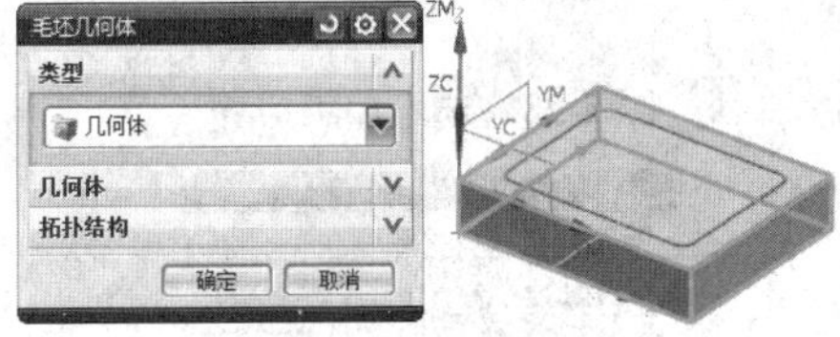

图 2-19　选择长方体作为毛坯

（15）设置图层 1 为工作图层，图层 10 为不可见层，如图 2-20 所示。

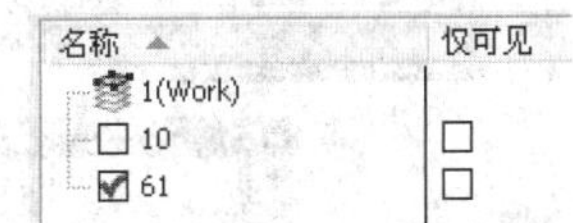

图 2-20　设置图层

（16）单击【创建几何体】按钮，系统弹出【创建几何体】对话框。按照图 2-21 所示进行设置，单击【应用】按钮。

（17）在弹出的【铣削边界】对话框中单击按钮，如图 2-22 所示。

（18）在系统弹出的【毛坯边界】对话框中，【过滤器类型】修改为【曲线边界】，【材料侧】选择【内部】，如图 2-23 所示。

图 2-21　创建几何体 1

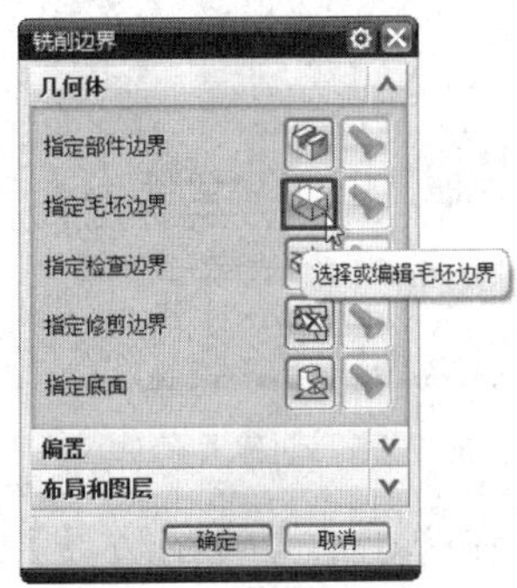

图 2-22　设置铣削边界

图 2-23　设置边界类型

（19）以图 2-24 所示的起点为起点，逆时针依次选择工件顶面的 4 条直线，单击【确定】按钮完成毛坯几何体边界的创建。

（20）单击【创建几何体】按钮，系统弹出【创建几何体】对话框，按图进行设置，单击【应用】按钮，如图 2-25 所示。

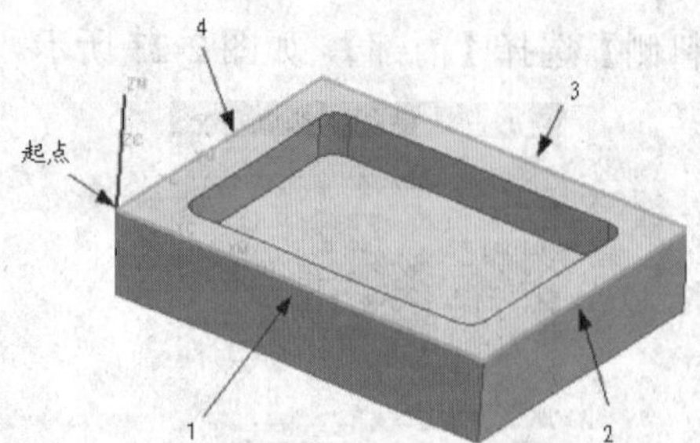

图 2-24　选取边界

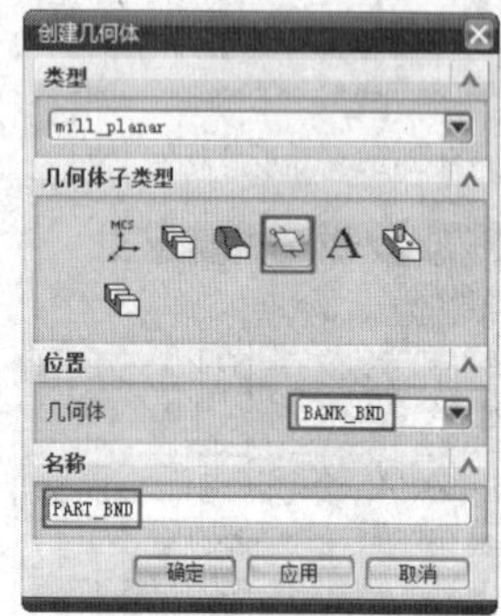

图 2-25　创建几何体 2

（21）在弹出的【铣削边界】对话框中单击【指定部件边界】按钮，如图 2-26 所示。在系统弹出的【部件边界】对话框中，将【过滤器类型】修改为【曲线边界】，【材料侧】选择【外部】，如图 2-27 所示。

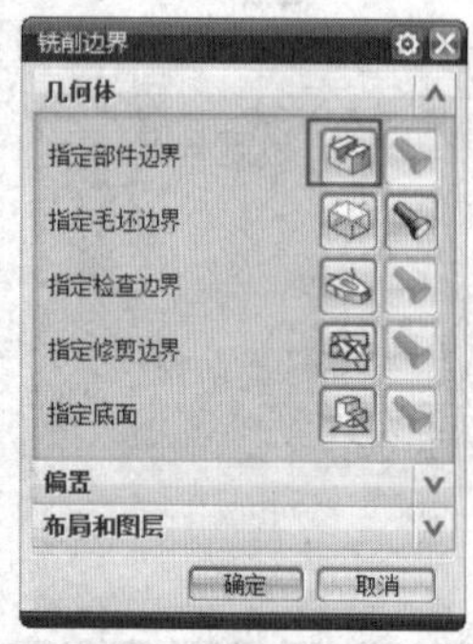

图 2-26　指定部件边界

（22）以图 2-28 所示的起点为起点，逆时针依次选择工件顶面的 8 条曲线，单击【确定】按钮完成部件几何体边界的创建。

（23）在【铣削边界】对话框中单击按钮，接着选择工件凹槽中的底面，如图 2-29 所示。

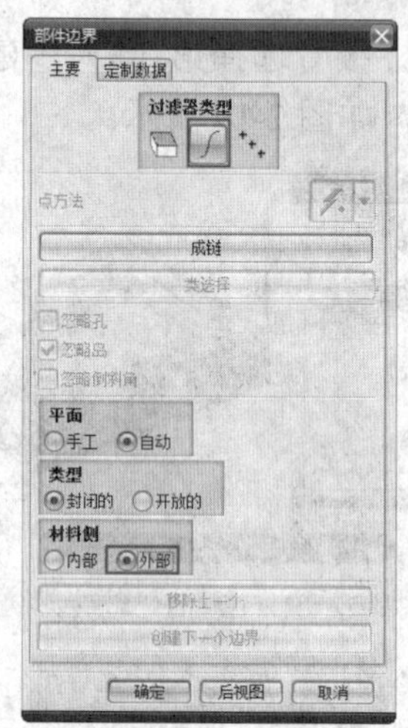

图 2-27　指定部件边界类型

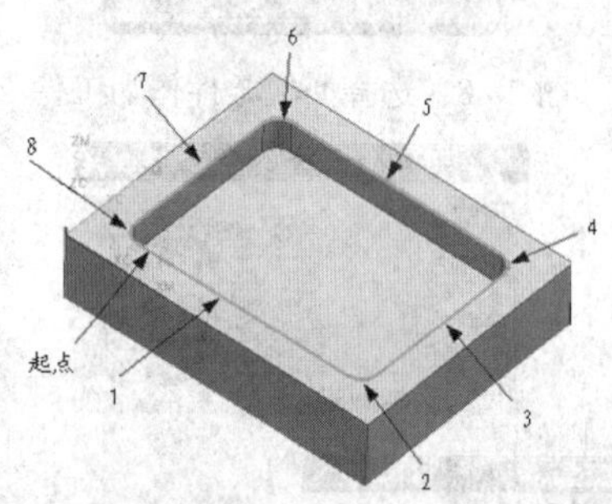

图 2-28　选取加工边界

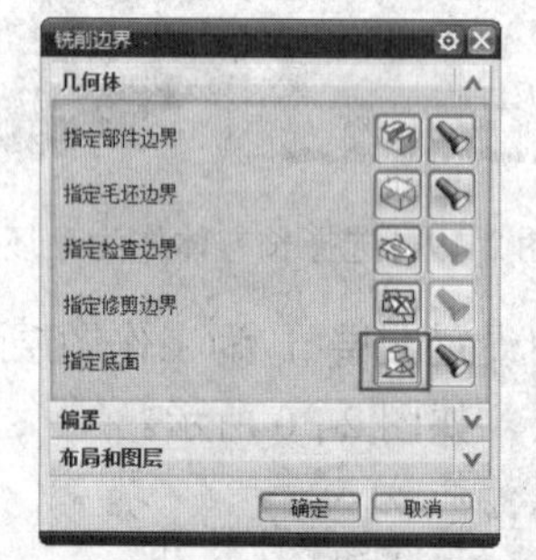

图 2-29　选择加工底面

（24）单击【创建工序】按钮，系统弹出【创建工序】对话框，在【工序子类型】中选择 PLANAR_MILL 图标，【刀具】选择前边设置的 END6，【几何体】选择 PART_BND，【方法】选择 MILL_FINISH，单击【应用】按钮，如图 2-30 所示。

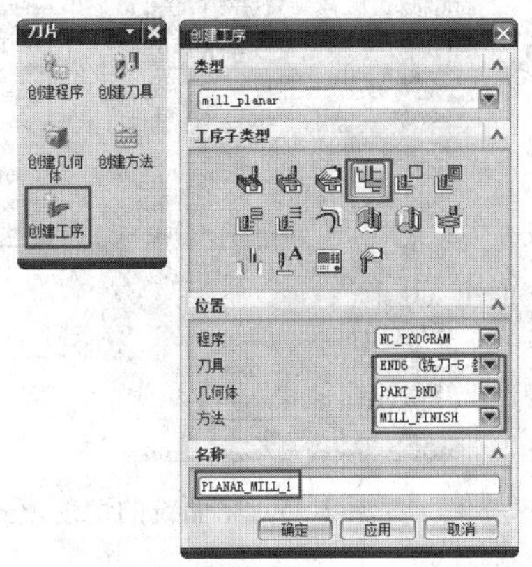

图 2-30　创建工序

（25）在【平面铣】对话框中单击【切削层】按钮，如图 2-31 所示，弹出【切削层】对话框。按图中数据进行设置，单击【确定】按钮。

图 2-31　设置加工参数

（26）单击【生成刀轨】按钮，生成刀轨，如图 2-32 所示。

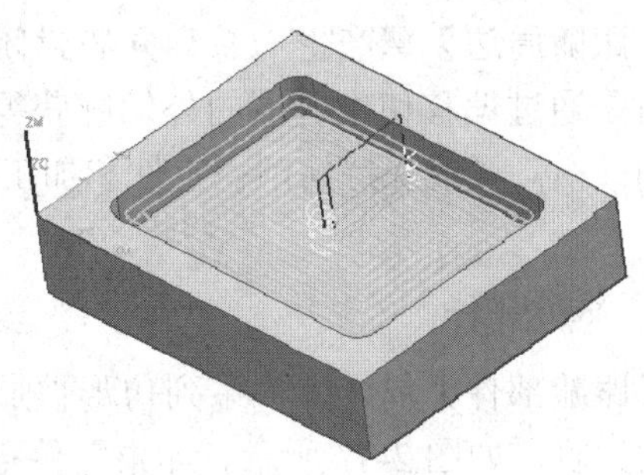

图 2-32　生成刀轨

（27）单击【确认刀轨】按钮，在【刀轨可视化】对话框中选择【2D 动态】选项卡，单击【播放】按钮实现铣削的仿真，如图 2-33 所示。模拟效果如图 2-34 所示。

在【刀轨可视化】对话框中选择【2D动态】选项卡

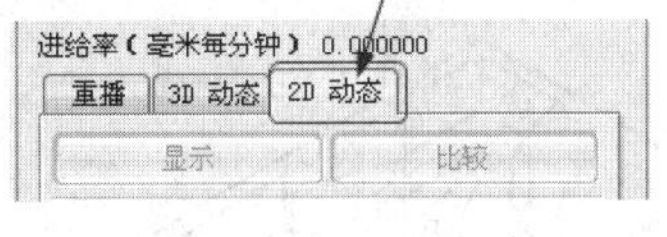

单击【播放】按钮实现铣削的仿真

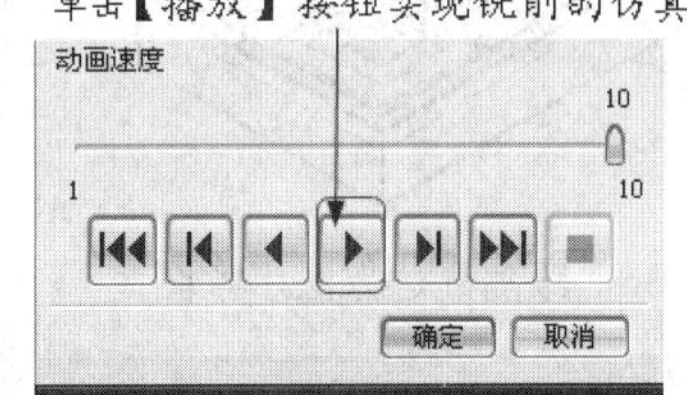

图 2-33　确认刀轨

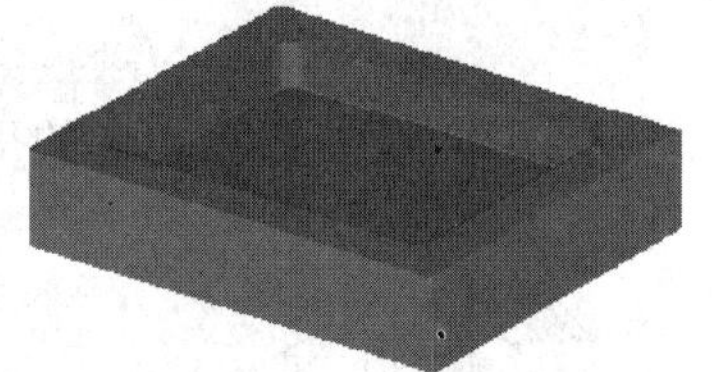

图 2-34　模拟效果

2.2　平面铣削的一般方法

切削方法决定了加工切削区域的刀具路径与走刀方式。如 2.1 节所述，在【平面铣】对话框中的【切削模式】给出了平面铣削的一般方法，如图 2-35 所示。下面简要介绍这里列出的各种切削方法。

1. 跟随周边

【跟随周边】产生一系列同心封闭的环形刀轨，这些刀轨是通过偏移切削区域的外轮廓获得的。它既有较高的切削效率，又能保持切削稳定性和加工质量，如图 2-36 所示。

2. 跟随部件

【跟随部件】产生一系列仿形被加工零件所有指定轮廓的刀轨，如图 2-37 所示。如果零件存在岛屿，那么它不仅仿形切削区的外周壁面，也仿形岛屿。这些刀轨的形状是通过偏移切削区的外轮廓和岛屿轮廓获得的。

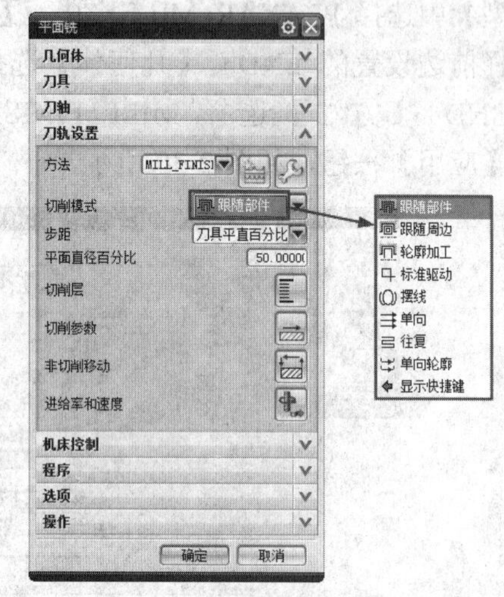

图 2-35 平面铣的切削模式

提示

此方式步进距离不可设置过大，如果大于刀具直径的 50%，会在两条刀具路径间产生未切削区域，产生过大余量。

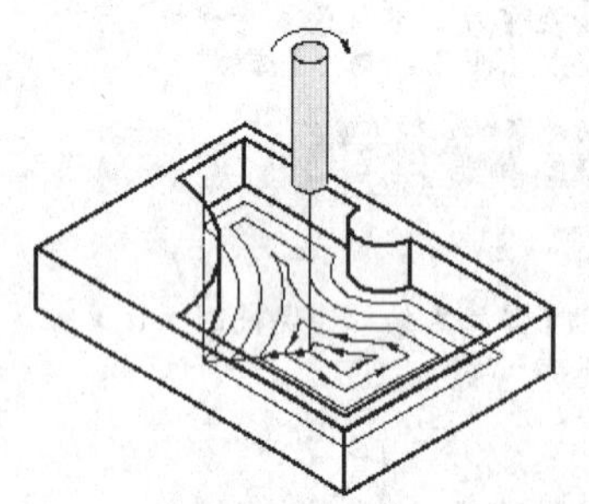

图 2-36 跟随周边方法示意图

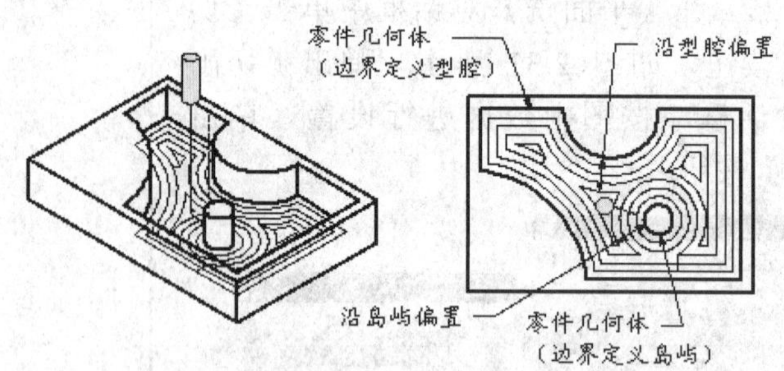

图 2-37 跟随部件方法示意图

3. 单向

【单向】产生一系列单向的平行线性刀轨，因此回程是快速横越运动，如图 2-38 所示。

4. 单向轮廓

【单向轮廓】产生一系列单向的平行线性刀轨，如图 2-39 所示。

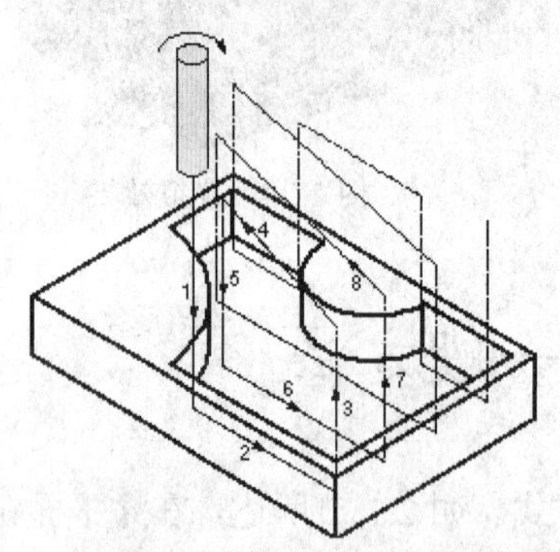

图 2-38 单向方法示意图

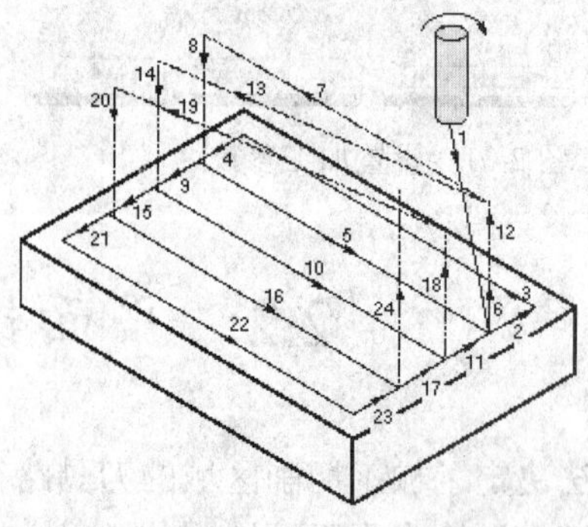

图 2-39 单向轮廓方法示意图

提示

由于切削行间运动也作为切削运动，当指定速度时，系统将不认可步距进给速度。指定的切削速度因此也作用于步距运动。

5. 往复

【往复】产生一系列双向的平行线性刀轨，如图2-40所示，因此切削效率很高。

提示

如果没有指定切削区域起点，第一刀的起点将尽可能地靠近外围边界的起点。

6. 标准驱动

【标准驱动】产生沿切削区轮廓的刀具路径，如图2-41所示。刀轨完全按指定的轮廓边界产生，而不对其进行任何修改。因此，刀具路径可能相交，也可能产生过切的刀具路径。

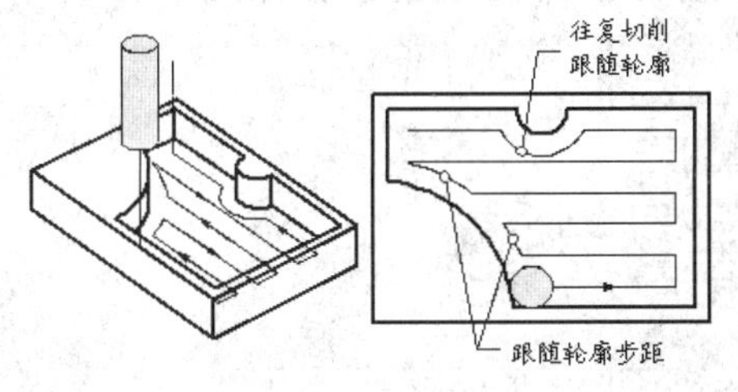

图2-40　往复方法示意图

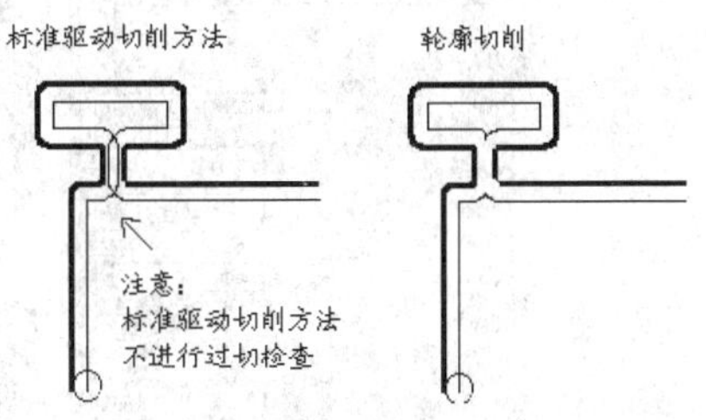

图2-41　标准驱动方法示意图

7. 摆线

【摆线】采用滚动切削方式，可以避免因大吃刀量导致的断刀现象，如图2-42和图2-43所示。

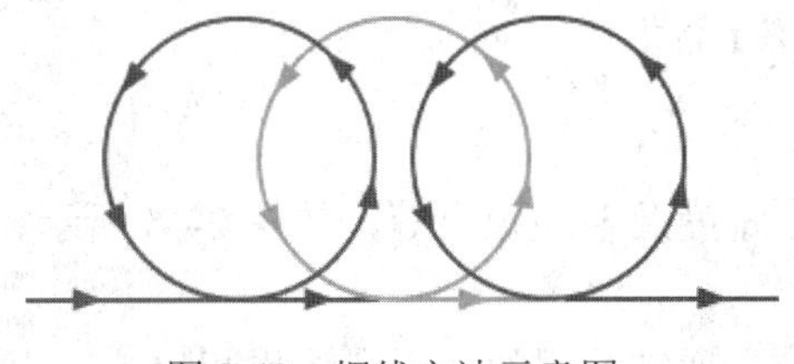
图2-42　摆线方法示意图

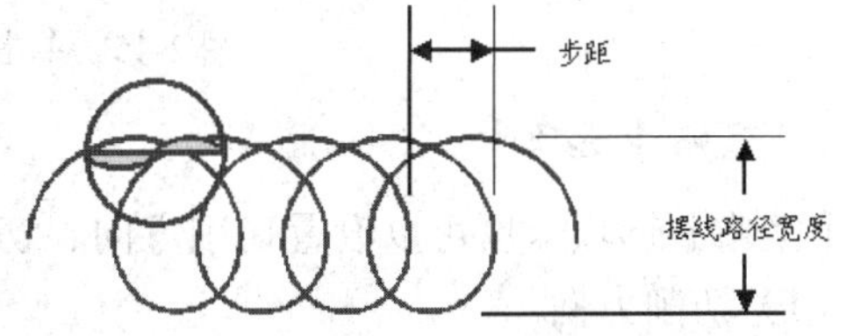

图2-43　摆线切削方法步距和摆线路径宽度

8. 轮廓加工

【轮廓切削】切削方式通过创建一条或指定数量的刀具路径，来完成零件的侧壁或轮廓的切削。其切削的路径与切削区域的轮廓有关，如图2-44所示。

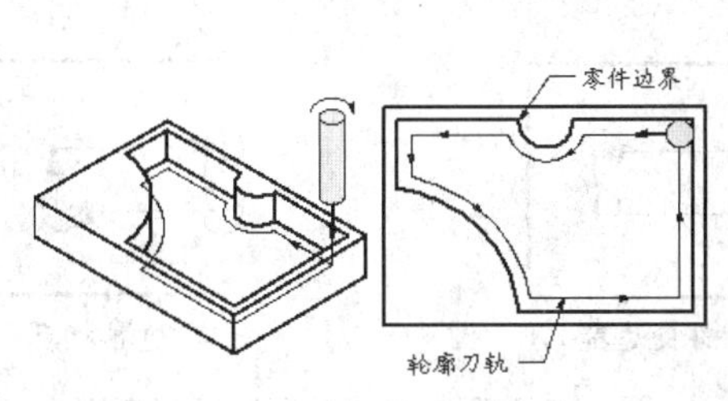

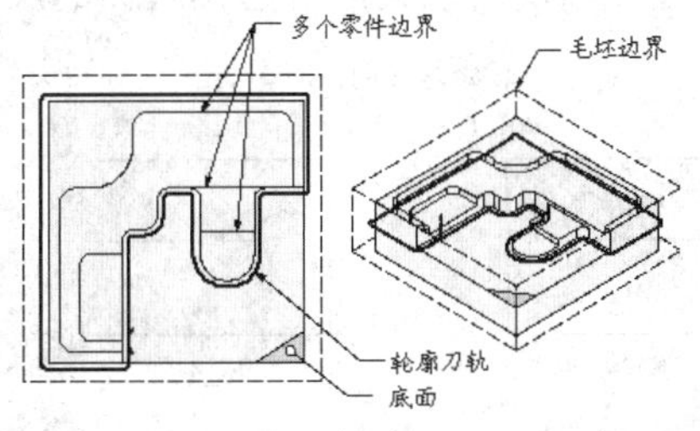

图2-44　轮廓加工方法示意图

2.3 铣削参数设置

2.3.1 切削参数

【切削参数】选项用于指定刀具切削零件时的相关参数。不同的切削方法，切削参数的设置有所不同。下面以往复切削方式为例进行说明，其他切削方法中特有的参数选项将在后面进行补充。在【平面铣】对话框中单击【切削参数】按钮，如图 2-45 所示，系统将弹出【切削参数】对话框。对话框中的选项会随着操作类型、子类型和切削方法的不同而不同。

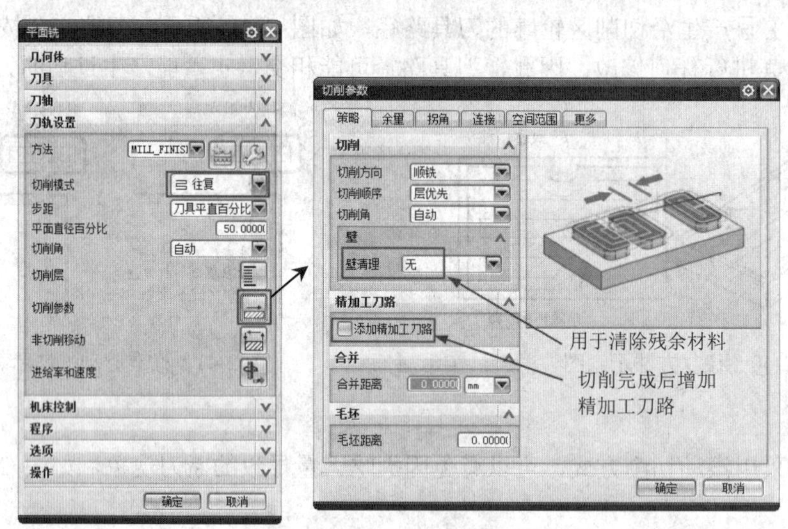

图 2-45 单击【切削参数】按钮

1.【策略】选项卡

【策略】选项卡里可以设置切削方向、切削顺序、角度及毛坯距离等，如图 2-45 所示。

（1）切削方向

设置切削时刀具的运动方向。共有 4 种类型：顺铣、逆铣、跟随边界和边界相反。

- ◆ 顺铣：沿刀轴方向向下看，主轴的旋转方向与刀具运动方向一致，如图 2-46 所示。
- ◆ 逆铣：沿刀轴方向向下看，主轴的旋转方向与刀具运动方向相反，如图 2-46 所示。
- ◆ 跟随边界：刀具按选择的边界方向进行铣削，如图 2-47 所示。
- ◆ 边界相反：刀具沿着选择边界的反方向进行铣削，如图 2-47 所示。

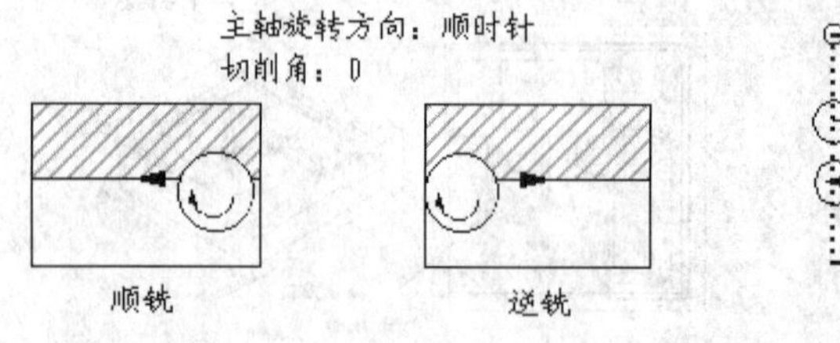

图 2-46 顺铣/逆铣示意图

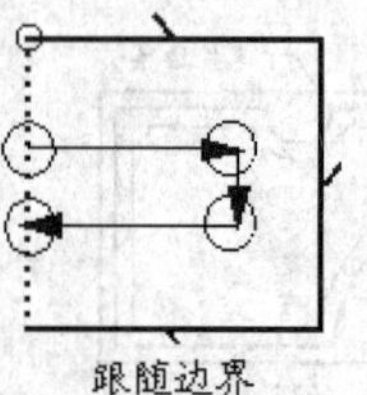

边界相反

图 2-47 跟随边界/边界相反示意图

（2）切削顺序

设定如何处理经过多个区域的刀具路径有两种方式：层优先和深度优先，如图 2-48 所示。层优先是指加工同一切削层上所有的区域后，再加工下一层的所有加工区域，适合于加工薄壁型腔。深度优先指的是先加工一个区域到底部，再加工另一个区域，直到加工完所有的区域。当一个切削层中有多个加工区域时，可以通过定义合适的切削顺序来提高效率。

（3）切削角

该选项只在切削方式为往复、单向和跟随周边时有，如图 2-49 所示。切削角是指刀具路径与工作坐标系中 XC 轴间的夹角，在平面上度量。该角度确定了刀具切削的方向。切削角有 3 种方式：自动、用户定义和最长的线。

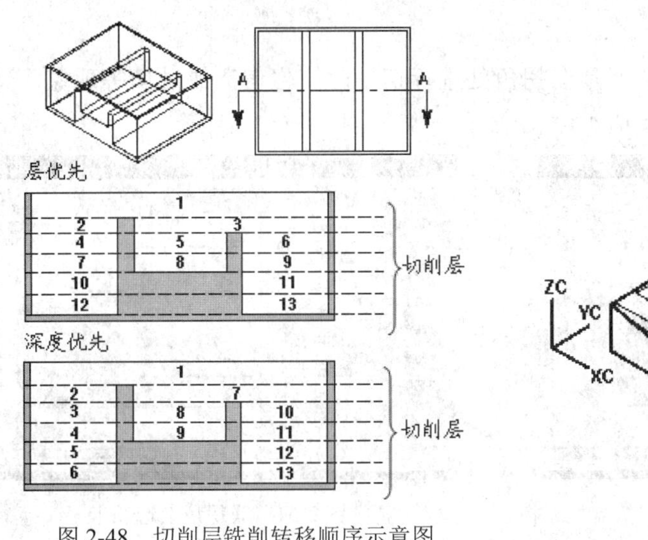

图 2-48　切削层铣削转移顺序示意图

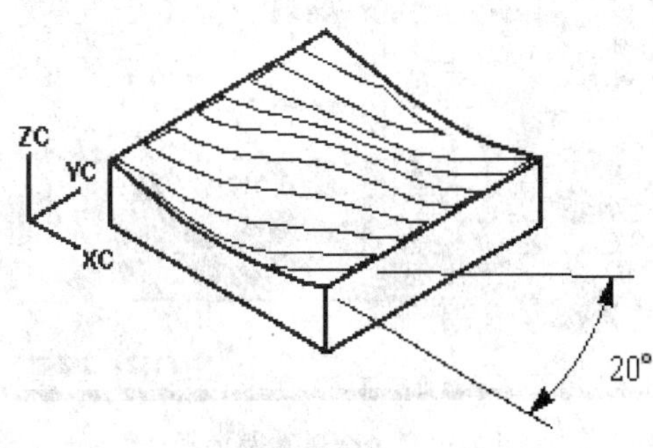

图 2-49　切削角示意图

（4）壁清理

该选项只在切削方式为往复、单向和跟随周边时有，用于清除零件侧壁上的残余材料。其有 3 种方式：无、在起点和在终点。

◆　无：不进行侧壁清洗。
◆　在起点：在每一层切削时，首先沿零件侧壁产生一条刀具轨迹，然后再进行层切削。
◆　在终点：在每一层切削时，在完成层的切削后，沿零件侧壁产生一条刀具轨迹，清除余料。

（5）精加工刀路

用于设置刀具完成切削后，再增加精加工刀轨。在这个轨迹中，刀具环绕着边界和所有岛屿生成一个轮廓铣轨迹。

（6）毛坯

毛坯距离是根据零件边界或零件几何所形成毛坯几何时的偏移距离，在未定义毛坯时该项非常有用。

2.【余量】选项卡

余量用于定义余量和公差参数。在【切削参数】对话框中选择【余量】选项卡，如图 2-50 所示。

◆ 部件余量：该选项决定了完成当前操作后零件上剩余的材料量，并为刀具指定一个安全距离，刀具在移向或移出切削区域时将保持此距离。
◆ 最终底面余量：指的是底面剩余的部件材料量，该余量是沿着刀具轴测量的。
◆ 毛坯余量：指定刀具偏离毛坯的距离，它将应用于相切的毛坯边界。
◆ 检查余量：是指刀具与已定义的检查边界之间的余量。
◆ 修剪余量：是指刀具偏离修剪几何的距离。
◆ 内公差/外公差：指定刀具偏离实际零件的范围。公差值越小，切削越准确，产生的轮廓越顺滑。【内公差】设置刀具切入零件时的最大偏差，称为切入公差。【外公差】设置刀具切削零件时离开零件的最大偏差，称为切出公差。

3.【拐角】选项卡

设置【拐角】选项卡有助于预防刀具在拐角处进行切削时产生偏离或过切等现象，适用于刀具转速较高的切削场合，如图 2-51 所示。

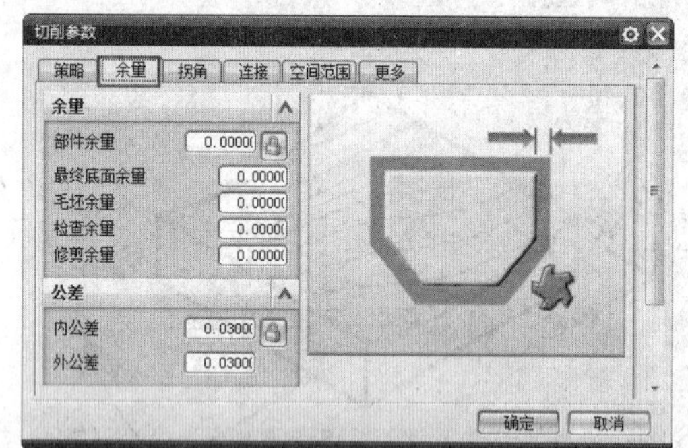

图 2-50 【余量】选项卡

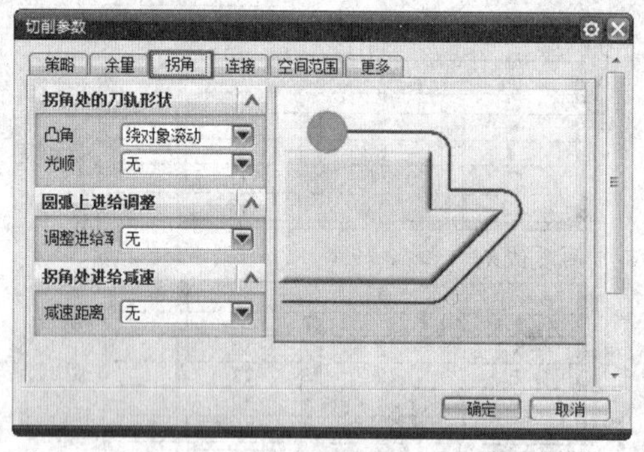

图 2-51 【拐角】选项卡

（1）凸角：凸角包含绕对象滚动、延伸并修剪和延伸。

◆ 绕对象滚动：在凸角处形成圆角过渡，如图 2-52 所示。
◆ 延伸并修剪：沿切线方向延伸相邻边，并将多余的刀轨修剪掉，如图 2-53 所示。
◆ 延伸：沿切线方向延伸相邻边，不进行修剪，如图 2-54 所示。

图 2-52 绕对象滚动示意图

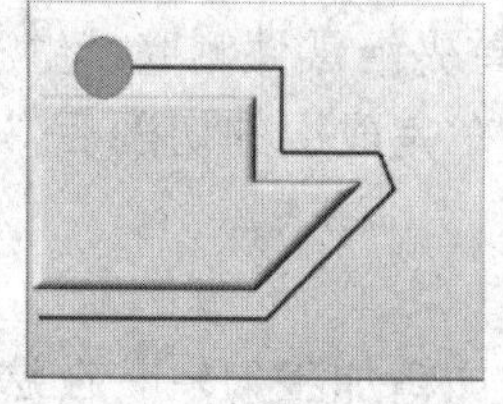
图 2-53 延伸并修剪示意图

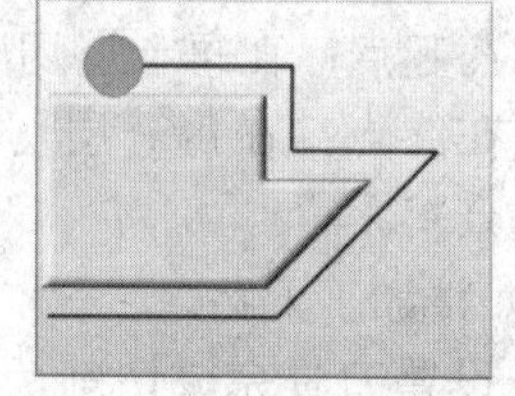
图 2-54 延伸示意图

（2）光顺：控制是否在拐角处添加圆角进行光顺处理。如果切削角度变化在指定的尖角角度范围内，将添加一圆弧到刀具路径中。共包含两个选项，即无和所有刀路，如图 2-55 所示。

（3）调整进给率：用来设置在所有拐角处产生圆角，使得刀具更加均匀地分布切削载荷，减小刀具在拐角处发生过切和偏离工件的几率，通过最大补偿因子和最小补偿因子两个参数来进行控制，补偿因子与圆弧进给率的乘积为拐角进给率的上、下限。

（4）减速距离：通过设置减速距离，在零件拐角处减慢切削速度，减小零件在拐角切削时的啃刀现象，如图 2-56 所示。此选项仅用于凸角切削速度。其中【当前刀具】表示各参数的计算使用当前刀具的直径，【上一个刀具】表示各参数的计算取决于前一个刀具的直径。

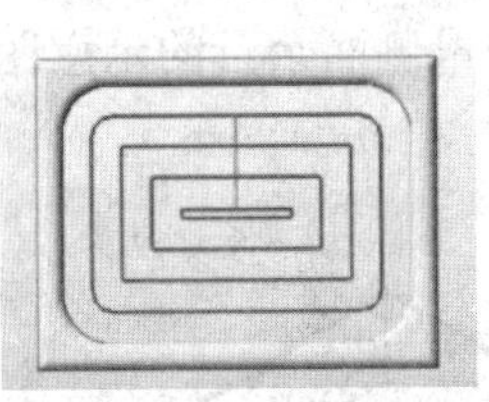
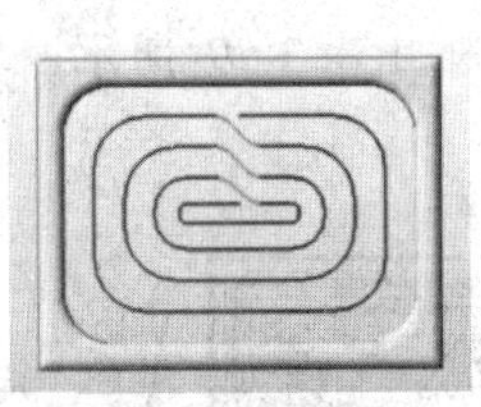

图 2-55 开关光顺选项对比示意图

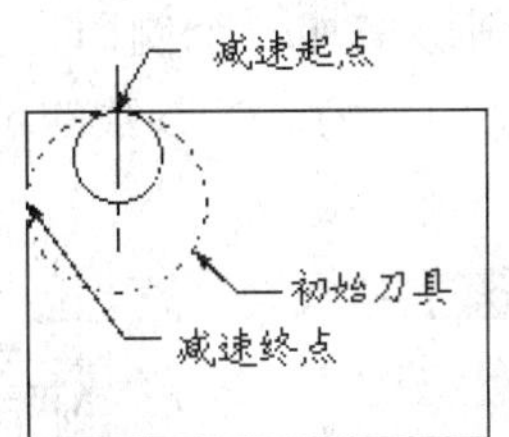

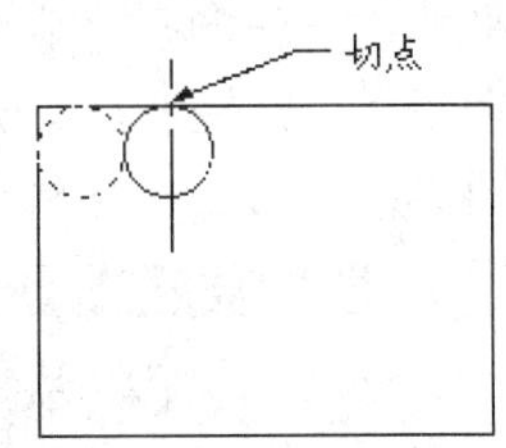

图 2-56 减速示意图

- ◆ 刀具直径百分比：刀具减速长度为所选刀具直径的百分比。
- ◆ 减速百分比：指定拐角减速时最慢的进给速度，为正常进给速度的百分比。
- ◆ 步数：设置进给速度变化的快慢程度。步数越大，减速越平稳。
- ◆ 最小拐角角度/最大拐角角度：用来设置拐角的范围。当切削方向变化处于最小拐角角度和最大拐角角度之间时，则在该拐角处通过加入圆角或者降低进给速度等进行控制。

4.【连接】选项卡

【连接】选项卡定义切削运动间的所有动作，如图 2-57 所示。

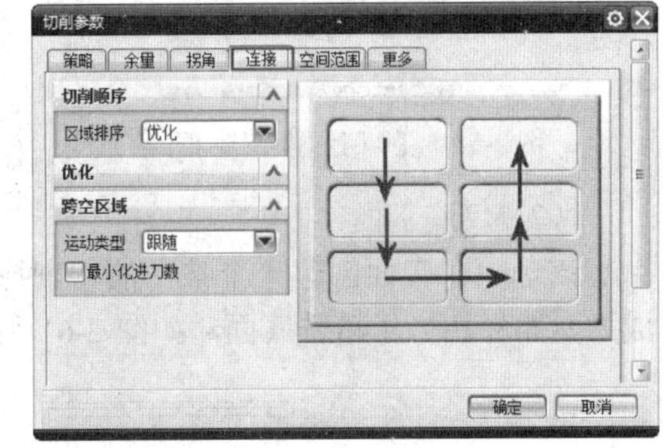

图 2-57 【连接】选项卡

（1）区域排序

区域排序方式提供各种自动和人工指定的切削区加工顺序，其选项有如下 4 种方式。

- ◆ 标准：系统根据所选择边界的次序决定加工顺序。
- ◆ 优化：系统根据最有效的加工时间自动决定各切削区域的加工顺序。
- ◆ 跟随起点：系统按照指定的切削区域开始点来确定各切削区域的加工顺序。
- ◆ 跟随预钻点：该选项与跟随起点原理一样，只是将起点改为预钻点。

（2）跨空区域

跨空区域指定刀具在切削时遇到空隙时的处理方法，包括跟随、剪切和横向 3 种方式。

2.3.2 切削深度

切削深度参数确定多深度切削操作中切削层的深度。深度由岛屿顶面、底面、平面或者输入的值定义。只有当刀轴垂直于底平面或零件边界平行于工作平面时，切削参数才起作用，否则只在底平面上创建刀具路径。在【平面铣】对话框中单击【切削层】按钮，弹出【切削层】对话框，如图 2-58 所示。

（1）用户定义

用户定义方式允许用户定义切削深度，选择该选项后对话框如图 2-58 所示，可以在相应的文本框中输入数值。在该对话框中，【每刀深度】是设置在切削中的层高，【公共】表示每一层的最大切削深度，而【最小值】表示允许的最小切削深度；【离顶面的距离】表示在岛屿顶面上留下的切削余量；【离底面的距离】表示在底面上留下的切削余量；【增量侧面余量】为多深度平面铣操作的每个后续切削层增加一个侧面余量值。增加侧面余量可以保持刀具与侧面间的安全距离，减轻刀具深层切削的应力。各参数的示意图如图 2-59 所示，增量侧面余量的示意图如图 2-60 所示。

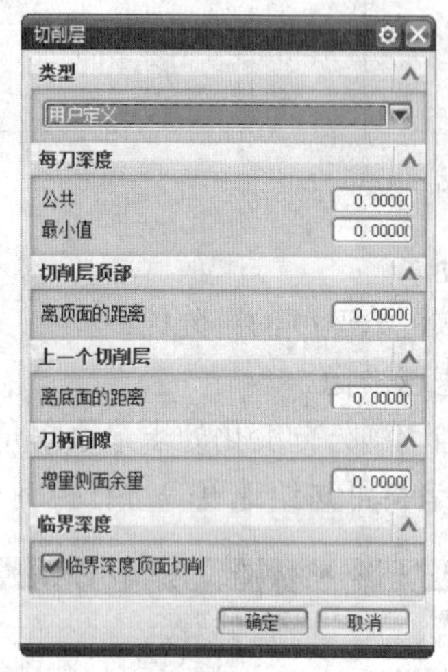

图 2-58 【切削层】对话框

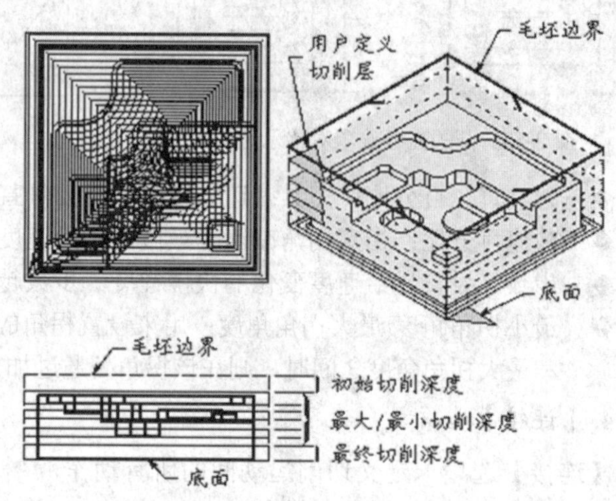

图 2-59 用户定义切削深度类型示意图

（2）仅底部面

该选项在底面创建一个唯一的切削层。选择该选项后，对话框中所有参数均不被激活，生成刀具路径相当于精铣底面，如图 2-61 所示。

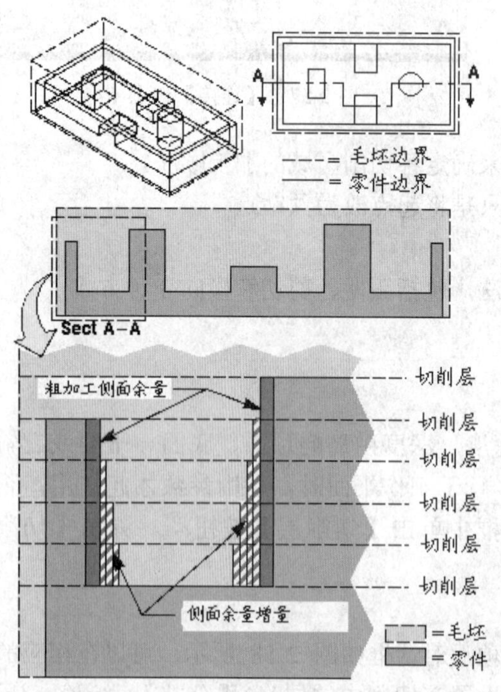

图 2-60 增量侧面余量示意图

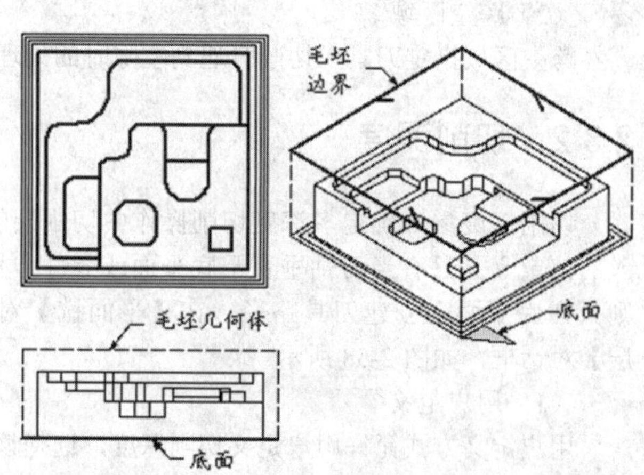

图 2-61 仅底部面切削深度类型示意图

（3）底部面和岛

在底面和岛屿顶面创建切削层。岛屿顶面的切削层不会超出定义的岛屿边界。选择该选项后，对话框中所有的参数均不被激活，如图 2-62 所示。

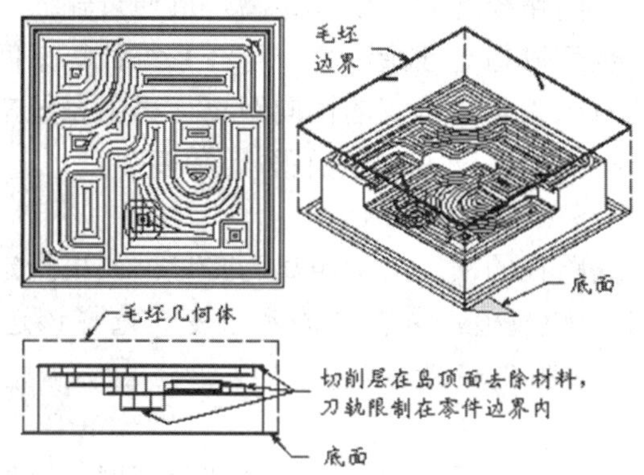

图 2-62　底部面和岛切削深度类型示意图

（4）临界深度

在岛屿的顶面创建一个平面的切削层，所生成的切削层的刀具路径将完全切除切削层平面上的所有毛坯材料，可以在【离顶面的距离】中设置离岛顶面的切削余量，在【离底面的距离】中设置底面的切削余量等，如图 2-63 所示。

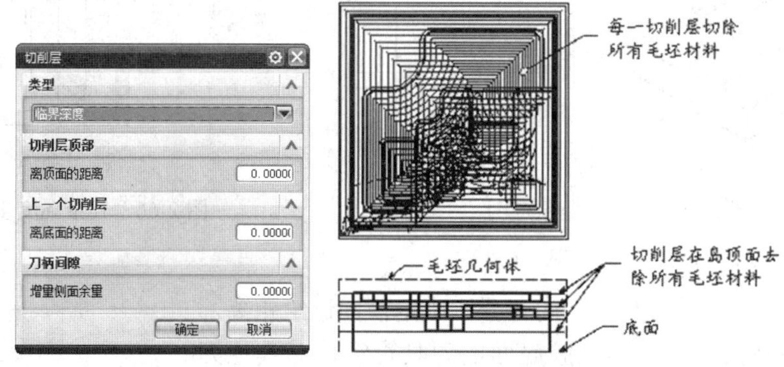

图 2-63　临界深度切削深度类型示意图

（5）恒定

该选项指定一个固定的深度值来产生多个切削层，如图 2-64 所示。

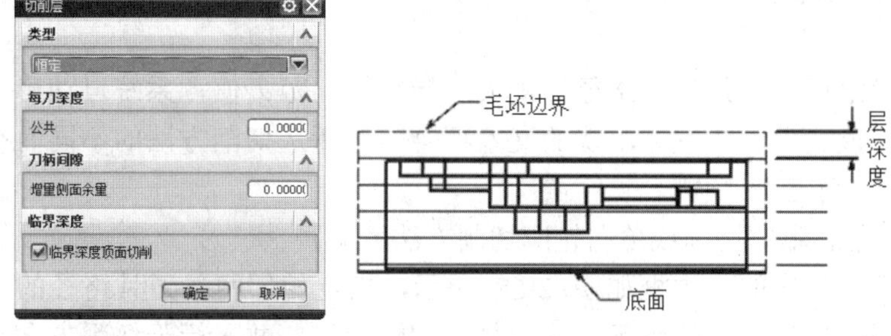

图 2-64　恒定切削深度类型示意图

2.3.3 步距

步距选项用于指定两条切削路径之间的横向距离。可通过输入一个固定距离值或刀具直径的百分比，直接指定步距；也可以指定残余高度，再经系统计算来间接指定横向进给距离。另外，还可以设置一个允许的范围来定义可变的横向距离，再由系统来确定横向距离的大小。该选项包括 4 个选项：恒定、残余高度、刀具平直百分比和多个。

（1）恒定

该选项指定相邻两条刀具路径的横向进给距离为常量。如果指定的距离不能把切削区域均匀分开，系统自动缩小指定的距离值，并保持固定不变。选择该选项后，再在其下方的【距离】文本框内输入距离即可，如图 2-65 所示。

（2）残余高度

该选项通过指定相邻两道刀具路径刀痕间的残余部分高度，以便系统自动计算横向进给距离。系统计算的横向进给距离使两道路径间剩下的材料高度不超过指定的高度。根据边界形状的不同，系统计算横向距离的方法也不相同，但不论指定的残余部分高度多大，系统总是会限制其横向进给的距离，使其不超过刀具直径的 2/3，以避免切削量过大，如图 2-66 所示。

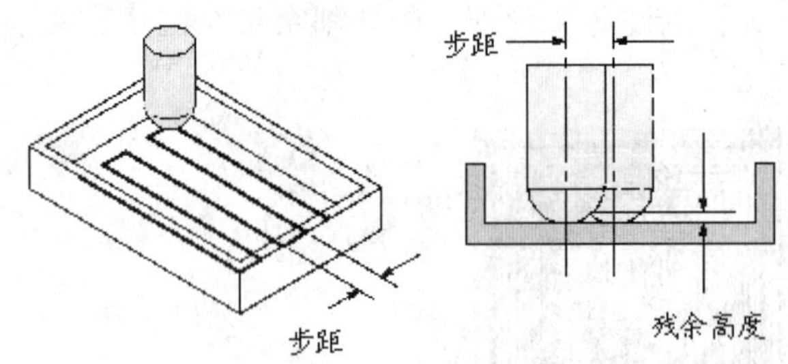

图 2-65　恒定步距示意图

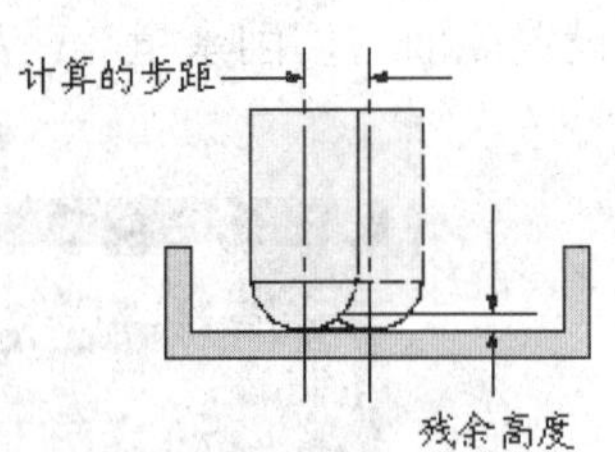

图 2-66　残余高度步距示意图

（3）刀具平直百分比

刀具直径选项按有效刀具直径的百分比确定横向进给距离。有效刀具的直径是指实际接触型腔底面的刀具直径，对其他刀具，有效刀具直径按 D-2CR 公式计算，如果计算出的距离不能把切削区域分开，系统就自动缩小计算出的距离，并保持固定不变，如图 2-67 所示。选择该选项后，在其下的【平面直径百分比】文本框中输入百分比即可。

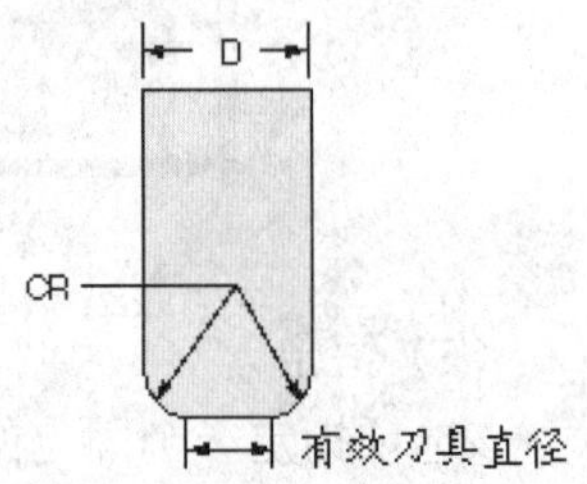

图 2-67　刀具有效直径示意图

（4）多个

该选项通过指定相邻两条刀具路径的最大与最小横向距离值，系统自动确定实际使用的横向进给距离。选择该选项，在下方出现的文本框会随着所选切削方法的不同而有所差异，其横向进给距离的确定方法也将不同。

◆　往复式切削、单向切削或单向轮廓切削方法

选择该选项后，相应的文本框如图 2-68 所示，指定相邻两条刀具路径的最大与最小距离后，系统在该范围内选择合适的步距，使刀具相切于边界，并平行于切削方向产生切削刀具路径。如果输入的最大值与最小值相同，系统将用输入的值作为横向进给距离，此时可能在侧壁

与往复路径间产生未切削区域如图 2-69 所示。

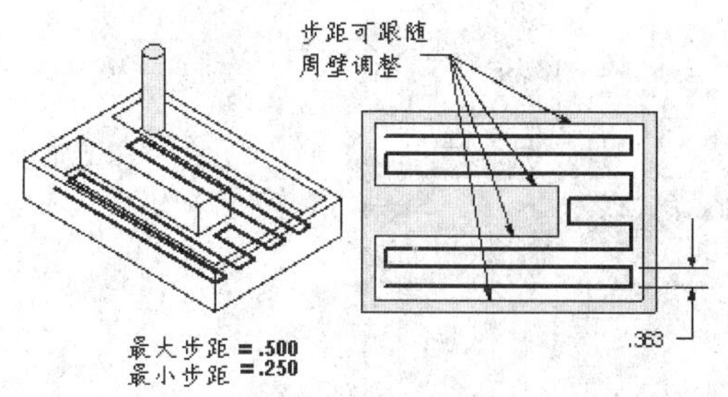

图 2-68　往复走刀方式下的可变步距示意图

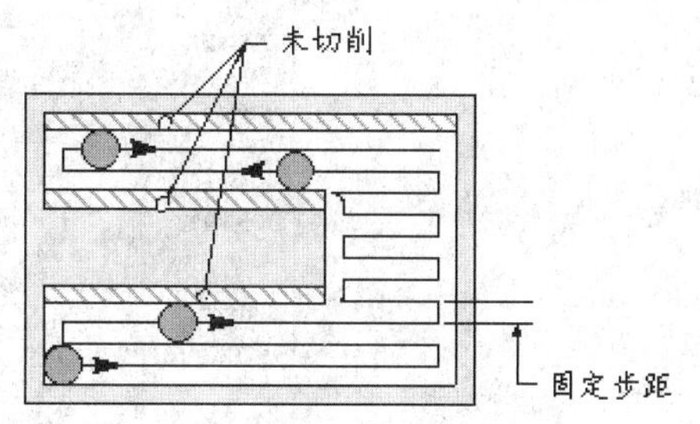

图 2-69　可变步距产生未切削区域示意图

◆　对于跟随周边、跟随零件、轮廓切削或标准驱动切削方法

选择该选项后，相应的文本框如图 2-70 所示。在该文本框中可以指定多个步距值，以及各距离值对应的路径数，如图 2-70 所示。

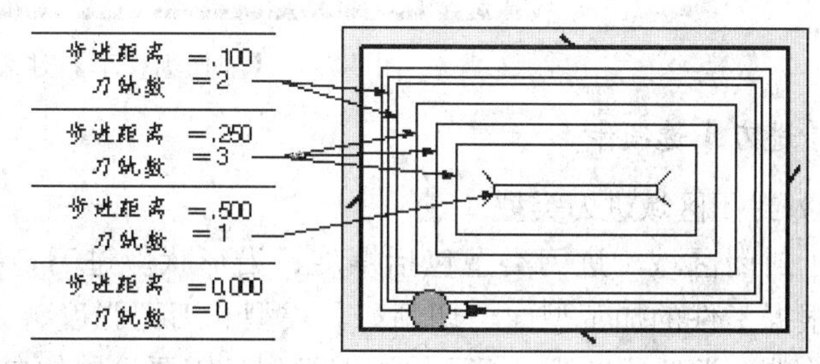

图 2-70　跟随周边切削方式可变步距示意图

当设置多组步距与路径数时，如果合成的路径超出或不够切削区域，系统则自动按从型腔中心朝边界的顺序删除或添加必要的路径，如图 2-71 所示。实际上，对轮廓切削或标准驱动切削方式，可变步距类型横向进给就相当于附加路径。

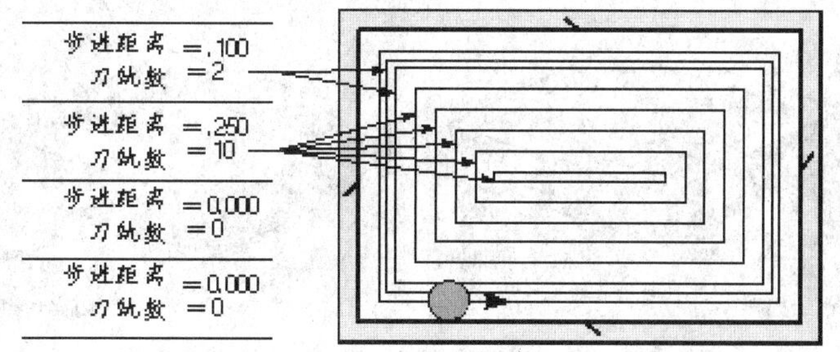

图 2-71　跟随周边切削方式可变步距示意图

2.3.4　非切削移动

非切削移动指的是刀具除了不进行切削时的所有空间运动，包括逼近、进刀横越、返回和

退刀等运动。本节主要根据加工模板操作对话框的相关对话框，有关非切削运动的合理设置的要求，对进刀、退刀、安全距离、安全平面、避让和角控制等重要的操作参数进行介绍。

在【平面铣】对话框中单击【非切削移动】按钮，弹出如图 2-72 所示的对话框。

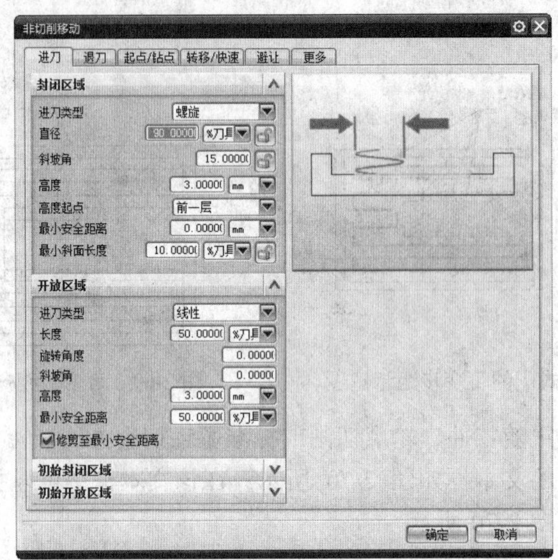

图 2-72　【非切削移动】对话框

1.【进刀】选项卡

（1）封闭区域进刀类型

对于封闭区域，进刀类型包括螺旋、沿形状斜进刀、插铣、无及与开放区域相同 5 种方式。要根据工件的加工型面、切削刀具类型和刀刃强度、刀具转速和有无预钻孔等具体情况选用合理的进刀类型。当然，不同的进刀类型，需要设置的参数也不同。

◆ 螺旋：该选项是系统默认的，相对比较安全，在实际切削中较为常见。主要控制参数有螺旋线直径、斜角和高度等，如图 2-73 所示。

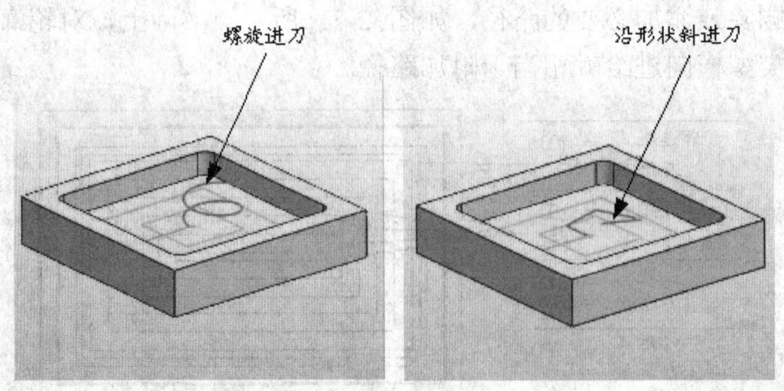

图 2-73　螺旋进刀和沿形状斜进刀类型示意图

◆ 沿形状斜进刀：选择该进刀类型，不管工件形状如何，刀具将沿着所有轨迹的切削路径进行倾斜下刀，如图 2-73 所示。

◆ 插铣：该进刀方式又称为直线进刀，即进刀方式按刀轴方向垂直下刀，下刀路径最短，但是容易碰伤刀刃，在使用小直径铣刀和球形铣刀时尽量避免使用，如图 2-74 所示。

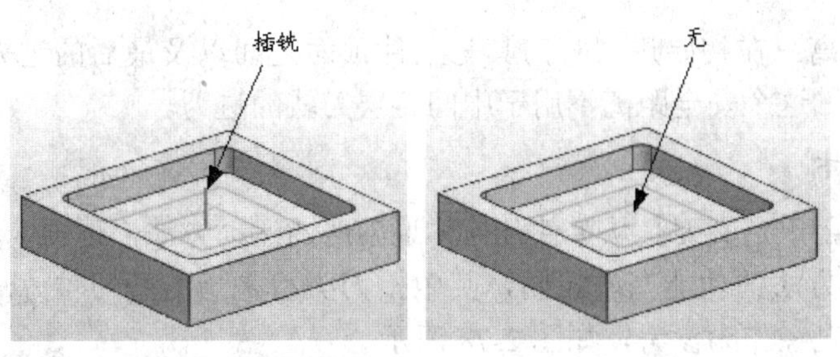

图 2-74　插铣和无进刀类型示意图

（2）开放区域进刀类型

开放区域进刀类型除了上述的进刀类型外，还有线性、线性-相对于切削、圆弧、点、线性-沿矢量、角度-角度-平面、矢量平面等。

- ◆ 线性：线性进刀就是沿直线进刀，在垂直于刀轴的平面内运行倾斜一定的焦点，当切削方式为往复切削、单向切削或单向沿轮廓切削方式时，沿直线进刀与沿外形进刀产生的进刀/退刀倾向方式相同。
- ◆ 圆弧：进刀类型为圆弧形式，圆弧进刀类型在往复切削和其他平行线切削方式时不可用。
- ◆ 点：用两个点来控制进刀的路径，即采用点构造器指定的点作为进刀点，这种进刀运动为直线运动。
- ◆ 线性-沿矢量：根据矢量构造器指定的矢量来决定进刀运动方向，键盘输入的距离决定进刀点的位置。
- ◆ 角度-角度-平面：根据两个角度和一个平面指定进刀运动类型，其中方向由指定的两个角度决定，距离由平面和矢量的方向决定，如图 2-75 所示。
- ◆ 矢量平面：通过矢量构造器指定的矢量来决定进刀运动方向，同时，由平面构造器指定的平面一起来决定进刀点的位置，如图 2-76 所示。

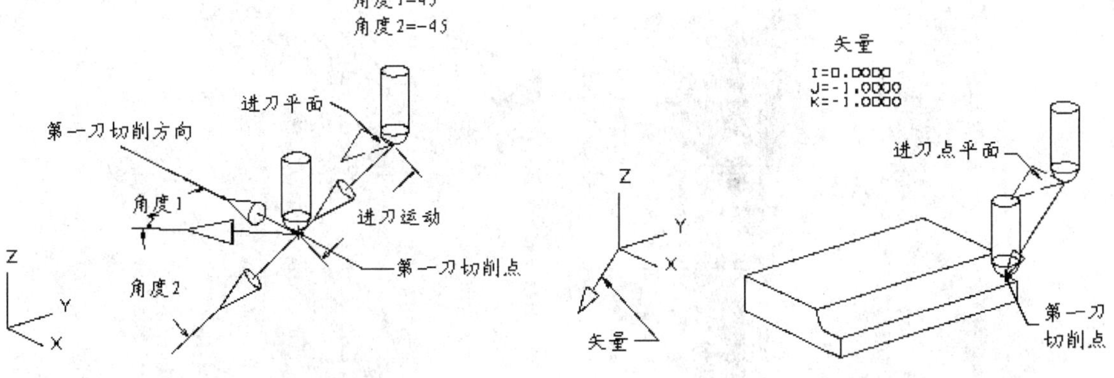

图 2-75　角度-角度-平面进刀方式示意图　　　图 2-76　矢量平面进刀方式示意图

（3）安全距离

安全距离允许指定刀具移动到新的切削区域以及刀具向深度进刀时刀具与工件表面的距离。

- ◆ 高度：指沿垂直于零件表面的矢量测量的、刀具从材料开始运动的距离。是刀具朝工件的水平面或斜面移动接近工件时，由接近速度转为进刀速度的位置。是围绕工件侧面的一个安全带，水平安全距离将刀具半径考虑进去。

◆ 最小安全距离：在初始进刀时刀具与工件顶面之间以及最后的进刀刀具与底平面之间的安全距离。这个安全距离不用于中间各层刀轨的进刀。

2.【退刀】选项卡

【退刀】选项卡用于定义刀具从零件几何体退刀时的运动方法，选项卡如图 2-77 所示。

退刀方法与进刀方法的功能基本相同，其中抬刀类型是指沿着刀轴方法退刀，主要控制参数是高度值，以刀具直径作为参考，如图 2-78 所示。

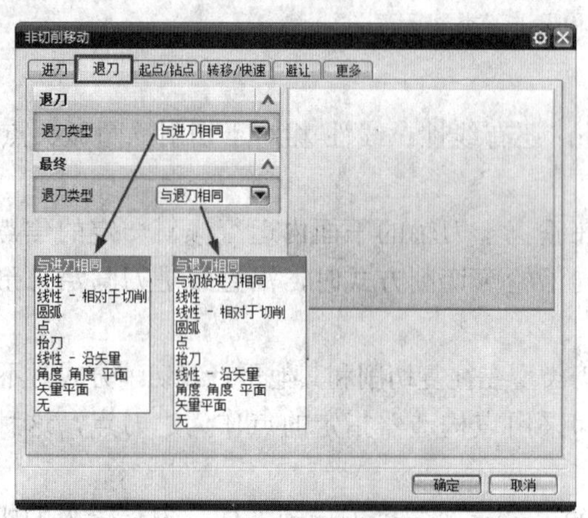

图 2-77 【退刀】选项卡

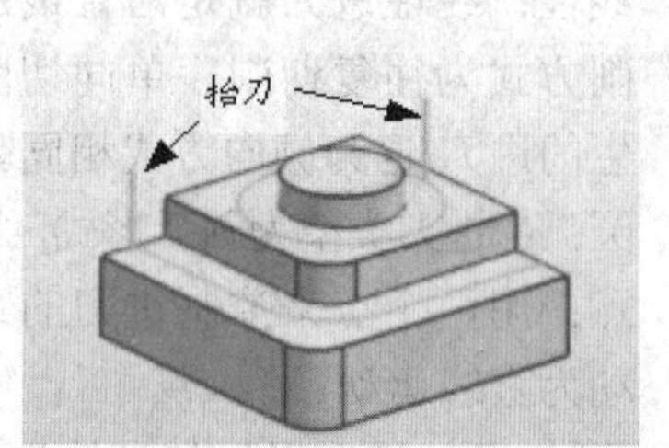

图 2-78 抬刀退刀方式示意图

3.【起点/钻点】选项卡

起点/钻点为刀具轨迹的起点。设置预钻进刀点和切削点用于控制腔体单区域铣削或多区域加工的进刀位置和刀具切入工件的方向，如图 2-79 所示。

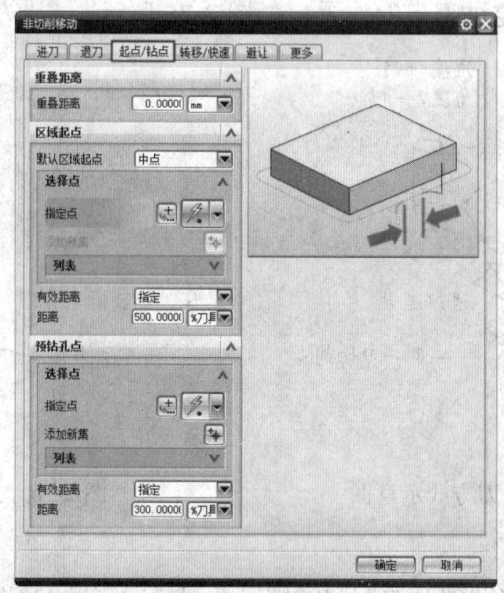

图 2-79 【起点/钻点】选项卡

（1）重叠距离

重叠距离是指进刀点和退刀点之间的重叠距离。如果进刀和退刀区域相同，必须设置重叠距离才能保证该区域切削干净，清除进刀和切入时的刀痕。

（2）区域起点

平面铣由多层刀轨构成，每一个切削区的每层切削刀轨都有一个起始点，称为切削起始点。系统默认从工件的中点或角点进行切入，也可以通过点构造器在工件模型或者毛坯模型上指定某个点作为切入位置。

提示

实际的切削刀轨起点一般不会刚好处于用户定义的切削区起始点位置，但系统会根据切削区域形状等因素决定一个最接近用户定义的起始点位置作为实际的切削区域刀轨起始点。

（3）预钻孔点

很多切削场合，比如用立铣刀加工凹槽时，预先在工件指定位置钻出工艺孔，便于安全下刀，保护刀具的安全。在创建平面铣的挖槽加工时，通过指定预钻孔点来控制刀具在预钻孔位置进刀。刀具在安全平面或最小安全距离间隙开始沿刀轴方向对准预钻点垂直下刀。

提示

如果距离值为零，表示切削区内所有层都是用这个预钻点作为进刀点。在指定预钻点之前应先输入深度值。

4.【转移/快速】选项卡

该选项用来确定切削的安全平面和刀具横越方式，包括安全设置、切削区域内刀具横越方式和区域之间的刀具横越方式，如图 2-80 所示。刀具将首先从其当前位置运动到指定安全平面，再转移到指定平面的层，然后移动到进刀运动起始处上方的位置，如图 2-81 所示。

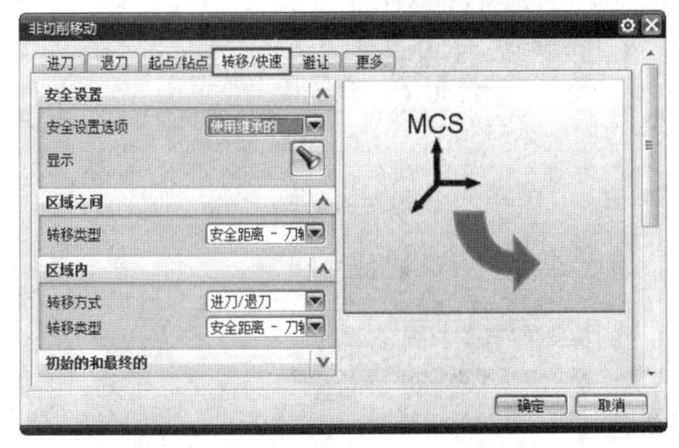

图 2-80 【转移/快速】选项卡

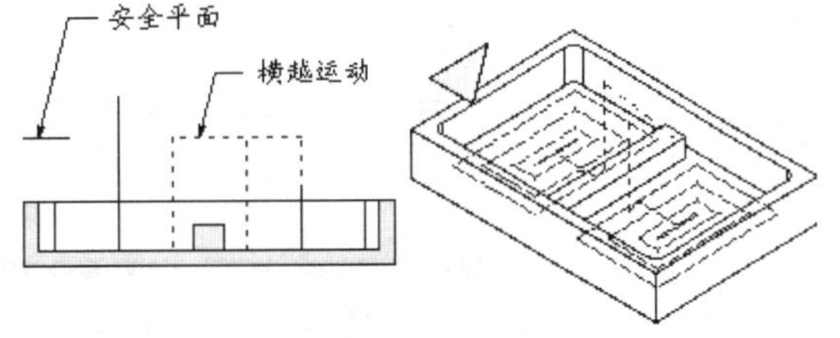

图 2-81 安全平面方式刀具横越示意图

（1）安全设置

通过安全平面定义安全设置。在多岛复杂型面的加工中，设置合理的安全平面可以有效地避免刀具干涉工件。一般的工序操作都需要使用安全平面进行刀具的横越运动，保证安全。下面介绍几种常用的安全设置方式。

◆ 使用继承的：通过继承的方法，在父节点中直接加载已定义好的参数。

◆ 自动：安全平面是系统默认的 3mm。

◆ 平面：通过平面构造器设定横跨平面。

（2）区域之间

用于设置区域之间的刀具横越方式，常用的有以下几种。

◆ 前一个平面：指使用上次设定的安全平面及其安全距离

◆ 直接：指刀具从当前位置直接移动的到下一区的进刀点。

◆ 最小安全值 Z：Z 方向是最低安全平面。刀具提升到这个平面比提升到安全平面的效率要高。

（3）区域内

【转移方式】用于设置转移的方式。【转移类型】与区域之间转移类型一样。

◆ 进刀/退刀：设置进刀/退刀时使用转移。

◆ 抬刀/插削：设置抬刀/插削时使用转移。

5.【避让】选项卡

避让是用来定义刀具轨迹开始之前和切削以后的非切削运动的位置和方向。为了有助于定义这些运动，一般都需要采用点构造器、平面构造器等在主模型、毛坯及其周围空间定义相应的几何点、平面等，作为控制刀具运动的参考几何体，如图 2-82 所示。

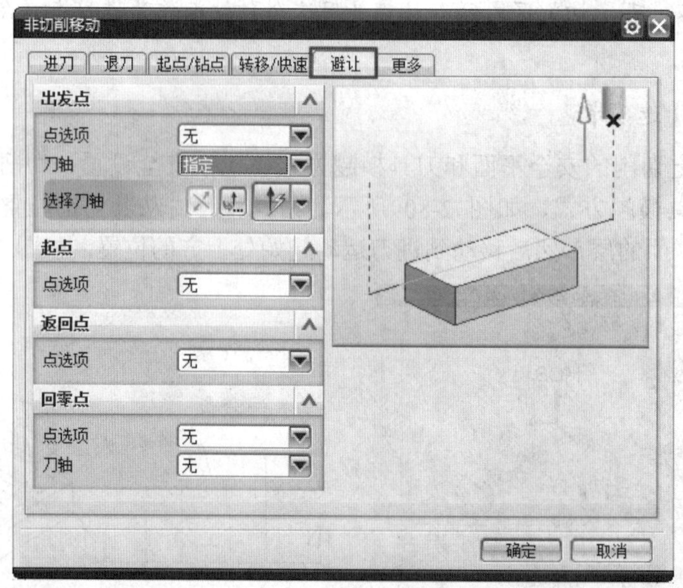

图 2-82 【避让】选项卡

本选项卡需要设置出发点、起点、返回点和回零点。各个选项的设置方法相同，都是通过点和刀轴共同定义各点，都包含无和指定两个选项。

◆ 无：不指定各个点，这样不会影响刀具轨迹的产生，但一般要在最终生成的数控程序中进行修改或者补充。

◆ 指定：选择该选项，弹出点构造器，用于确定各个点的位置。

6.【更多】选项卡

【更多】选项卡用于设置碰撞检查和刀具补偿，如图 2-83 所示。选中【碰撞检查】复选框，系统将探测刀具与零件及检查几何体是否碰撞，如图 2-84 所示。对于进刀、退刀和横越，如果检测到碰撞，系统将改变刀具路径以避免碰撞。对于接近和远离，系统仅在刀具路径和 CLSF 文件内写入警告。

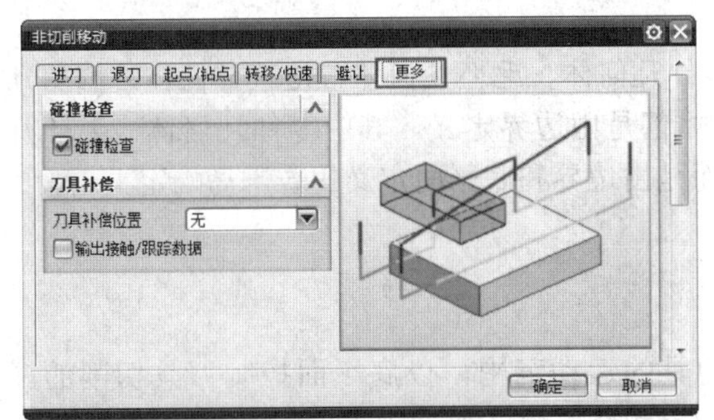

图 2-83　【更多】选项卡

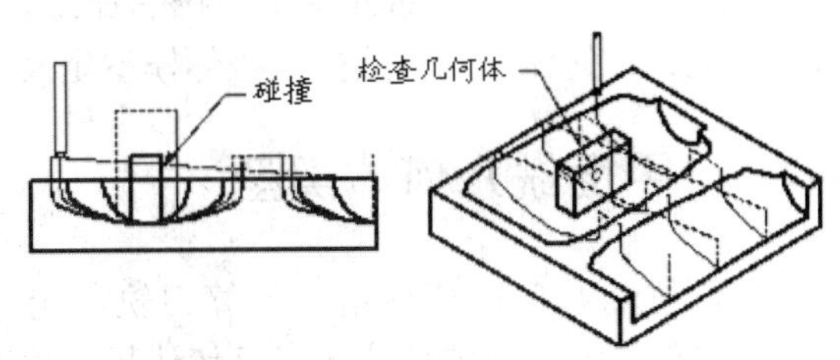

图 2-84　横越时与检查几何体碰撞示意图

2.3.5　进给率和速度

进给率和速度选项用于指定表面速度、每个齿的进给、主轴速度、进给率等。在【平面铣】对话框中单击【进给率和速度】按钮，弹出如图 2-85 所示的【进给率和速度】对话框。

图 2-85　【进给率和速度】对话框

- 表面速度：用来指定刀具的切削速度。
- 每齿进给量：指定刀具每个齿切削的材料量，系统根据每个齿的进给来计算进给速度。
- 主轴速度：用来定义机床主轴速度。

2.4 设定平面铣削几何体

平面铣所涉及的加工几何包括下列 5 种：零件几何体、毛坯几何体、检查几何体、修剪几何体、底平面。除底平面外，平面铣的加工几何体都是由边界定义。其中零件几何体、毛坯几何体、检查几何体不是直接由实心体模型定义，而是由边界和底平面定义的若干岛屿定义。

2.4.1 平面铣几何体类型

平面铣的几何体边界用于计算刀轨，定义刀具的运动范围，以底平面控制刀具切削的深度。几何体边界包括零件边界、毛坯边界、检查边界和修剪边界等。

1. 零件边界

零件边界用于描述完整的零件轮廓，用于控制刀具的运动范围，可以通过选择面、曲线和点来定义零件边界，如图 2-86 所示。选择点时，将以点的选择顺序用直线连接起来，定义切削的范围。选择面时，其边界是封闭的，其材料侧为内部保留或外部保留。当零件边界是开放边界时，其材料侧为左侧保留或右侧保留。

2. 毛坯边界

毛坯边界用于描述被加工的材料的范围，是系统计算刀轨的重要依据，如图 2-87 所示。毛坯边界不是必须定义的，若零件几何体能够形成封闭的区域，则可以不定义毛坯边界。毛坯边界只能是封闭的，不能开放。当零件边界和毛坯边界都定义时，系统将根据零件边界和毛坯边界共同定义刀具的运动范围。

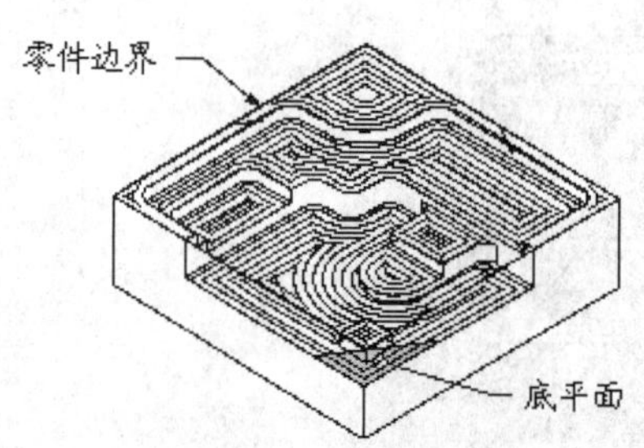

图 2-86 零件边界示意图

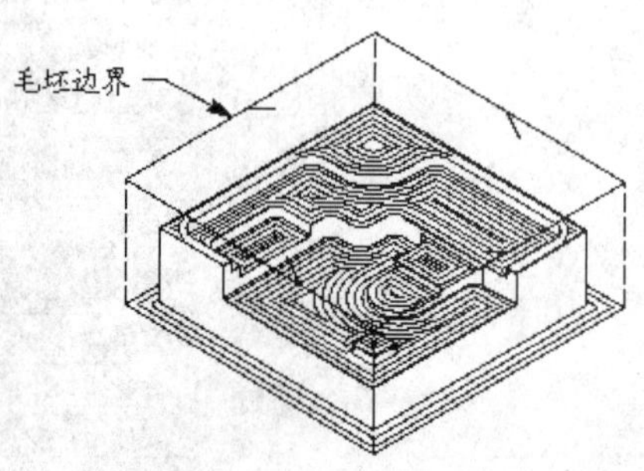

图 2-87 毛坯边界示意图

提示

毛坯边界不是必需的。零件边界和毛坯边界两者定义一个即可。

3. 检查边界

检查边界用于描述刀具不能碰撞的区域，如工装夹具和压板等。在检查边界定义的区域不会产生刀具路径，如图 2-88 所示。

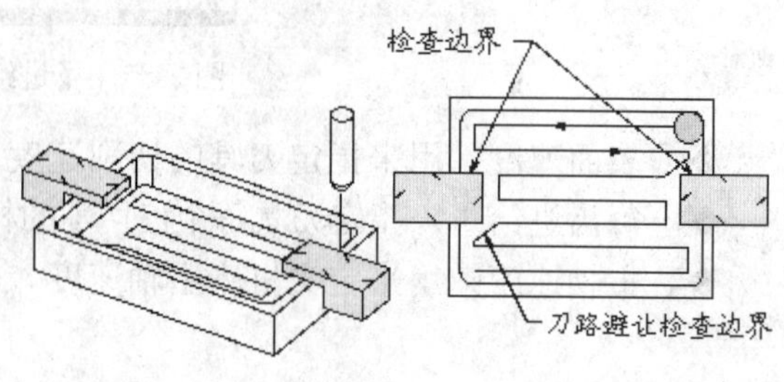

图 2-88 检查边界示意图

提示

检查边界不是必需的。

4. 修剪边界

如果操作的整个刀轨涉及的切削范围的某一个区域不希望被切削，可以利用修剪几何将这部分刀轨去掉。修剪边界与检查边界的作用是相似的，用来进一步控制刀具的运动范围，如图 2-89 所示。

5. 底平面

底平面用于指定平面铣加工的最低高度，该选项只出现在平面铣中。底面的选择可以直接选择零件中的水平表面，也可以通过水平表面的偏移来产生一个平面，如图 2-90 所示。

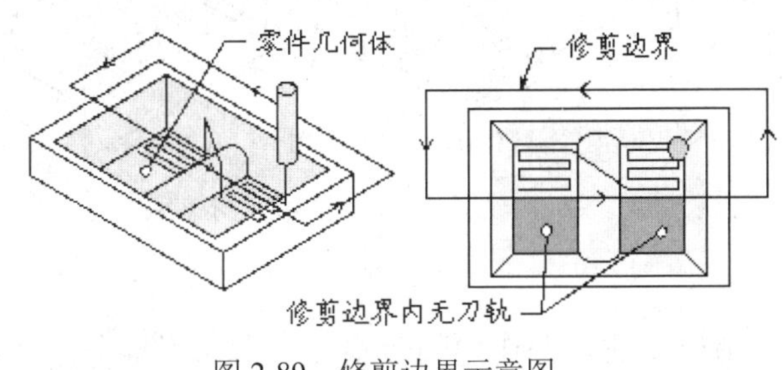

图 2-89　修剪边界示意图

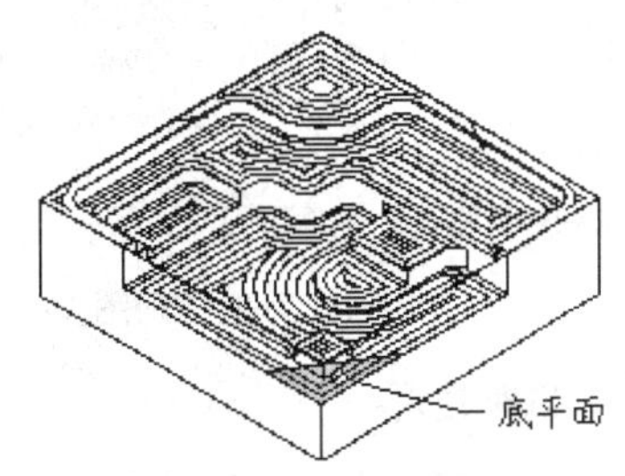

图 2-90　底平面示意图

提示

底平面是必须定义的。如果零件平面和底平面处于同一平面，将生成单一深度的刀轨。

2.4.2　边界的类型及创建方法

边界分为永久边界和临时边界两种。

1. 永久边界

永久边界一般用来指定切削区域的刀具路径，在加工中可以将要重复使用的边界定义为永久边界。永久边界一旦创建就将和其他的永久几何体一起显示在绘图区，并且不能被修改，只能删除或重新指定。

2. 永久边界的创建

在【工具】菜单中选择【边界】命令，系统将会弹出【边界管理器】对话框。然后单击【创建】按钮，弹出【创建边界】对话框，如图 2-91 所示，通过该对话框来创建永久边界。

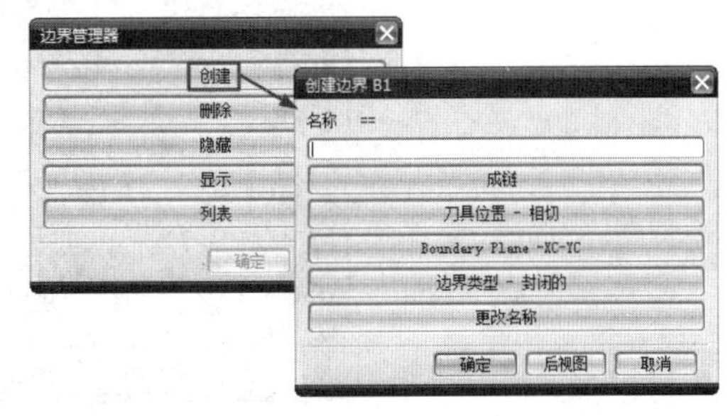

图 2-91　创建永久边界

- 成链：选择此选项，从开始的曲线依次选取，可以快速选择多条曲线。
- 刀具位置-相切：此选项决定刀具接近边界时的位置。通过此选项，可以针对单个选择的边界成员或针对整个链，将刀位指定为在上边或相切于，如图 2-92 所示。首先选择所需的刀位，然后选择曲线、边或链。

- Boundary Plane-XC-YC：选择此选项，弹出【平面】对话框，该对话框使用平面子功能来定义平面，选定几何体将被投影到该平面上且将在该平面上创建边界。
- 边界类型-封闭的：用于指定要创建的边界为开放的或封闭的，如图 2-93 所示。封闭边界定义的是一个区域，开放边界定义的是一条轨迹。
- 更改名称：用于改变当前要创建的边界的名称。

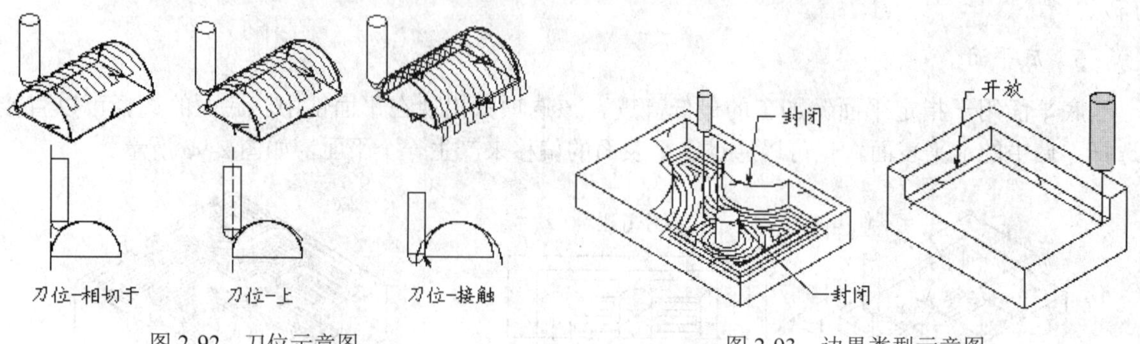

图 2-92　刀位示意图

图 2-93　边界类型示意图

3. 临时边界

临时边界通过有效的【几何体选择】对话框创建，并作为临时实体显示在屏幕上，屏幕刷新后自动消失。临时边界可以通过曲线、边缘、已经存在的永久边界、平面和点来创建，并与创建它们的父几何体相关联，且可以修改。

4. 临时边界的创建

临时边界的创建可以通过单击【创建几何体】按钮创建，单击【指定部件边界】右侧的【指定或编辑部件边界】按钮，弹出如图 2-94 所示的【部件边界】对话框。

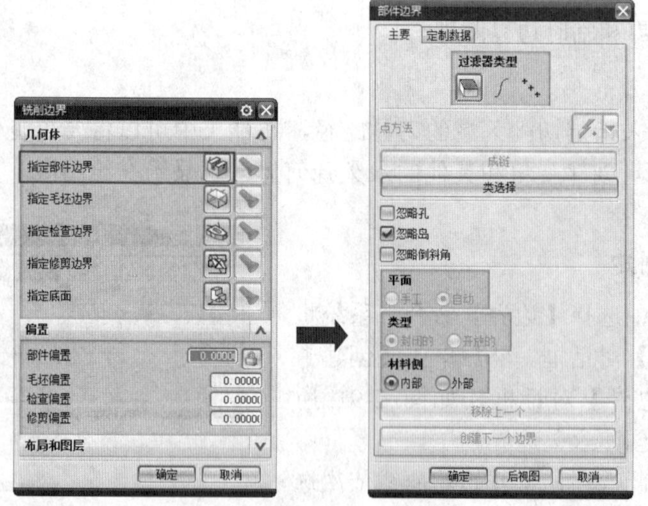

图 2-94　临时边界的创建

（1）过滤器类型

- 面边界：指定所选的模型表面的所有或部分创建边界。

◆ 曲线边界：用曲线来定义边界。

◆ 点边界：利用打开的点构造器来指定点，在这些点之间形成直线或者曲线等，再由线构成边界。

（2）忽略孔：该选项指定系统定义边界时将忽略面中孔的边缘。

（3）忽略岛：该选项指定系统定义边界时将忽略面中岛屿的边缘。

（4）忽略倒斜角：该选项指定系统定义边界时对所在面上邻接的倒角、倒圆和圆面是否认可。选中该选项建立的边界将包含这些倒角、倒圆等。

（5）类型

◆ 封闭的：指定边界是封闭的。

◆ 开放的：指定边界是开放的。

（6）材料侧：用于指定边界所定义的岛屿的材料位于边界的哪一侧。对于封闭边界，材料侧由边界的内部或外部指定。对于开放的边界，材料侧由边界的左边或右边指定。

5. 编辑边界

在平面铣削操作中，刀具轨迹的创建通过边界几何体来计算，不同的边界几何体的组合所产生的刀具的轨迹也不同。当定义好边界后，生成的切削区域不合要求时，可以通过编辑修改几何体边界来改变切削区域。

在【平面铣】对话框中，展开【几何体】选项，单击【指定部件边界】右侧的【指定或编辑部件边界】按钮，弹出如图 2-95 所示的【部件边界】对话框。

◆ 余量：激活该选项，可以对加工的边界单独设置余量。

◆ 切削进给率：激活该选项，可以对加工的边界单独设置进给速度或进给量。

◆ 编辑：单击【编辑】按钮，弹出如图 2-96 所示的【编辑成员】对话框，增加了【操作头】和【刀轨结束】两选项进行调用或者编辑。

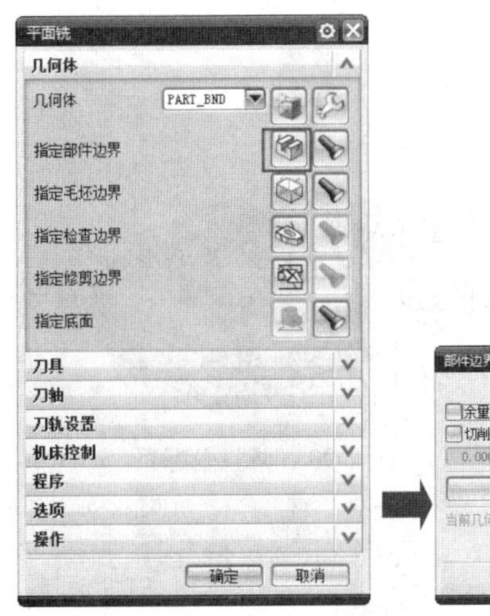

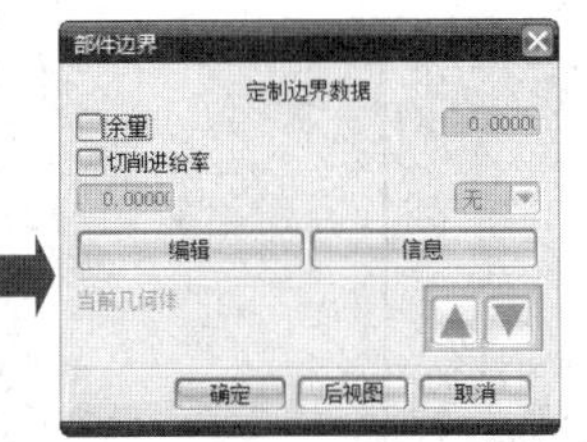

图 2-95　编辑边界步骤

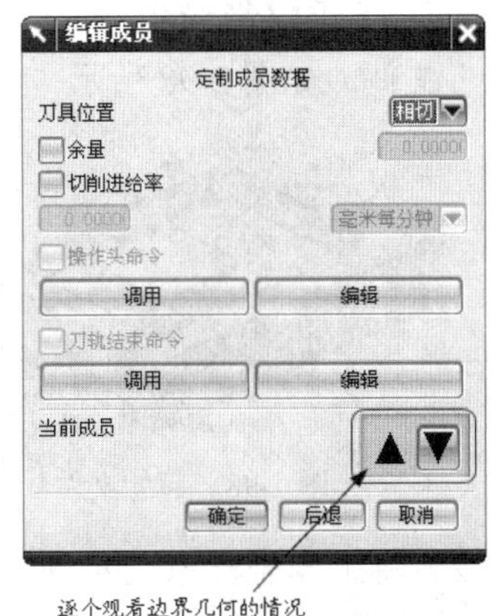

图 2-96　【编辑成员】对话框

◆ 信息：单击【信息】按钮，系统列出当前所有的边界信息，包括边界类型、边界尺寸范围、相关联的几何体、每一个边界成员的起点、终点、刀具位置等。

◆ 当前几何体：通过单击【当前几何体】选项下边的【上一个】和【下一个】按钮▲▼，

在视图窗口中逐个观看边界几何的情况。

2.5 实例·操作——带岛屿凹模加工

如图 2-97 所示的工件，需要加工出中间的凹槽和中间的岛屿。

图 2-97 带岛屿凹模

【思路分析】

从工件构成的几何类型分析，简单的平面铣即可完成加工。

1. 工件安装

将底平面固定安装在机床上。

2. 加工坐标原点

以毛坯上平面的一个顶点作为加工坐标原点。

3. 工步安排

采用直径为 6mm 的端铣刀进行加工。

【光盘文件】

起始文件——参见附带光盘中的“Model\Ch2\2-5.prt”文件。

结果文件——参见附带光盘中的“END\Ch2\2-5.prt”文件。

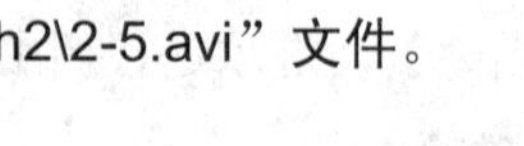

动画演示——参见附带光盘中的“AVI\Ch2\2-5.avi”文件。

【操作步骤】

（1）打开附带光盘中的“Model\Ch2\2-5.prt”文件，如图 2-98 所示。

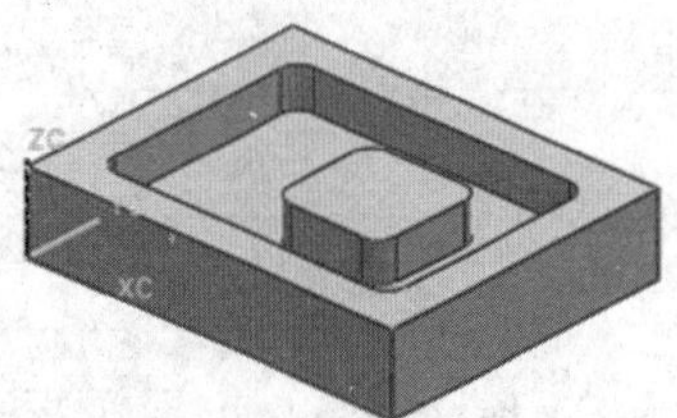

图 2-98 起始文件

（2）将工作坐标系调整到图示位置。该位置也作为数控加工时的工作坐标系原点，这样可以方便实际加工过程中的对刀操作，如图 2-99 所示。

（3）选择工具栏中【格式】选项中的【图层设置】选项，将工作图层设置为第 10 层，如图 2-100 所示

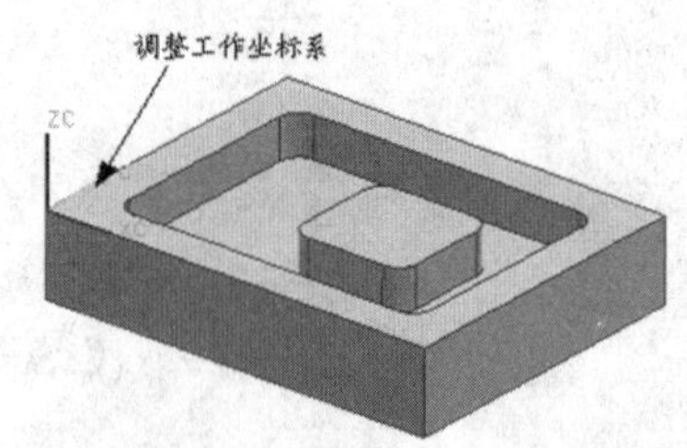

图 2-99 调整坐标系

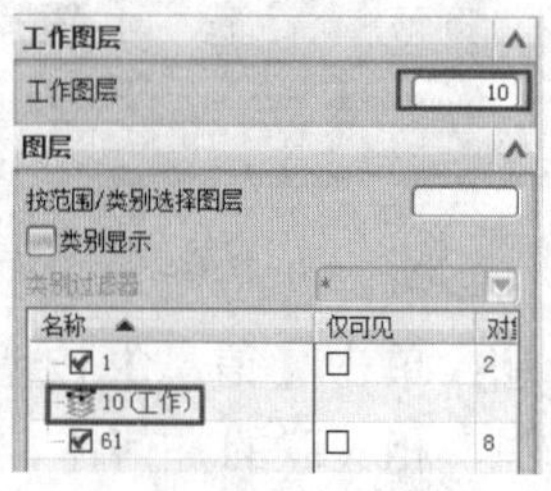

图 2-100 设置图层

（4）单击【长方体】按钮，按图 2-101 所示的参数进行尺寸设置，在【长方体】对话框中单击【点构造器】按钮，选择工件的左下角点为原点。

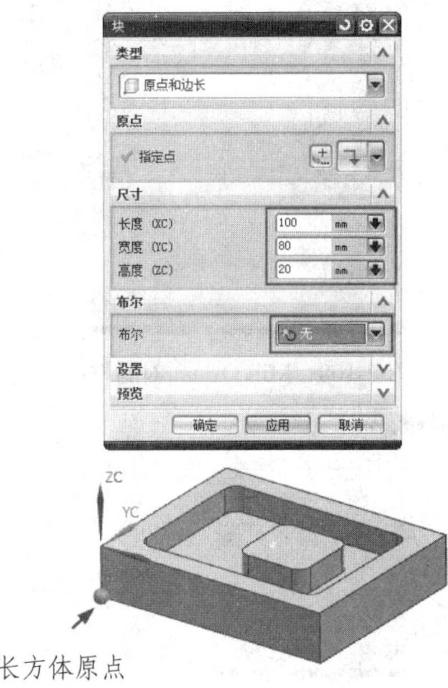

图 2-101　创建长方体

（5）选择工具栏中【格式】选项中的【图层设置】选项，将工作图层设置为第 10 层，第 1 层为不可见图层。改变毛坯的颜色和透明度。

（6）选择工具栏中【格式】选项中的【图层设置】选项，将工作图层设置为第 1 层，第 10 层为不可见图层。选择【开始】/【加工】命令，进入 UG 的 CAM 环境。系统将打开【加工环境】对话框，如图 2-102 所示。

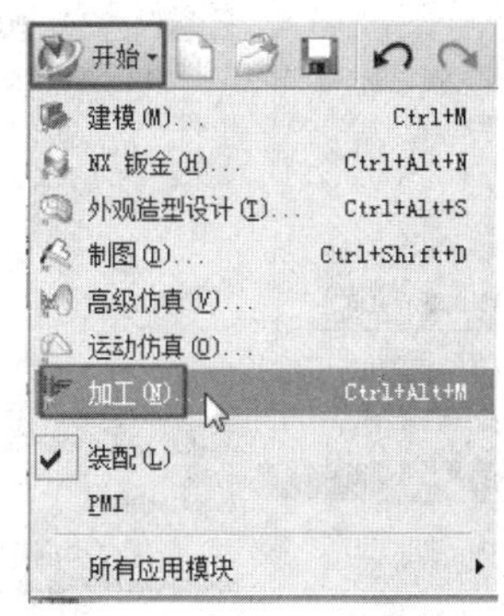

图 2-102　进入加工环境

（7）在【加工环境】对话框中的【CAM 会话配置】列表中选择 cam_general 选项，在【要创建的 CAM 设置】列表框中选择 mill_planar 选项，最后单击【确定】按钮，如图 2-103 所示。

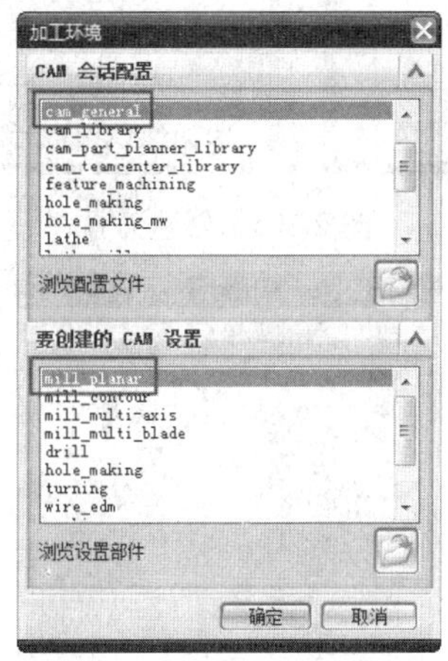

图 2-103　设置加工环境

（8）在工具条中单击【创建程序】按钮，弹出如图 2-104 所示的对话框，并按图进行设置。

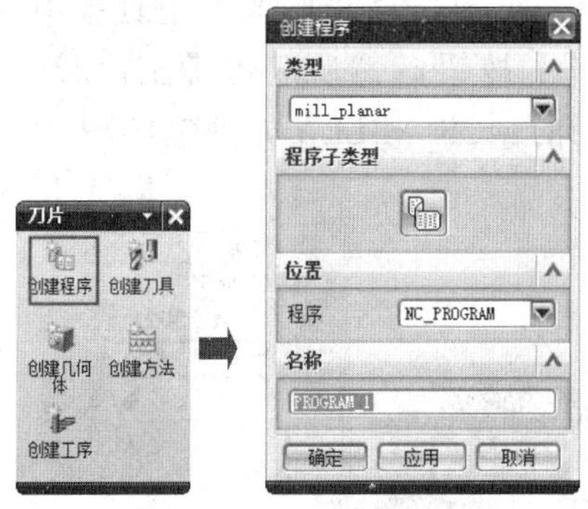

图 2-104　创建程序

（9）单击【创建刀具】按钮，在弹出的对话框的【刀具子类型】中选择 MILL 图标，在【位置】下方的【刀具】中选择 GENERIC_MACHINE 选项，【名称】设为 END6，如图 2-105 所示。

（10）在系统弹出的【铣刀-5 参数】对话框内输入直径为 6mm，其他相关参数为默认值，单击【确定】按钮，如图 2-106 所示。

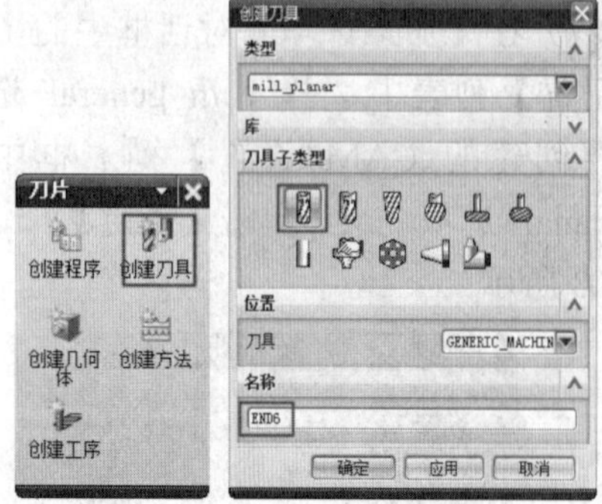

图 2-105　创建刀具

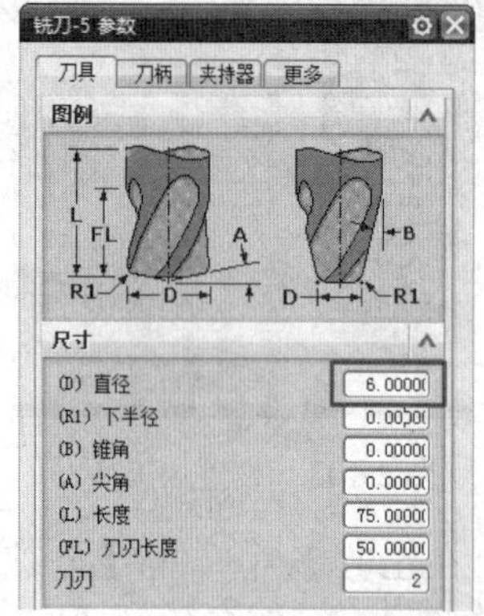

图 2-106　设置铣刀参数

（11）单击【导航器】工具条中的【几何视图】按钮，然后双击【工序导航器-几何】中的 MCS_MILL，如图 2-107 所示。

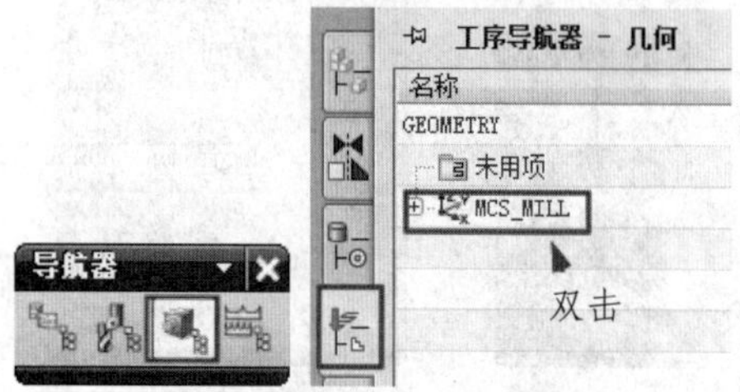

图 2-107　打开 MCS_MILL

（12）在出现的 Mill Orient 对话框中单击按钮，如图 2-108 所示。

（13）调整加工坐标系和工作坐标系使之重合，保证加工坐标系在工件顶面的顶点上，如图 2-109 所示。最终加工坐标系和工件坐标系重合，如图 2-110 所示。

（14）单击 MCS_MILL 前的加号，展开 MCS_MILL 节点的子项，选择 WORKPIECE，双击 WORKPIECE 图标，在【铣削几何体】对话框中单击【指定部件】后的【选择或编辑部件几何体】按钮，如图 2-111 所示。

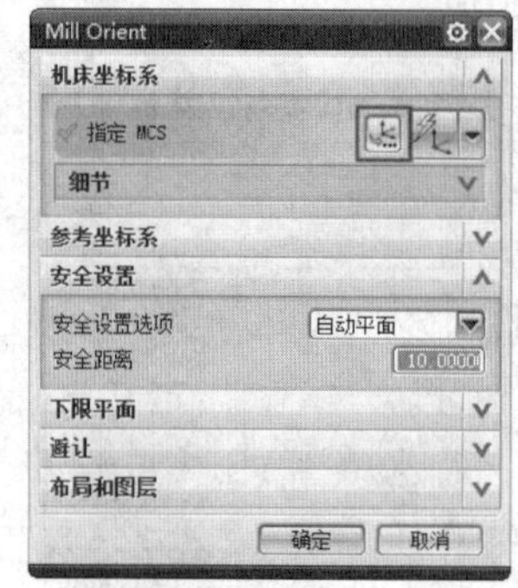

图 2-108　Mill Orient 对话框

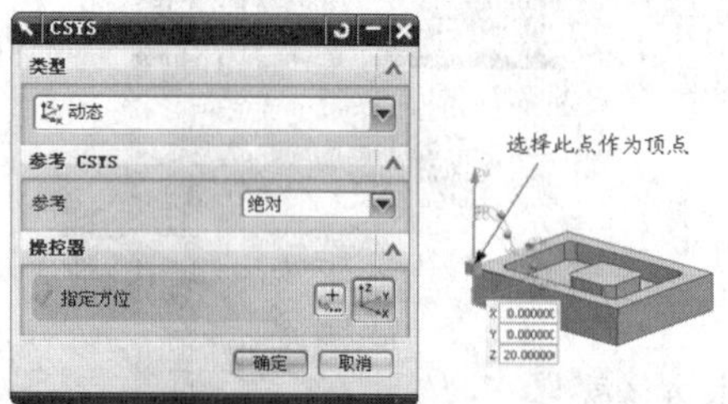

图 2-109　设置加工坐标系

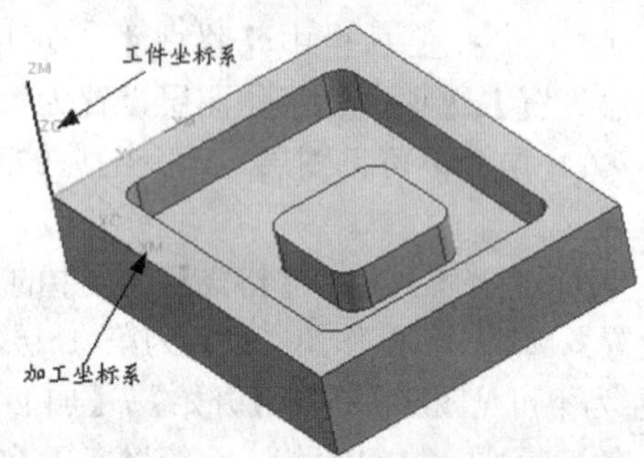

图 2-110　工件坐标系和加工坐标系重合

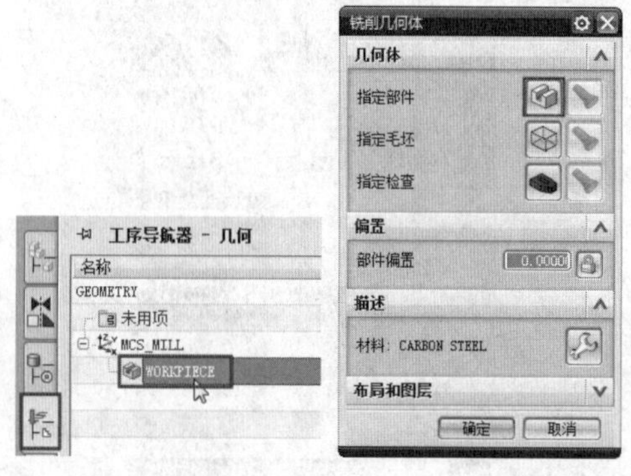

图 2-111　打开【铣削几何体】对话框

（15）在视图窗口中选择工件，单击【确定】按钮，完成工件几何体的指定，如图 2-112 所示。

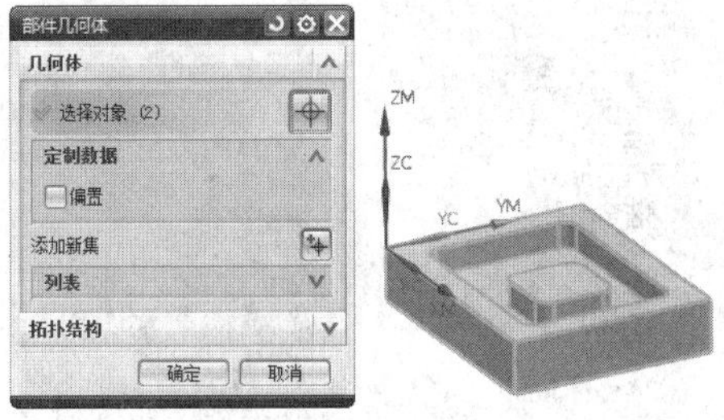

图 2-112　选择工件

（16）选择【格式】下的【图层设置】选项，设置图层 10 为工作层，图层 1 为不可见图层。单击【指定毛坯】后的【选择和编辑毛坯几何体】按钮，如图 2-113 所示。

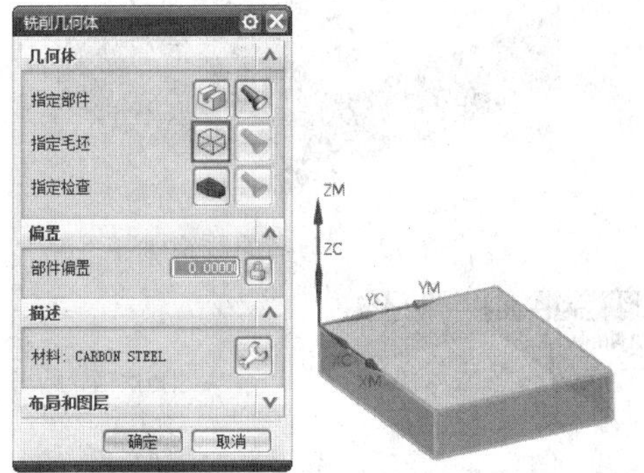

图 2-113　选择毛坯

（17）设置图层 1 为工作图层，图层 10 为不可见层。单击【创建几何体】按钮，系统弹出【创建几何体】对话框，按照图 2-114 进行设置，单击【应用】按钮。

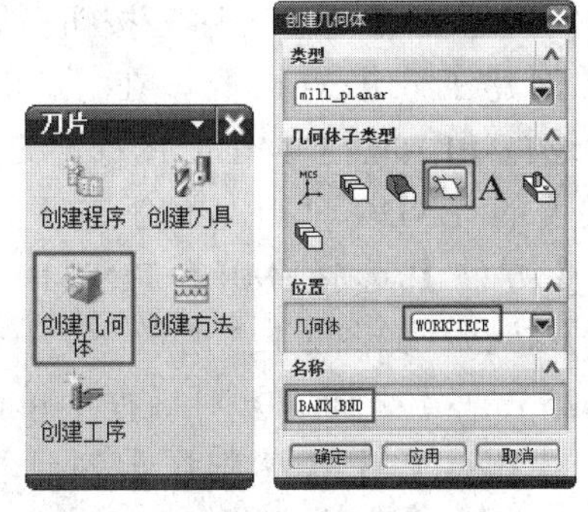

图 2-114　创建毛坯边界

（18）在弹出的【铣削边界】对话框中单击【指定毛坯边界】按钮，如图 2-115 所示。在系统弹出的【毛坯边界】对话框中，【过滤器类型】修改为【曲线边界】，【材料侧】选择【内部】，如图 2-116 所示。以图 2-117 所示的起点为起点，逆时针依次选择工件顶面的 4 条直线，单击【确定】按钮，完成毛坯几何体边界的创建。

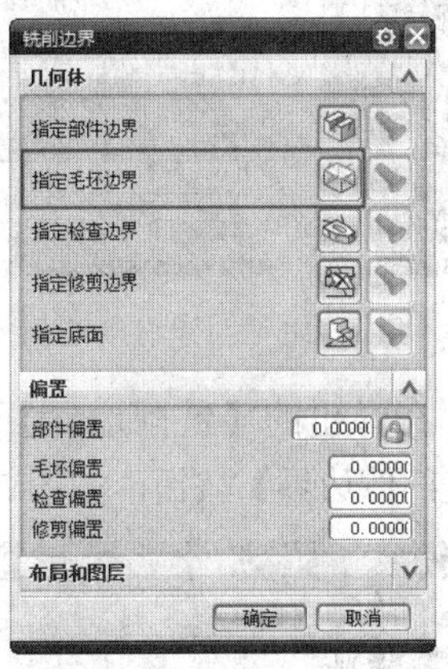

图 2-115　指定毛坯边界

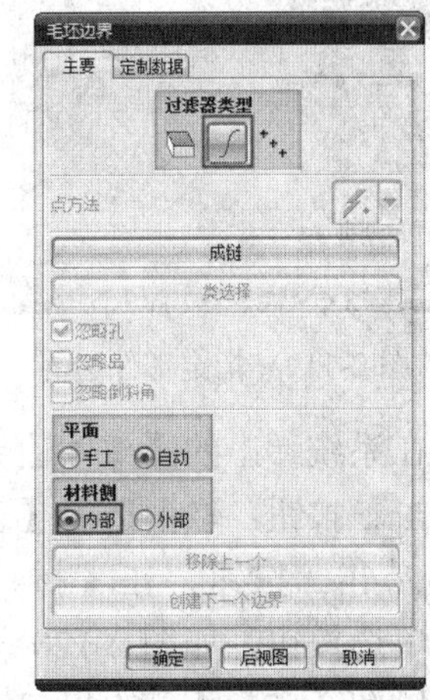

图 2-116　指定边界类型

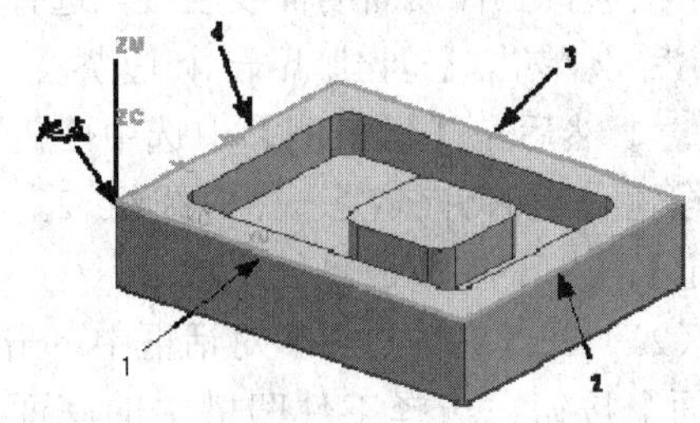

图 2-117　指定边界

（19）单击【创建几何体】按钮，系统弹出【创建几何体】对话框，按图 2-118 进行设置，单击【应用】按钮。

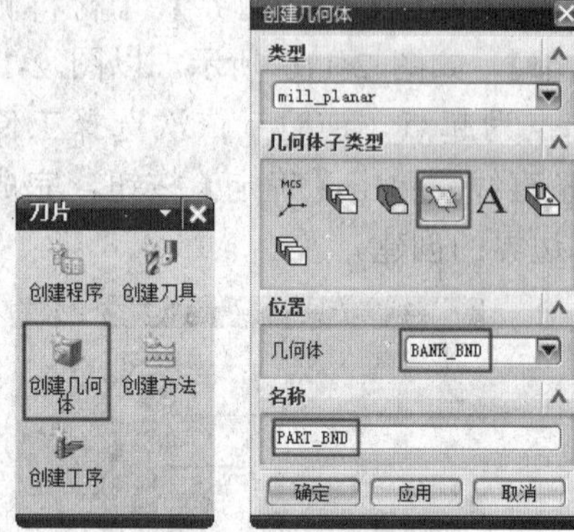

图 2-118　创建铣削边界

（20）在弹出的【铣削边界】对话框中，单击【指定部件边界】按钮，如图 2-119 所示。

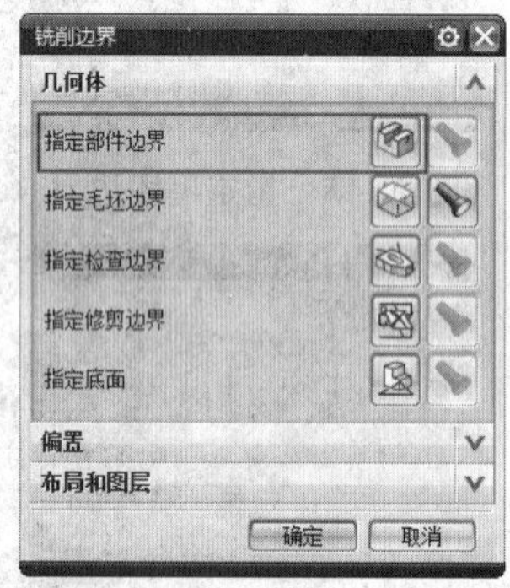

图 2-119　指定部件边界

（21）在系统弹出的【部件边界】对话框中，首先单击按钮，取消选中【忽略岛】复选框，接着单击按钮，在【材料侧】中选中【外部】单选按钮，如图 2-120 所示。

（22）以图 2-121 所示的起点为起点，逆时针依次选择工件顶面的曲线组 1。选择曲线组 1 后，单击【创建下一个边界】按钮，然后在【材料侧】中选中【内部】单选按钮，逆时针依次选择曲线组 2，单击【确定】按钮，完成边界创建。

（23）在【铣削边界】对话框中单击【指定底面】按钮，选择工件凹槽中的底面，如图 2-122 所示。

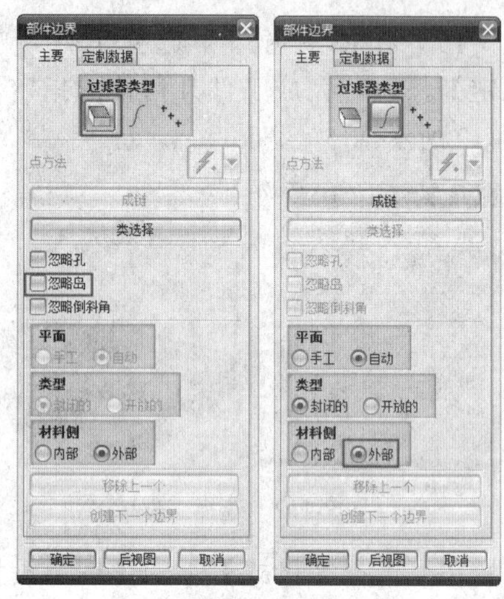

图 2-120　指定边界

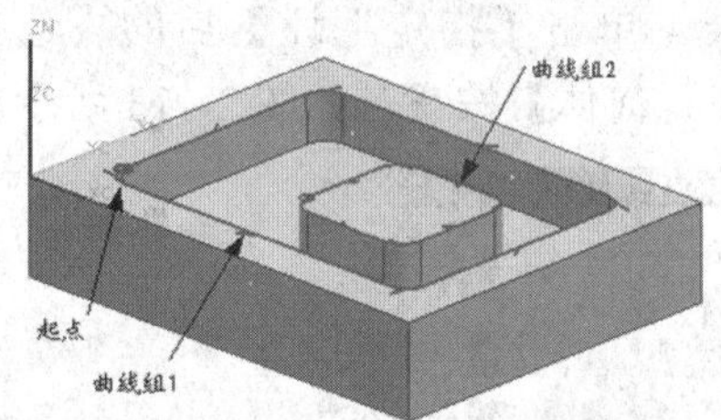

图 2-121　选择曲线组 1

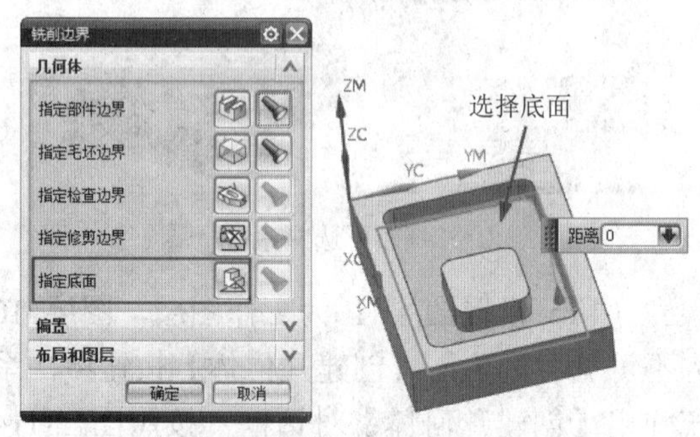

图 2-122　指定底面

（24）单击【创建工序】按钮，系统弹出【创建工序】对话框。在【工序子类型】中选择 PLANAR_MILL 图标，刀具选择前边设置的 END6，【几何体】选择 PART_BND，【方法】选择 MILL_FINISH，单击【应用】按钮，如图 2-123 所示。

（25）在【平面铣】对话框中单击【切削层】按钮，弹出【切削层】对话框，按图 2-124 进行设置，单击【确定】按钮。

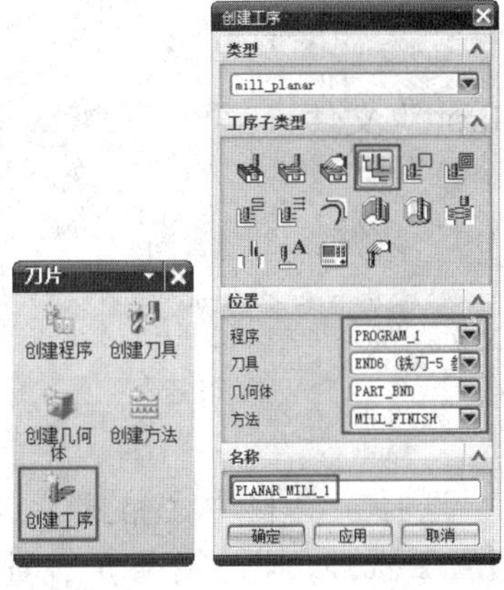

图 2-123　创建工序

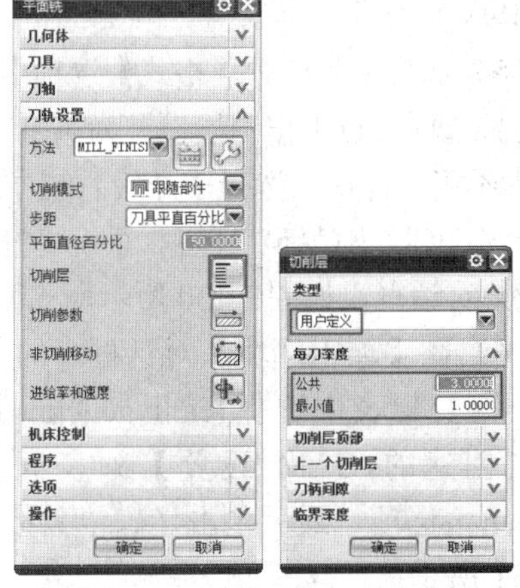

图 2-124　设定加工参数

（26）在【操作】工具条中单击【生成刀轨】按钮，生成刀轨，如图 2-125 所示。

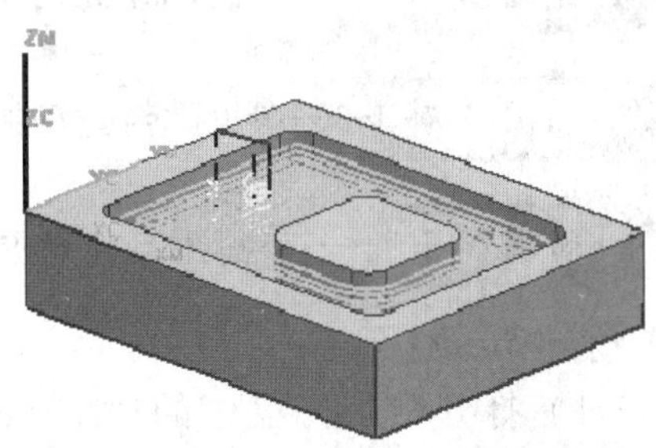

图 2-125　生成的刀轨

（27）单击【确认刀轨】按钮，在【刀轨可视化】对话框中选择【2D 动态】选项卡，单击【播放】按钮实现铣削的仿真。模拟效果如图 2-126 所示。

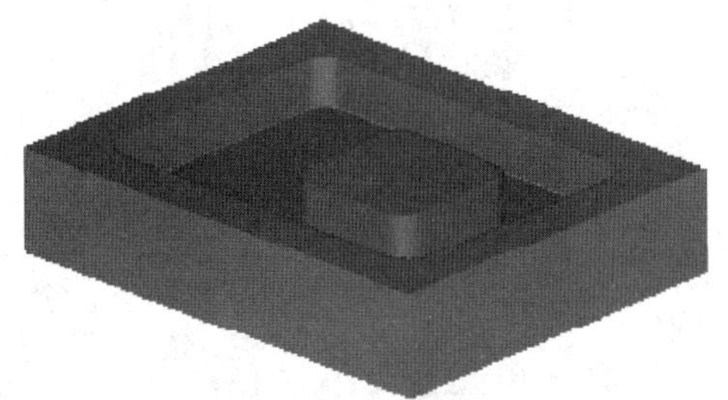

图 2-126　模拟结果

2.6　实例·练习——开放边界带岛屿型腔加工

如图 2-127 所示的工件，需要加工出中间的凹槽和中间的岛屿。

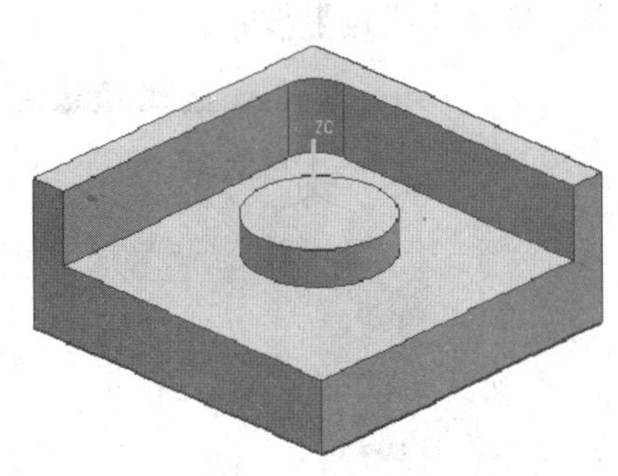

图 2-127　联动曲轴

【思路分析】

本实例加工一个开放边界的零件，在底面上有一个圆柱形岛屿，岛屿的高度与零件上顶面并不相等。

1. 工件安装

将底平面固定安装在机床上。

2. 加工坐标原点

以工件上平面的一个顶点作为加工坐标原点。

3. 工步安排

此零件形状较为简单，可以选择平面铣加工方式。工件没有尖角或很小的圆角，所以选用直径为 6mm 的平底铣刀进行一次精加工完成。

【光盘文件】

起始文件——参见附带光盘中的“Model\Ch2\2-6.prt”文件。

结果文件——参见附带光盘中的“END\Ch2\2-6.prt”文件。

动画演示——参见附带光盘中的“AVI\Ch2\2-6.avi”文件。

【操作步骤】

（1）打开附带光盘中的“Model\Ch2\2-6.prt”文件。

（2）将工作坐标系调整到图示位置。该位置也作为数控加工时的工作坐标系原点，这样可以方便实际加工过程中的对刀操作，如图 2-128 所示。

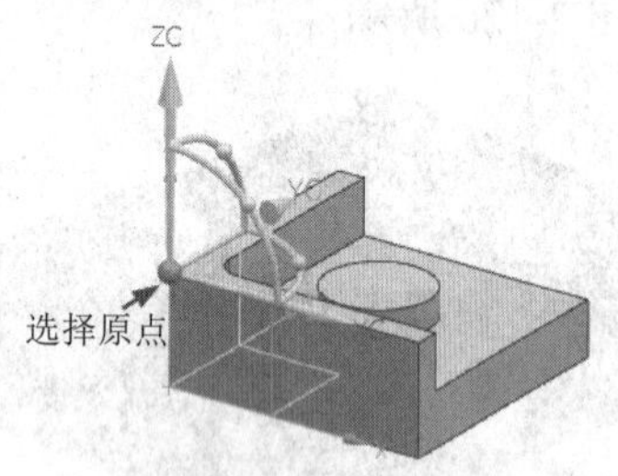

图 2-128　调整坐标系

（3）选择工具栏中【格式】选项中的【图层设置】选项，将工作图层设置为第 10 层。然后单击【创建长方体】按钮，按图进行尺寸设置。在【长方体】对话框中单击【点构造器】按钮，按图 2-129 所示选择原点，单击【确定】按钮。

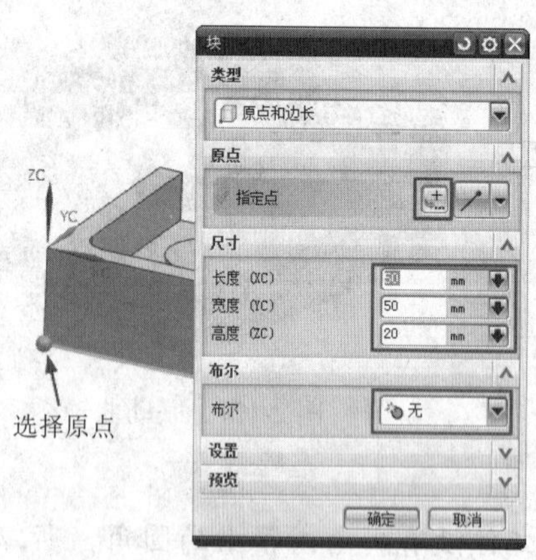

图 2-129　建立毛坯

（4）选择工具栏中【格式】选项中的【图层设置】选项，将工作图层设置为第 10 层，第 1 层为不可见图层。改变毛坯的颜色和透明度。

（5）选择工具栏中【格式】选项中的【图层设置】选项，将工作图层设置为第 1 层，第 10 层为不可见图层。选择【开始】/【加工】命令，进入 UG 的 CAM 环境。系统将打开【加工环境】对话框，如图 2-130 所示。

（6）在【加工环境】对话框中的【CAM 会话配置】列表中选择 cam_general 选项，在【要创建的 CAM 设置】列表框中选择 mill_planar 选项，最后单击【确定】按钮，如图 2-131 所示。

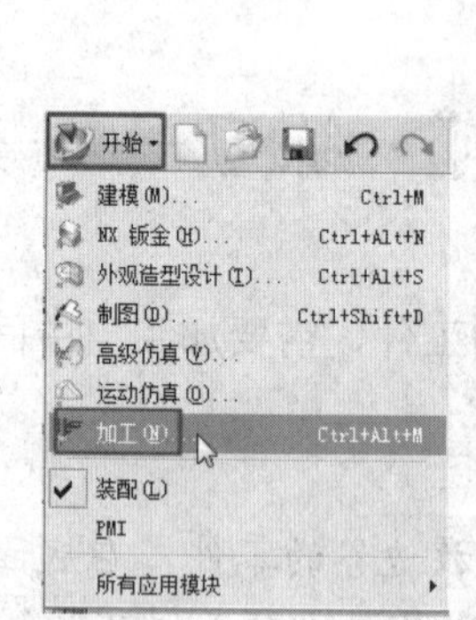

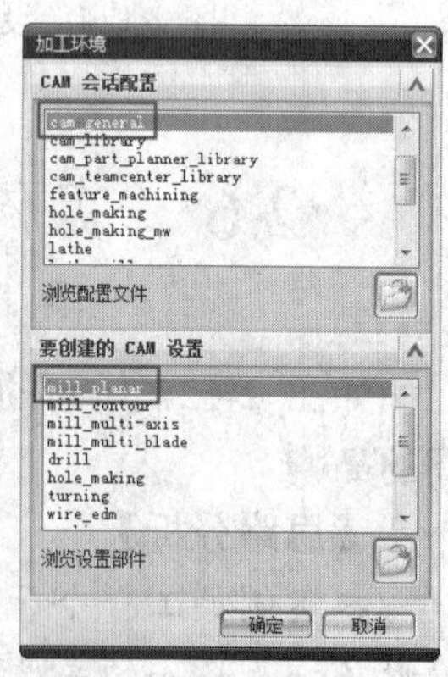

图 2-130　进入加工环境　图 2-131　设置加工环境

（7）在工具条中单击【创建程序】按钮，弹出如图 2-132 所示的对话框，并按图进行设置。

（8）单击【创建刀具】按钮，在弹出的对话框的【刀具子类型】中选择 MILL 图标，在【位置】下方的【刀具】中选择

GENERIC_MACHINE 选项，【名称】设为 END6，如图 2-133 所示。

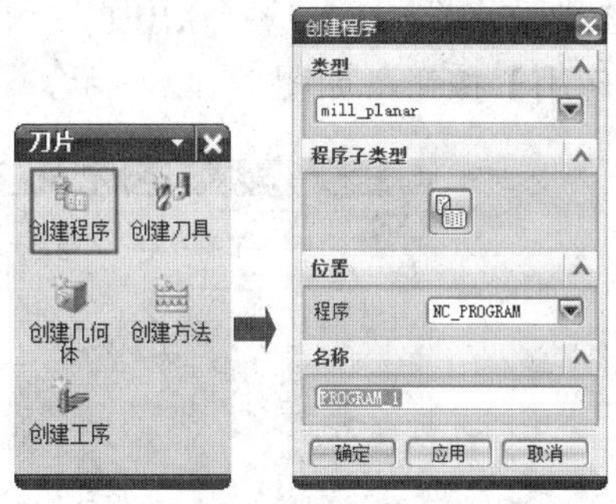

图 2-132 创建程序

图 2-133 创建刀具

（9）在系统弹出的【铣刀-5 参数】对话框内输入直径为 6mm，其他相关参数为默认值，单击【确定】按钮，如图 2-134 所示。

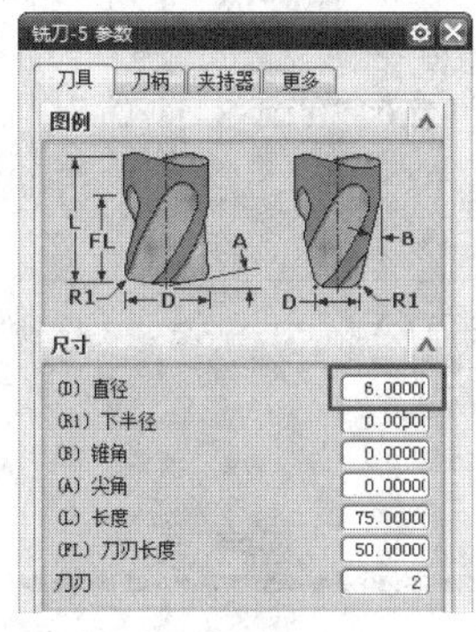

图 2-134 设置铣刀参数

（10）单击【导航器】工具条中的【几何视图】按钮，然后双击【工序导航器-几何】中的 MCS_MILL，如图 2-135 所示。

（11）在 Mill Orient 对话框中，单击按钮，如图 2-136 所示。

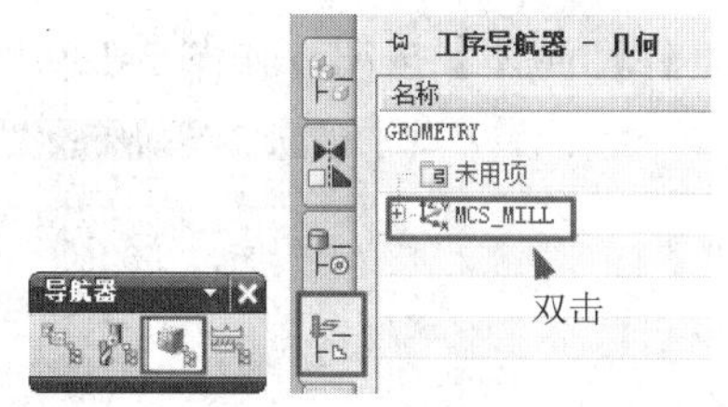

图 2-135 打开 MCS_MILL

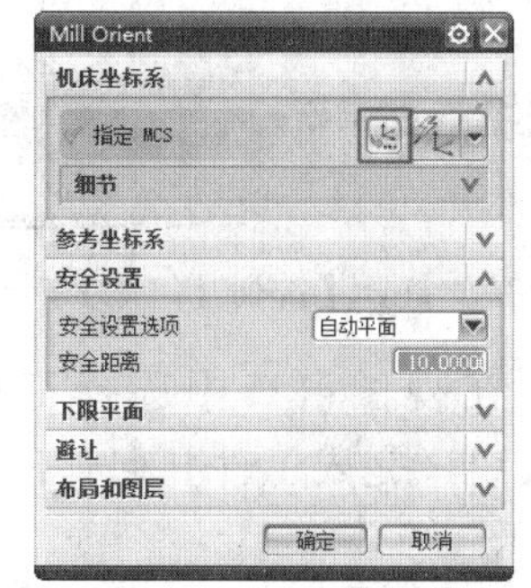

图 2-136 Mill Orient 对话框

（12）调整加工坐标系和工作坐标系使之重合，保证加工坐标系在工件顶面的顶点上，如图 2-137 所示。最终加工坐标系和工件坐标系重合，如图 2-138 所示

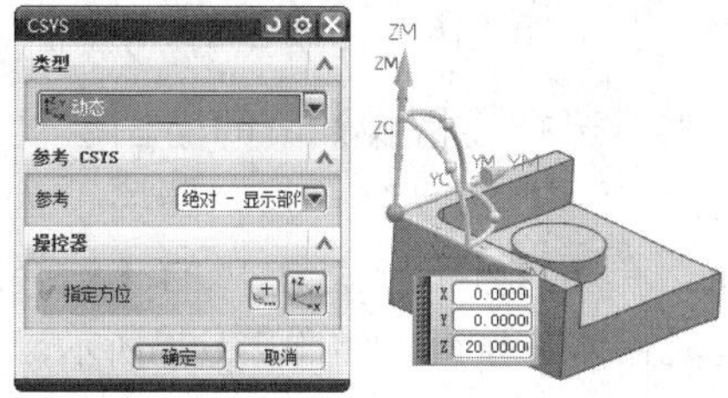

图 2-137 设置加工坐标系

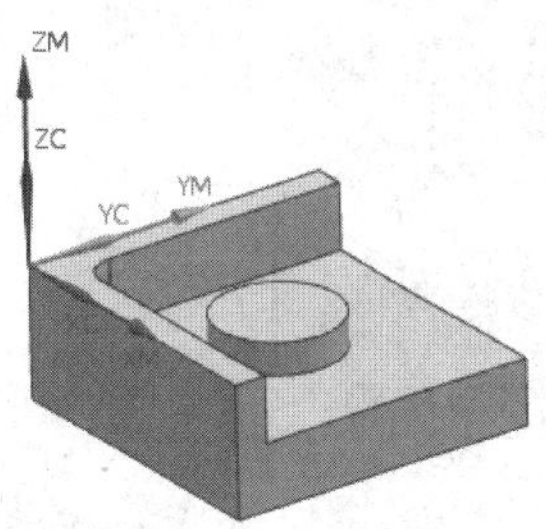

图 2-138 工件坐标系和加工坐标系重合

（13）单击 MCS_MILL 前的加号，展开 MCS_MILL 节点的子项，选择 WORKPIECE，并双击 WORKPIECE 图标，在【铣削几何体】对话框中单击【指定部件】后的【选择

或编辑部件几何体】按钮，如图 2-139 所示。

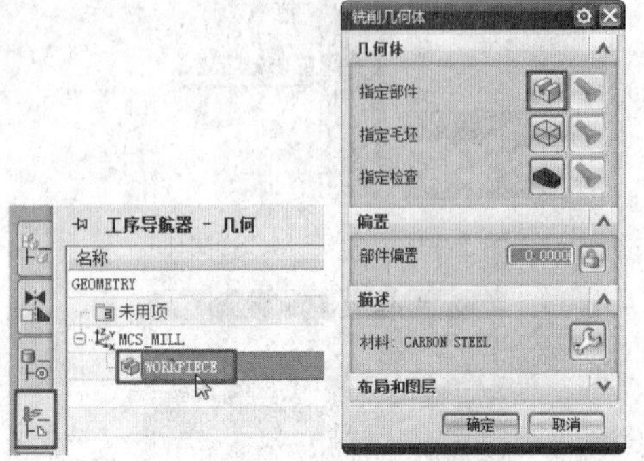

图 2-139　打开【铣削几何体】对话框

（14）在视图窗口中选择工件，单击【确定】按钮，完成工件几何体的指定，如图 2-140 所示。

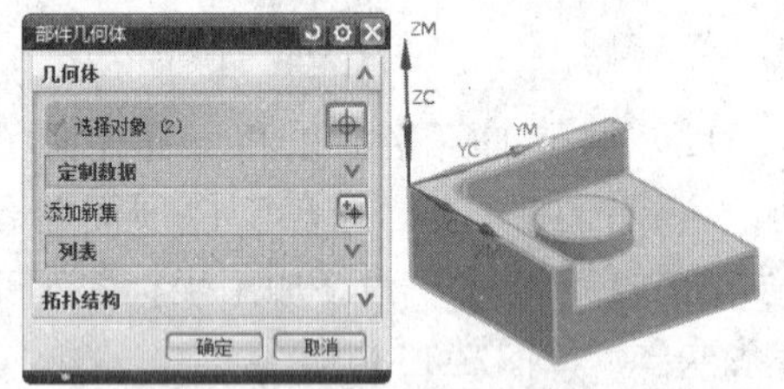

图 2-140　选择工件

（15）选择【格式】下的【图层设置】选项，设置图层 10 为工作层，图层 1 为不可见图层。单击【指定毛坯】后的【选择或编辑毛坯几何体】按钮，如图 2-141 所示。

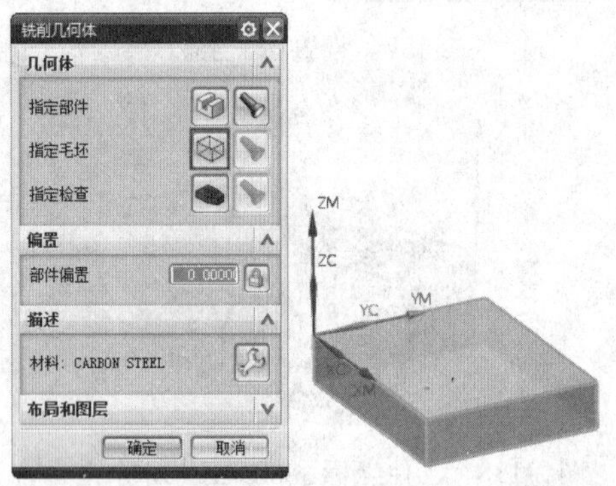

图 2-141　选择毛坯

（16）设置图层 1 为工作图层，图层 10 为不可见层。单击【创建工序】按钮，系统弹出【创建工序】对话框，在【工序子类型中】选择 PLANAR_MILL 图标，刀具选择前边设置的 END6，【几何体】选择 WORKPIECE，【方法】选择 MILL_FINISH，单击【应用】按钮，如图 2-142 所示。

图 2-142　创建工序

（17）在弹出的【平面铣】对话框中，单击【选择或编辑部件边界】按钮，如图 2-143 所示。

图 2-143　指定部件边界

（18）在系统弹出的【边界几何体】对话框的【模式】选项组内选择【曲线/边】选项，接着在弹出的【创建边界】对话框的【平面】选项组内选择【用户定义】选项，如图 2-144 所示。

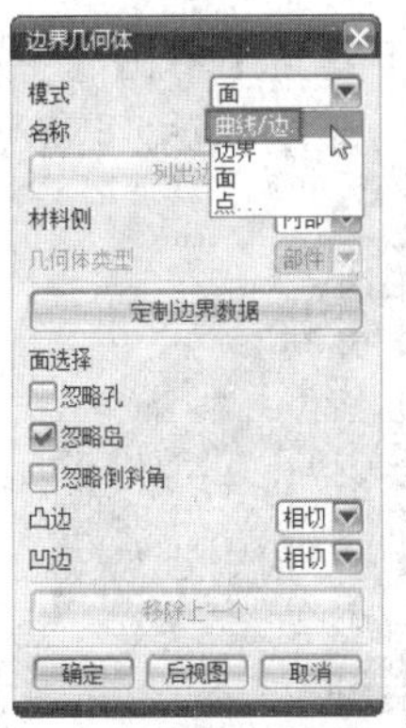

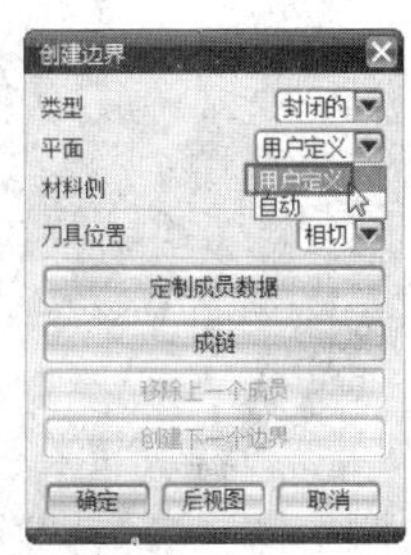

图 2-144　创建边界

（19）在弹出的【平面】对话框中选择 XC-YC 平面 选项，单击【确定】按钮，如图 2-145 所示。

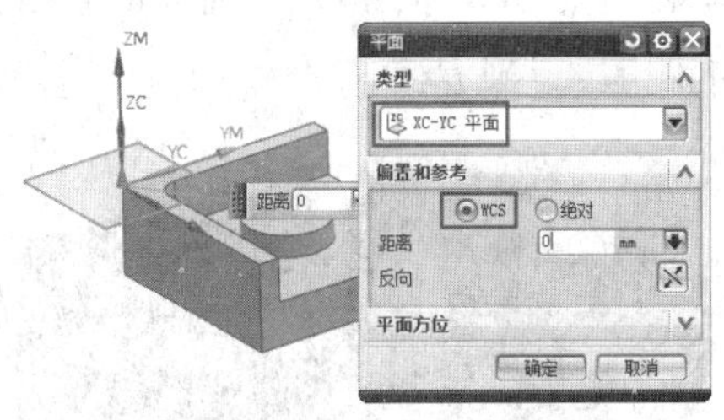

图 2-145　指定边界平面

（20）在【创建边界】对话框的【材料侧】下拉列表中选择【外部】选项，【刀具位置】选为【相切】选项，然后在视图窗口中依次选择 3 条线，如图 2-146 所示。调整刀具位置为对中，然后依次选择两条直线，如图 2-147 所示，接着单击【创建下一个边界】按钮，完成第一组边界，如图 2-148 所示。注意，边界选择要按逆时针方向选择。

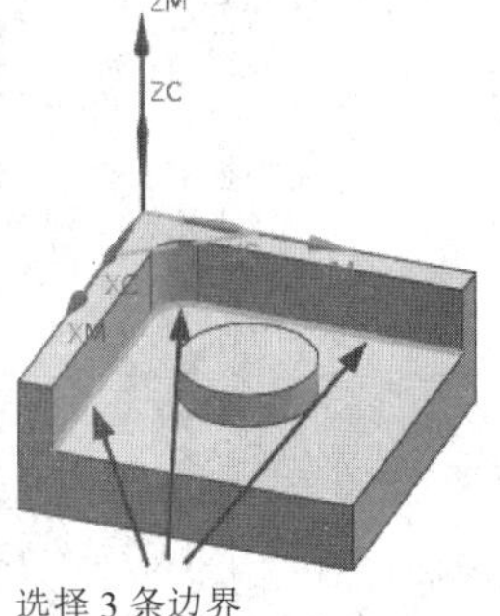

图 2-146　指定边界

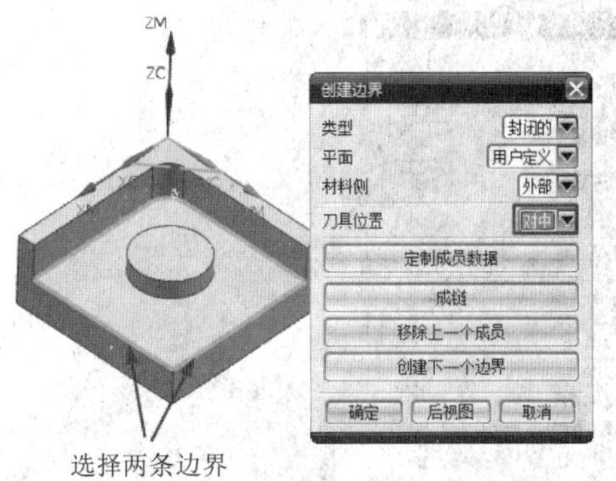

图 2-147　选择另外两条边界

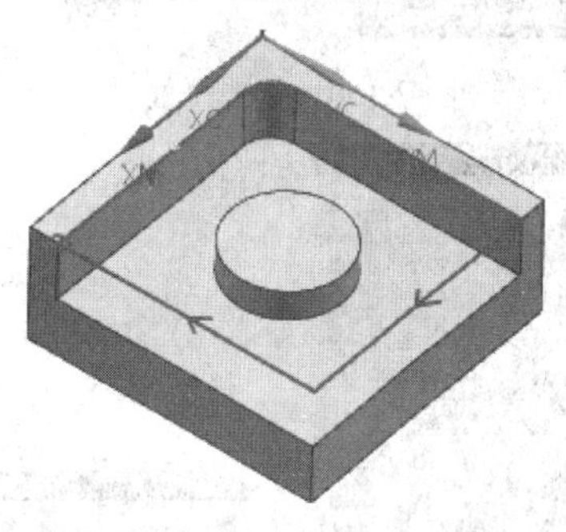

图 2-148　完成第一组边界的选择

（21）在【创建边界】对话框中设置【平面】为【自动】，【材料侧】为【内部】，【刀具位置】为【对中】，然后选中岛屿边界，如图 2-149 所示。依次在【创建边界】和【边界几何体】对话框中单击【确定】按钮。

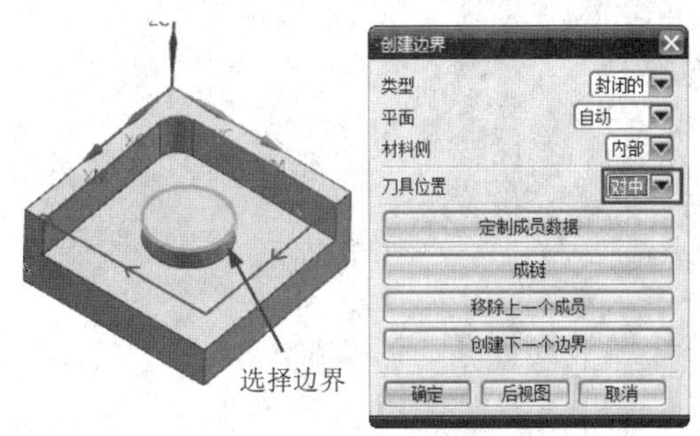

图 2-149　选择第二组边界

（22）在【平面铣】对话框中单击【指定底面】按钮，然后选择底面，如图 2-150 所示。

（23）在【平面铣】对话框中单击【切削层】按钮，弹出【切削层】对话框，按图 2-151 所示进行设置，单击【确定】按钮。

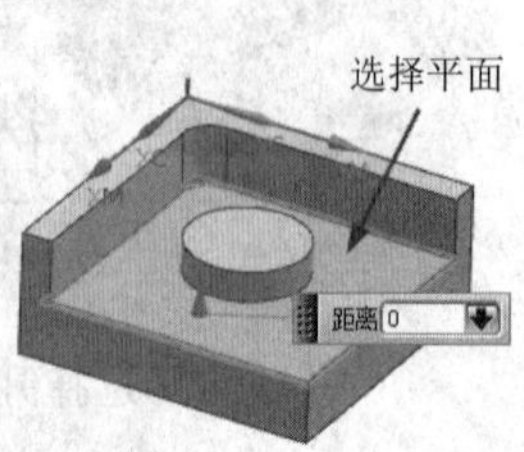

图 2-150　选择平面

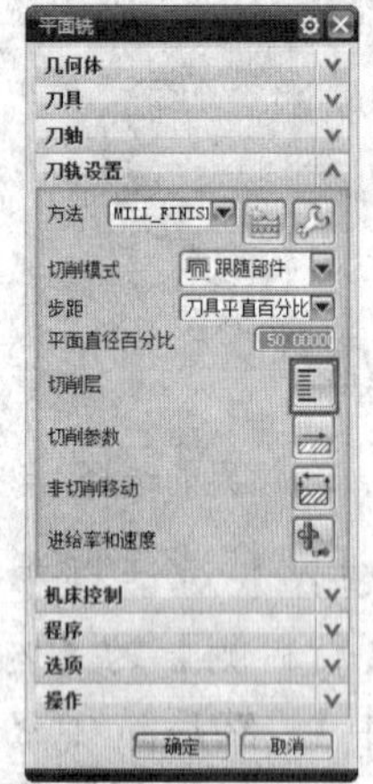

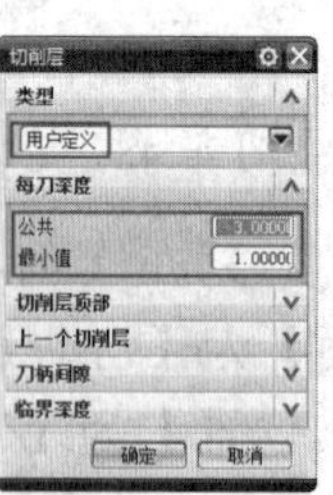

图 2-151　设定加工参数

（24）在【操作】工具条中单击【生成刀轨】按钮，生成刀轨，如图 2-152 所示。

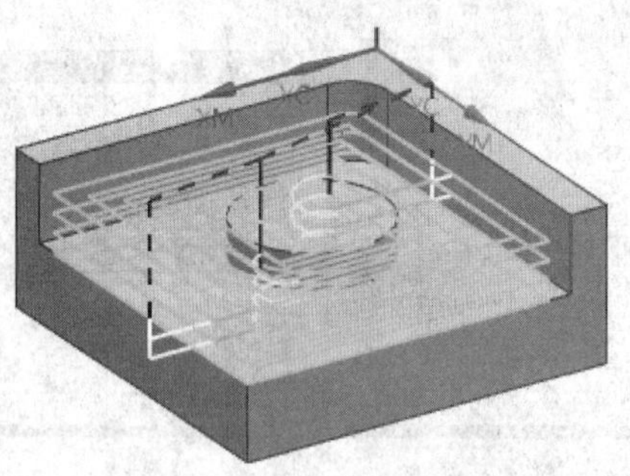

图 2-152　生成刀轨

（25）单击【确认刀轨】按钮，在【刀轨可视化】对话框中选择【2D 动态】选项卡，单击【播放】按钮实现铣削的仿真。模拟效果如图 2-153 所示。

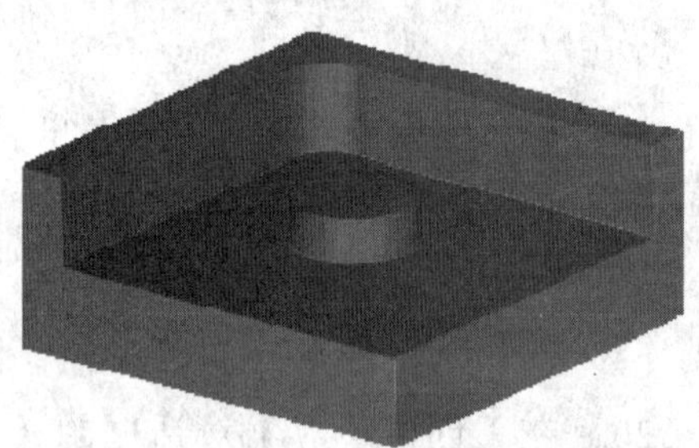

图 2-153　模拟结果

第3讲　型 腔 加 工

型腔铣加工是固定轴轮廓铣最为常用的加工方法，型腔铣一般用于对平面类或者轮廓类几何模型的粗加工。型腔铣用于大范围、大深度切除模型材料。当需要对毛坯进行大量切除余量，达到一个比较接近具体零件形状时，型腔铣是最好的选择。本讲主要介绍型腔铣操作的基本原理、型腔铣操作的创建方法、型腔铣操作工艺参数的设置等。

本讲内容

- 实例・模仿——凹模型腔加工
- 型腔铣削加工环境的设置
- 型腔加工几何体的创建
- 型腔加工操作的创建
- 切削参数的设置
- 实例・操作——凸凹模加工
- 实例・练习——多曲面凸模加工

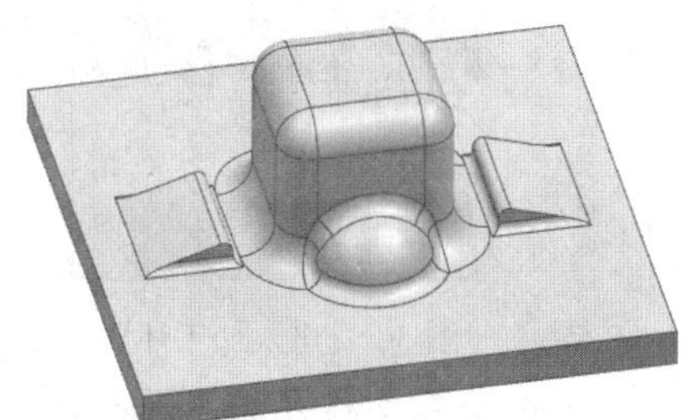

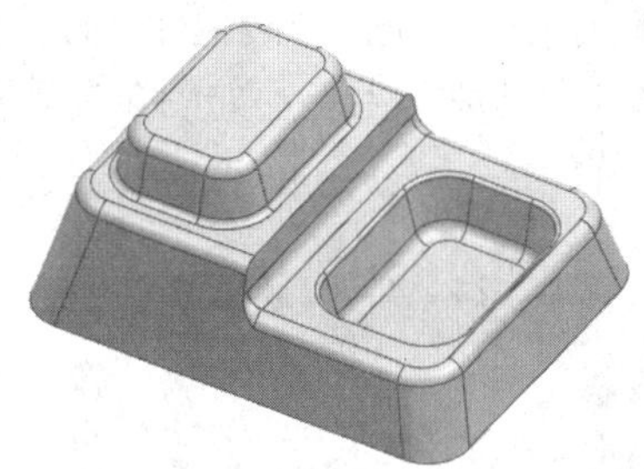

3.1　实例・模仿——凹模型腔加工

完成如图 3-1 所示零件的型腔铣操作的创建。模型的外形尺寸为 100mm×100mm×50mm，模型的拐角半径为 10mm，底角半径为 3mm，型腔的拔模斜角为 10°，凹模的深度为 30mm。

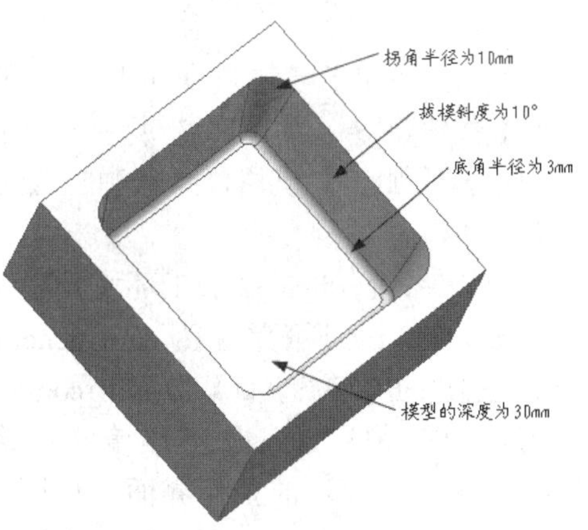

图 3-1　凹模零件

【思路分析】

如图 3-1 所示的零件为典型的凹模零件，凹模的深度为 30mm，这可以用来指导刀具长度的选择，即刀具的切削刃的长度不能小于 30mm；模型的拐角半径为 10mm，这可以用来指导选择刀具的直径，即刀具的直径不能大于 20mm；底角半径为 3mm，这可以用来指导选择刀具的圆

视频教学

角半径，即精加工的刀具圆角半径不能大于 3mm。如果不知道以上参数，可以使用加工助理来获得零件几何信息，进而来指导加工参数的设定。加工如图 3-1 所示的零件时，要顾及到加工效率和刀具的刚度问题，可以采用两次加工来完成，先使用刀具直径为 20mm 的平底立铣刀进行粗加工，再使用刀具直径为 10mm 的平底立铣刀进行精加工。加工过程如下所述。

（1）粗加工：使用刀具直径为 20mm 的平底立铣刀。

（2）精加工：使用刀具直径为 10mm 的平底立铣刀。

【光盘文件】

——参见附带光盘中的“Model\Ch3\3-1.prt”文件。

结果文件——参见附带光盘中的“END\Ch3\3-1.prt”文件。

动画演示——参见附带光盘中的“AVI\Ch3\3-1.avi”文件。

【操作步骤】

（1）打开模型文件。启动 UG NX 8.0，单击【打开文件】按钮，在弹出的文件列表中选择文件名为“3-1.prt”的装配件文件，单击 OK 按钮打开。这是一个装配体文件，里面包含有要加工的零件和毛坯，如图 3-2 所示。

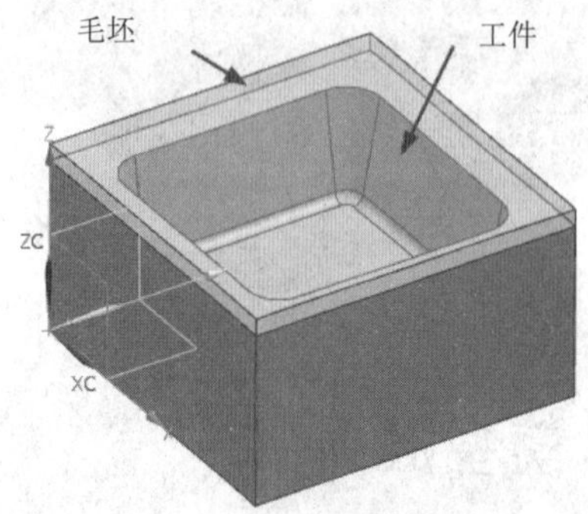

图 3-2　起始模型

（2）进入加工模块。在工具栏上单击【开始】按钮，如图 3-3 所示，在下拉列表中选择【加工】模块，系统弹出【加工环境】对话框。

（3）在系统弹出的【加工环境】对话框中，选择【CAM 会话配置】为 cam_general，选择【要创建的 CAM 设置】为 mill_contour，单击【确定】按钮进行加工环境的初始化设置，进入加工模块的工作界面，如图 3-4 所示。

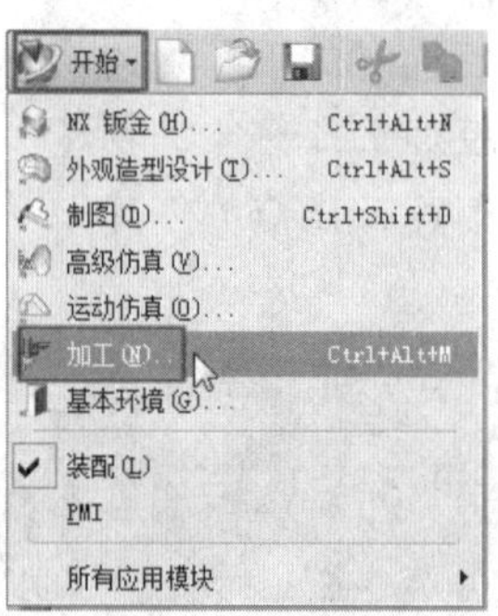

图 3-3　进入加工环境

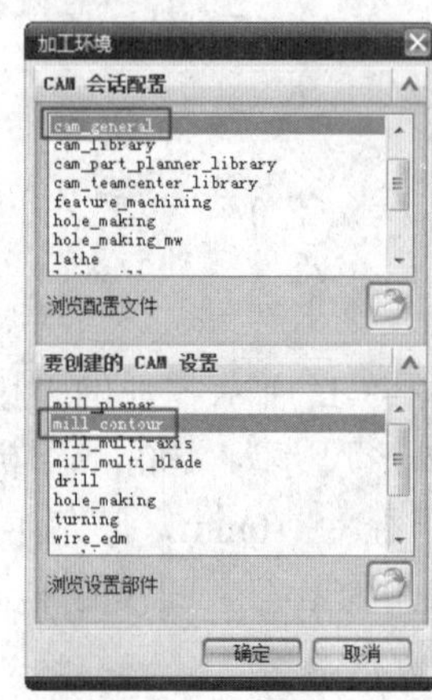

图 3-4　设定加工环境

（4）创建刀库。在工具条上单击【创建刀具】按钮，系统弹出【创建刀具】对话框，如图 3-5 所示进行设置。【类型】选择为 mill_contour，【刀具子类型】选择为刀库，

【刀具】选择 GENERIC_MACHINE，【名称】设置为 CARRIER，单击【确定】按钮。

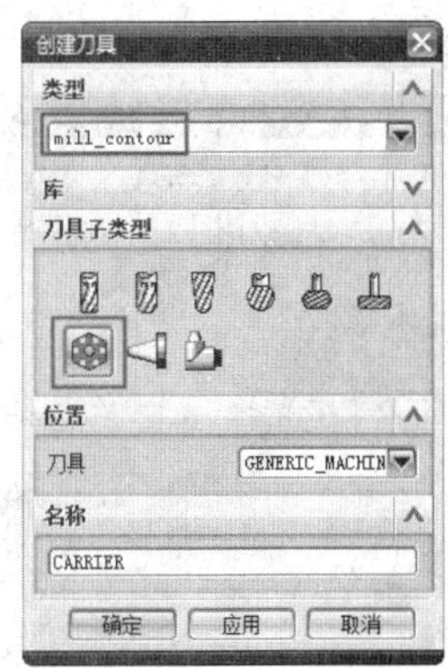

图 3-5 创建刀具

（5）系统弹出【刀架】对话框，直接单击【确定】按钮。由于只需要一个刀库，所以可以不设刀架名称，如图 3-6 所示。

图 3-6 设定刀架

（6）创建刀柄 1。在工具条上单击【创建刀具】按钮，系统弹出【创建刀具】对话框，如图 3-7 所示进行设置。【类型】选择为 mill_contour，【刀具子类型】选择为【刀柄】，【刀具】选择 CARRIER，【名称】设置为 POCKET1，即刀柄 1，单击【确定】按钮。

图 3-7 创建刀柄 1

（7）系统弹出【刀槽】对话框，如图 3-8 所示进行设置。【刀槽 ID】设为 1，【夹持系统名】输入 300 并按 Enter 键，单击【确定】按钮，完成刀柄 1 的创建。

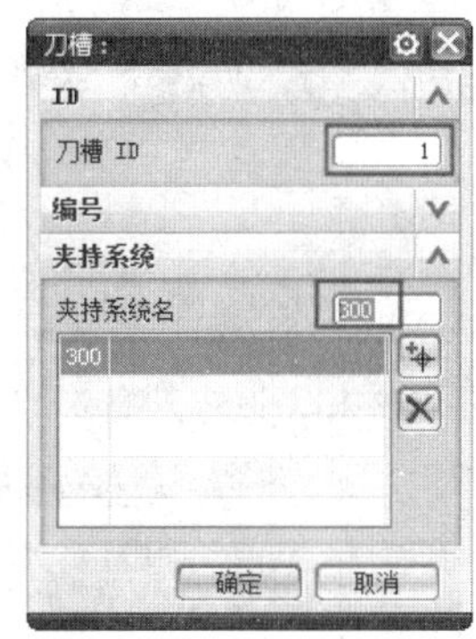

图 3-8 设定刀槽

（8）创建刀柄 2。在工具条上单击【创建刀具】按钮，系统弹出【创建刀具】对话框，如图 3-9 所示进行设置。【类型】选择为 mill_contour，【刀具子类型】选择为刀柄，【刀具】选择 CARRIER，【名称】设置为 POCKET2，即刀柄 2，单击【确定】按钮。

图 3-9 创建刀柄 2

（9）系统弹出【刀槽】对话框，如图 3-10 所示进行设置。【刀槽 ID】设为 2，【夹持系统名】设为 310，单击【确定】按钮，完成刀柄 2 的创建。

（10）在【导航器】工具条中单击【机床视图】按钮，再单击界面左侧的【操作导航器】按钮，打开操作导航器，可以查看刚才创建的刀库和刀柄，如图 3-11 所示。

图 3-10　设定刀槽 2

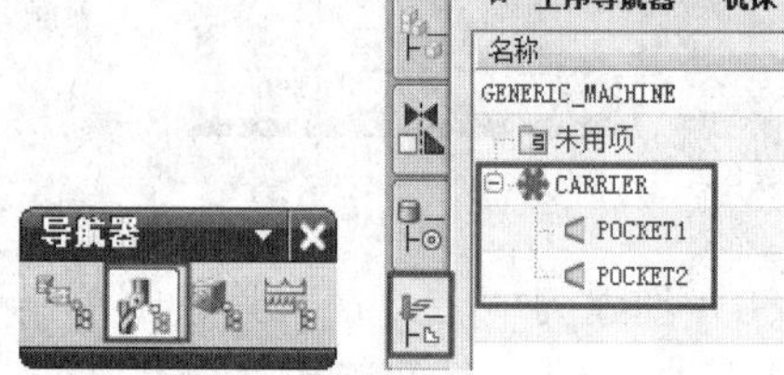

图 3-11　查看刀库和刀柄

（11）创建直径为 20mm 的平底立铣刀。在工具条上单击【创建刀具】按钮，系统弹出【创建刀具】对话框，如图 3-12 所示进行设置。【类型】选择为 mill_contour，【刀具子类型】选择为 MILL，【刀具】选择 POCKET1，【名称】设置为 MILL_D20_R3，单击【确定】按钮。

图 3-12　创建直径为 20mm 的平底立铣刀

（12）系统弹出【铣刀-5 参数】对话框，如图 3-13 所示进行设置。【直径】设为 20mm，【下半径】设为 3mm，单击【确定】按钮，完成直径为 20mm 的平底立铣刀的创建。单击界面左侧的【机床视图】按钮，在操作导航器中可以查看刚才创建的刀具，如图 3-14 所示。

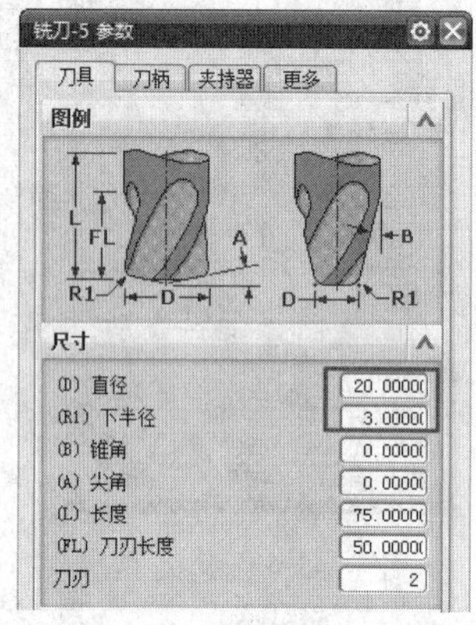

图 3-13　设定刀具参数

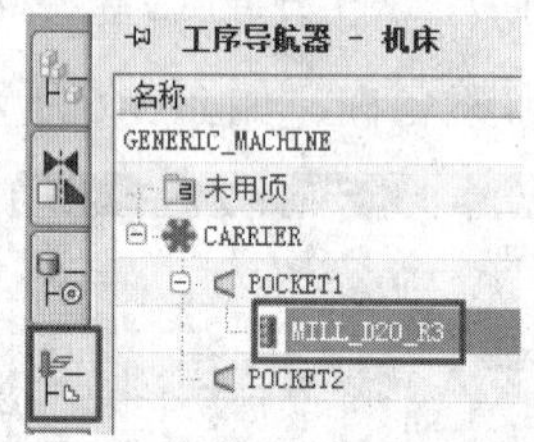

图 3-14　生成的刀具

（13）创建直径为 10mm 的平底立铣刀。在工具条上单击【创建刀具】按钮，系统弹出【创建刀具】对话框，如图 3-15 所示进行设置。【类型】选择为 mill_contour，【刀具子类型】选择为 MILL，【刀具】选择 POCKET2，【名称】设置为 MILL_D10_R3，单击【确定】按钮。

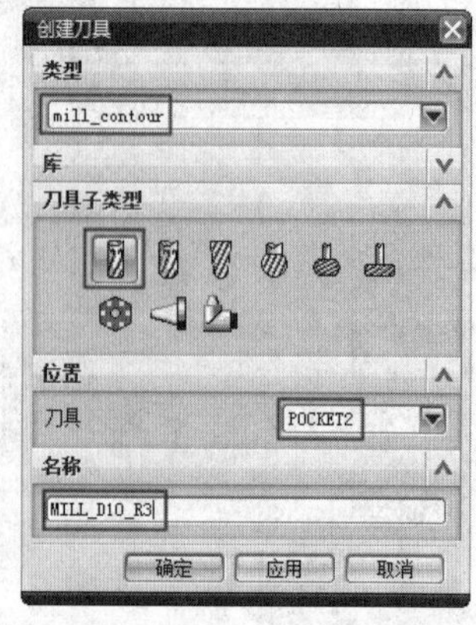

图 3-15　创建直径为 10mm 的平底立铣刀

（14）系统弹出【铣刀-5 参数】对话框，如图 3-16 所示进行设置。【直径】设为 10mm，【下半径】设为 3mm，单击【确定】按钮，完成直径为 10mm 的平底立铣刀的创建。单击界面左侧的【机床视图】按钮，在操作导航器中可以查看刚才创建的刀具，如图 3-17 所示。

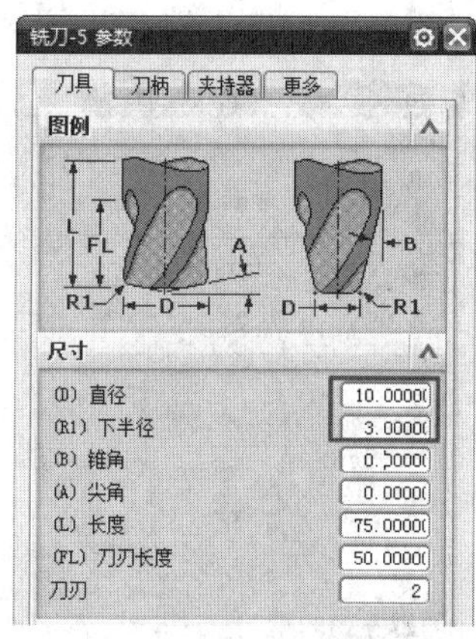

图 3-16　设定刀具参数

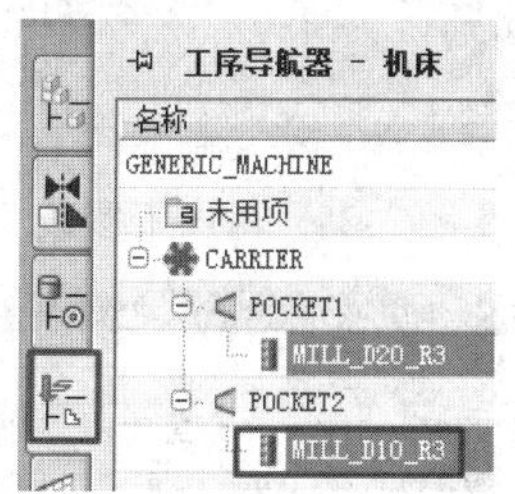

图 3-17　生成的刀具

（15）单击工具条中的【几何视图】按钮，然后双击工序导航器中的 MCS_MILL，如图 3-18 所示。双击 MCS_MILL，系统弹出 Mill Orient 对话框，设置【安全距离】为 60，如图 3-19 所示。单击【确定】按钮，完成设置。

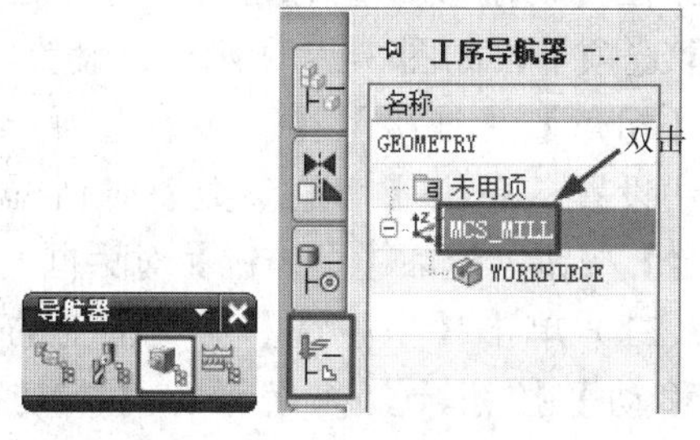

图 3-18　打开工序导航器

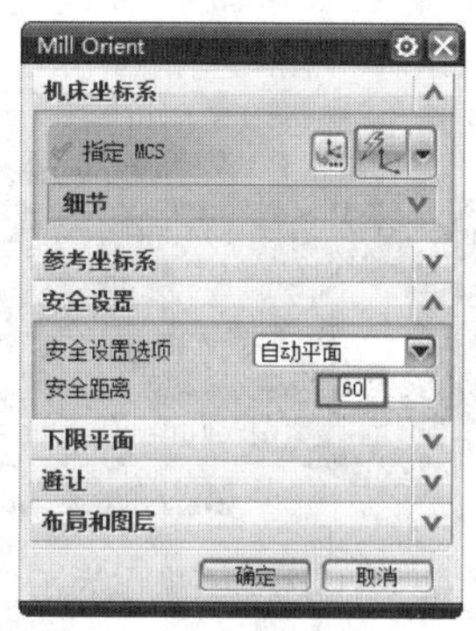

图 3-19　Mill Orient 对话框

（16）在【工序导航器】中单击 MCS_MILL 前的加号，展开 MCS_MILL 节点的子项，选择 WORKPIECE，双击 WORKPIECE 图标，如图 3-20 所示。在【铣削几何体】对话框中单击【选择或编辑部件几何体】按钮，如图 3-21 所示。在视图中用鼠标左键选择要加工的零件几何体，如图 3-22 所示。单击【部件几何体】对话框中的【确定】按钮完成加工部件的选择。

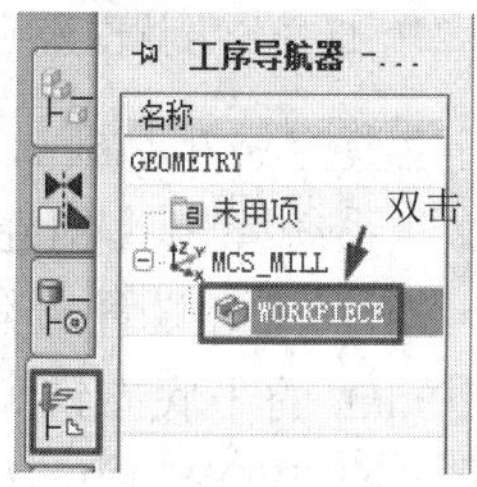

图 3-20　双击 WORKPIECE 图标

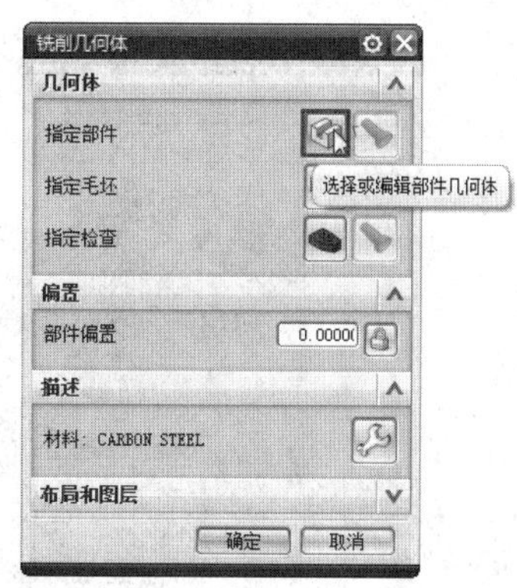

图 3-21　单击【选择或编辑部件几何体】按钮

（17）在【铣削几何体】中单击【指定毛坯】按钮，接着选择长方体作为毛坯，如图 3-23 所示。

图 3-22　选择凹模作为工件

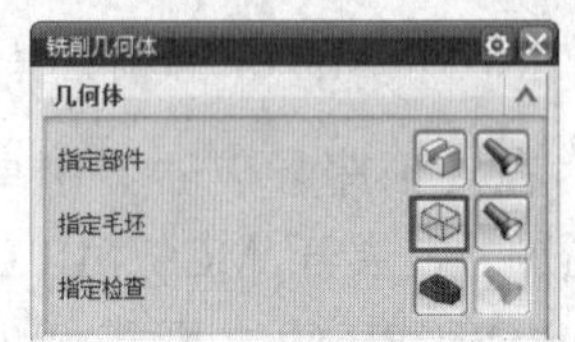

图 3-23　选择长方体作为毛坯

（18）创建型腔铣粗加工。单击【创建工序】按钮，系统弹出【创建工序】对话框，如图 3-24 所示进行设置。其中刀具使用的是直径为 20mm 的平底立铣刀，几何体使用的是前面设定的 WORKPIECE，设置完成后单击【确定】按钮。

图 3-24　创建粗加工工序

（19）系统弹出【型腔铣】对话框，如图 3-25 所示进行设置。【几何体】选择 WORKPIECE，【刀具】选择 MILL_D20_R3，【方法】选为 MILL_ROUGH，【切削模式】选为【跟随部件】，【每刀的公共深度】为【恒定】，【最大距离】为 2mm。单击【型腔铣】对话框中的【切削层】按钮，如图 3-26 所示对【每刀的公共深度】进行设置。

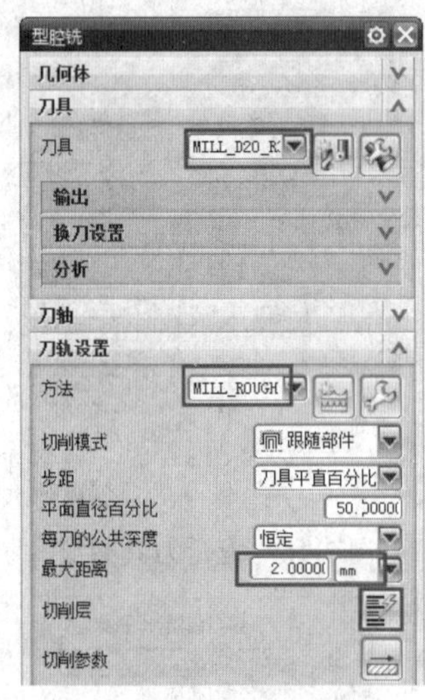

图 3-25　粗加工参数

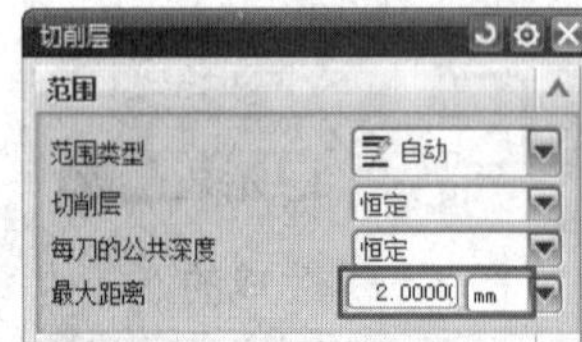

图 3-26　切削层参数

（20）单击【型腔铣】对话框上的【切削参数】按钮，系统弹出【切削参数】对话框。如图 3-27 所示对【策略】选项卡进行设置。在【切削参数】对话框上选择【空间范围】选项卡，如图 3-28 所示进行设置。【余量】、【拐角】、【连接】、【更多】选项卡都采用默认设置。单击【切削参数】对话框上的【确定】按钮，返回【型腔铣】对话框。

（21）单击【型腔铣】对话框上的【非切削移动】按钮，系统弹出【非切削移动】对话框。如图 3-29 所示对【进刀】选项卡进行设置，【退刀】、【起点/钻点】、【转移/快速】、【避让】、【更多】选项卡都采用默认设置。单击【非切削移动】对话框上的【确定】按钮，返回【型腔铣】对话框。

图 3-27　设置切削参数 1

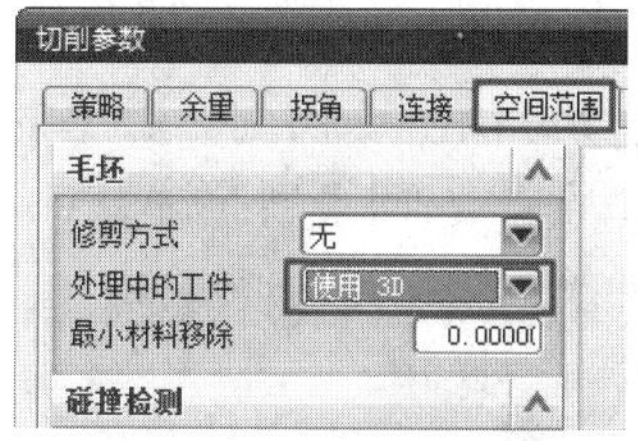

图 3-28　设置切削参数 2

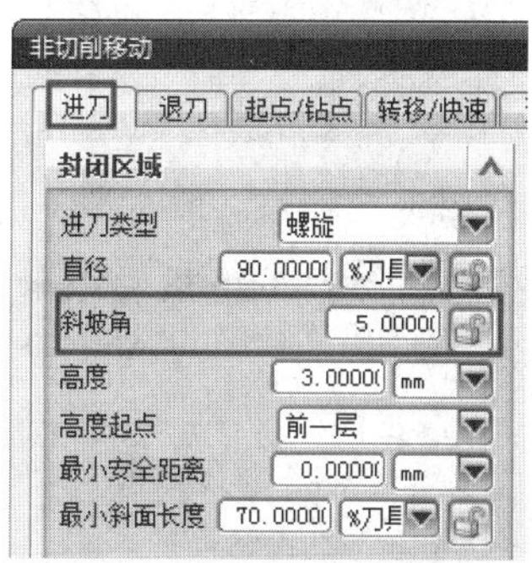

图 3-29　设置进刀参数

（22）单击【型腔铣】对话框上的【进给率和速度】按钮，系统弹出【进给率和速度】对话框。如图 3-30 所示对主轴速度和进给率进行设置。单击【确定】按钮，返回【型腔铣】对话框。

（23）单击【型腔铣】对话框最下面的【生成刀轨】按钮，生成刀轨，如图 3-31 所示。单击【型腔铣】对话框上的【确定】按钮，完成操作的创建。单击【程序顺序视图】按钮，在操作导航器中可以看到创建好的操作，如图 3-32 所示。

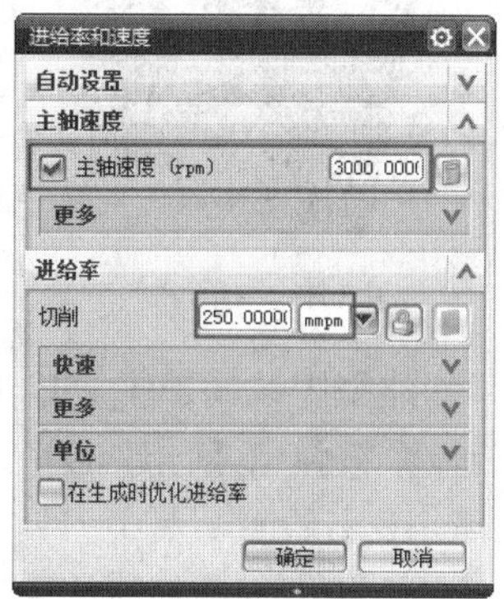

图 3-30　设置进给率和速度

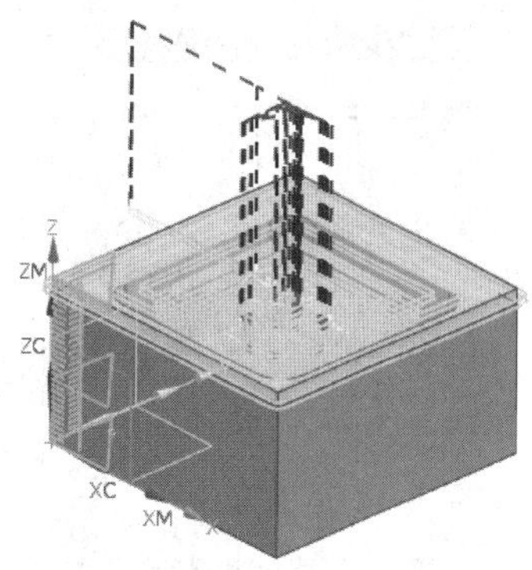

图 3-31　生成刀轨

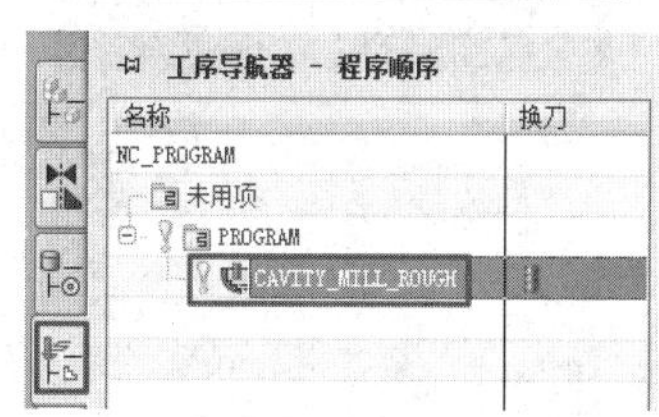

图 3-32　生成刀轨节点

（24）验证刀路轨迹。在操作导航器中用鼠标左键选择创建的操作，单击【确认刀轨】按钮，仿真效果如图 3-33 所示。

图 3-33　仿真效果

（25）创建型腔铣精加工。单击【创建工序】按钮，系统弹出【创建工序】对话框，如图 3-34 所示进行设置。其中刀具使用的是直径为 10mm 的立铣刀，几何体使用的是前面设定的 WORKPIECE。设置完成后单击【确定】按钮，系统弹出【型腔铣】对话框。如图 3-35 所示进行设置，【切削模式】选为【跟随部件】，【最大距离】设置为 0.5mm。

图 3-34　创建精加工工序

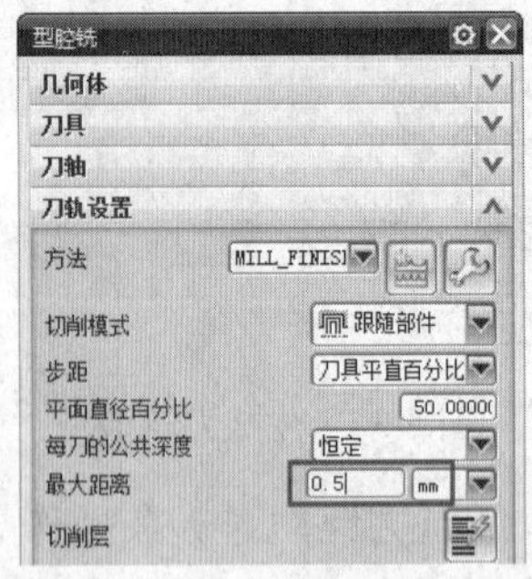

图 3-35　设置切削参数

（26）单击【型腔铣】对话框上的【切削层】按钮，如图 3-36 所示设置切削层参数和选项。

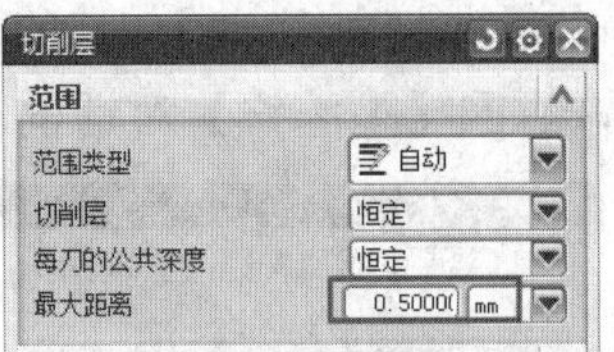

图 3-36　设置层深

（27）单击【型腔铣】对话框上的【切削参数】按钮，系统弹出【切削参数】对话框。如图 3-37 所示对【策略】选项卡进行设置。在【切削参数】对话框上选择【空间范围】选项卡，如图 3-38 所示进行设置。【余量】、【拐角】、【连接】、【更多】选项卡都采用默认设置。单击【切削参数】对话框上的【确定】按钮，返回【型腔铣】对话框。

图 3-37　设置切削参数 1

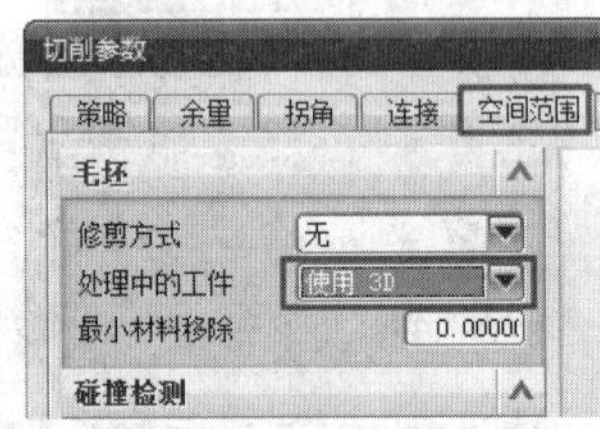

图 3-38　设置切削参数 2

（28）单击【型腔铣】对话框上的【非切削移动】按钮，系统弹出【非切削移动】对话框。如图 3-39 所示对【进刀】选项卡进行设置。【退刀】、【起点/钻点】、【转移/快速】、【避让】、【更多】选项卡都采用默认设置。单击【非切削移动】对话框上的【确定】按钮，返回【型腔铣】对话框。

（29）单击【型腔铣】对话框上的【进给率和速度】按钮，系统弹出【进给率和速度】对话框。如图 3-40 所示对主轴转速和进给率进行设置。单击【确定】按钮，返回【型腔铣】对话框。

图 3-39　设置进刀参数

图 3-40　设置进给率和速度

（30）单击【型腔铣】对话框最下面的【生成刀轨】按钮，生成刀轨，如图 3-41 所示。单击【型腔铣】对话框上的【确定】按钮，完成操作的创建。单击【程序顺序视图】按钮，在操作导航器中可以看到创建好的操作，如图 3-42 所示。

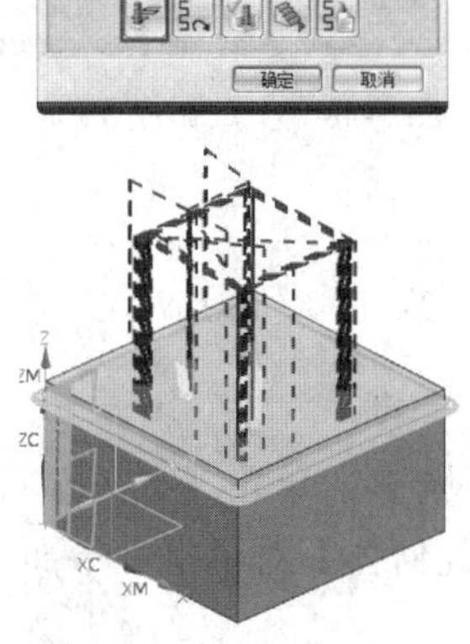

图 3-41　生成刀轨

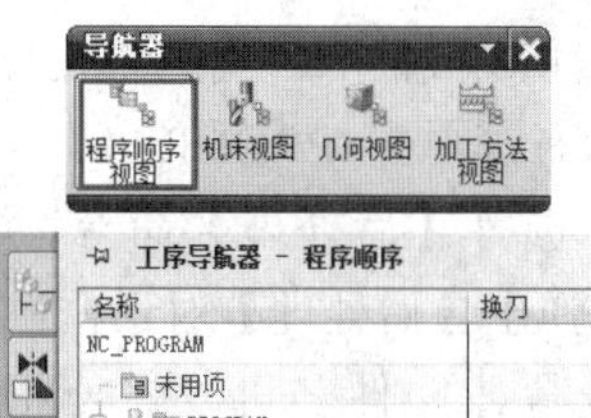

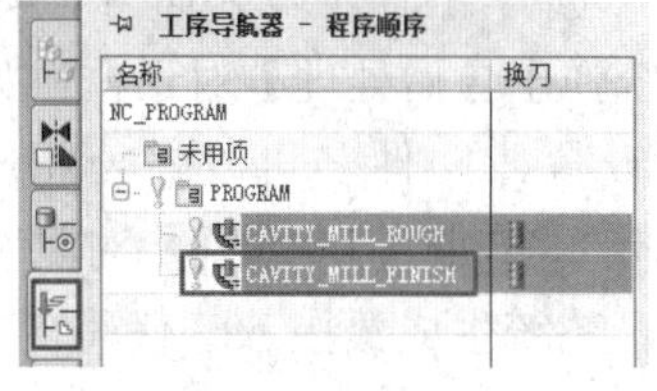

图 3-42　生成刀轨节点

（31）验证刀路轨迹。在操作导航器中用鼠标左键选择创建的操作，单击【确认刀轨】按钮，仿真效果如图 3-43 所示。

图 3-43　仿真效果

（32）对全部的操作进行一次刀具确认。在操作导航器中，用鼠标右键单击 PROGRAM 选项，如图 3-45 所示，在弹出的下拉菜单中选择【确认】命令。仿照前面的操作进行 2D 仿真，此处不再讲述。

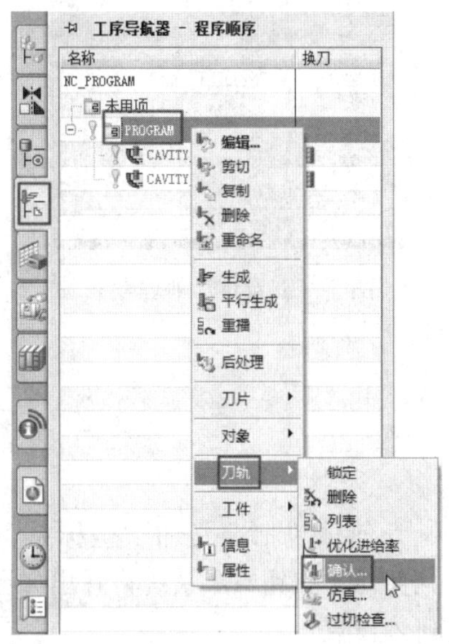

图 3-44　确认全部刀轨

（33）生成数控 NC 代码。在操作导航器中，用鼠标右键单击 PROGRAM 选项，在弹出的菜单中选择【后处理】命令，如图 3-45 所示，系统弹出【后处理】对话框，如图 3-46 所示进行设置，文件名可以自己根据实际情况进行设定。单击【后处理】对话框的【确定】按钮，系统生成数控 NC 代码，如图 3-47 所示。

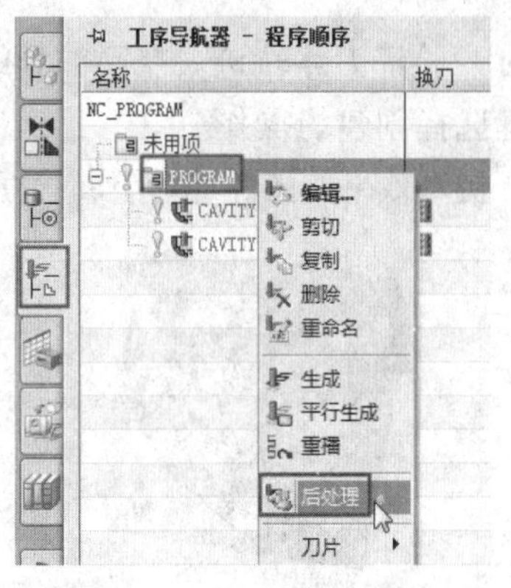

图 3-45　调用后处理功能

图 3-46　设定后处理参数

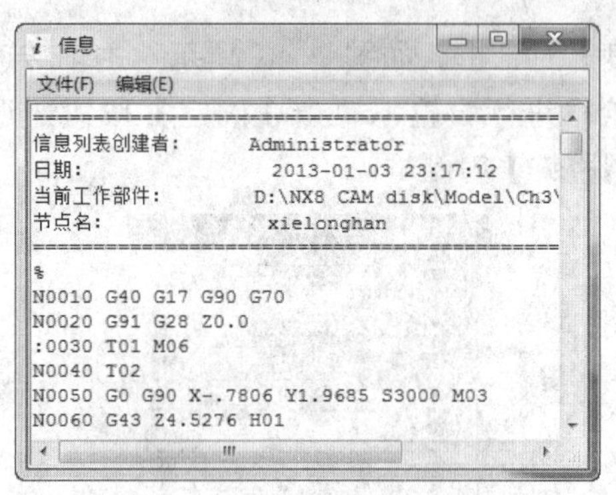

图 3-47　NC 代码

（34）生成车间文档。单击【车间文档】按钮，系统弹出【车间文档】对话框，如图 3-48 所示。可以根据自己的需要选择输出的报告形式，并在【文件名】中指定文件的保存路径，然后单击【确定】按钮完成操作。操作完成后，单击【保存】按钮将文件保存。

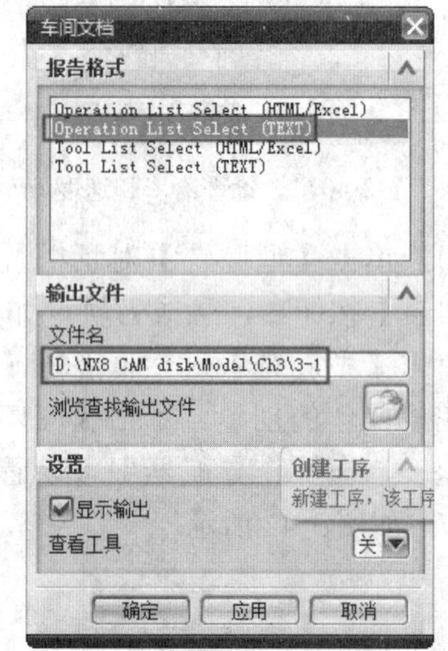

图 3-48　生成车间文档

3.2　设定加工几何体

加工几何体包括定义加工坐标系、工件、边界和切削区域等。单击【刀片】工具条上的【创建几何体】按钮，系统将弹出如图 3-49 所示的【创建几何体】对话框。下面介绍几个常用的几何体设置。

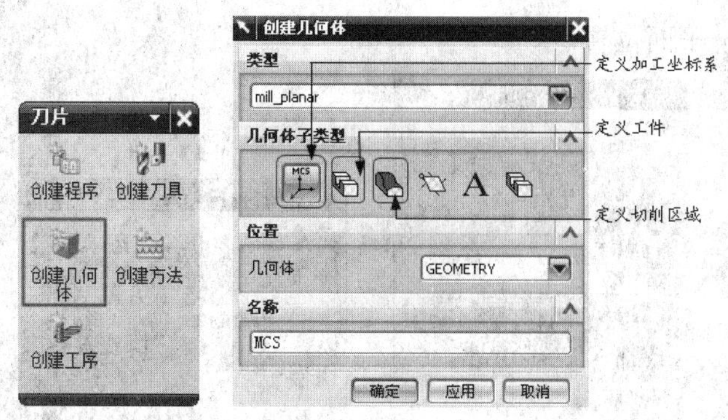

图 3-49 【创建几何体】对话框

3.2.1 创建坐标系几何体

1. 创建加工坐标系

建立加工坐标系时，先在【创建几何体】对话框中选择【几何体子类型】为【坐标系】图标，然后单击【确定】按钮，系统弹出如图 3-50 所示的 MCS 对话框。可以使用坐标系创建的方法构造一个加工坐标系。视图中会显示的 3 种坐标系为绝对坐标系、工作坐标系和加工坐标系，绝对坐标系不带标示，工作坐标系带有“C”标示，加工坐标系带有“M”标示，如图 3-51 所示。其中绝对坐标系和工作坐标系与 CAD 中的含义一样，加工坐标系与加工密切相关。

图 3-50 创建坐标系

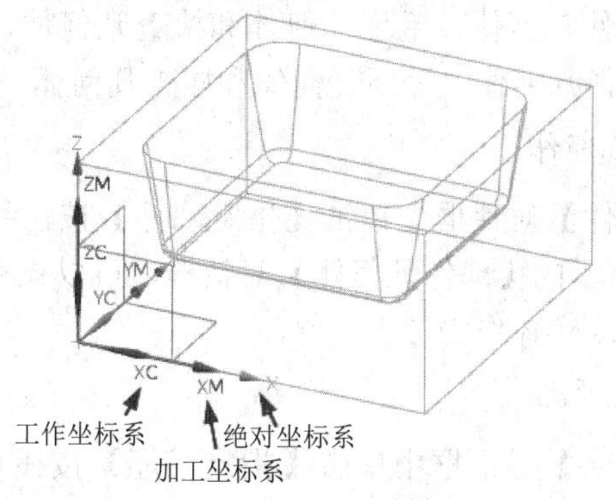

图 3-51 视图中显示的 3 种坐标系

提示

创建任何加工操作前，应显示加工坐标系和工作坐标系，并且确认加工坐标系的位置和方向是否正确。

2. 安全设置

安全设置选项用来指定安全平面位置，在创建操作的非切削移动中可以选择使用安全设置选项。安全设置选项包括了多个选项，但最为常用的是【平面】选项，可以通过指定一个平面为安全平面，如图 3-52 所示。选择平面选项后，单击【指定平面】按钮，系统将弹出【平面构造器】对话框，选择一个表面或者直接选择基准面作为参考平面，再设置偏置值，设定安全平面相对于所选平面的距离。完成设置后单击【确定】按钮完成安全平面的指定，此时在图形上将以虚线形式显示安全平面位置。

图 3-52　安全设置选项

3.2.2　创建工件

在【创建几何体】对话框中单击【工件】按钮，再单击【确定】按钮，系统将弹出如图 3-53 所示的【工件】对话框。对话框最上面的【几何体】框中有 3 个选项，分别为指定部件、指定毛坯和指定检查，每项紧跟其后的有两个按钮，前面一个分别用于定义部件几何体、毛坯几何体和检查几何体，后面一个分别用来显示部件几何体、毛坯几何体和检查几何体。

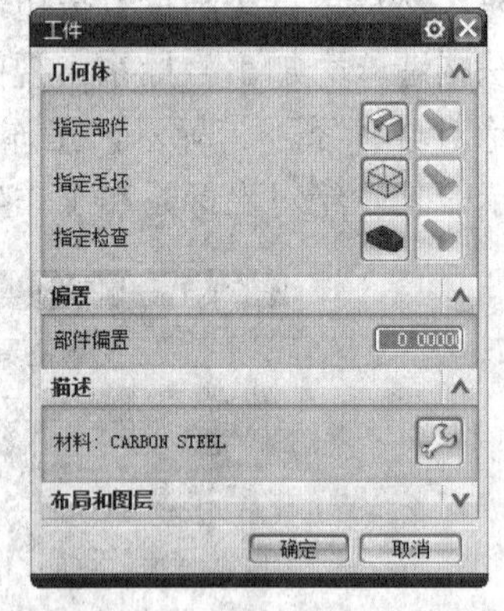

图 3-53　【工件】对话框

1. 指定部件

在【工件】对话框中单击【指定部件】按钮，系统将弹出如图 3-54 所示的【部件几何体】对话框，可以直接在图形上选择所需的曲面或实体作为加工工件。

2. 指定毛坯

在【工件】对话框中单击【指定毛坯】按钮，系统将弹出如图 3-55 所示的【毛坯几何体】对话框。在该对话框中指定选择【几何体】选项，然后在绘图区中选择定义毛坯几何体。

图 3-54　【部件几何体】对话框

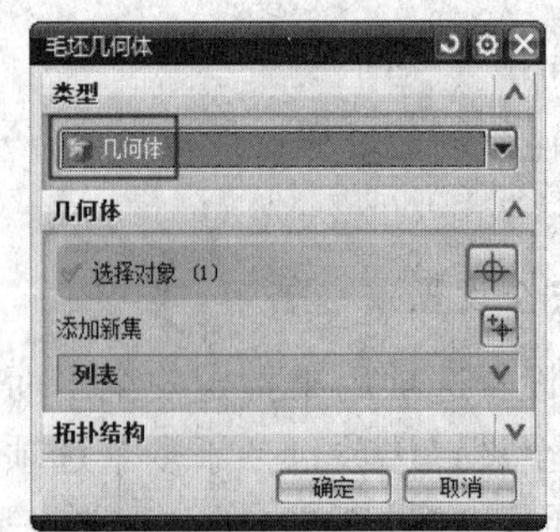

图 3-55　【毛坯几何体】对话框

3.2.3 创建切削区域

在【创建几何体】对话框中单击【创建切削区域】按钮，再单击【确定】按钮，系统将弹出如图 3-56 所示的【铣削区域】对话框。对话框最上面的【几何体】框中有 5 个选项，分别为指定部件、指定检查、指定切削区域、指定壁和指定修剪边界，每项紧跟其后的有两个按钮，前面一个分别用于定义部件几何体、检查几何体、切削区域几何体、壁几何体和修剪边界几何体，后面一个分别用来显示部件几何体、检查几何体、切削区域几何体、壁几何体和修剪边界几何体。只有在设定完成之后，显示按钮才可选，否则呈现为灰色，不可选用。

在【铣削区域】对话框上单击【指定切削区域】按钮，系统弹出如图 3-57 所示的【切削区域】对话框。在该对话框中指定选择【几何体】选项，并设置选择对象的过滤方法，然后在绘图区中选择定义几何件。

提示

切削区域中的每个成员必须包含在已经选择的部件几何体中。

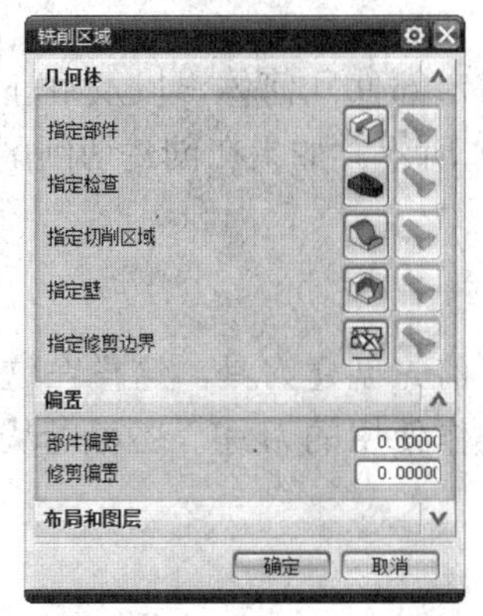

图 3-56 【铣削区域】对话框

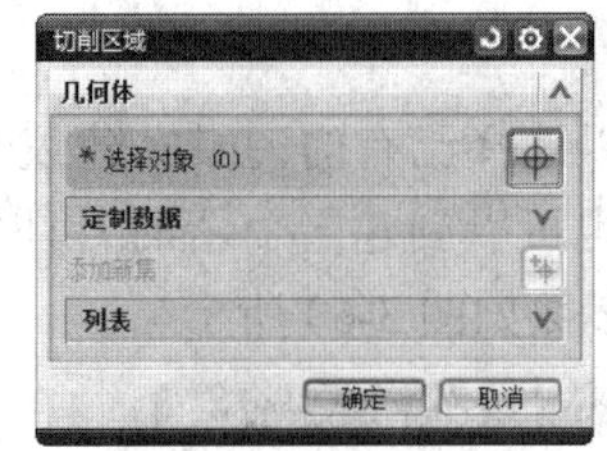

图 3-57 【切削区域】对话框

3.3 创建加工工序

型腔铣的加工特征是刀具路径在同一高度内完成一层切削，遇到曲面将绕过，下降一个高度进行下一层的切削，系统按照零件在不同深度的截面形状计算各层的道路轨迹。

型腔铣应用于大部分零件的粗加工，以及直壁或者斜度不大的侧壁零件精加工，前面的例子就是斜度不大的侧壁零件精加工。通过限定高度值，型腔铣可用于平面的精加工，以及清角加工等。

创建一个型腔铣操作，通常需要以下几个步骤。

1. 创建型腔铣操作

在界面上单击【创建工序】按钮，系统弹出【创建工序】对话框，在该对话框中选择【类型】为 mill_contour，【工序子类型】选择为，如图 3-58 所示。单击【确定】按钮，系统将弹出【型腔铣】对话框，在其中设置型腔铣削的各项参数。

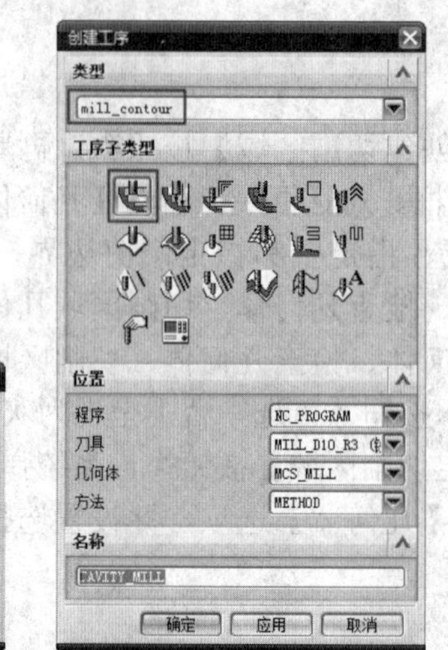

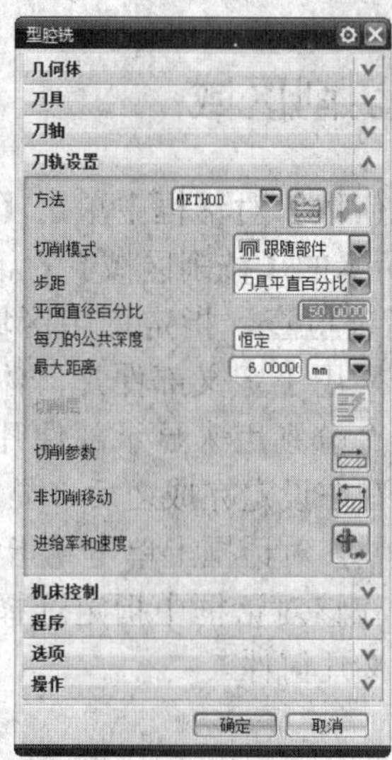

图 3-58　创建型腔铣

2. 选择几何体

选择几何体可以指定几何体参数，也可以直接指定部件几何体，以及毛坯几何体、检查几何体、切削区域几何体和修剪边界几何体，如图 3-59 所示。如果在创建切削区域中已经创建了几何体，这里则无需再设定。

3. 选择刀具

在刀具中可以选择已有的刀具，建议在创建操作前先创建刀具，这样在这里就可以直接选择已有的刀具，也可以创建一个新的刀具作为当前操作使用的刀具，还可以从刀库里选择合适的刀具。刀具组参数如图 3-60 所示。

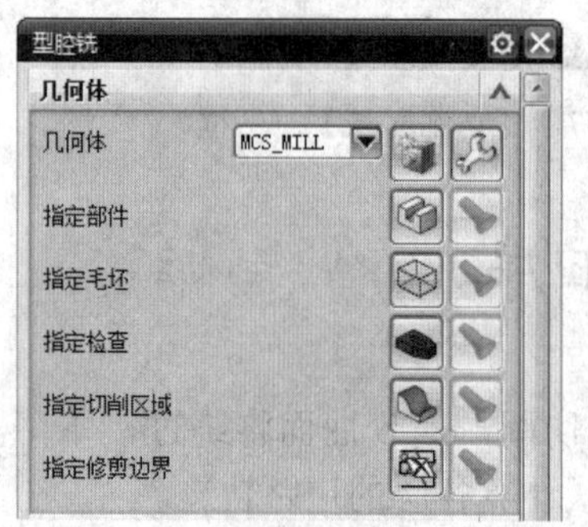

图 3-59　选择几何体

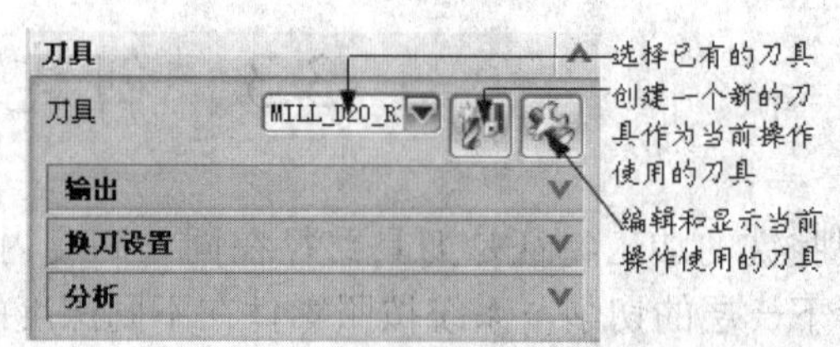

图 3-60　刀具组参数

4. 进行若干刀轨设置

【型腔铣】对话框的刀轨参数设置界面如图 3-61 所示。在刀轨设置中直接指定一部分常用的参数，如方法、切削模式、步距、每刀的公共深度，这些参数的指定将对刀轨产生直接的影响。

5. 刀轨选项设置

在图 3-61 所示的【型腔铣】对话框中，可以单击切削层、切削参数、非切削运动、进给和速度的图标，打开对应的对话框进行切削层、切削参数、非切削移动、进给率和速度等参数的设置，如图 3-62 所示为单击对话框中的【切削参数】按钮弹出的【切削参数】对话框，可对切削参数进行设置。

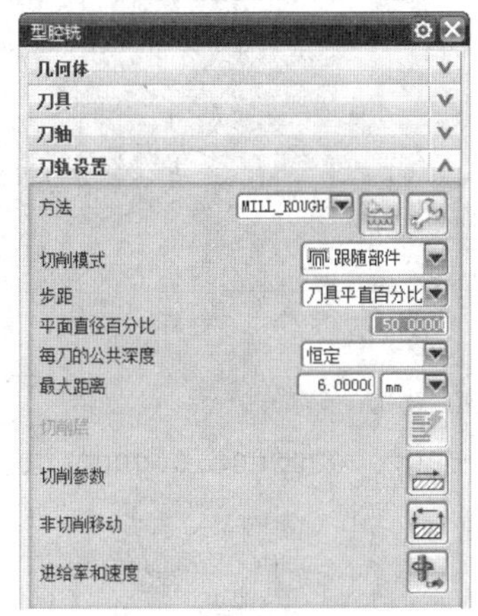

图 3-61　刀轨设置

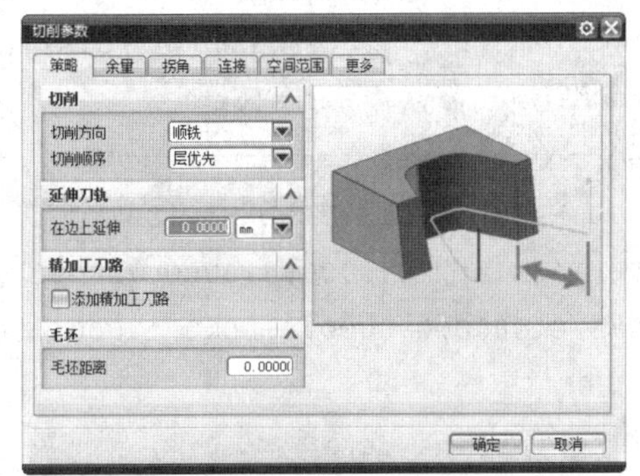

图 3-62　【切削参数】对话框

6. 生成型腔铣操作并检验

在【型腔铣】对话框中指定了所有的参数后，单击对话框底部的【生成刀轨】按钮生成刀轨，操作选项如图 3-63 所示。对于生成的刀具轨迹，可以从不同的角度进行回放，检验刀具是否正确合理。如果有明显的错误或者不合理，则必须进行参数的修改，再次生成操作并检验。

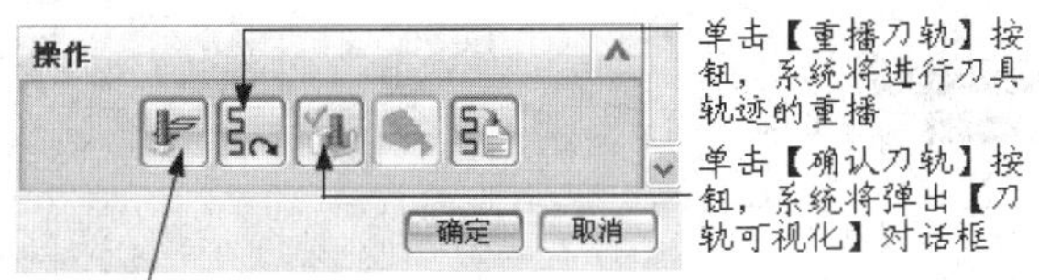

图 3-63　【型腔铣】对话框的操作选项

单击【重播刀轨】按钮，系统将进行刀具轨迹的重播；单击【确认刀轨】按钮，系统将弹出【刀轨可视化】对话框，如图 3-64 所示。可以选择【重播】、【3D 动态】、【2D 动态】选项卡选择不同的可视化检查的方法。

可视化的 3 种检查方法如下所述。

- 重播（Replay）：在刀具轨迹的每一个 GOTO 到 GOTO 语句之间显示刀具或刀具装配。
- 3D 动态仿真（3D Dynamic）：显示刀具轨迹时，同时显示切除材料的过程。这个过程需要电脑配有很好的显卡，如果显卡不是太好，不建议使用此方法。
- 2D 动态仿真（2D Dynamic）：显示刀具轨迹时，同时显示切除材料的过程。这个过程比较清晰，而且不需要很好的显卡，而且可以较快速地完成准备工作，建议尽量使用此过程，不过在显示过程中，无法显示夹具信息，使用时要注意这一点。

提示

3D 动态仿真方法需要在工件父节点组中定义毛坯，否则会影响操作。

视频教学

在【型腔铣】对话框中单击【列表】按钮，系统将弹出程序列表信息，如图 3-65 所示。下面选取了里面的部分信息。

```
=============================================================
信息列表创建者:     Administrator
日期:               2013-01-04 20:02:12
当前工作部件:       D:\NX8 CAM disk\END\Ch3\3-1.prt
节点名:             xielonghan
=============================================================
TOOL PATH/CAVITY_MILL_FINISH,TOOL,MILL_D10_R3
TLDATA/MILL,10.0000,3.0000,75.0000,0.0000,0.0000
MSYS/0.0000,0.0000,0.0000,1.0000000,0.0000000,0.0000000,0.0000000,1.000000
0,0.0000000
$$ centerline data
PAINT/PATH
PAINT/SPEED,10
LOAD/TOOL,2,ADJUST,2
……
```

里面记载了信息清单的创建者、创建的日期、当前的工作部件、节点名、所使用的刀具等信息。

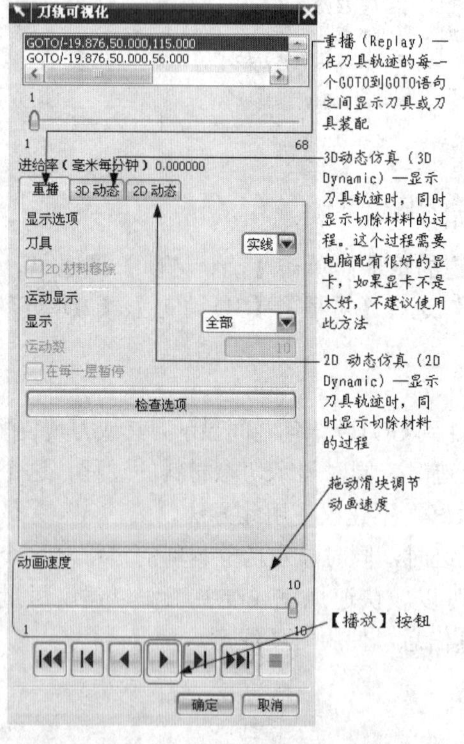

图 3-64 【刀轨可视化】对话框

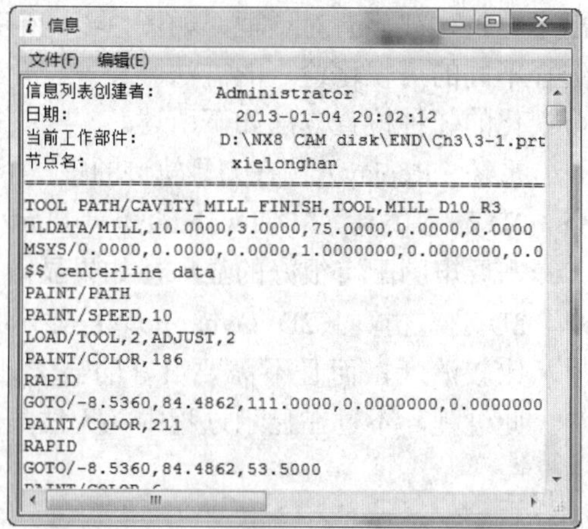

图 3-65 程序列表信息

在【型腔铣】对话框中单击【确定】按钮，关闭对话框，完成型腔铣操作的创建。

7. 生成 NC 数控代码和车间工艺文件

刚才产生的文件里记载着所有的刀具位置信息，但是并不能直接运用到数控机床上加工零件，要将其转换成具体机床可以识别的 NC 数控代码，才可以进行零件的加工。

通过生成车间工艺文件，可以指导数控机床操作人员进行加工操作，告诉数控机床操作人员准备哪些刀具，需要完成哪些辅助工作。

3.4 设置加工参数

【型腔铣】对话框的刀轨参数设置，可以指定参数，这些参数的指定将对刀轨产生直接的影响。下面将讲述主要的加工参数的设置。

3.4.1 切削模式

切削模式决定所使用的切削模式，型腔铣操作中的切削模式如图 3-66 所示。

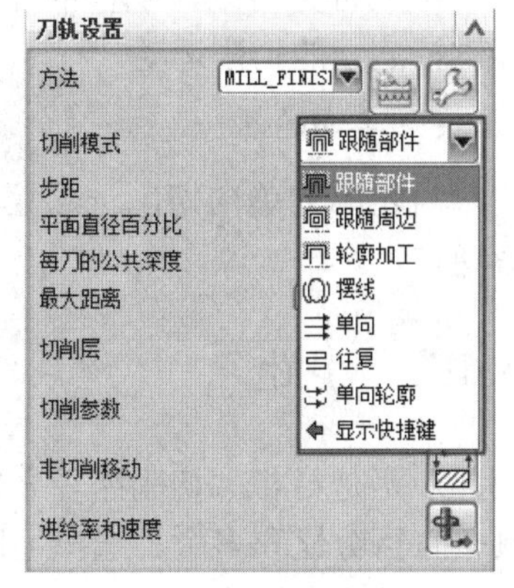

图 3-66 型腔铣的切削模式

1. 跟随部件

【跟随部件】选项是通过对所有指定的部件几何体进行偏置来产生刀具轨迹，与【跟随周边】选项不同的是：跟随周边只是从外围的环进行偏置，而跟随部件切削是从零件几何体所定义的所有外围环进行偏置。

当步距比较大时，可能会导致在连续的轨迹间一些切削区域不被切除，对于这些区域，系统将产生另外的清除运动来去除这些材料。

系统按照切向零件几何体来决定型腔的切削方向，对于每组偏置，越靠近零件几何体的偏置越靠后切削，不需要指定向内或者向外的型腔切向方向，这一点与【跟随周边】选项有所不同。

2. 跟随周边

【跟随周边】选项用于创建一条沿着轮廓顺序的、同心的刀位轨迹。它是通过对外围轮廓区域的偏置得到的，当内部偏置的形状产生重叠时，它们会被合并为一条轨迹，然后再重新进行偏置产生下一条轨迹。所有的轨迹在加工区域中都以封闭的形式呈现。

此选项同往复式切削方式一样，能够维持刀具在步距运动期间连续地进刀，能最大化地对材料进行切除。

由于刀轨不能相互重叠，一个加工区域可能被分为几个袋状的区域，刀具在这些袋状的区域间转移运动来完成整个区域的加工。由于转移运动需要抬刀，会导致切削区域的可能不连续，可以采用区域连接选项进行刀轨优化。

3. 摆线

摆线切削模式是使用小的环状递进方式沿着一条路径进行切削加工，这种切削方式主要用于高速铣加工，保证等量地切削毛坯，并且可以保护刀具。

4. 单向

单向切削创建平行的单向刀位轨迹，这种切削方法使刀具轨迹始终维持一致，这样可以保证按照设定的顺铣或者逆铣进行切削，并且在连续的刀轨之间没有沿轮廓的切削。刀具在切削轨迹的开始点进刀，切削到切削轨迹的终点，然后刀具回退至安全高度，转移到下一条轨迹的开始点，刀具以同样的方向进行切削。

5. 往复

往复式切削是创建往复的平行切削刀轨。这种切削方法允许刀具在步距运动期间保持连续的进刀运动，没有抬刀，能最大化地对材料进行切除，是最经济和节省时间的切削运动。由于是往复式的切削，切削方向交替变化，这样顺铣和逆铣也就交替变化，所以指定顺铣和逆铣作为切削运动，不会影响这种切削类型所产生的刀轨，不过会影响周壁清刀的切削方向。

如果没有指定切削区域开始点，第一刀的开始点将尽可能地靠近外围边界的开始点。

系统将努力维持线性的往复式切削，但是允许刀具在步距宽度的范围内沿着切削区域的轮廓维持连续的切削运动。

6. 单向轮廓

沿轮廓的单向切削选项用于创建平行的、单向的沿着轮廓的刀位轨迹，始终维持着顺铣或者逆铣。

3.4.2 步距

步距是指相邻切削路径之间的距离。步距的设置选项有 4 种，分别为恒定、残余高度、刀具平直百分比和多个。选择不同的选项，紧跟步距的设置也会变化。

当【步距】设为【恒定】时，紧跟其后的是【距离】，直接在其输入框内输入数值，并且选择好单位。

当【步距】设为【残余高度】时，紧跟其后的是【残余高度】，直接在其输入框内输入数值，以保证残留高度，系统将自动计算刀距每次移动多少。

当【步距】设为【刀具平直百分比】时，紧跟其后的是【平面直径百分比】，直接在其输入框内输入数值。这是最常用的一种方式，指定刀具相邻切削路径之间的距离为刀具直径的百分比。在没有特殊的要求下，这个百分比变化不大，建议初学者尽量使用此选项。

当【步距】设为【多个】时，紧跟其后的是【列表】，其中包括刀路数和距离，还有一个列表，如图 3-67 所示。这是不常用的一种方式，指定刀具相邻切削路径之间的距离为多个距离。

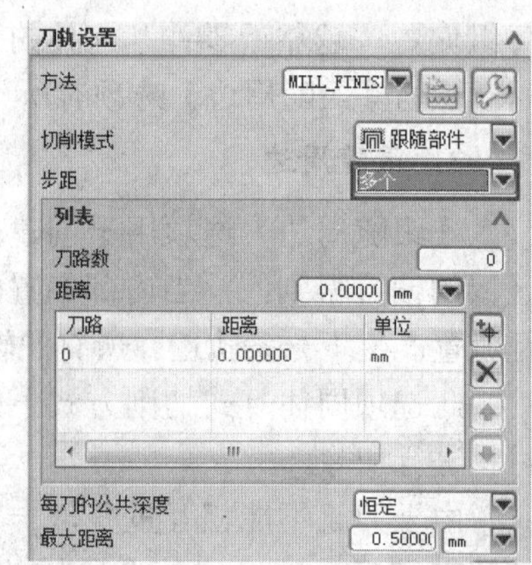

图 3-67　步距设为多个时

3.4.3 每刀的公共深度

全局每刀深度是指在全局每一个切削层中，刀具切削的最大深度。直接在【最大距离】输入框内输入数值，这个参数直接影响刀具切削层的层数。在粗加工中，该值可以取较大些，以此来提高加工效率；在精加工中，该值取较小些，以此来提高加工的精度，这方面的设定需要在实际中慢慢提高。

3.4.4 切削层

型腔铣加工主要是通过平面层切的方法逐层向下切削加工几何体。

在【型腔铣】对话框上单击【切削层】按钮，系统将弹出【切削层】对话框，如图 3-28 所示。切削层是描述在一个区间中被切除的材料的总量或深度。每个区间的切削层都有固定的切削深度，但是每个区间的每刀切削深度可以不同。每刀的公共深度是指在一个区间每一个切削层中，刀具切削的最大深度。

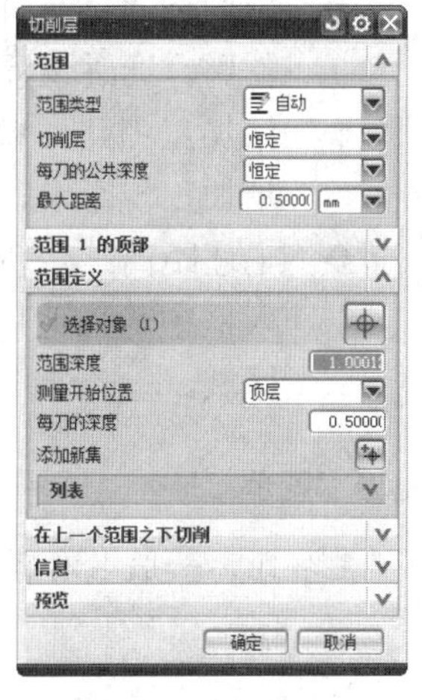

图 3-68 【切削层】对话框

3.4.5 切削参数

切削参数用于设置刀具在切削工件时的一些处理方式，每个操作都要用到切削参数选项，但这些选项随着操作类型的不同和切削模式或驱动模式的不同而发生变化。

在【型腔铣】对话框上单击【切削参数】按钮，系统将弹出【切削参数】对话框，如图 3-69 所示，此时选项卡选为【拐角】。【切削参数】对话框有 6 个选项卡，分别是策略、余量、拐角、连接、空间范围、更多。

提示

切削参数中的部分选项是相关联的，当前的一项完成设置后，将会出现相关选项。

下面将对每个选项卡进行讲解。

1. 【策略】选项卡

策略选项是切削参数设置中很重要的一项，对刀具轨迹的生成影响很大。选择不同的切削模式，切削参数的策略选项就会有所不同，某些选项是共有的，某些选项只有在特定的切削模式下才有。如图 3-70 所示为切削模式选为【跟随部件】时的【策略】选项卡，有切削、延伸刀轨、精加工刀路、毛坯等选项。

- ◆ 切削方向：切削方向可以选择顺铣或逆铣，通常选择顺铣，顺铣和逆铣的切削形式如图 3-70 所示。顺铣加工的表面质量要比逆铣好，具体顺铣和逆铣的各自特点可以参考机械加工基础方面的书籍，这对选择正确的切削方向很有帮助。
- ◆ 切削顺序：该选项有深度优先和层优先两个选项。

- 深度优先：在切削过程中先按区域进行加工，完成一个切削区域后，转移到下一个切削区域进行切削，如图 3-70 所示。这种加工方法可以减少抬刀，从而提高加工效率。
- 层优先：刀具先在一个深度上切削所有的外形边界，再进行下一个深度的切削，在切削过程中刀具在各个切削区域间不断抓换，如图 3-70 所示。这种切削应用对外形一致性要求高或者薄壁零件的精加工。

◆ 延伸刀轨：延伸刀轨选项可以将切削区域向外延伸，在选择了切削区域几何体后才起作用。通过设置在边上的延伸，可以保证边上不留残余。

◆ 精加工刀路：精加工刀路是用来指定零件轮廓周边的精加工刀轨，可以设置刀路数和精加工步距。

◆ 毛坯距离：毛坯距离设置轮廓边界的偏置距离产生毛坯几何体，在如图 3-70 所示的输入框中输入毛坯距离后，则只生成毛坯距离范围内的刀轨，而不是整个轮廓所设定的区域。

提示

毛坯距离一般在没有设定毛坯几何体时使用，根据设定的值产生毛坯。

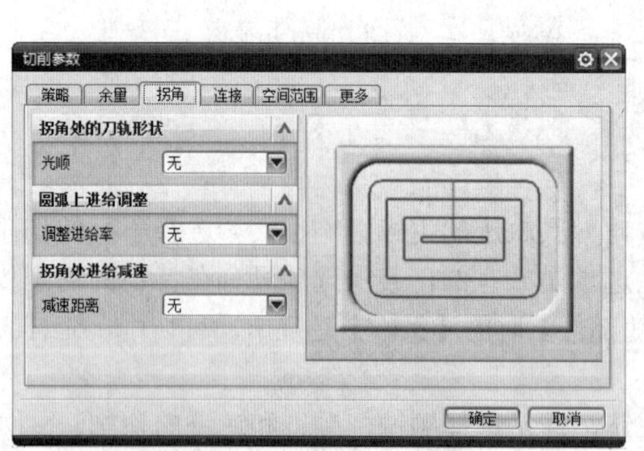

图 3-69 【切削参数】对话框

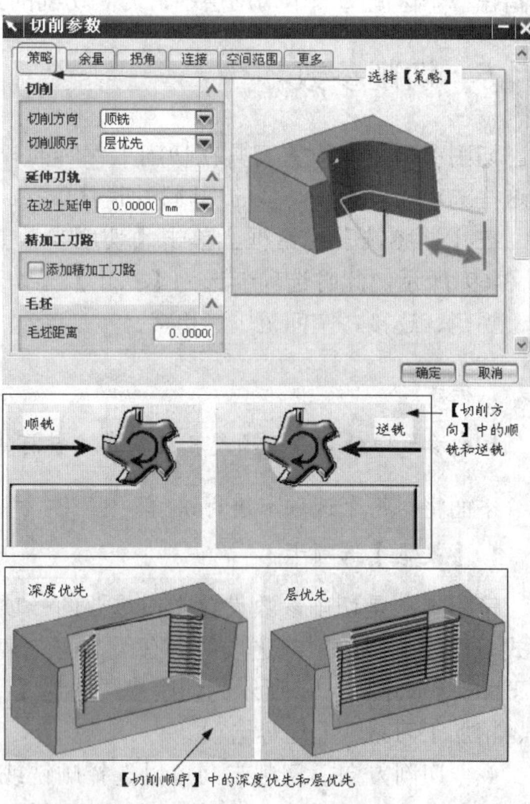

图 3-70 【切削参数】对话框上的【策略】选项卡

2.【余量】选项卡

【余量】选项卡用于设置各种加工几何体的余量以及公差，对话框如图 3-71 所示。

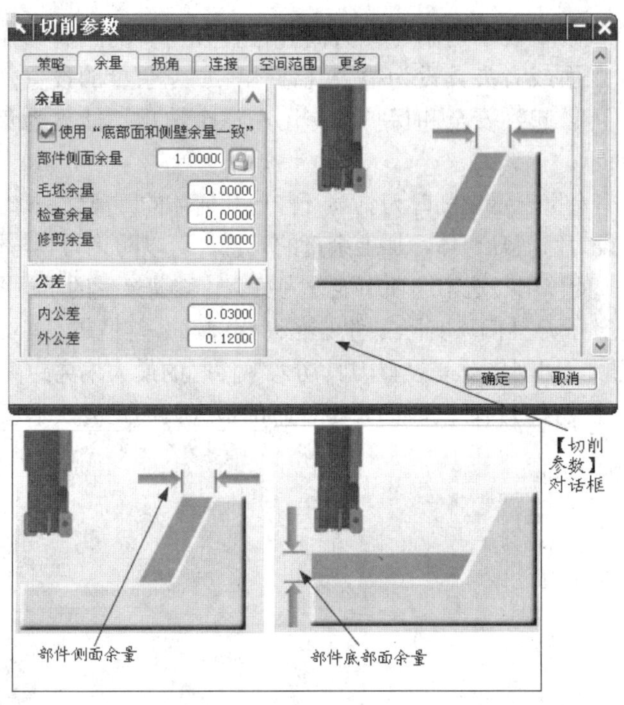

图 3-71　余量参数

◆　部件侧面余量和底部面余量

部件侧面余量是指部件在水平方向的余量，这个余量是在水平方向投影而得来的，部件侧面余量示意图如图 3-71 所示。

部件底部面余量是指部件在竖直方向的余量，这个余量是在竖直方向投影而得来的，部件底部面余量示意图如图 3-71 所示。

部件侧面余量和部件底部面余量可以一致，也可以设置不同的值。部件余量可以设置为负值，但一般不能大于刀具的底圆角半径。部件侧面余量和部件底部面余量不一致时的设置和示意图如图 3-72 所示；部件侧面余量和部件底部面余量一致时的设置和示意图如图 3-73 所示。

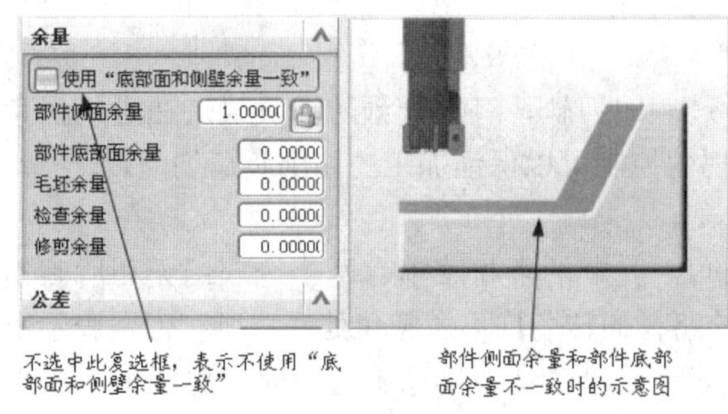

图 3-72　部件侧面余量和部件底部面余量不一致时的设置和示意图

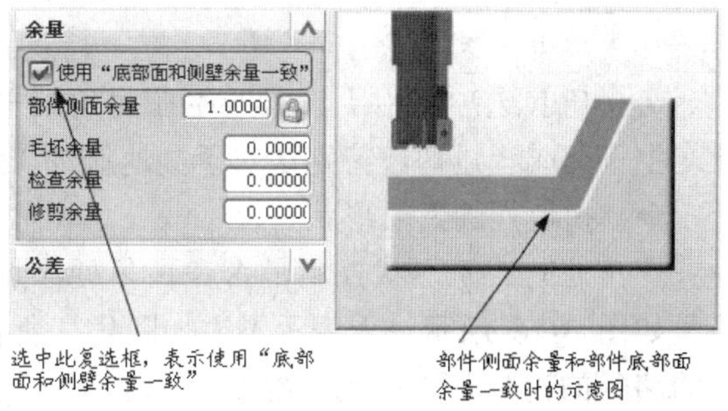

图 3-73　部件侧面余量和部件底部面余量一致时的设置和示意图

◆　毛坯余量：毛坯余量设置毛坯几何体的余量，设置时可以将毛坯放大或者缩小。毛坯余量示意图如图 3-74 所示。

◆ 检查余量：检查余量表示切削时刀具离开检查几何体的距离。在加工中，可以将一些比较重要的加工面或者夹具设为检查几何体，加上余量的设置，可以防止刀具与这些几何体接触。可以起到安全和保护的作用，这个选项不能设为负值。检查余量的示意图如图 3-74 所示。

◆ 修剪余量：修剪余量表示切削时刀具离开修剪几何体的距离。在加工中，可以将一些比较重要的加工面设为修剪几何体，加上余量的设置，可以防止刀具与这些几何体接触。可以起到安全和保护的作用，这个选项不能设为负值。修剪余量的示意图如图 3-74 所示。

◆ 公差：公差定义了刀具偏离实际零件的允许范围，公差值越小，切削就越准确，产生的轮廓铣就越光顺。切削内公差设置刀具切入零件时的最大偏离距离，示意图如图 3-75 所示。切削外公差设置刀具切削时离开零件时的最大偏离距离，示意图如图 3-75 所示。

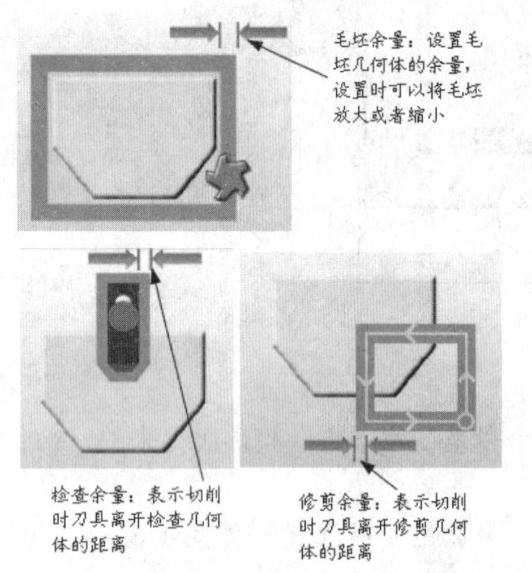

图 3-74 毛坯余量、检查余量、修剪余量示意图

切削内公差设置刀具切入零件时的最大偏离距离

切削外公差设置刀具切削时离开零件时的最大偏离距离

图 3-75 切削内、外公差示意图

提示

内公差与外公差只可以一个设为 0，不可以同时设为 0，即公差带不可为 0。

3.【拐角】选项卡

【拐角】选项卡用于设置产生在拐角处平滑过渡的刀轨，有助于预防刀具轨迹在进入拐角处产生偏离或者过切。特别是对于高速铣加工，拐角控制可以保证加工的切削负荷均匀。

◆ 拐角处的刀轨形状

拐角处的刀轨形状控制是否在拐角处添加圆角。光顺的下拉菜单有两个选项：无和所有刀路，如图 3-76 所示。无表示不添加圆角，所有的路径的转角均不做圆角处理。所有刀路表示所有的路径的拐角都采用拐角控制，添加圆弧过渡。当选择【所有刀路】选项时，对话框上出现半径和步距限制两选项。

◆ 圆弧上进给调整

圆弧上进给调整是为了使刀具在铣削拐角时，保证刀具外侧的切削速度不变。调整进给率的下拉菜单有两个选项：无和在所有的圆弧上。无表示不进行圆弧上进给调整，在所有的圆弧上表示在所有的圆弧上进行进给调整。在拐角处采用圆弧上进给调整，这样在铣削拐角时，可使铣削更加均匀，也减少刀具切入或偏离拐角材料的机会。此时，补偿系数选项被激活，可分别在【最大补偿因子】和【最大补偿因子】的文本框中输入补偿因子。

◆ 拐角处进给减速：为了减少零件在凹角切削时的啃刀现象，可以通过指定降速选项，在零件的拐角处降低刀具进给速度。

4.【连接】选项卡

连接选项用于设置区域连接方式。【连接】选项卡的参数如图 3-77 所示。

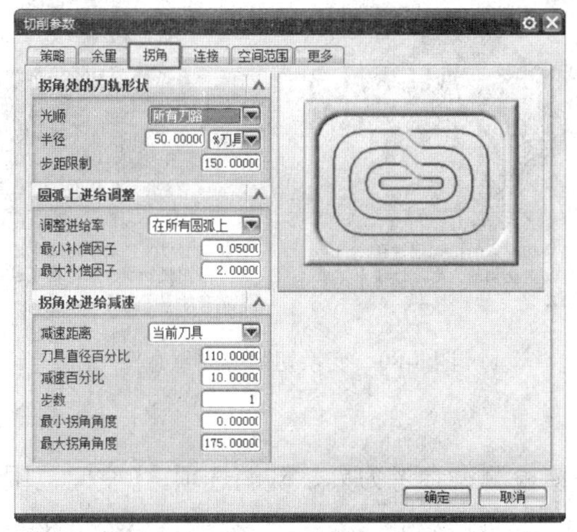

图 3-76　光顺所有刀路

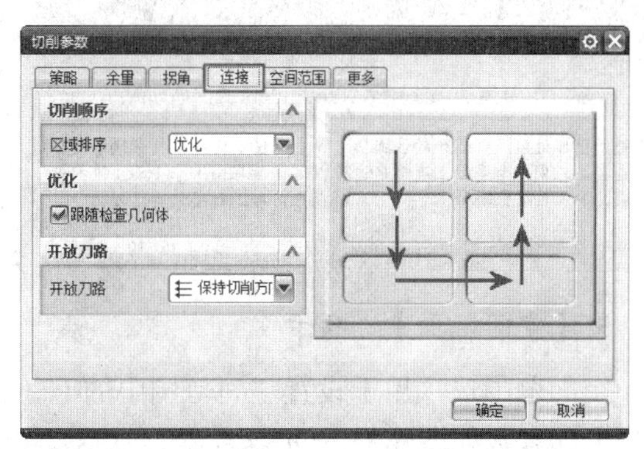

图 3-77　【连接】选项卡

区域排序用于指定多个切削区域的加工顺序，有 4 个选项：标准、优化、跟随起点和跟随预钻点，如图 3-78 所示。标准：指定多个切削区域的加工顺序为标准顺序。优化：对多个切削区域的加工顺序进行优化，以使空运行距离相对较短。跟随起点：指定多个切削区域的加工顺序为跟随起点。跟随预钻点：指定多个切削区域的加工顺序为跟随预钻点。

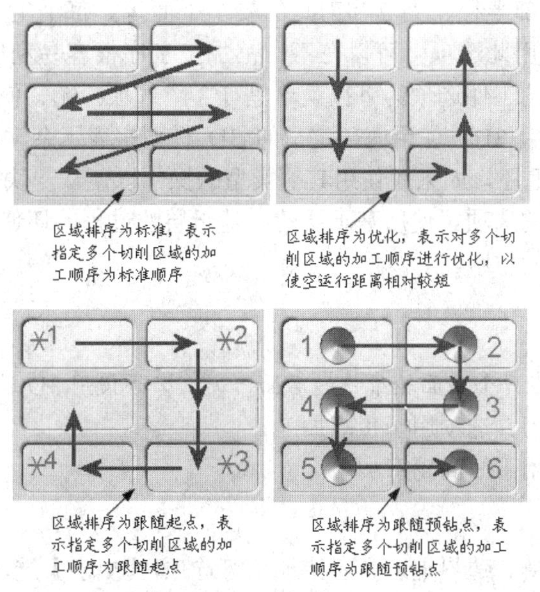

图 3-78　区域排序选项

区域连接是指将分隔开的区域连接在同一个平面上连接起来，加工时不抬刀，图 3-79 为关闭区域连接和打开区域连接的示意图。关闭区域连接在同一个平面上不连接起来，加工时需要抬刀，打开区域连接在同一个平面上连接起来，加工时不需要抬刀。

开放刀路可以选择变换切削方向或者保持切削方向应用于跟随部件形成的开放刀路。变换切削方向：切削过程中刀具可以变换切削方向，过程中不用抬刀。保持切削方向：切削过程中刀具不可以变换切削方向，因此过程中需要抬刀。示意图如图 3-80 所示。

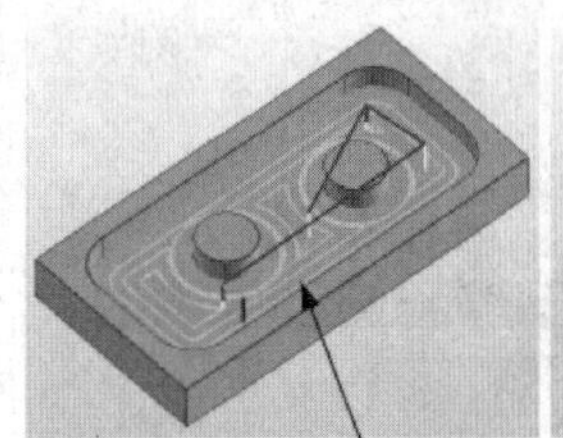

关闭区域连接，分隔开的区域连接不在同一个平面上连接起来，加工时需要抬刀

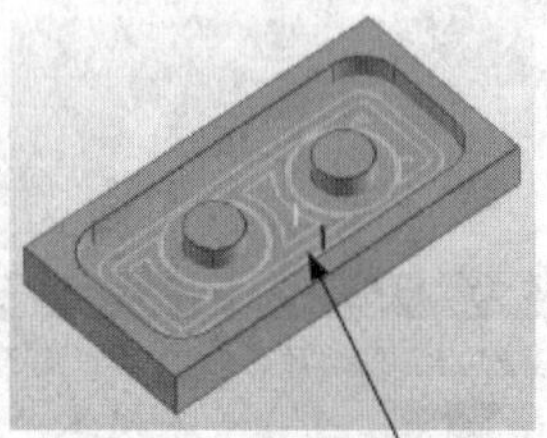

打开区域连接，将分隔开的区域连接在同一个平面上连接起来，加工时不需要抬刀

图 3-79　区域连接示意图

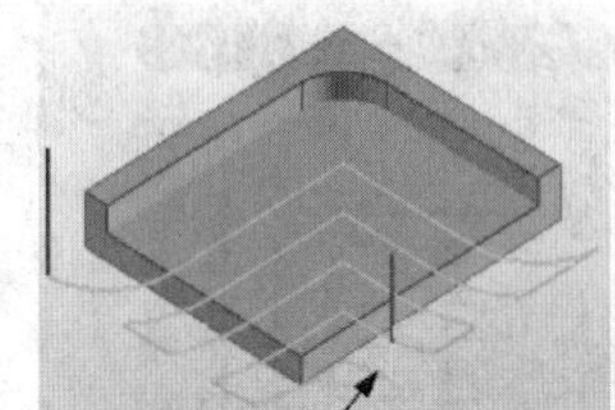

变换切削方向：切削过程中刀具可以变换切削方向，过程中不用抬刀

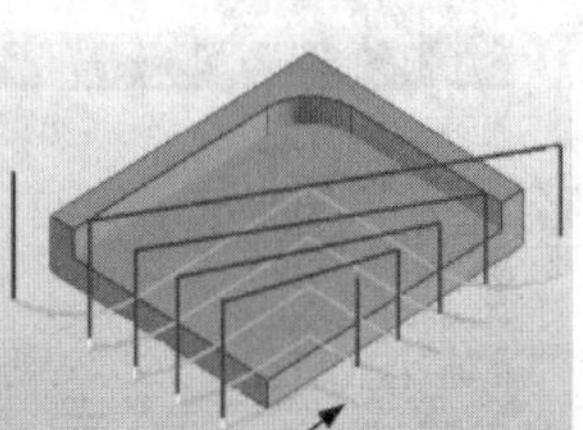

保持切削方向：切削过程中刀具不可以变换切削方向，因此过程中需要抬刀

图 3-80　变换切削方向示意图

5.【空间范围】选项卡

空间范围选项用于设置空间范围中的毛坯、碰撞检测、参考刀具、陡峭选项，【空间范围】选项卡的参数如图 3-81 所示。

◆　毛坯

修剪方式的下拉菜单里有两个选项：无和轮廓线。无：不使用修剪选项。轮廓线：此选项可以使用零件几何体的外形轮廓修剪几何体。

处理中的工件选项非常重要。为了更有效地生成各种型腔铣操作，用户必须确定在每个操作完成之后哪些材料已经被切除，哪些材料还没有被切除。这些由诸多因素决定，诸如刀具长度和直径、锥度和刀具底部半径、夹具和刀具的安全平面等。每个工序以后余下的就是处理中的工件，即过程毛坯。使用此选项，可以在下一个加工工序很容易利用余下的材料作为毛坯，做进一步的加工。处理中的工件选项的下拉菜单里有 3 个选项：无、使用 3D 和使用基于层的。无：不使用过程毛坯。使用 3D：使用内部定义的 3D 模型来表示余下的材料，所有的铣削操作都可以处理一个 3D 过程毛坯，如果还使用其他类型的操作以便从一块毛坯上切除多余的材料，那么此选项将是一个很好的选项。使用基于层的：基于层的过程毛坯使用先前的型腔铣的 2D 切削区域来识别和加工余下的材料。

提示

如果型腔铣操作跟随在一个曲面轮廓铣的后面，那么必须使用 3D 过程毛坯。

◆　参考刀具：参考刀具选项用于角落加工。

◆　陡峭：陡峭选项用于等高轮廓加工。

6.【更多】选项卡

更多选项包括安全距离、边界逼近、容错加工等选项，【更多】选项卡如图 3-82 所示。

◆　安全距离：设置刀具各个位置与部件在水平方向的安全间隔。

◆ 边界逼近：选中此复选框时，刀具在远离轮廓边界时可以使用近似的边界偏置，可以不保证完全准确。如果不选中此复选框，刀具在远离轮廓边界时不可以使用近似的边界偏置。

◆ 容错加工：可以准确地寻找不过切零件的可加工区域。默认的情况，是激活该选项的，此时材料边仅与刀轴矢量有关，表面的刀具位置属性不论如何指定，系统总是设置为相切于。

提示

只有在取消选中【容错加工】复选框时，防止底切才可以打开。

图 3-81 【空间范围】选项卡

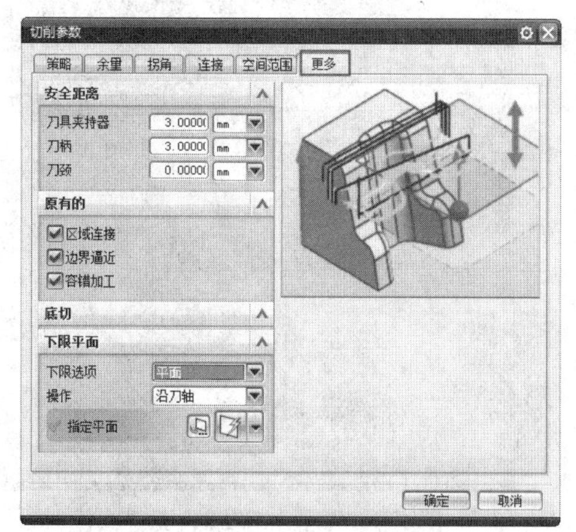

图 3-82 【更多】选项卡

3.4.6 非切削移动

当没有实际切削材料时，型腔铣操作使用非切削移动来控制刀具的运动。

在【型腔铣】对话框上单击【非切削移动】按钮，系统将弹出【非切削移动】对话框，如图 3-83 所示。

【非切削移动】对话框上有 6 个选项卡：进刀、退刀、起点/钻点、转移/快速、避让和更多。以下介绍几个常用的参数。

1. 进刀/退刀

进刀/退刀选项用于定义刀具在切入、切出零件时的距离和方向。选项的含义是使系统会自动地根据所指定的切削条件、零件的几何体形状和各种参数来确定刀具的进刀/退刀运动。

进刀分为封闭区域、开放区域、初始封闭区域和初始开放区域。在封闭区域的进刀类型的下拉选项中有 5 个选项：与开放区域相同、螺旋、沿形状斜进刀、插铣、无。通常使用的进刀类型为螺旋或者插铣。螺旋：当进刀类型选为螺旋时，需要设置直径、倾斜角度、高度、最小安全距离和最小倾斜长度等参数。插铣：当进刀类型选为插铣时，直接输入高度参数。

在开放区域的下拉选项中有 9 个选项：与封闭区域相同、线性、线性-相对于切削、圆弧、点、线性-沿矢量、角度-角度-平面、矢量平面和无。选择某一项，右侧就会出现该选项的示意图，读者可以按照示意图去理解其含义，在此不加以讲述。

退刀的选项跟进刀比较相似，可以按照示意图去理解各项含义。

2. 重叠距离

选择【起点/钻点】选项卡时，可以看到重叠距离设置，如图 3-84 所示。在进刀位置，由于初始切削时的切削条件与正常切削时有所差别，在进刀位置，可能会产生较大的让刀量，因而产生刀痕，有了重叠距离就可以保证将此区域完全切削干净，消除刀痕，示意图如图 3-85 所示。

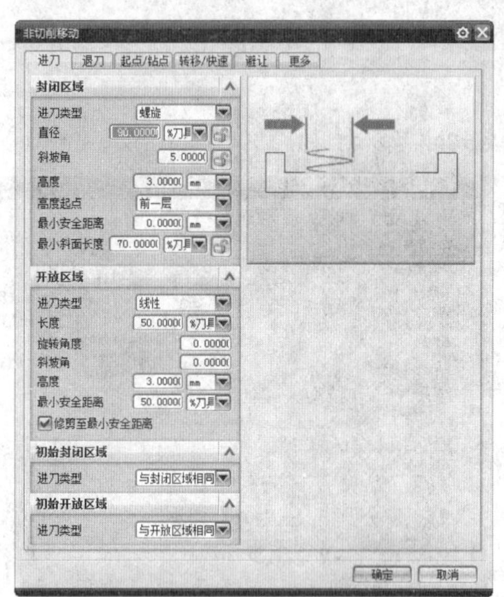

图 3-83 【非切削运动】对话框

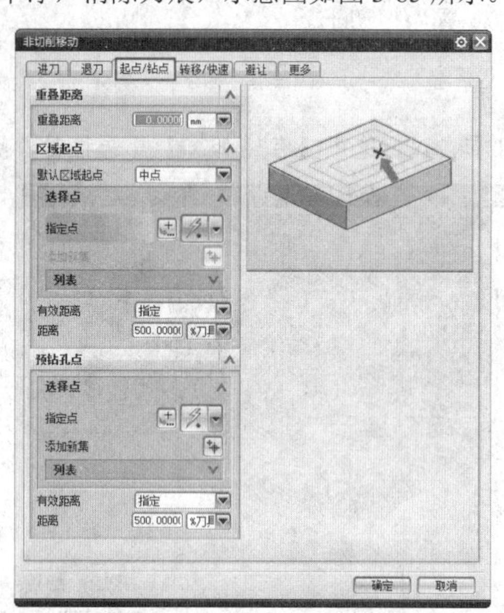

图 3-84 【起点/钻点】选项卡

3. 区域起点

在【非切削移动】对话框中，选择区域起点下的指定点，选择一个点，则系统将以该点为起点进行加工，默认区域起点的下拉选项有两个选项：中点和角。默认区域起点为中点示意图和默认区域起点为角示意图如图 3-86 所示。

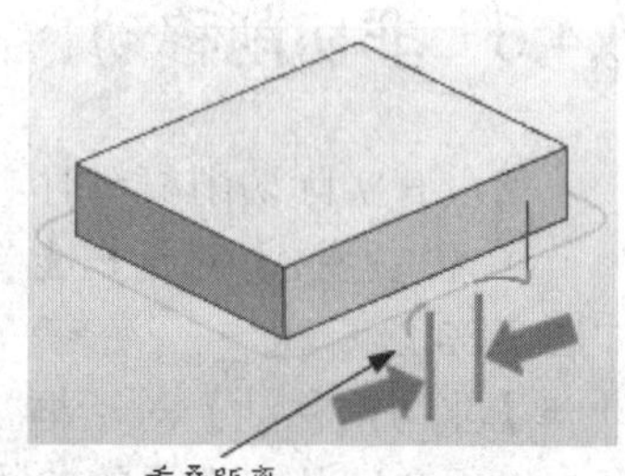

图 3-85 重叠距离

4. 预钻孔点

预钻孔点则可以在封闭区域内先钻一个孔，在孔中竖直下刀，再进行水平切削。指定预钻孔加刀点，刀具先移动到指定的预钻孔进刀点位置，然后下到被指定的切削层高度，接着移动到处理器生成的开始点进入切削。预钻孔点示意图如图 3-87 所示。

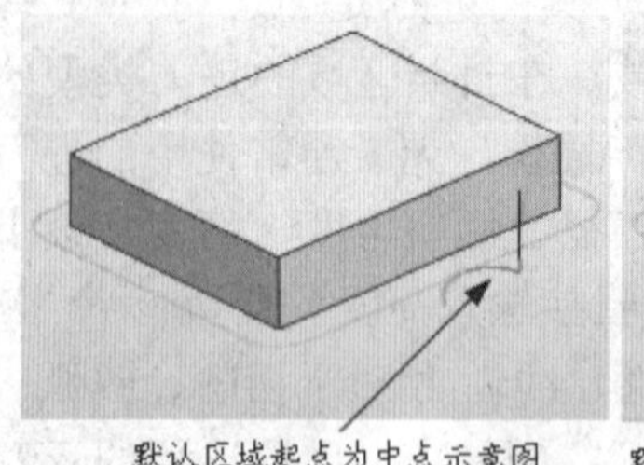

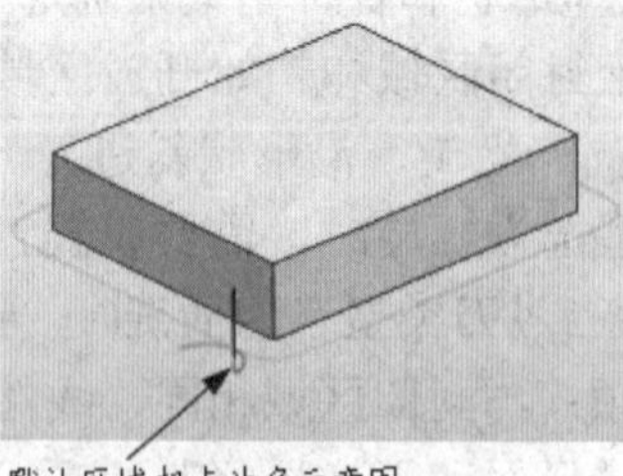

图 3-86 区域起点

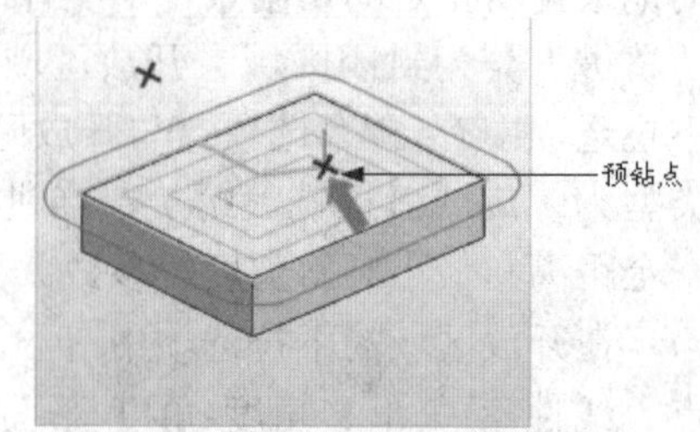

图 3-87 预钻孔点示意图

3.4.7 进给率与速度

进给率和速度用于设置进给率和主轴速度等。在【型腔铣】对话框上单击【进给率和速度】按钮，系统将弹出【进给率和速度】对话框，如图3-88所示。在自动设置中输入表面速度和每齿进给，系统将自动计算得到主轴速度与切削进给率。也可以直接输入主轴速度与切削进给率。【进给率】中的更多选项用于设置不同的非切削运动或者切削状态中的进给率。通常需要设置进刀进给。

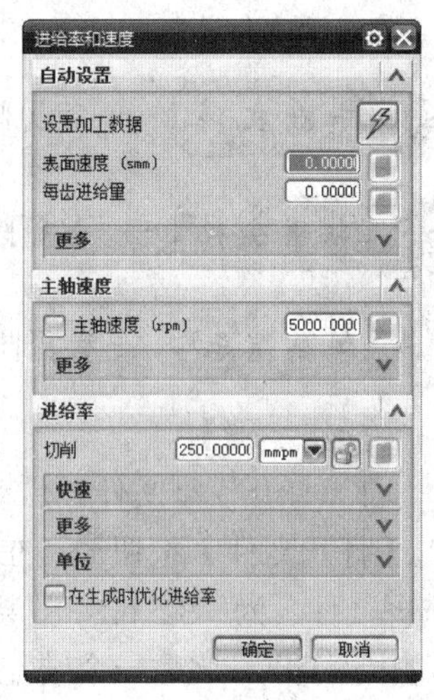

图3-88 【进给率和速度】对话框

提示

在各个选项中，数值设置为0并不表示进给率为0，而是使用默认方式、默认数值。

3.5 实例·操作——凸凹模加工

完成如图3-89所示零件的型腔铣操作的创建。模型的外形尺寸为300mm×230mm×105mm，模型的拐角半径为30mm，底角半径为10mm，型腔的拔模斜角为15°，凹模的深度为35mm，凸模高出平面35mm。

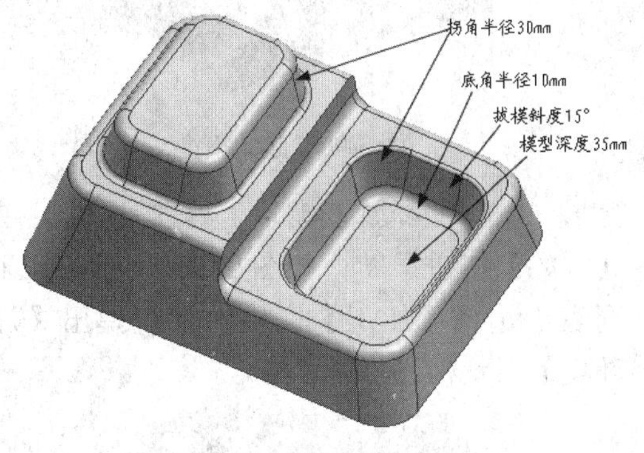

图3-89 带岛屿凹模

【思路分析】

如图3-89所示的零件为典型的凸凹模零件，凹模的深度为35mm，这可以用来指导刀具长度的选择，即刀具的切削刃的长度不能小于35mm；另外，由于凸模的存在，同样需要增加刀具的长度，综合以上分析，刀具的长度为100mm比较合适；模型的拐角半径为30mm，这可以用来指导选择刀具的直径，即刀具的直径不能大于60mm；底角半径为10mm，这可以用来指导选择刀具的圆角半径，即精加工的刀具圆角半径不能大于10mm。如果不知道以上参数，可以使用加工助理来获得零件几何信息，进而来指导加工参数的设定。加工如图2-56所示的示例零件时，同时要顾及到加工效率和刀具的刚度问题，可以采用3次加工来完成，先使用刀具直径为32mm的平底立铣刀进行粗加工，再使用刀具直径为16mm的平底立铣刀进行半精加工，最后使用刀具直径为10mm的球头铣刀进行精加工。加工过程如下所述。

（1）粗加工：使用刀具直径为32mm的平底立铣刀。

（2）半精加工：使用刀具直径为16mm的平底立铣刀。

（3）精加工：使用刀具直径为10mm的球头铣刀。

【光盘文件】

起始文件——参见附带光盘中的“Model\Ch3\3-5.prt”文件。

结果文件——参见附带光盘中的“END\Ch3\3-5.prt”文件。

——参见附带光盘中的“AVI\Ch3\3-5.avi”文件。

【操作步骤】

（1）打开模型文件。启动 UG NX 8.0，单击【打开文件】按钮，在弹出的文件列表中选择文件名为“3-5.prt”的装配件文件，单击 OK 按钮打开。这是一个装配体文件，里面包含有要加工的零件和毛坯，如图 3-90 所示。

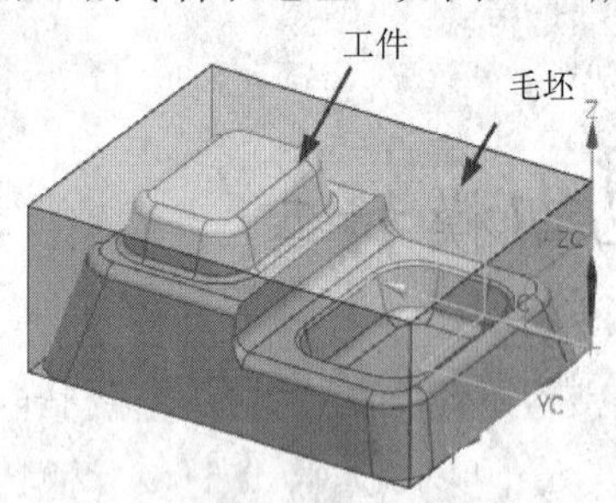

图 3-90　起始模型

（2）进入加工模块。在工具栏上单击【开始】按钮，如图 3-91 所示，在下拉列表中选择【加工】模块，系统弹出【加工环境】对话框。

图 3-91　进入加工环境

（3）在系统弹出的【加工环境】对话框中，选择【CAM 会话配置】为 cam_general，选择【要创建的 CAM 设置】为 mill_contour，单击【确定】按钮进行加工环境的初始化设置，进入加工模块的工作界面，如图 3-92 所示。

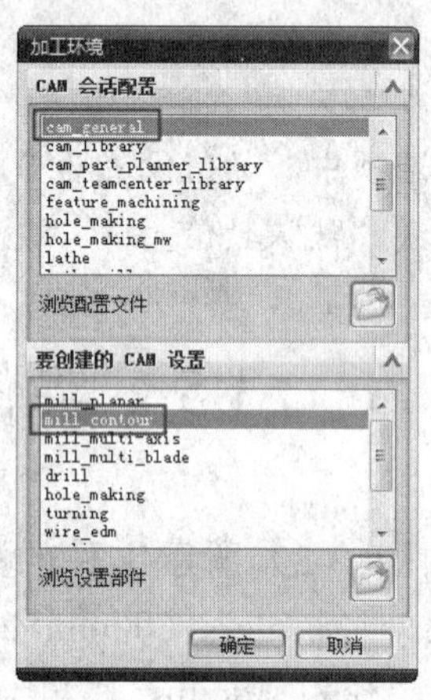

图 3-92　设定加工环境

（4）创建刀库。在工具条上单击【创建刀具】按钮，系统弹出【创建刀具】对话框，如图 3-93 所示进行设置。【类型】选择为 mill_contour，【刀具子类型】选择为【刀库】，【刀具】选择 GENERIC_MACHINE，【名称】设置为 CARRIER，单击【确定】按钮。

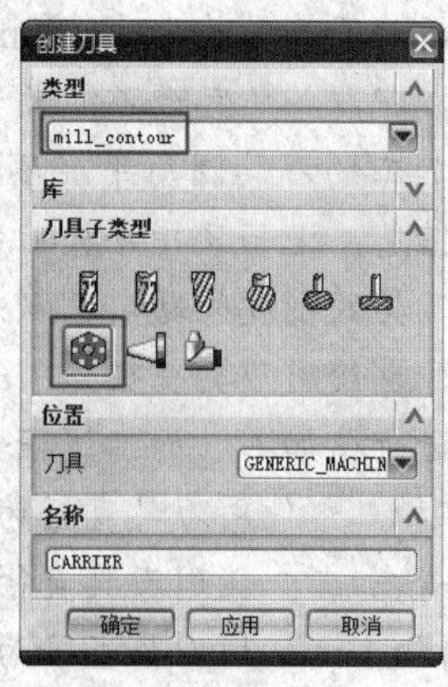

图 3-93　创建刀具

（5）系统弹出【刀架】对话框，直接单击【确定】按钮。由于只需要一个刀库，所以可以不设刀架名称，如图 3-94 所示。

图 3-94　设定刀架

（6）创建刀柄 1。在工具条上单击【创建刀具】按钮，系统弹出【创建刀具】对话框，如图 3-95 所示进行设置。【类型】选择为 mill_contour，【刀具子类型】选择为【刀柄】，【刀具】选择 CARRIER，【名称】设置为 POCKET1，即刀柄 1。单击【确定】按钮。

图 3-95　创建刀柄 1

（7）系统弹出【刀槽】对话框，如图 3-96 所示进行设置。【刀槽 ID】设为 1，【夹持系统名】输入 300，并按 Enter 键，单击【确定】按钮，完成刀柄 1 的创建。

图 3-96　设定刀槽 1

（8）创建刀柄 2。在工具条上单击【创建刀具】按钮，系统弹出【创建刀具】对话框，如图 3-97 所示进行设置。【类型】选择为 mill_contour，【刀具子类型】选择为【刀柄】，【刀具】选择 CARRIER，【名称】设置为 POCKET2，即刀柄 2。单击【确定】按钮。

图 3-97　创建刀柄 2

（9）系统弹出【刀槽】对话框，如图 3-98 所示进行设置。【刀槽 ID】设为 2，【夹持系统名】设为 310，单击【确定】按钮，完成刀柄 2 的创建。

图 3-98　设定刀槽 2

（10）创建刀柄 3。在工具条上单击【创建刀具】按钮，系统弹出【创建刀具】对话框，如图 3-99 所示进行设置。【类型】选择为 mill_contour，【刀具子类型】选择为【刀柄】，【刀具】选择 CARRIER，【名称】设置为 POCKET3，即刀柄 3。单击【确定】按钮。

（11）系统弹出【刀槽】对话框，如图 3-100 所示进行设置。【刀槽 ID】设为 3，【夹持系统名】设为 320，单击【确定】按钮，完成刀柄 3 的创建。

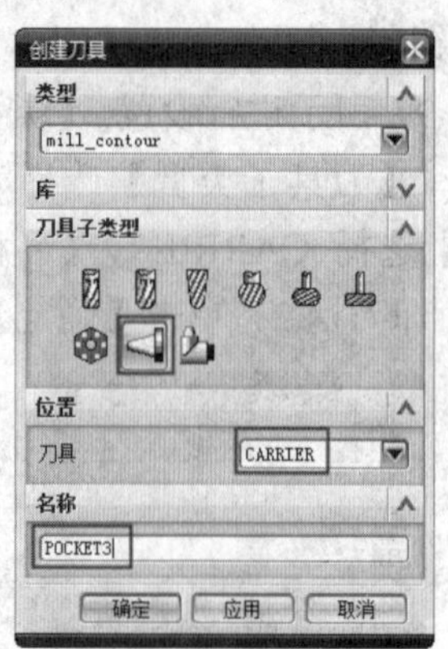

图 3-99　创建刀柄 3

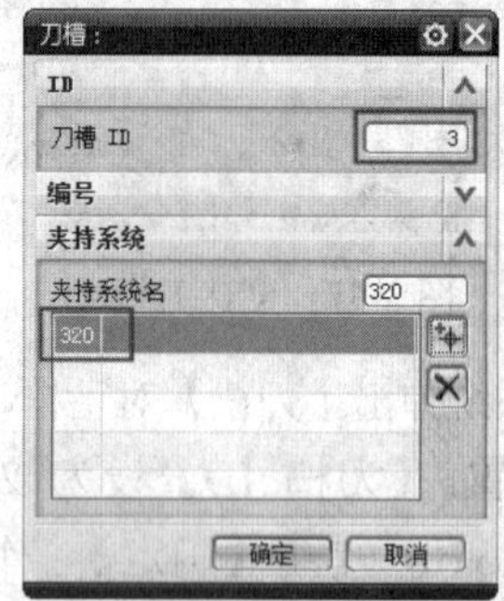

图 3-100　设定刀槽 3

（12）在【导航器】工具条中单击【机床视图】按钮，再单击界面左侧的【操作导航器】按钮，打开操作导航器，可以查看刚才创建的刀库和刀柄，如图 3-101 所示。

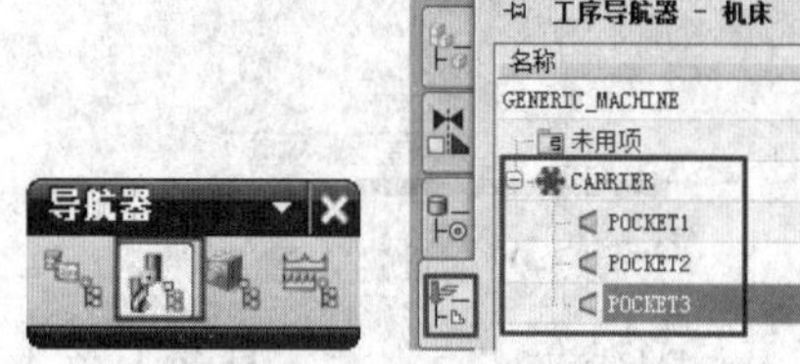

图 3-101　查看刀库和刀柄

（13）创建直径为 32mm 的平底立铣刀。在工具条上单击【创建刀具】按钮，系统弹出【创建刀具】对话框，如图 3-102 所示进行设置。【类型】选择为 mill_contour，【刀具子类型】选择为 MILL，【刀具】选择 POCKET1，【名称】设置为 MILL_D32_R5，单击【确定】按钮。

图 3-102　创建直径为 32mm 的平底立铣刀

（14）系统弹出【铣刀-5 参数】对话框，设置【直径】设为 32mm，【下半径】设为 5mm，长度设为 110mm，【刀刃长度】设为 75mm，如图 3-103 所示。

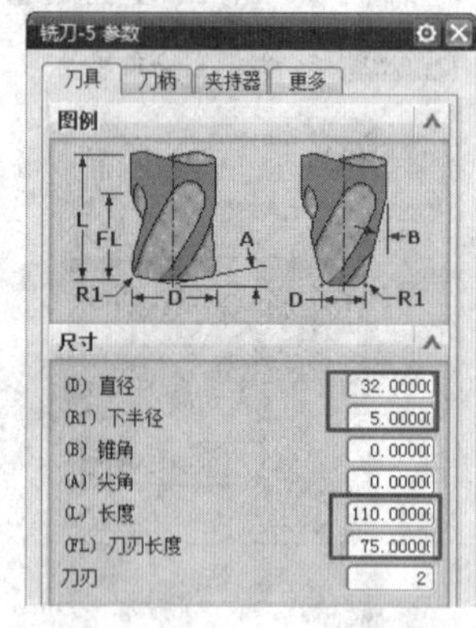

图 3-103　设定刀具参数

（15）设置刀把信息。在【铣刀-5 参数】对话框上选择【夹持器】选项卡，如图 3-104 所示进行设置。单击【确定】按钮，完成直径为 32mm 的平底立铣刀的创建。

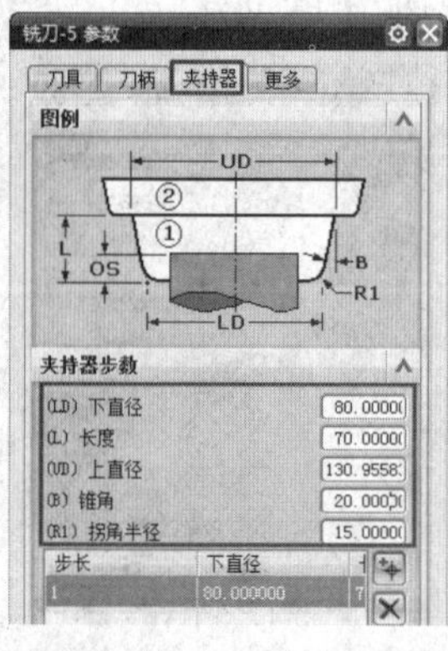

图 3-104　设置夹持器参数

（16）创建直径为 16mm 的平底立铣刀。在工具条上单击【创建刀具】按钮，系统弹出【创建刀具】对话框，如图 3-105 所示进行设置。【类型】选择为 mill_contour，【刀具子类型】选择为 MILL，【刀具】选择 POCKET2，【名称】设置为 MILL_D16_R3，单击【确定】按钮。

图 3-105　创建直径为 16mm 的平底立铣刀

（17）系统弹出【铣刀-5 参数】对话框，如图 3-106 所示进行设置。【直径】设为 16mm，【下半径】设为 3mm，【长度】设为 110mm，【刀刃长度】设为 75mm。

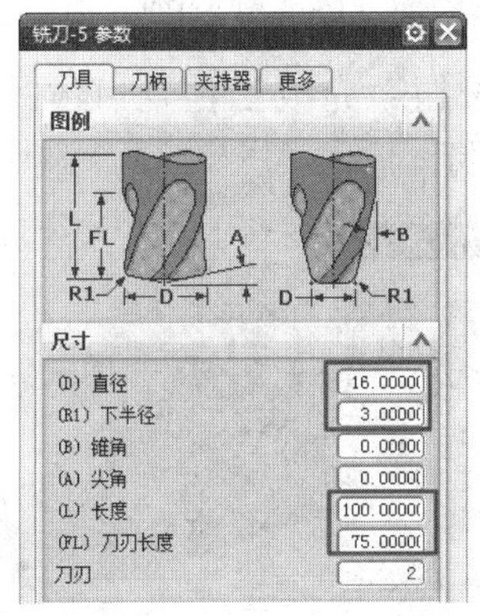

图 3-106　设定刀具参数

（18）设置刀把信息。在【铣刀-5 参数】对话框上选择【夹持器】选项卡，如图 3-107 所示进行刀把信息的设置。单击【确定】按钮，完成直径为 16mm 的平底立铣刀的创建。

（19）创建直径为 10mm 的球头铣刀。在工具条上单击【创建刀具】按钮，系统弹出【创建刀具】对话框，如图 3-108 所示进行设置。【类型】选择为 mill_contour，【刀具子类型】选择为 BALL_MILL，【刀具】选择 POCKET3，【名称】设置为 BALL_MILL_D10，单击【确定】按钮。

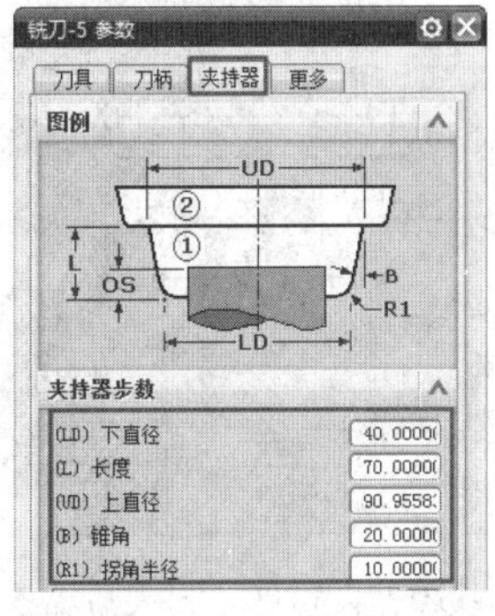

图 3-107　设置夹持器参数

图 3-108　创建直径为 10mm 的球头铣刀

（20）系统弹出【铣刀-球头铣】对话框，如图 3-109 所示进行设置。【球直径】设为 10mm，【长度】设为 110mm，【刀刃长度】设为 75mm。

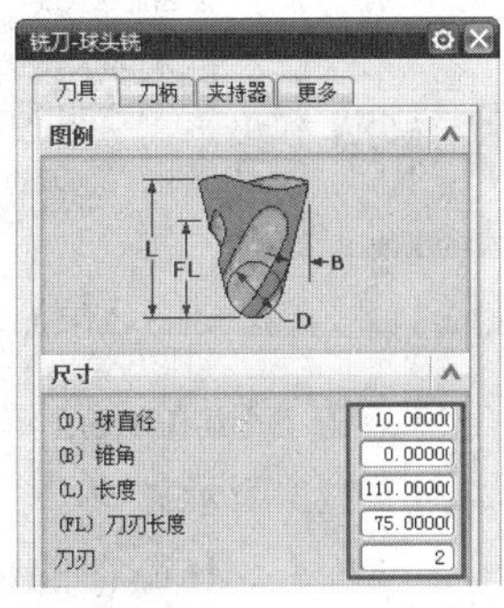

图 3-109　设定刀具参数

（21）设置刀把信息。在【铣刀-球头铣】对话框上选择【夹持器】选项卡，如图 3-110 所示进行刀把信息的设置。单击【确定】按钮，完成直径为 10mm 的球头铣刀的创建。

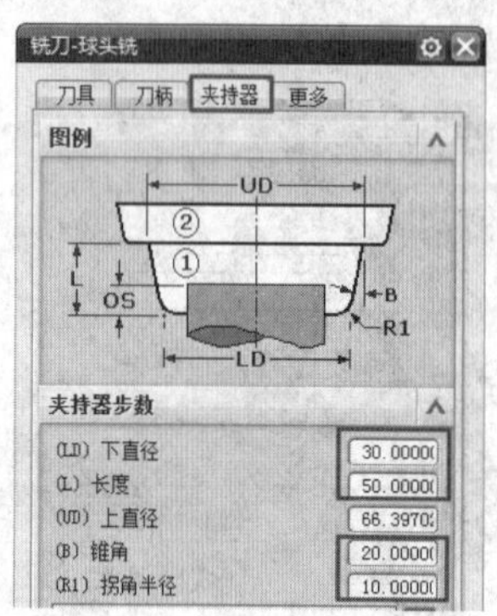

图 3-110　设置球头刀夹持器参数

（22）在【工序导航器-机床】中可以看到创建的刀库、3 把刀柄和 3 把刀具，如图 3-111 所示。

图 3-111　查看刀库、刀柄和刀具

（23）单击【导航器】工具条中的【几何视图】按钮，然后双击【工序导航器-几何】中的 MCS_MILL，如图 3-112 所示。

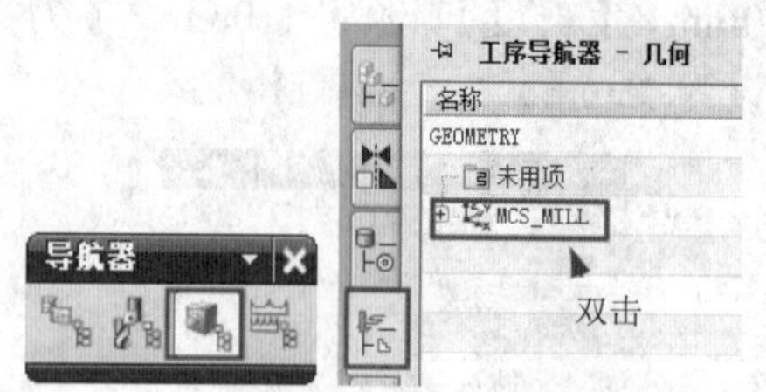

图 3-112　打开 MCS_MILL

（24）在弹出的 Mill Orient 对话框中单击按钮，如图 3-113 所示。

（25）单击 MCS_MILL 前的加号，展开 MCS_MILL 节点的子项，选择 WORKPIECE，并双击 WORKPIECE 图标，在【铣削几何体】对话框中单击【指定部件】后的【选择或编辑部件几何体】按钮，如图 3-114 所示。

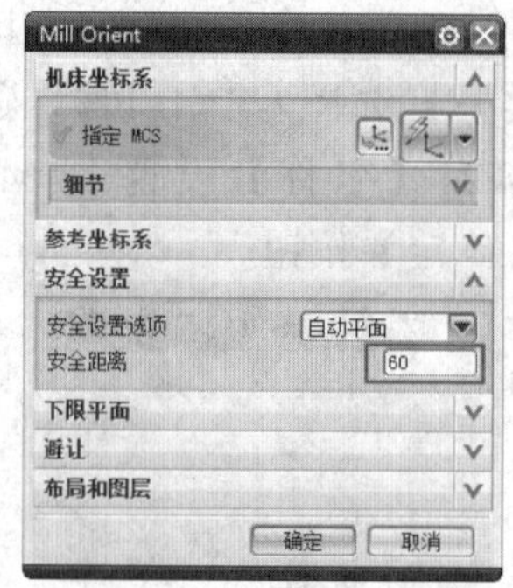

图 3-113　Mill Orient 对话框

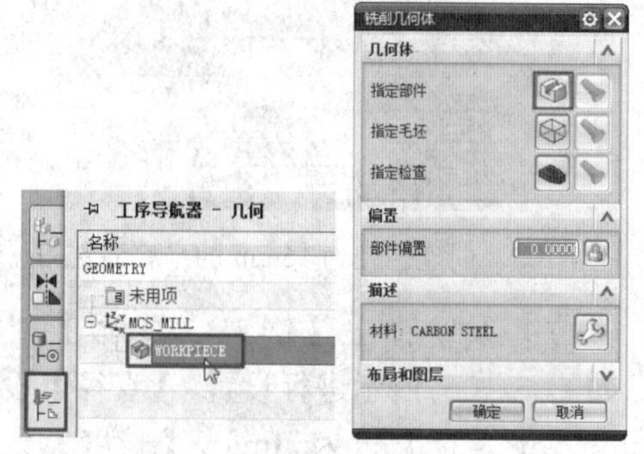

图 3-114　打开【铣削几何体】对话框

（26）在视图窗口中选择工件，单击【确定】按钮，完成工件几何体的指定，如图 3-115 所示。

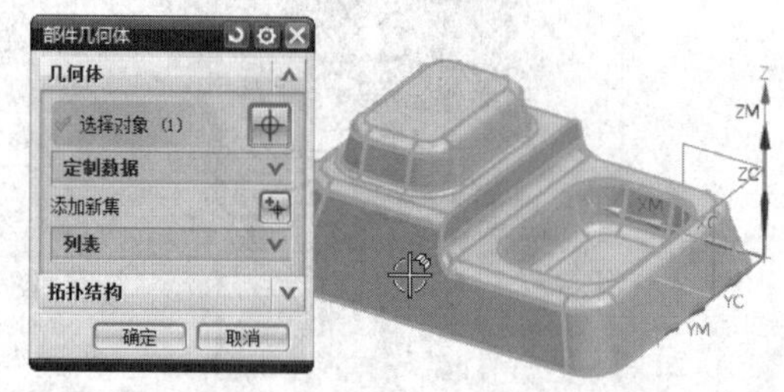

图 3-115　选择工件

（27）单击【指定毛坯】后的【选择或编辑毛坯几何体】按钮，如图 3-116 所示。

（28）创建型腔铣粗加工。单击【创建工序】按钮，系统弹出【创建工序】对话框，如图 3-117 所示进行设置。其中刀具使用的是直径为 32mm 的平底立铣刀，几何体使用的是前面设定的 WORKPIECE，设置完成后单击【确定】按钮。

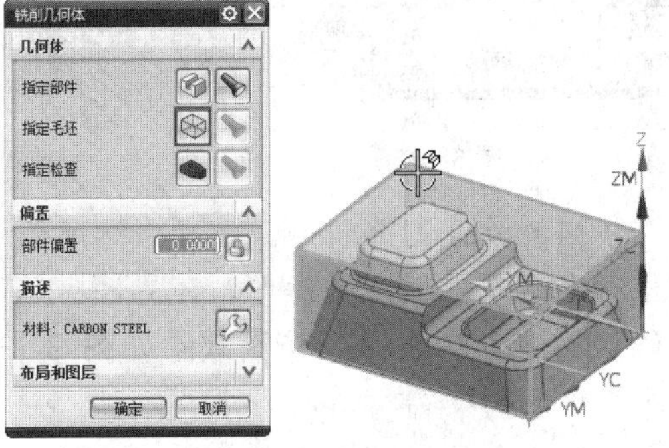

图 3-116　选择毛坯

图 3-117　创建粗加工工序

（29）系统弹出【型腔铣】对话框，如图 3-118 所示进行设置。【切削模式】选为【跟随周边】，【最大距离】设置为 5。单击【型腔铣】对话框上的【切削层】按钮，如图 3-119 所示对每刀的公共深度进行设置。

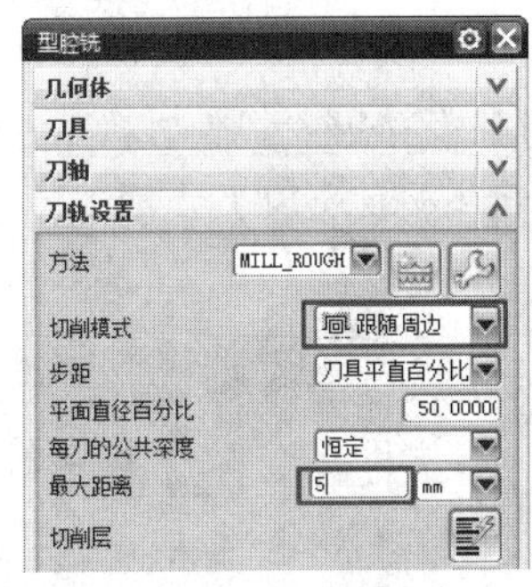

图 3-118　粗加工参数

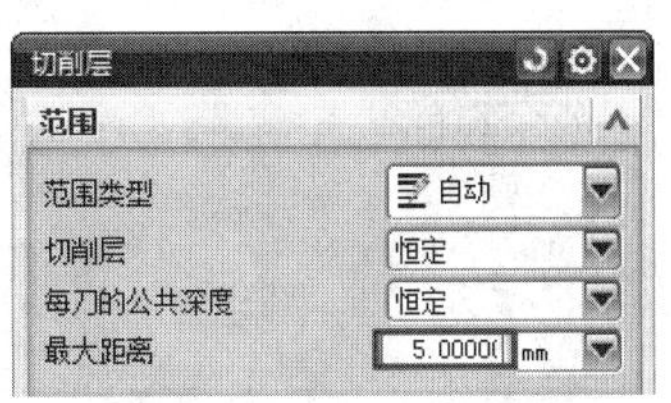

图 3-119　切削层参数

（30）单击【型腔铣】对话框上的【切削参数】按钮，系统弹出【切削参数】对话框。如图 3-120 所示对【策略】选项卡进行设置。特别注意：对于凸凹模型腔铣，切削顺序最好选为深度优先。选中【岛清根】复选框。在【切削参数】对话框上选择【空间范围】选项卡，如图 3-121 所示进行设置。【余量】、【拐角】、【连接】、【空间范围】、【更多】选项卡都采用默认设置。单击【切削参数】对话框上的【确定】按钮，返回【型腔铣】对话框。

图 3-120　设置切削参数 1

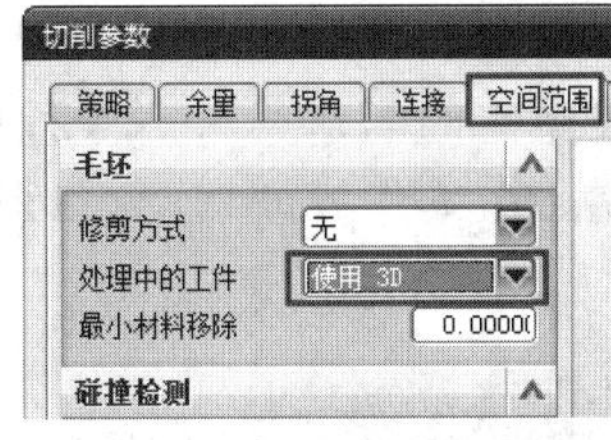

图 3-121　设置切削参数 2

（31）单击【型腔铣】对话框上的【非切削移动】按钮，系统弹出【非切削移动】对话框。如图 3-122 所示对【进刀】选项卡进行设置。【退刀】、【起点/钻点】、【转移/快速】、【避让】、【更多】选项卡都采用默认设置。单击【非切削移动】对话框上的【确定】按钮，返回【型腔铣】对话框。

图 3-122　设置进刀参数

（32）单击【型腔铣】对话框上的【进给率和速度】按钮，系统弹出【进给率和速度】对话框。如图 3-123 所示对主轴速度和进给率进行设置。单击【确定】按钮，返回【型腔铣】对话框。

图 3-123　设置进给率和速度

（33）单击【型腔铣】对话框最下面的【生成刀轨】按钮，生成刀轨，如图 3-124 所示。单击【型腔铣】对话框上的【确定】按钮，完成操作的创建。单击【程序顺序视图】按钮，在操作导航器中可以看到创建好的操作，如图 3-125 所示。

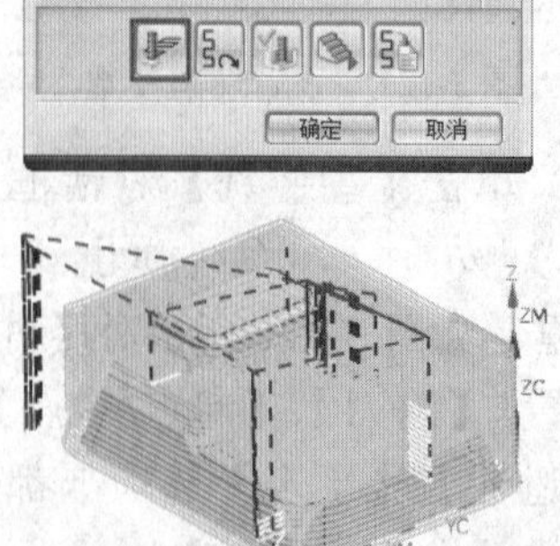

图 3-124　生成刀轨

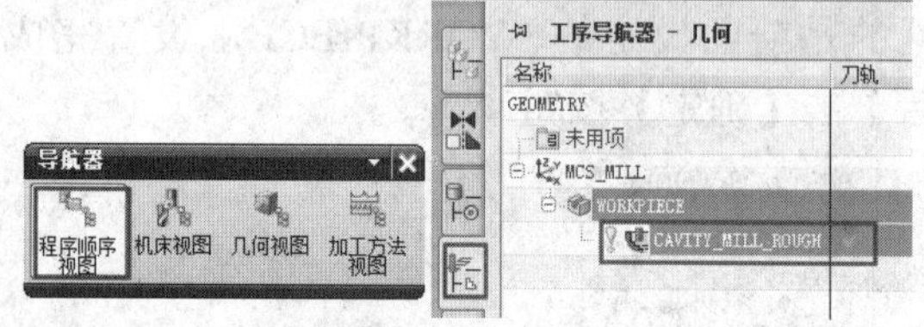

图 3-125　生成刀轨节点

（34）验证刀路轨迹。在操作导航器中用鼠标左键选择创建的操作。在界面中单击【确认刀轨】按钮，仿真效果如图 3-126 所示。

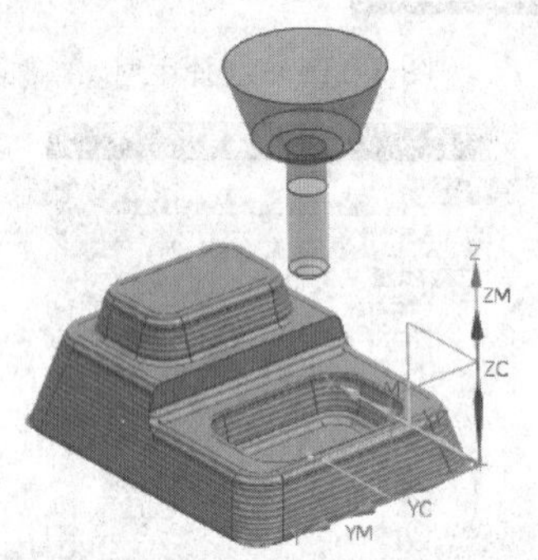

图 3-126　切削仿真

（35）下面准备对型腔进行半精加工。由于半精加工的设置与粗加工极为相似，只需要修改其中若干个参数即可。因此，我们通过复制粗加工的形式来生成半精加工的刀路。在【工序导航器】中，选择刚刚生成的粗加工刀路，单击右键，在弹出的菜单中选择【复制】命令，如图 3-127 所示。再次单击右键，在弹出的菜单中选择【粘贴】命令，生成一个新的刀路，如图 3-128 所示。并将新生成的刀路重命名为 CAVITY_MILL_SEMI_FINISH。

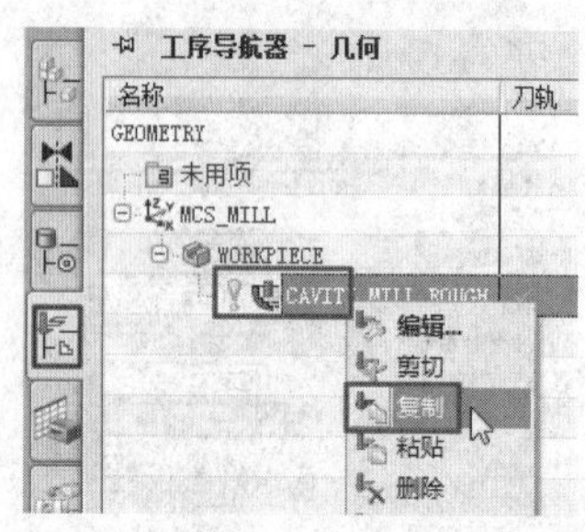

图 3-127　复制刀路

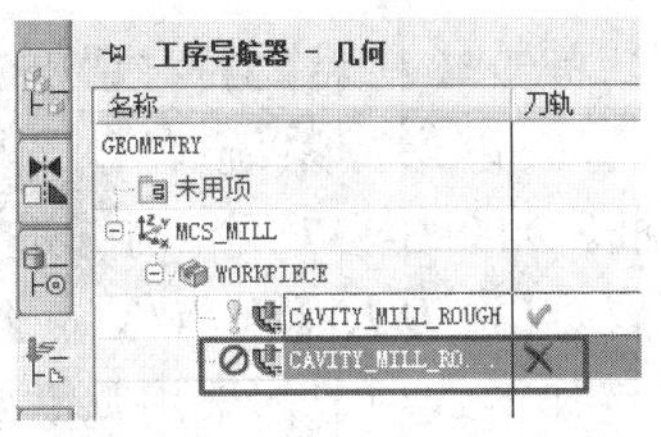

图 3-128　粘贴生成刀路

（36）双击 CAVITY_MILL_SEMI_FINISH 刀路，弹出【型腔铣】对话框，将刀具选定为 MILL_D16_R3，将加工方法修改为 MILL_SEMI_FINISH，切削深度设置为 2，如图 3-129 所示。如图 3-130 所示修改进给率。

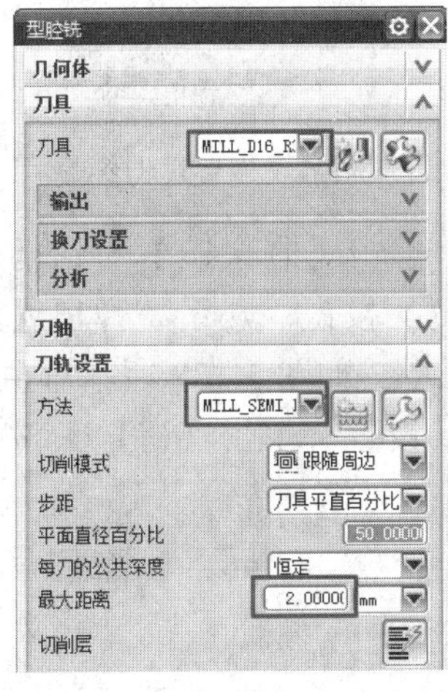

图 3-129　修改加工参数

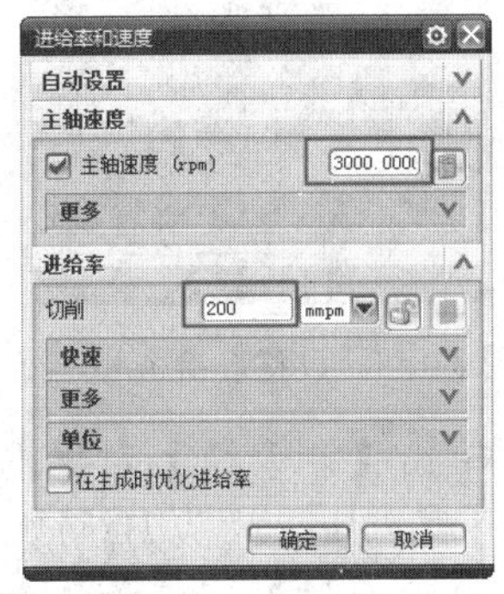

图 3-130　修改进给率

（37）重新生成刀轨。在【工序导航器】中，右键单击 CAVITY_MILL_SEMI_FINISH，在弹出的菜单中选择【生成】命令，重新生成刀轨，如图 3-131 所示。所生成的半精加工刀轨如图 3-132 所示。

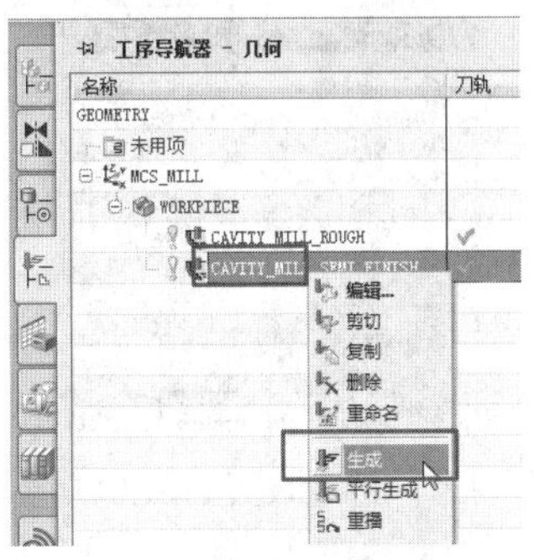

图 3-131　重新生成刀轨

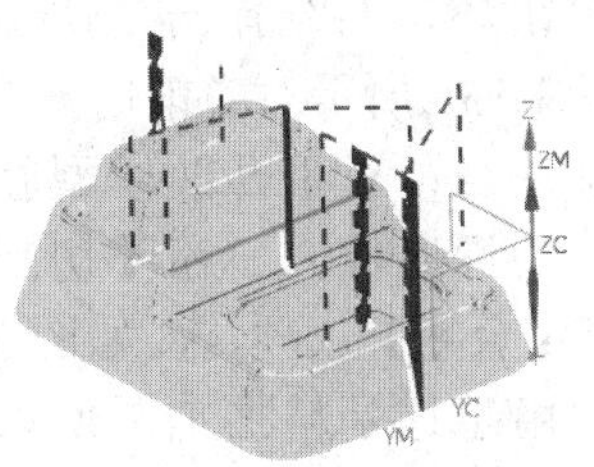

图 3-132　半精加工刀轨

（38）创建清根精加工。单击【创建工序】按钮，系统弹出【创建工序】对话框，如图 3-133 所示进行设置。其中刀具使用的是直径为 10mm 的球头铣刀，几何体使用的是前面设定的 WORKPIECE。设置完成后单击【确定】按钮。

图 3-133　创建清根加工

（39）系统弹出【剩余铣】对话框，如图 3-134 所示进行设置，【几何体】选择 WORKPIECE，【刀具】选择 MILL_D10_R3。【方法】选为 MILL_FINISH,【切削模式】选为【跟随部件】，设置切削深度为 0.5mm。

图 3-134 设置加工方法

（40）单击【剩余铣】对话框上的【切削参数】按钮，系统弹出【切削参数】对话框。如图 3-135 所示对【策略】选项卡进行设置。特别注意：对于凸凹模型腔铣，切削顺序最好选为深度优先。在【切削参数】对话框上选择【余量】选项卡，如图 3-135 所示进行设置，由于这是精加工，所以选择部件的侧面余量为 0，内公差和外公差都可以设为 0.03，即公差带为 0.06，即 6 个丝。

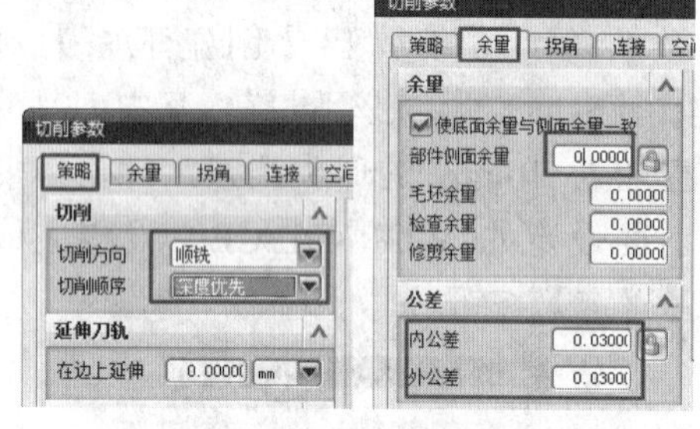

图 3-135 设置切削参数 1

（41）在【切削参数】对话框上选择【空间范围】选项卡，如图 3-136 进行设置。【拐角】、【连接】、【更多】选项卡都采用默认设置。单击【切削参数】对话框上的【确定】按钮，返回【剩余铣】对话框。【处理中的工件】选择【使用 3D】，这一点要特别注意，否则生成的刀路轨迹很不合理，导致切削效率很低，有兴趣的读者可以试一试将该项设为无，考察一下所产生刀路轨迹的巨大差异。

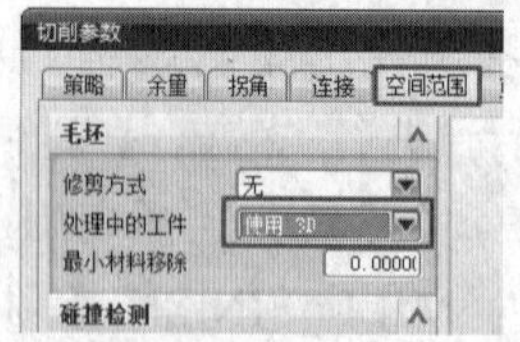

图 3-136 设置切削参数 2

（42）单击【剩余铣】对话框上的【非切削移动】按钮，系统弹出【非切削移动】对话框。如图 3-137 所示对【进刀】选项卡进行设置。【退刀】、【起点/钻点】、【转移/快速】、【避让】选项卡都采用默认设置。然后单击【确定】按钮，系统返回【剩余铣】对话框。

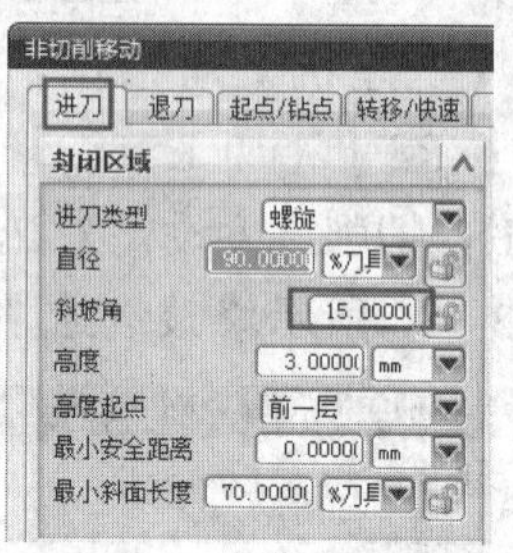

图 3-137 设置进刀参数

（43）单击【剩余铣】对话框上的【进给率和速度】按钮，系统弹出【进给率和速度】对话框。如图 3-138 所示对主轴速度和进给率进行设置。单击【确定】按钮，返回【剩余铣】对话框。

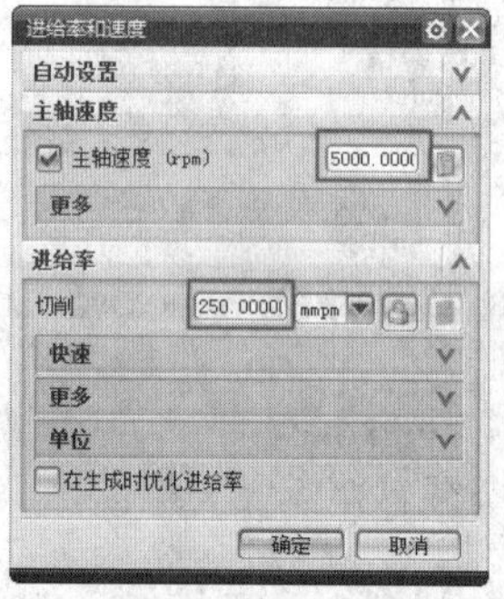

图 3-138 设置进给率和速度

（44）单击【剩余铣】对话框最下面的【生成刀轨】按钮，生成刀轨，如图 3-139 所示。单击【剩余铣】对话框上的【确定】按钮，完成操作的创建。单击【程序顺序视图】按钮，可在操作导航器中可以看到创建好的操作，如图 3-140 所示。

（45）验证刀路轨迹。在操作导航器中用鼠标左键选择创建的操作。单击【确认刀轨】按钮，仿真效果如图 3-141 所示。

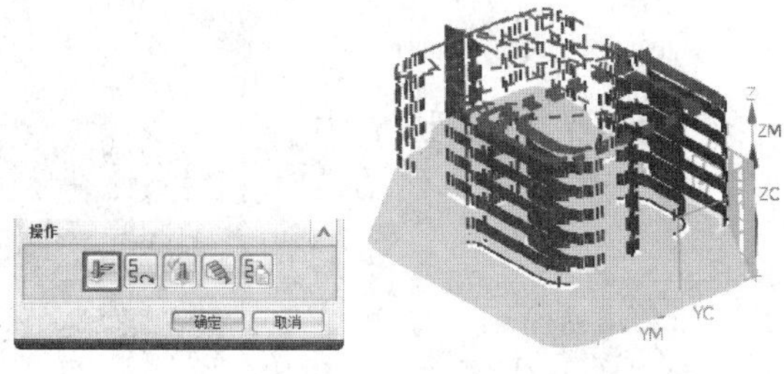

图 3-139　生成刀轨

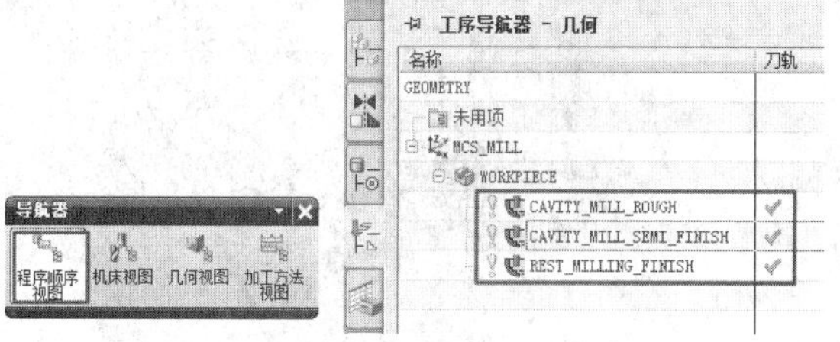

图 3-140　生成刀轨节点

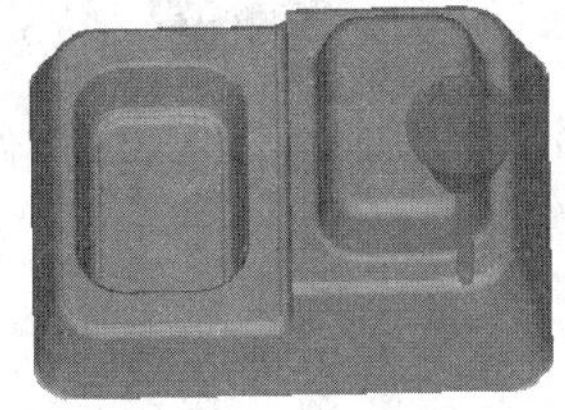

图 3-141　切削仿真

（46）对全部的操作进行一次刀具确认。在操作导航器中，用鼠标右键单击 PROGRAM 选项，如图 3-142 所示，在弹出的菜单中选择【确认】命令。仿照前面的操作进行 2D 仿真，此处不再讲述。

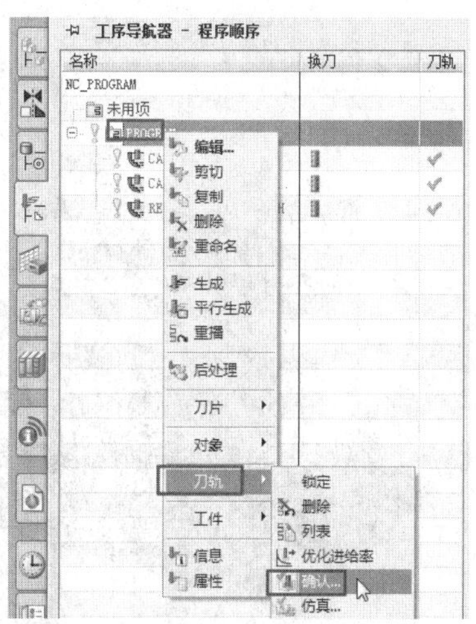

图 3-142　确认全部刀轨

（47）生成数控 NC 代码。在操作导航器中，用鼠标右键单击 PROGRAM 选项，在弹出的菜单中选择【后处理】命令，如图 3-143 所示，系统弹出【后处理】对话框，如图 3-144 所示进行设置，文件名可以自己根据实际情况进行设定。单击【后处理】对话框中的【确定】按钮，系统生成数控 NC 代码，如图 3-145 所示。

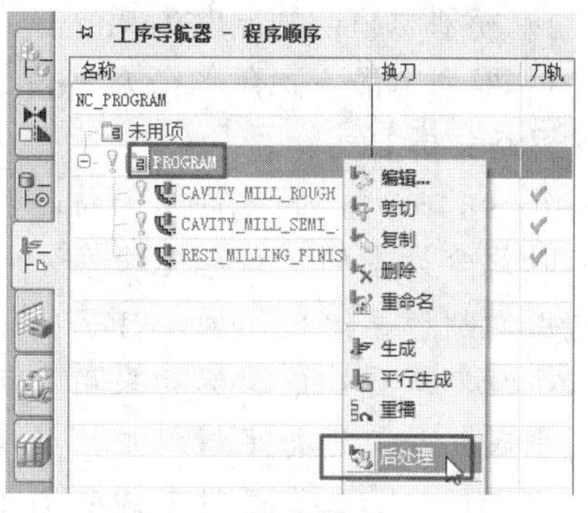

图 3-143　调用后处理功能

图 3-144　设定后处理参数

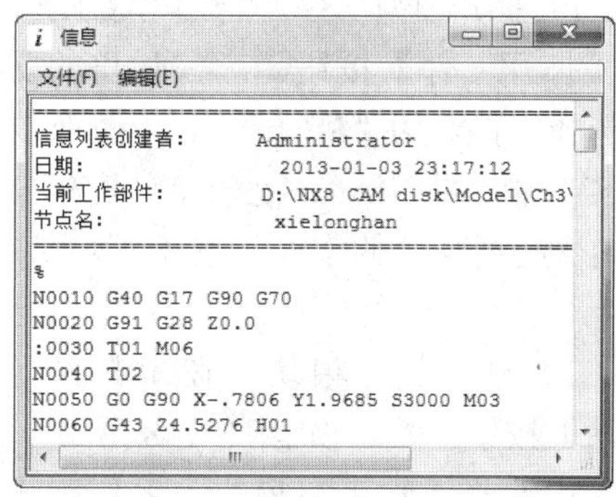

图 3-145　NC 代码

3.6 实例·练习——多曲面凸模加工

完成如图 3-146 所示零件的型腔铣操作的创建。模型的外形尺寸：

（1）底面平板的尺寸 300mm×300mm×20mm。

（2）模型中凸台的高度为 90mm。

（3）模型中最小圆角半径为 5mm。

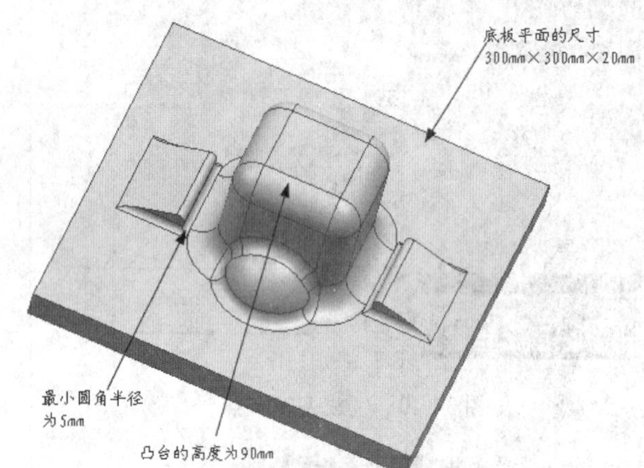

图 3-146　多曲面凸模加工示例零件

【思路分析】

如图 3-146 所示的零件曲面特征特别多，同时需要切去的材料也比较多，可以考虑先用切削效率比较高的、直径比较大的平底立铣刀进行切削，然后采用直径比较小的平底立铣刀进行半精加工，最后用球头铣刀进行精加工。同时考虑到圆角、高度等因素，加工过程可设计如下。

（1）用直径为 32mm 的、长度为 100mm、圆角为 0mm 的平底立铣刀进行粗加工。

（2）用直径为 16mm 的、长度为 100mm、圆角为 5mm 的平底立铣刀进行半精加工。

（3）用直径为 10mm 的、长度为 100mm 的球头铣刀进行精加工。

【光盘文件】

起始文件——参见附带光盘中的“Model\Ch3\3-6.prt”文件。

结果文件——参见附带光盘中的“END\Ch3\3-6.prt”文件。

动画演示——参见附带光盘中的“AVI\Ch3\3-6.avi”文件。

【操作步骤】

（1）打开模型文件。启动 UG NX 8.0，单击【打开文件】按钮，在弹出的文件列表中选择文件名为“3-6.prt”的装配件文件，单击 OK 按钮打开。这是一个装配体文件，里面包含有要加工的零件和毛坯，如图 3-147 所示。

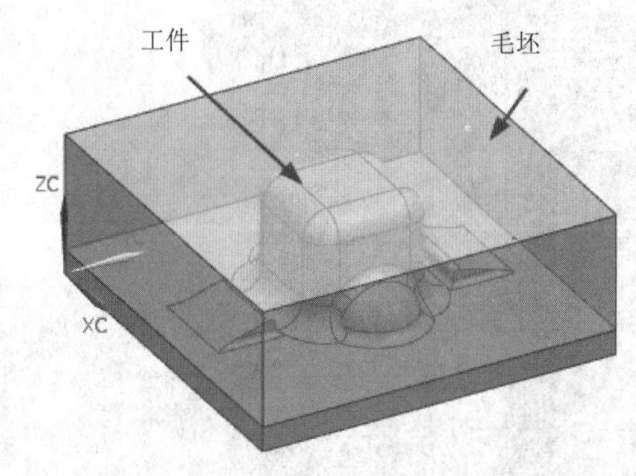

图 3-147　起始模型

（2）进入加工模块。在工具栏上单击【开始】按钮，如图 3-148 所示，在下拉列表中选择【加工】模块，系统弹出【加工环境】对话框。

图 3-148 进入加工环境

（3）在系统弹出的【加工环境】对话框中，选择【CAM 会话配置】为 cam_general，选择【要创建的 CAM 设置】为 mill_contour，单击【确定】按钮进行加工环境的初始化设置，进入加工模块的工作界面，如图 3-149 所示。

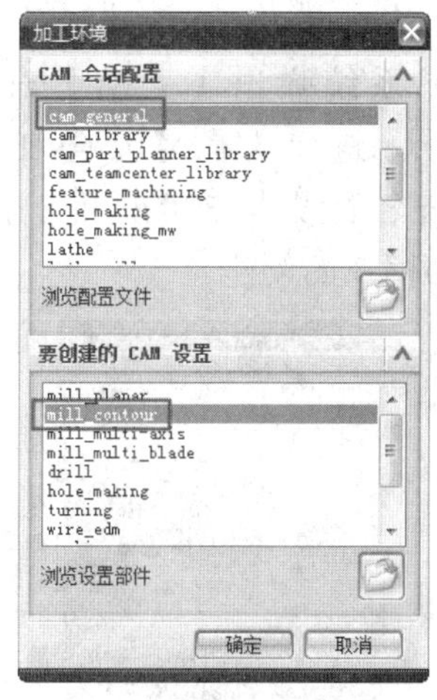

图 3-149 设定加工环境

（4）创建刀库。在工具条上单击【创建刀具】按钮，系统弹出【创建刀具】对话框，如图 3-150 所示进行设置。【类型】选择为 mill_contour，【刀具子类型】选择为【刀库】，【刀具】选择 GENERIC_MACHINE，【名称】设置为 CARRIER，单击【确定】按钮。

（5）系统弹出【刀架】对话框，直接单击【确定】按钮。由于只需要 1 个刀库，所以可以不设刀架名称，如图 3-151 所示。

图 3-150 创建刀具

图 3-151 设定刀架

（6）创建刀柄 1。在工具条上单击【创建刀具】按钮，系统弹出【创建刀具】对话框，如图 3-152 所示进行设置。【类型】选择为 mill_contour，【刀具子类型】选择为【刀柄】，【刀具】选择 CARRIER，【名称】设置为 POCKET1，即刀柄 1，单击【确定】按钮。

图 3-152 创建刀柄 1

（7）系统弹出【刀槽】对话框，如图 3-153 所示进行设置。【刀槽 ID】设为 1，【夹持系统名】输入 300 并按 Enter 键，单击【确定】按钮，完成刀柄 1 的创建。

图 3-153　设定刀槽 1

（8）创建刀柄 2。在工具条上单击【创建刀具】按钮，系统弹出【创建刀具】对话框，如图 3-154 所示进行设置。【类型】选择为 mill_contour，【刀具子类型】选择为【刀柄】，【刀具】选择为 CARRIER，【名称】设置为 POCKET2，即刀柄 2，单击【确定】按钮。

图 3-154　创建刀柄 2

（9）系统弹出【刀槽】对话框，如图 3-155 所示进行设置。【刀槽 ID】设为 2，【夹持系统名】设为 310，单击【确定】按钮，完成刀柄 2 的创建。

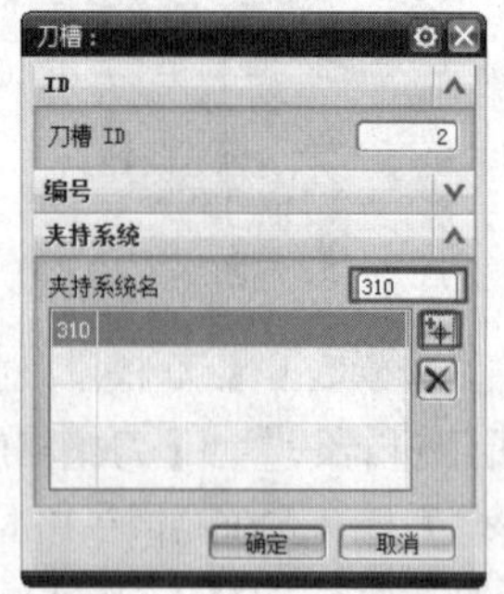

图 3-155　设定刀槽 2

（10）创建刀柄 3。在工具条上单击【创建刀具】按钮，系统弹出【创建刀具】对话框，如图 3-156 所示进行设置。【类型】选择为 mill_contour，【刀具子类型】选择为【刀柄】，【刀具】选择为 CARRIER，【名称】设置为 POCKET3，即刀柄 3，单击【确定】按钮。

图 3-156　创建刀柄 3

（11）系统弹出【刀槽】对话框，如图 3-157 所示进行设置。【刀槽 ID】设为 3，【夹持系统名】设为 320，单击【确定】按钮，完成刀柄 3 的创建。

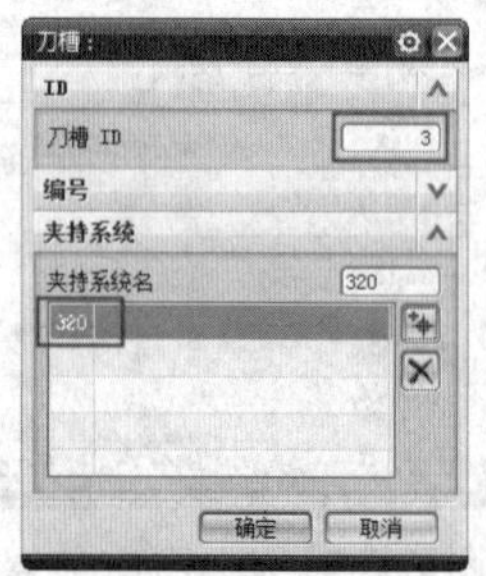

图 3-157　设定刀槽 3

（12）在【导航器】工具条中单击【机床视图】按钮，再单击界面左侧的【操作导航器】按钮，打开操作导航器，可以查看刚才创建的刀库和刀柄，如图 3-158 所示。

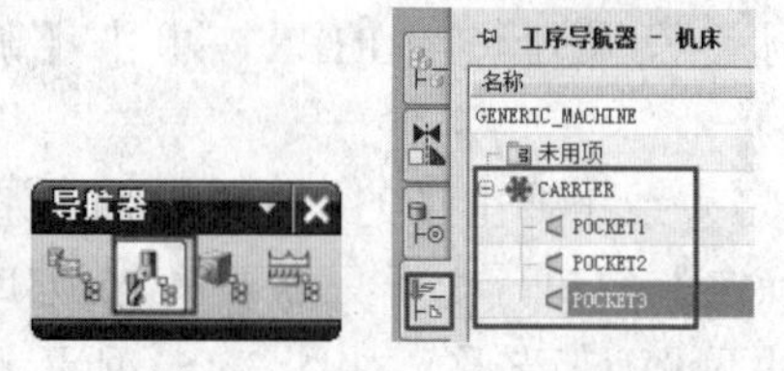

图 3-158　查看刀库和刀柄

（13）创建直径为 32mm 的平底立铣刀。在工具条上单击【创建刀具】按钮，系统弹出【创建刀具】对话框，如图 3-159 所示进行设置。【类型】选择为 mill_contour，【刀具子类型】选择为 MILL，【刀具】选择为 POCKET1，【名称】设置为 MILL_D32_R0，单击【确定】按钮。

图 3-159 创建直径为 32mm 的平底立铣刀

（14）系统弹出【铣刀-5 参数】对话框，【直径】设为 32mm，【下半径】设为 0mm，【长度】设为 100mm，【刀刃长度】设为 75mm，如图 3-160 所示。

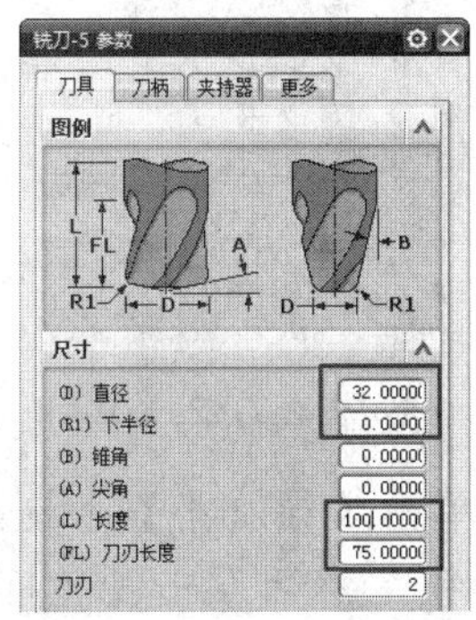

图 3-160 设定刀具参数

（15）设置刀把信息。在【铣刀-5 参数】对话框上选择【夹持器】选项卡，如图 3-161 所示进行设置。单击【确定】按钮，完成直径为 32mm 的平底立铣刀的创建。

（16）创建直径为 16mm 的平底立铣刀。在工具条上单击【创建刀具】按钮，系统弹出【创建刀具】对话框，如图 3-162 所示进行设置。【类型】选择为 mill_contour，【刀具子类型】选择为 MILL，【刀具】选择 POCKET2，【名称】设置为 MILL_D16_R5，单击【确定】按钮。

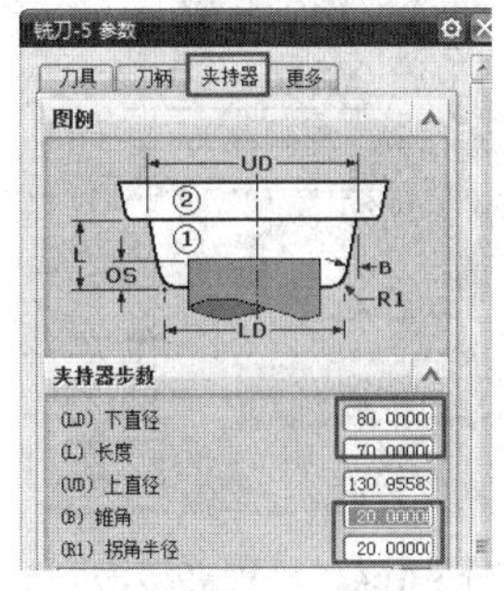

图 3-161 设置夹持器参数

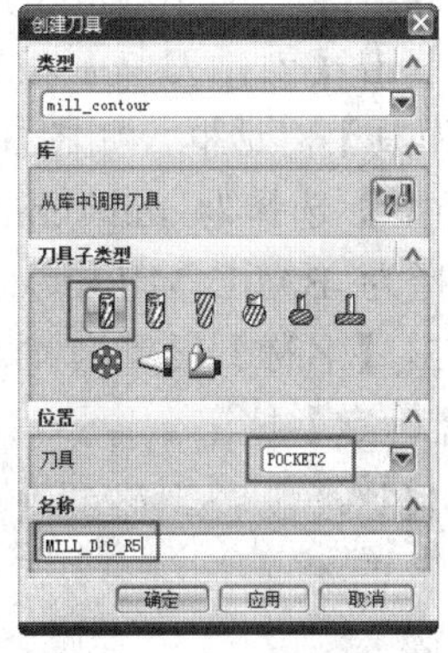

图 3-162 创建直径为 16mm 的平底立铣刀

（17）系统弹出【铣刀-5 参数】对话框，如图 3-163 所示进行设置。【直径】设为 16mm，【下半径】设为 5mm，【长度】设为 100mm，【刀刃长度】设为 75mm。

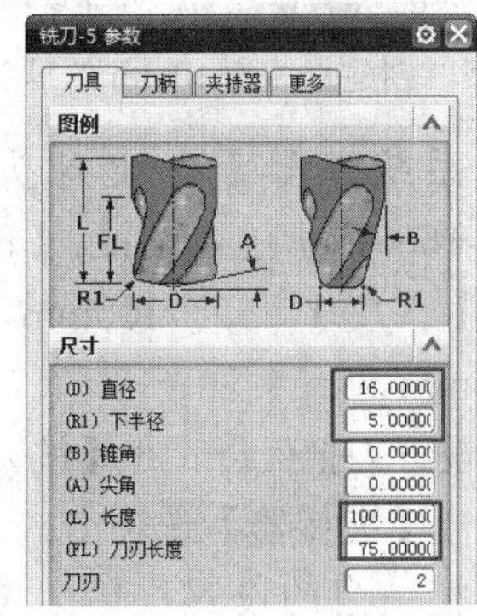

图 3-163 设定刀具参数

（18）设置刀把信息。在【铣刀-5 参数】

对话框上选择【夹持器】选项卡，如图 3-164 所示进行刀把信息的设置。单击【确定】按钮，完成直径为 16mm 的平底立铣刀的创建。

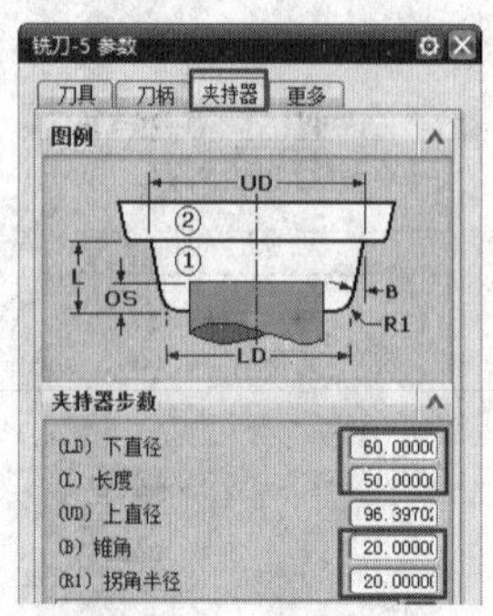

图 3-164　设置夹持器参数

（19）创建直径为 10mm 的球头铣刀。在工具条上单击【创建刀具】按钮，系统弹出【创建刀具】对话框，如图 3-165 所示进行设置。【类型】选择为 mill_contour，【刀具子类型】选择为 BALL_MILL，【刀具】选择 POCKET3，【名称】设置为 BALL_MILL_D10，单击【确定】按钮。

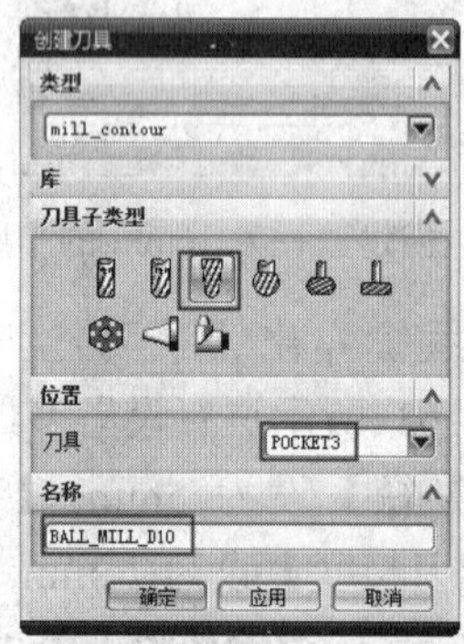

图 3-165　创建直径为 10mm 的球头铣刀

（20）系统弹出【铣刀-球头铣】对话框，如图 3-166 所示进行设置。【球直径】设为 10mm，【长度】设为 100mm，【刀刃长度】设为 75mm。

（21）设置刀把信息。在【铣刀-球头铣】对话框上选择【夹持器】选项卡，如图 3-167 所示进行刀把信息的设置。单击【确定】按钮，完成直径为 10mm 的球头铣刀的创建。

（22）在【工序导航器-机床】中可以看到创建的刀库、3 把刀柄和 3 把刀具，如图 3-168 所示。

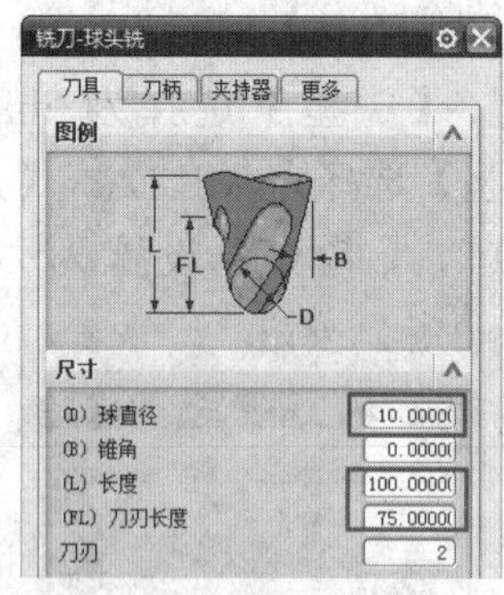

图 3-166　设定刀具参数

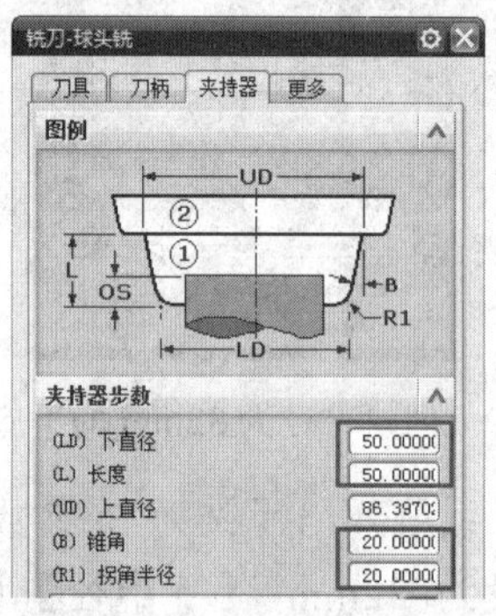

图 3-167　设置球头刀夹持器参数

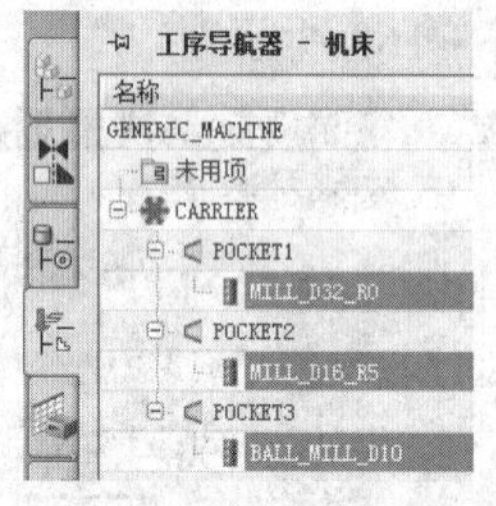

图 3-168　查看刀库、刀柄和刀具

（23）单击【导航器】工具条中的【几何视图】按钮，然后双击【工序导航器-几何】中的 MCS_MILL，如图 3-169 所示。

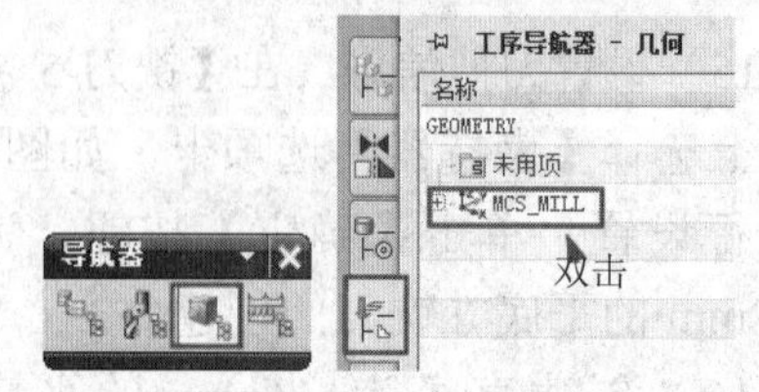

图 3-169　打开 MCS_MILL

（24）在 Mill Orient 对话框中单击按

钮，如图 3-170 所示。

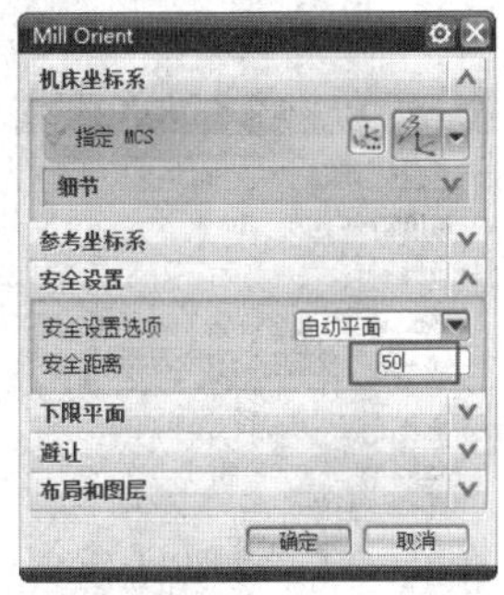

图 3-170　Mill Orient 对话框

（25）单击 MCS_MILL 前的加号，展开 MCS_MILL 节点的子项，选择 WORKPIECE，并双击 WORKPIECE 图标。在【铣削几何体】对话框中单击【指定部件】后的【选择或编辑部件几何体】按钮，如图 3-171 所示。

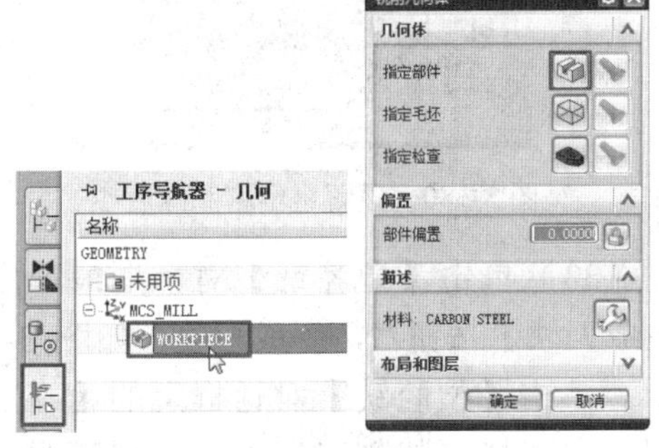

图 3-171　打开【铣削几何体】对话框

（26）在视图窗口中选择工件，单击【确定】按钮，完成部件几何体的指定，如图 3-172 所示。

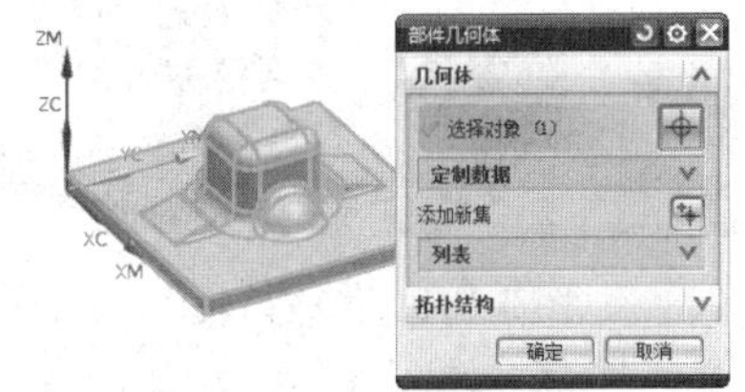

图 3-172　选择工件

（27）单击【指定毛坯】后的【选择或编辑毛坯几何体】按钮，如图 3-173 所示。

（28）创建型腔铣粗加工。单击【创建工序】按钮，系统弹出【创建工序】对话框，如图 3-174 所示进行设置。其中刀具使用的是直径为 32mm 的平底立铣刀，几何体使用的是前面设定的 WORKPIECE。设置完成后单击【确定】按钮。

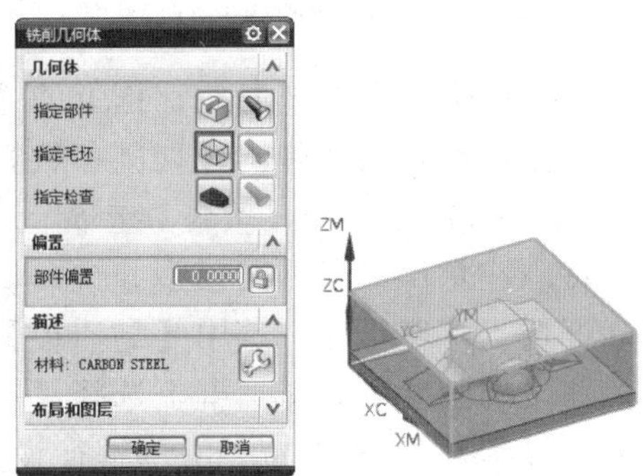

图 3-173　选择毛坯

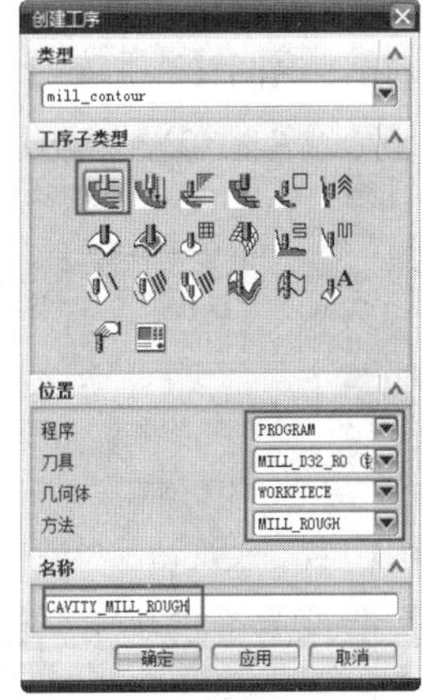

图 3-174　创建粗加工工序

（29）系统弹出【型腔铣】对话框，如图 3-175 所示进行设置。【切削模式】选为【跟随周边】，【最大距离】设置为 6。单击【型腔铣】对话框上的【切削层】按钮，如图 3-176 所示对每刀的公共深度进行设置。

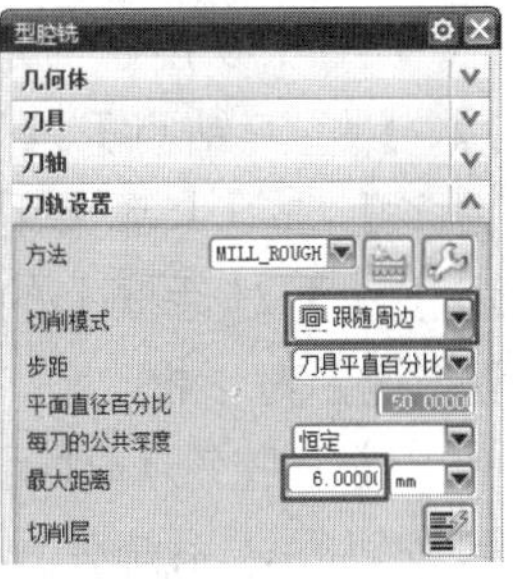

图 3-175　粗加工参数

图 3-176　切削层参数

（30）单击【型腔铣】对话框上的【切削参数】按钮，系统弹出【切削参数】对话框。如图 3-177 所示对【策略】选项卡进行设置。特别注意：对于凸凹模型腔铣，切削顺序最好选为深度优先。选中【岛清根】复选框。在【切削参数】对话框上选择【空间范围】选项卡，如图 3-178 所示进行设置。【余量】、【拐角】、【连接】、【更多】选项卡都采用默认设置。单击【切削参数】对话框上的【确定】按钮，返回【型腔铣】对话框。

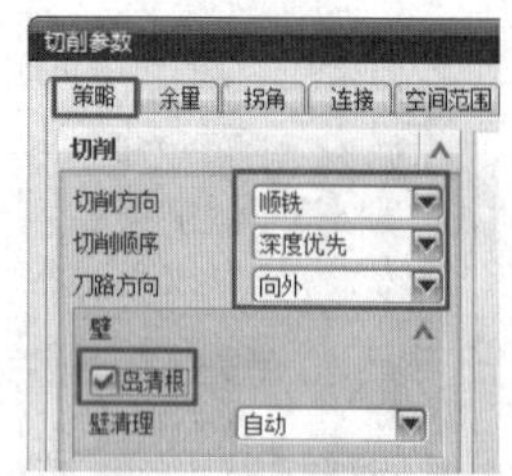

图 3-177　设置切削参数 1

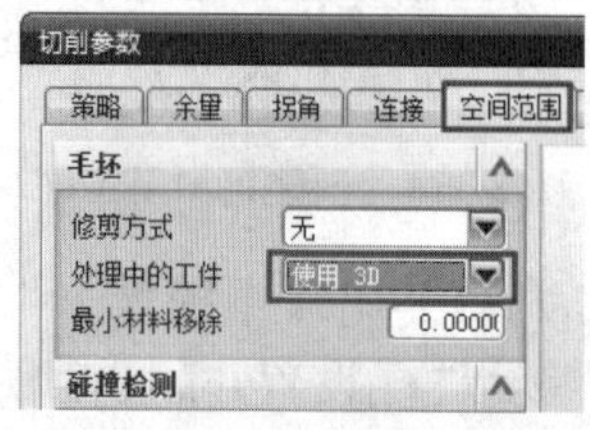

图 3-178　设置切削参数 2

（31）单击【型腔铣】对话框上的【非切削移动】按钮，系统弹出【非切削移动】对话框。如图 3-179 所示对进刀选项进行设置。【退刀】、【起点/钻点】、【转移/快速】、【避让】、【更多】选项卡都采用默认设置。单击【非切削移动】对话框上的【确定】按钮，返回【型腔铣】对话框。

（32）单击【型腔铣】对话框上的【进给率和速度】按钮，系统弹出【进给率和速度】对话框。如图 3-180 所示对主轴速度和进给率进行设置。单击【确定】按钮，返回【型腔铣】对话框。

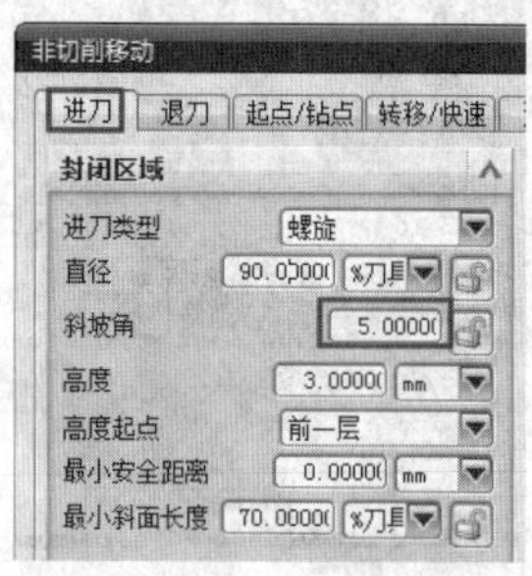

图 3-179　设置进刀参数

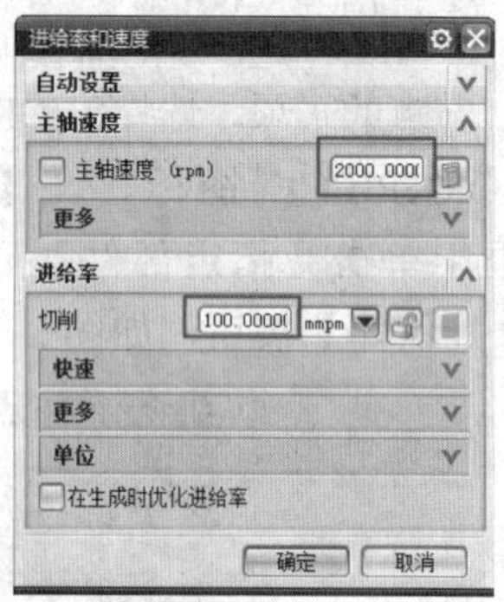

图 3-180　设置进给率和速度

（33）单击【型腔铣】对话框最下面的【生成刀轨】按钮，生成刀轨，如图 3-181 所示。单击【型腔铣】对话框上的【确定】按钮，完成操作的创建。单击【程序顺序视图】按钮，在操作导航器中可以看到创建好的操作，如图 3-182 所示。

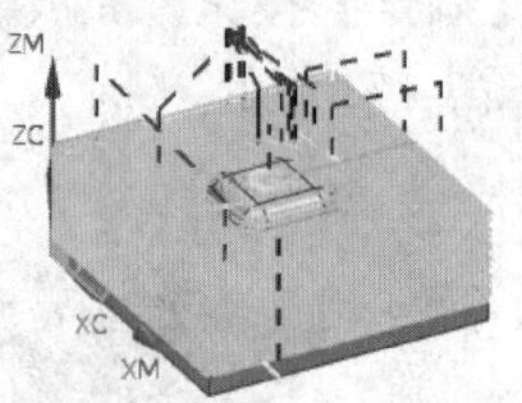

图 3-181　生成刀轨

（34）验证刀路轨迹。在操作导航器中用鼠标左键选择创建的操作。单击【确认刀轨】按钮，仿真效果如图 3-183 所示。

（35）下面准备对型腔进行半精加工。由于半精加工的设置与粗加工极为相似，只需要修改其中若干个参数即可。因此，我们通过复制粗加工的形式来生成半精加工的刀路。在【工序导航器-几何】中，选择刚刚生成的粗加工刀路，单击右键，在弹出的菜单中选择【复制】命令，如图 3-184 所示。再次单击右键，在弹出的菜单中选择【粘贴】命令，生成一个新的刀路，如图 3-185 所示。并将新生成的刀路重命名为 CAVITY_MILL_SEMI_FINISH。

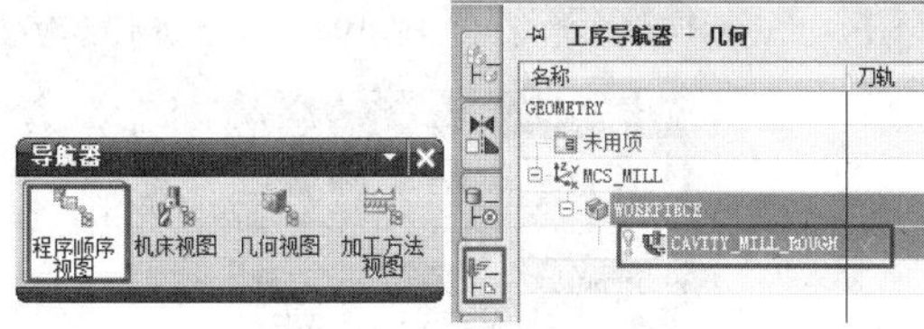

图 3-182　生成刀轨节点

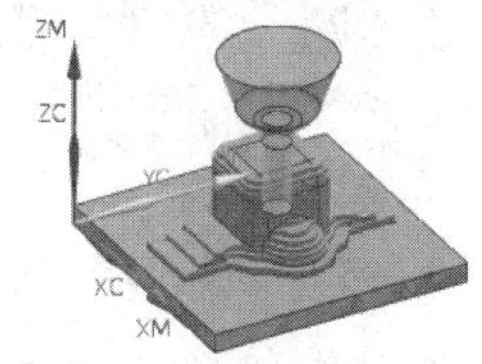

图 3-183　切削仿真

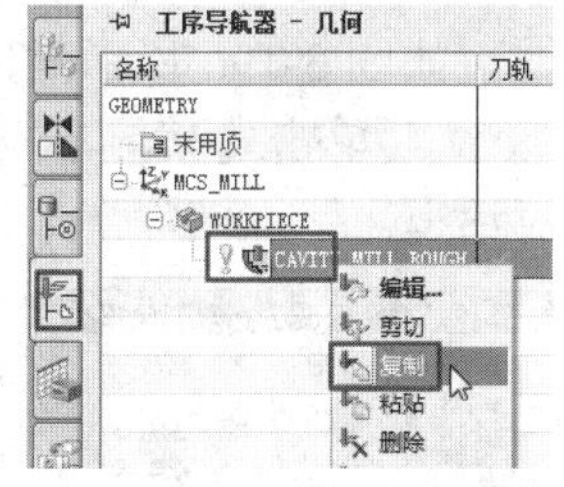

图 3-184　复制刀路

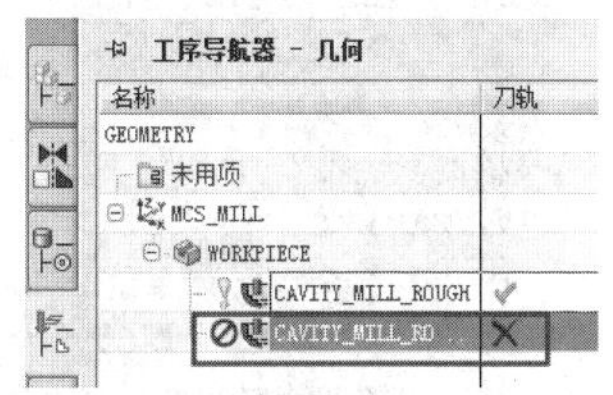

图 3-185　粘贴生成刀路

（36）双击 CAVITY_MILL_SEMI_FINISH 刀路，弹出【型腔铣】对话框，将刀具选定为 MILL_D16_R5，将加工方法修改为 MILL_SEMI_FINISH，切削深度设置为 2，如图 3-186 所示。如图 3-187 和图 3-188 所示分别修改进刀参数和修改进给率。

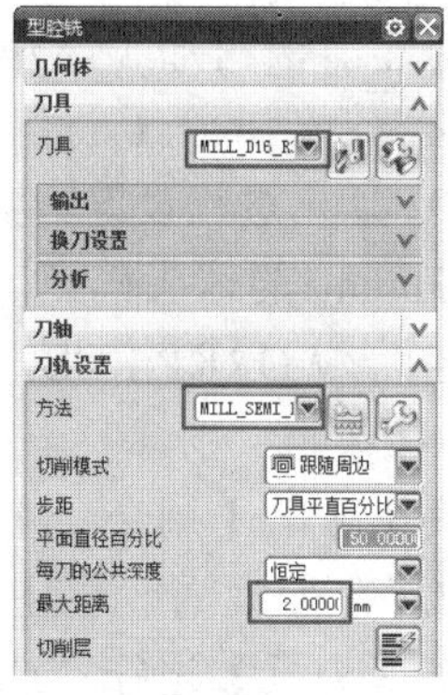

图 3-186　修改加工参数

图 3-187　修改进刀参数

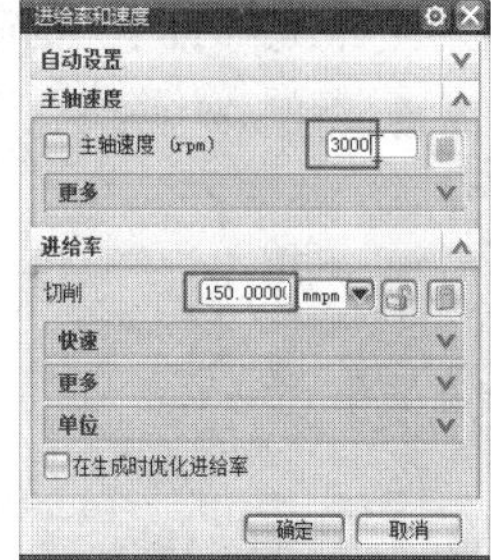

图 3-188　修改进给率

（37）重新生成刀轨。在【工序导航器-几何】中，右键单击 CAVITY_MILL_SEMI_FINISH，在弹出的菜单中选择【生成】命令，重新生成刀轨，如图 3-189 所示。所生成的半精加工刀轨如图 3-190 所示。

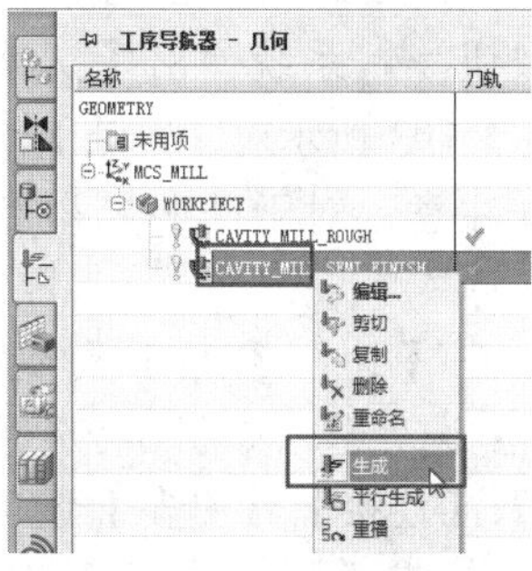

图 3-189　重新生成刀轨

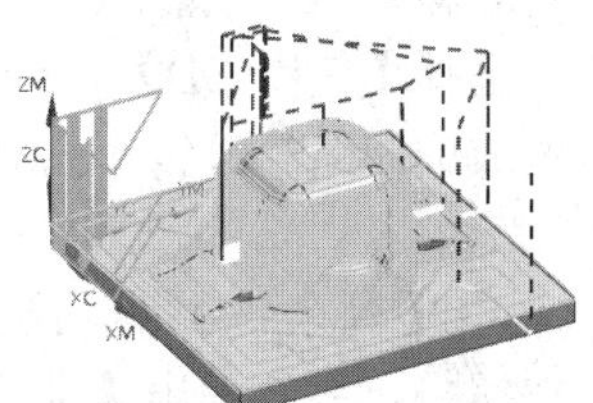

图 3-190　半精加工刀轨

（38）创建清根精加工。单击【创建工序】按钮，系统弹出【创建工序】对话框，如图 3-191 所示进行设置。其中刀具使用的是直径为 10mm 的球头铣刀，几何体使用的是前面设定的 WORKPIECE，设置完成后单击【确定】按钮。

（39）系统弹出【剩余铣】对话框，如图 3-192 所示进行设置，【几何体】选择 WORKPIECE，【刀具】选择 MILL_D10_R3。【方法】选为 MILL_FINISH，【切削模式】选为【跟随部件】，切削深度设置为 0.3mm。

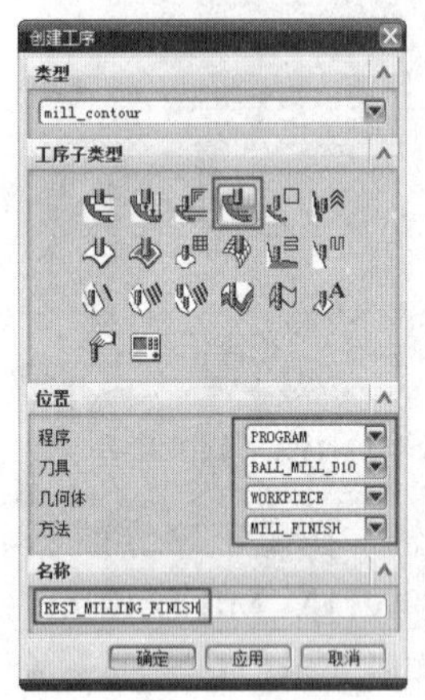
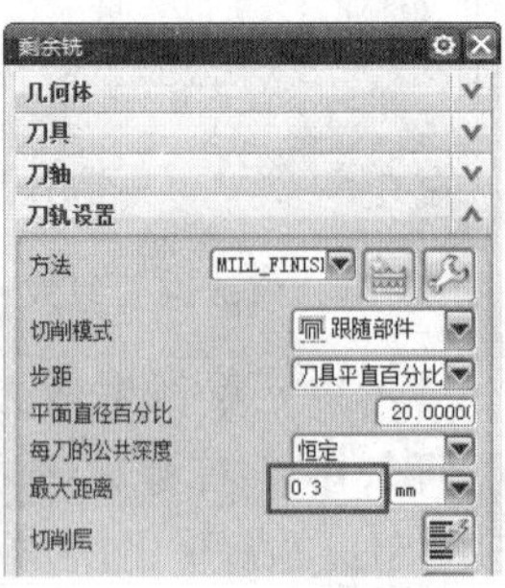

图 3-191　创建清根加工　图 3-192　设置加工方法

（40）单击【剩余铣】对话框上的【切削参数】按钮，系统弹出【切削参数】对话框。如图 3-193 所示对【策略】选项卡进行设置。特别注意：对于凸凹模型腔铣，切削顺序最好选为深度优先。

（41）在【切削参数】对话框上选择【空间范围】选项卡，如图 3-194 所示进行设置。【拐角】、【连接】、【更多】选项卡都采用默认设置。单击【切削参数】对话框上的【确定】按钮，返回【剩余铣】对话框。【处理中的工件】选择【使用 3D】，这一点要特别注意，否则生成的刀路轨迹很不合理，导致切削效率很低。

（42）单击【剩余铣】对话框上的【非切削移动】按钮，系统弹出【非切削移动】对话框。如图 3-195 所示对【进刀】选项卡进行设置。【退刀】、【起点/钻点】、【转移/快速】、【避让】选项卡都采用默认设置。然后单击【确定】按钮，系统返回【剩余铣】对话框。

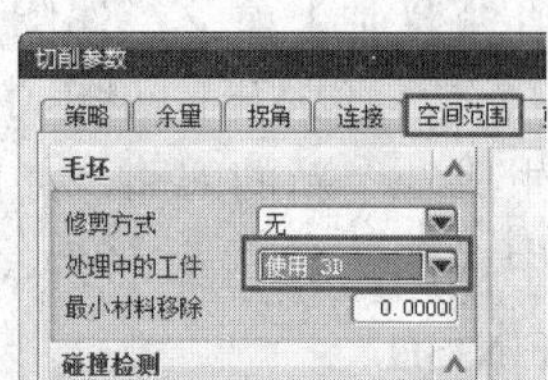

图 3-193　设置切削参数 1　图 3-194　设置切削参数 2

图 3-195　设置进刀参数

（43）单击【剩余铣】对话框上的【进给率和速度】按钮，系统弹出【进给率和速度】对话框。如图 3-196 所示对主轴速度和进给率进行设置。单击【确定】按钮，返回【剩余铣】对话框。

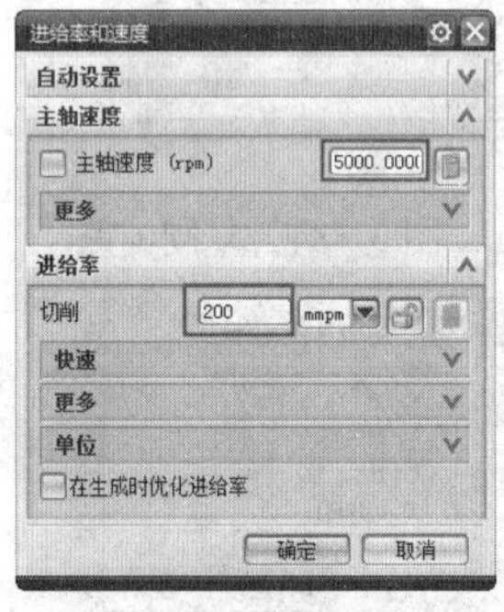

图 3-196　设置进给率和速度

（44）单击【剩余铣】对话框最下面的【生成刀轨】按钮，生成刀轨，如图 3-197 所示。单击【剩余铣】对话框上的【确定】按钮，完成操作的创建。单击【程序顺序视图】按钮，可在操作导航器中可以看到创建好的操作，如图 3-198 所示。

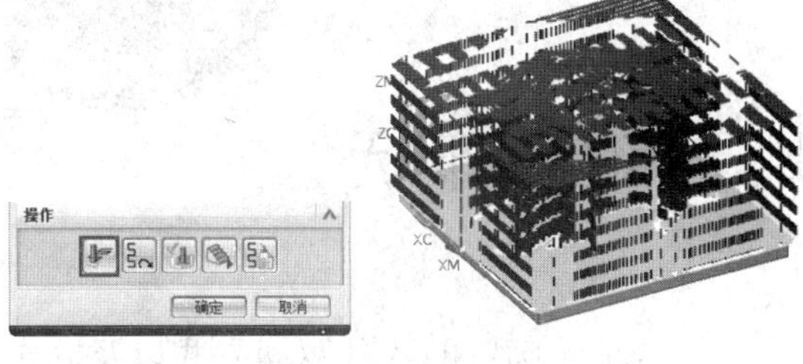

图 3-197　生成刀轨

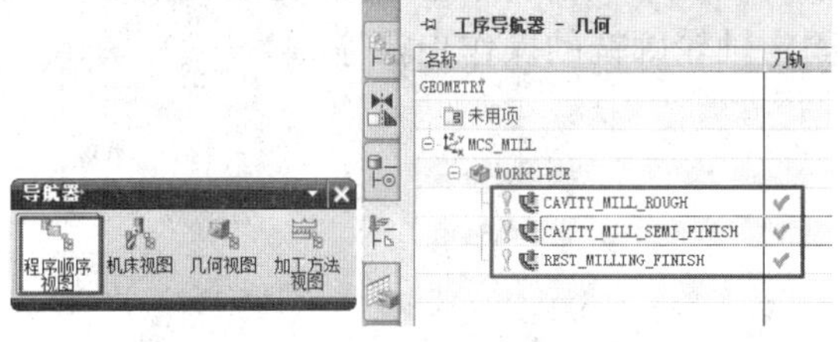

图 3-198　生成刀轨节点

（45）验证刀路轨迹。在操作导航器中用鼠标左键选择创建的操作。单击【确认刀轨】按钮，仿真效果如图 3-199 所示。

图 3-199　切削仿真

（46）对全部的操作进行一次刀具确认。在操作导航器中，用鼠标右键单击 PROGRAM 选项，如图 3-200 所示，在弹出的菜单中选择【确认】命令。仿照前面的操作进行 2D 仿真，此处不再讲述。

（47）生成数控 NC 代码。在操作导航器中，用鼠标右键单击 PROGRAM 选项，在弹出的菜单中选择【后处理】命令，如图 3-201 所示，系统弹出【后处理】对话框，如图 3-202 所示进行设置，文件名可以自己根据实际情况进行设定。单击【后处理】对话框的【确定】按钮，系统生成数控 NC 代码，如图 3-203 所示。

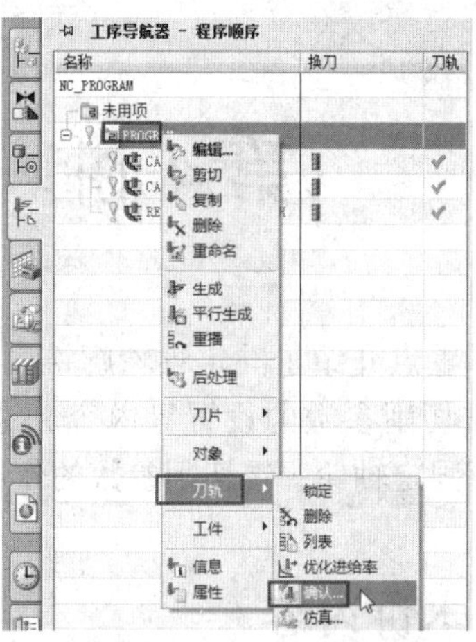

图 3-200　确认全部刀轨

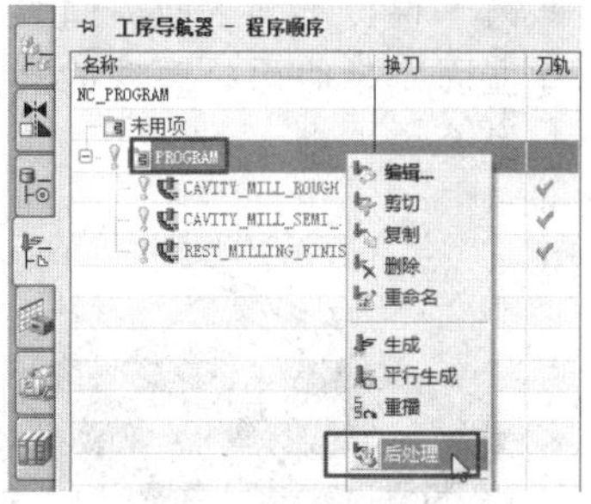

图 3-201　调用后处理功能

图 3-202　设定后处理参数

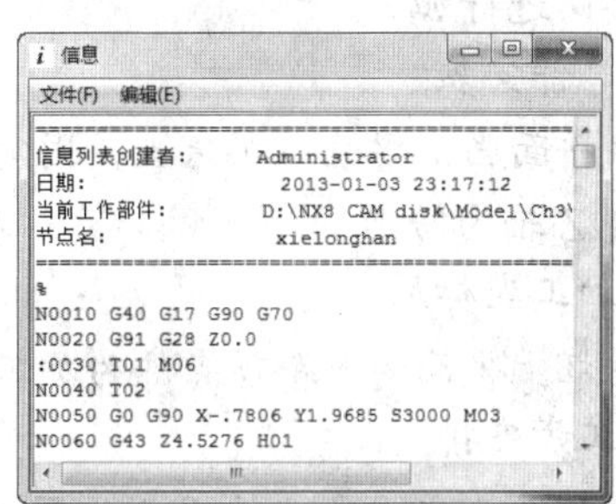

信息列表创建者：　Administrator
日期：　2013-01-03 23:17:12
当前工作部件：　D:\NX8 CAM disk\Model\Ch3\
节点名：　xielonghan

```
%
N0010 G40 G17 G90 G70
N0020 G91 G28 Z0.0
:0030 T01 M06
N0040 T02
N0050 G0 G90 X-.7806 Y1.9685 S3000 M03
N0060 G43 Z4.5276 H01
```

图 3-203　NC 代码

第 4 讲　固定轴曲面轮廓铣

本讲重点介绍了固定轴轮廓铣削操作的创建方法、固定轴轮廓铣的各种驱动方式以及固定轴轮廓铣切削参数的设置等内容。通过对本讲的学习，读者可以掌握固定轴轮廓铣的应用范围，理解固定轴轮廓铣切削参数的作用，掌握创建固定轴轮廓铣的操作步骤等。

本讲内容

- 实例·模仿——带凹面凸台加工
- 建立固定轴曲面轮廓铣的加工工序
- 加工参数设置
- 驱动方法
- 实例·操作——凸模曲面的加工
- 实例·练习——旋钮加工

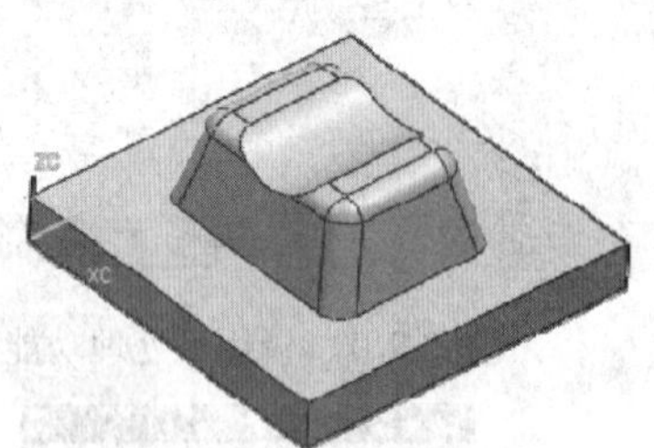

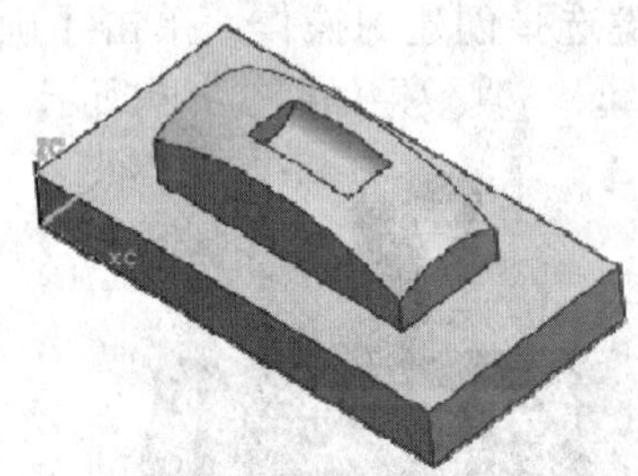

4.1　实例·模仿——带凹面凸台加工

完成如图 4-1 所示的工件的加工，需要加工出中间的凹槽和岛屿。

【思路分析】

从工件构成的几何类型分析，需要型腔铣和固定轴曲面轮廓铣共同进行加工。

1. 工件安装

以底平面固定安装在机床上，固定好以限制 X、Y 方向移动和绕 Z 轴的转动。

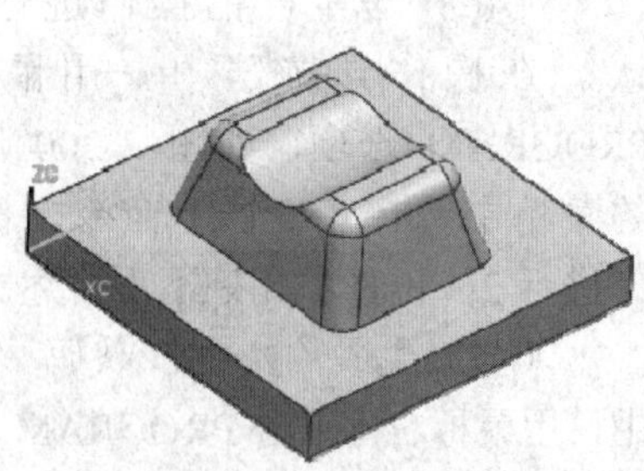

图 4-1　凹模零件

2. 加工坐标原点

以毛坯上平面的一个顶点作为加工坐标原点。

3. 工步安排

此零件首先需要加工出凸台、凸台顶部的下凹曲面。由于四周侧壁带拔模角度，可以按陡峭轮廓面进行加工。

加工凸台去除材料很大，所以第一步选择直径为 12mm 的端铣刀，进行型腔铣粗加工。第二步采取直径为 4mm 的球头铣刀对拔模面进行陡峭区域等高轮廓铣精加工。接着，采用固定轴轮廓铣精加工顶部下凹曲面，刀具为直径 4mm 的球头铣刀。最后采用陡峭区域等高轮廓铣对顶部圆角进行精加工。

【光盘文件】

起始文件——参见附带光盘中的“Model\Ch4\4-1.prt”文件。

结果文件——参见附带光盘中的“END\Ch4\4-1.prt”文件。

动画演示——参见附带光盘中的“AVI\Ch4\4-1.avi”文件。

【操作步骤】

（1）打开模型文件。启动 UG NX 8.0，单击【打开文件】按钮，在弹出的文件列表中选择文件名为“4-1.prt”的文件，单击 OK 按钮打开。这是一个装配体文件，里面包含有要加工的零件和毛坯，如图 4-2 所示。

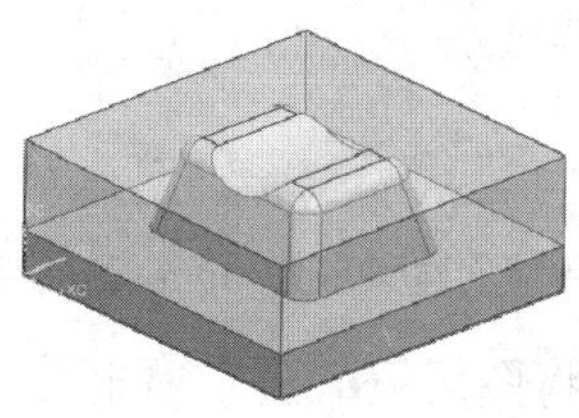

图 4-2　起始模型

（2）将工作坐标系调整到图示位置。该位置也作为数控加工时的工作坐标系原点，这样可以方便实际加工过程中的对刀操作，如图 4-3 所示。设置图层 1 为工作图层，图层 10 不可见。

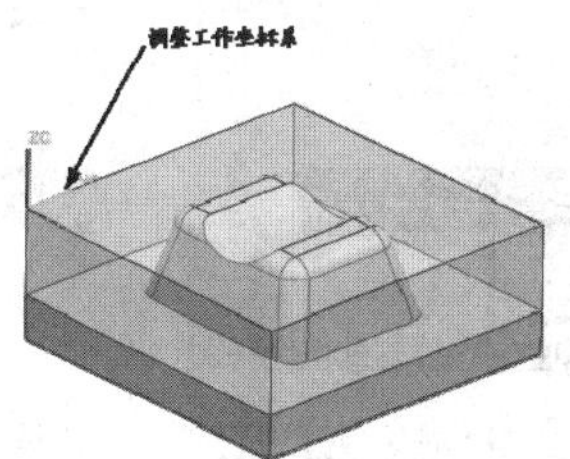

图 4-3　调整坐标系

（3）进入加工模块。在工具栏上单击【开始】按钮，如图 4-4 所示，在下拉列表中选择【加工】模块，系统弹出【加工环境】对话框。

图 4-4　进入加工环境

（4）在系统弹出的【加工环境】对话框中，选择【CAM 会话配置】为 cam_general，选择【要创建的 CAM 设置】为 mill_contour，单击【确定】按钮进行加工环境的初始化设置，进入加工模块的工作界面，如图 4-5 所示。

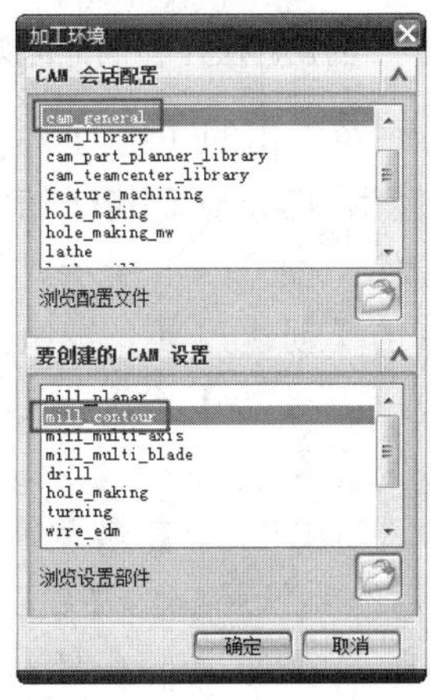

图 4-5　设定加工环境

（5）在【刀片】工具条中单击【创建程序】按钮，弹出如图 4-6 所示的对话框，并按图进行设置。

图 4-6　创建程序

（6）单击【创建刀具】按钮，在弹出的对话框的【刀具子类型】中选择 MILL 图标，在【位置】下方的【刀具】中选择 GENERIC_MACHINE，【名称】设置为 END12，如图 4-7 所示。

图 4-7　创建直径为 12mm 的铣刀

（7）在系统弹出的【铣刀-5 参数】对话框内输入直径为 12mm 及其他相关参数，单击【确定】按钮，如图 4-8 所示。

（8）单击【创建刀具】按钮，在弹出的对话框的【刀具子类型】中选择 BALL_MILL 图标，在【位置】下方的【刀具】中选择 GENERIC_MACHINE，【名称】设置为 BALL4。然后在系统弹出的【铣刀-5 参数】对话框内输入直径为 4mm，最后单击【确定】按钮，如图 4-9 所示。

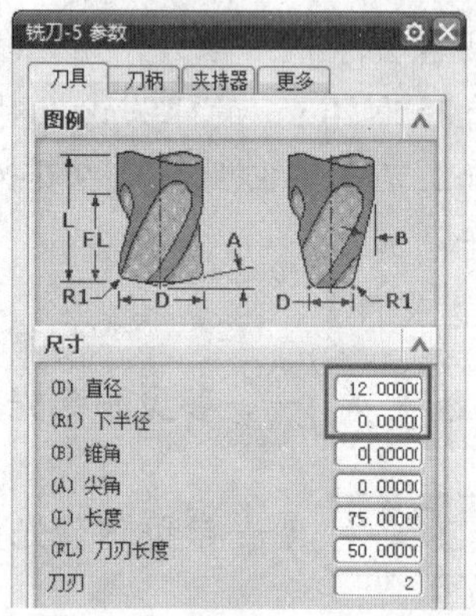

图 4-8　设定刀具参数

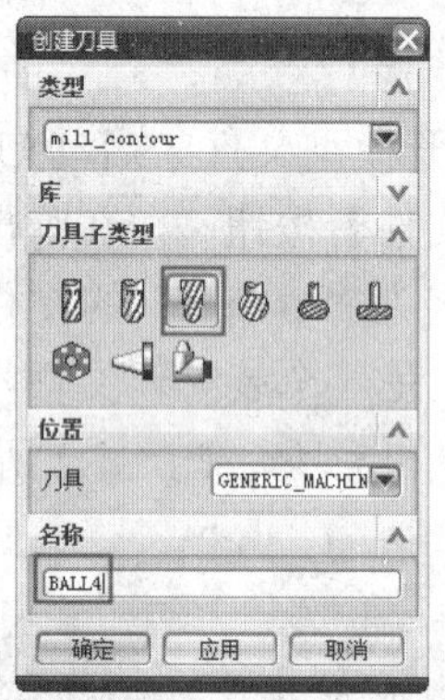

图 4-9　创建直径为 4mm 的球头铣刀

（9）将图层 10 显示出来。单击工具条中的【几何视图】按钮，然后双击工序导航器中的 MCS_MILL，如图 4-10 所示。在弹出的对话框中单击按钮，如图 4-11 所示。在对话框中单击按钮，调整加工坐标系和工作坐标系使之重合，保证加工坐标系在工件顶面的顶点上，如图 4-12 所示。

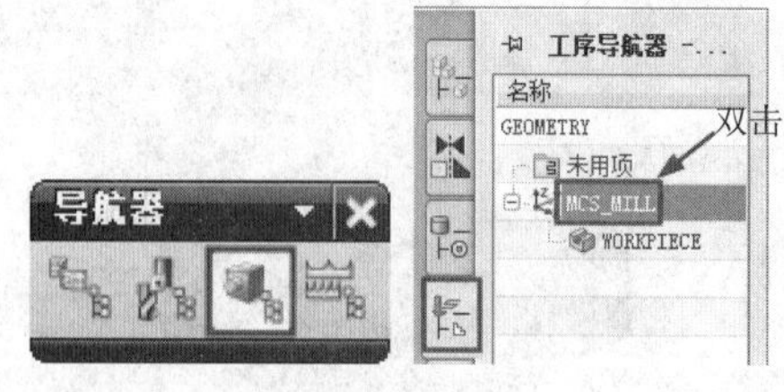

图 4-10　打开工序导航器

（10）在 Mill Orient 对话框中，将【安全设置选项】设为【自动平面】，再单击【指定平面】按钮，系统弹出【平面】对话框，首先点选毛坯上顶面，然后在对话框的【偏置】

的【距离】文本框中输入 5，依次在【平面】和 Mill Orient 对话框中单击【确定】按钮，如图 4-13 所示。

图 4-11　Mill Orient 对话框

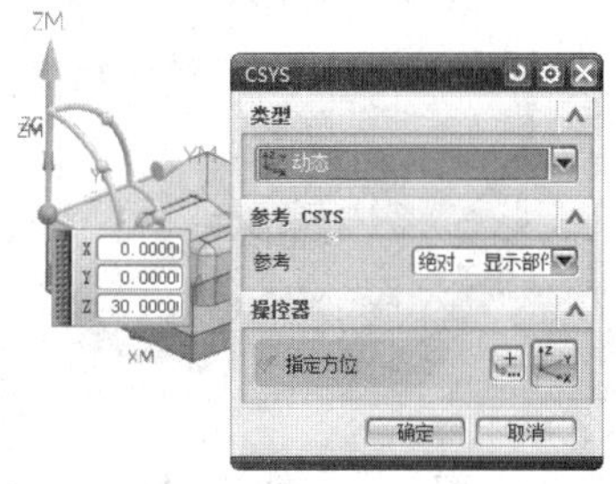

图 4-12　设置加工坐标系

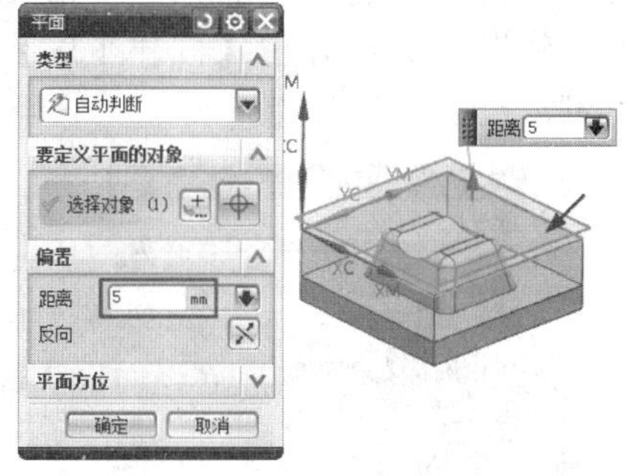

图 4-13　设定安全平面

（11）在【工序导航器】中单击 MCS_MILL 前的加号，展开 MCS_MILL 节点的子项，选择 WORKPIECE，并双击 WORKPIECE 图标，如图 4-14 所示。在【铣削几何体】对话框中单击【选择或编辑部件几何体】按钮，如图 4-15 所示。在视图中用鼠标左键选择要加工的零件几何体，如图 4-16 所示。单击【部件几何体】对话框上的【确定】按钮完成加工部件的选择。

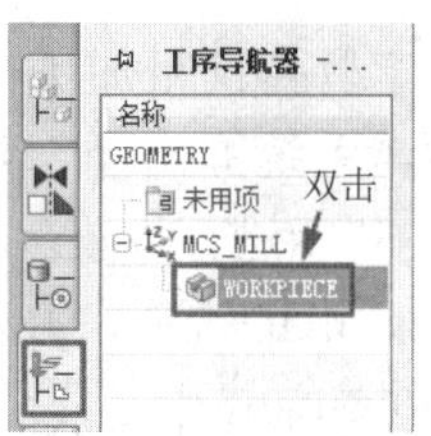

图 4-14　双击 WORKPIECE 图标

图 4-15　单击【选择或编辑部件几何体】按钮

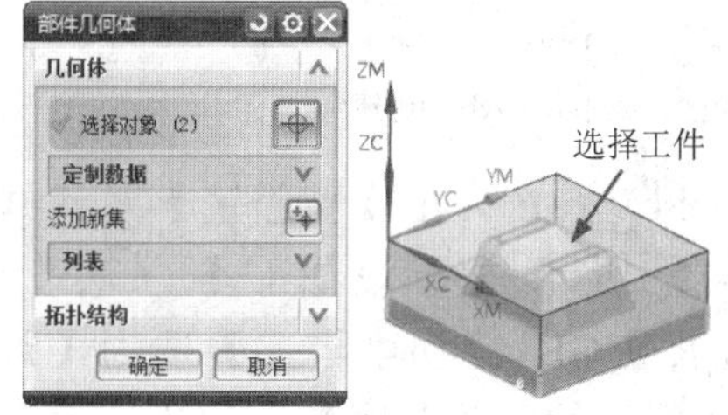

图 4-16　选择凹模作为工件

（12）在【铣削几何体】中单击【指定毛坯】按钮，接着选择长方体作为毛坯，如图 4-17 所示。

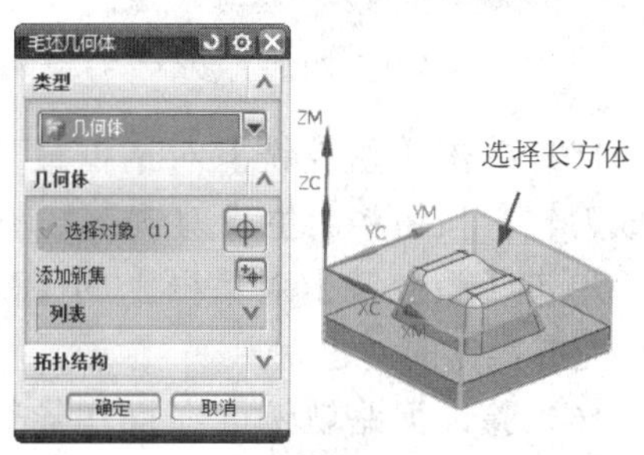

图 4-17　选择长方体作为毛坯

（13）创建型腔铣粗加工。单击【创建工序】按钮，系统弹出【创建工序】对话框，如图 4-18 所示进行设置。其中刀具使用的是直径为 12mm 的铣刀，几何体使用的是前面设定的 WORKPIECE。设置完成后单击【确定】按钮。

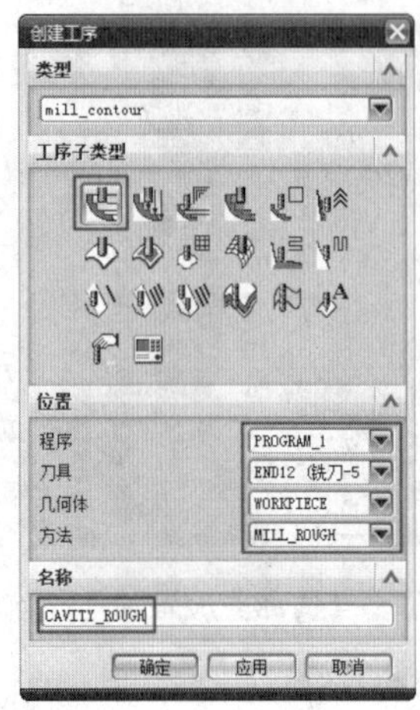

图 4-18　创建粗加工工序

（14）系统弹出【型腔铣】对话框，如图 4-19 所示进行设置，【方法】选为 MILL_ROUGH，【切削模式】选为【跟随部件】，【每刀的公共深度】选为【恒定】，【最大距离】为 3mm。

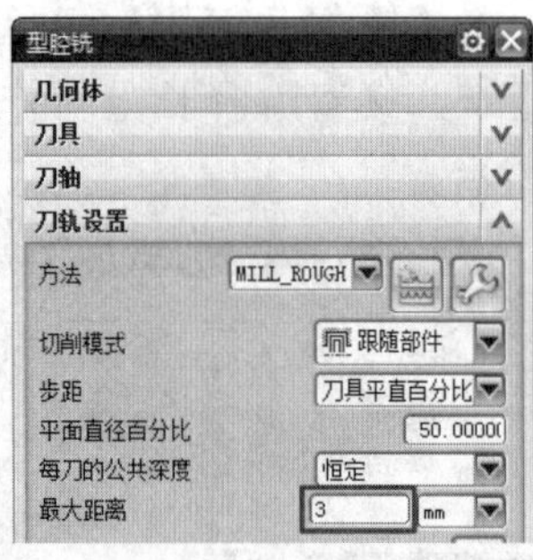

图 4-19　粗加工参数

（15）单击【型腔铣】对话框最下面的【生成刀轨】按钮，生成刀轨，如图 4-20 所示。单击【型腔铣】对话框上的【确定】按钮，完成操作的创建。

（16）验证刀路轨迹。在操作导航器中用鼠标左键选择创建的操作。再在界面中选择【确认刀轨】按钮，仿真效果如图 4-21 所示。

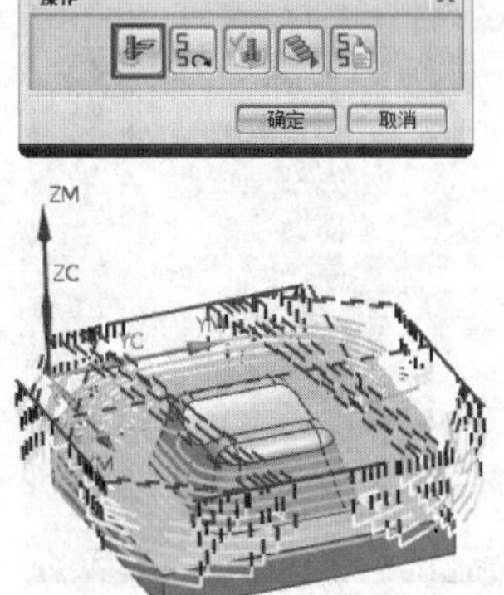

图 4-20　生成刀轨

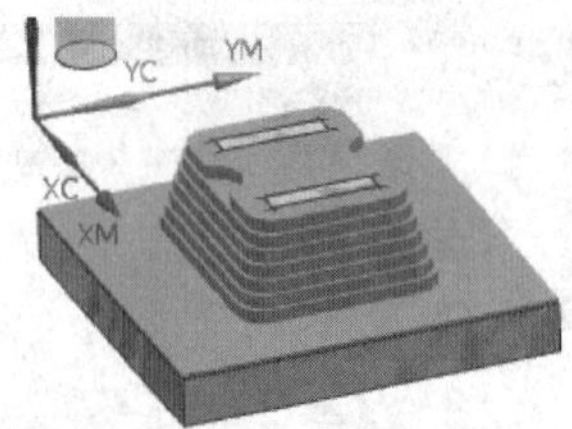

图 4-21　仿真结果

（17）创建型腔铣精加工，单击【创建工序】按钮，系统弹出【创建工序】对话框，如图 4-22 所示进行设置。

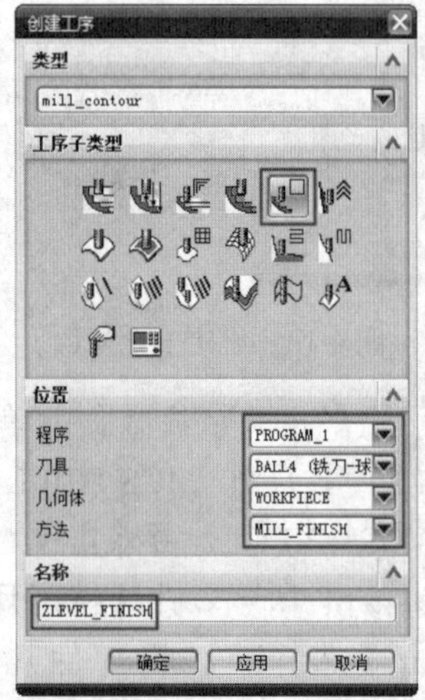

图 4-22　创建精加工工序

（18）系统弹出【深度加工轮廓】对话框，如图 4-23 所示，在【刀轨设置】组中设置【最大距离】为 1mm，单击【指定切削区域】按钮，如图 4-24 所示选择切削区域，选择所有侧面，共 8 个面。

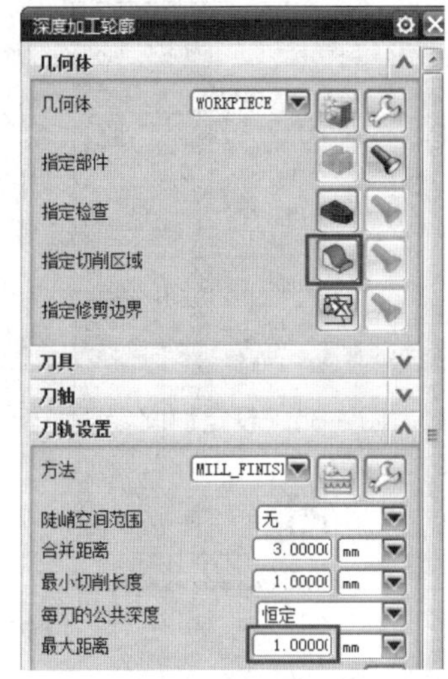

图 4-23 【深度加工轮廓】对话框

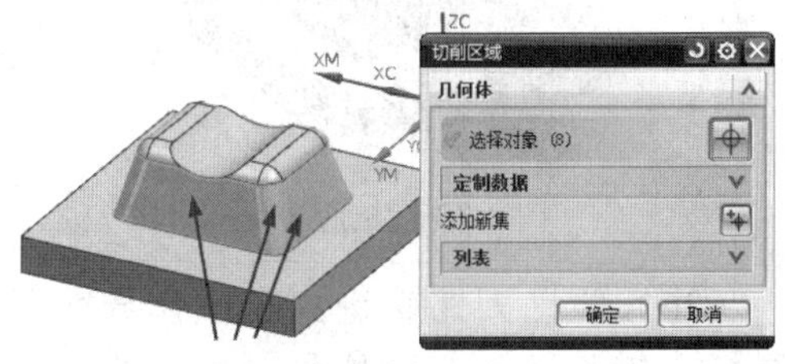

图 4-24 选择加工区域

（19）单击【深度加工轮廓】对话框最下面的【生成刀轨】按钮，生成刀轨，如图 4-25 所示。单击【型腔铣】对话框上的【确定】按钮，完成操作的创建。

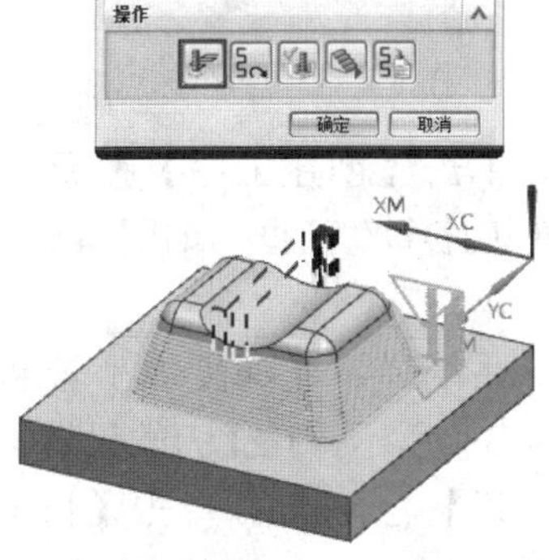

图 4-25 生成刀轨

（20）验证刀路轨迹。在操作导航器中用鼠标左键选择创建的操作。单击【确认刀轨】按钮，仿真效果如图 4-26 所示。

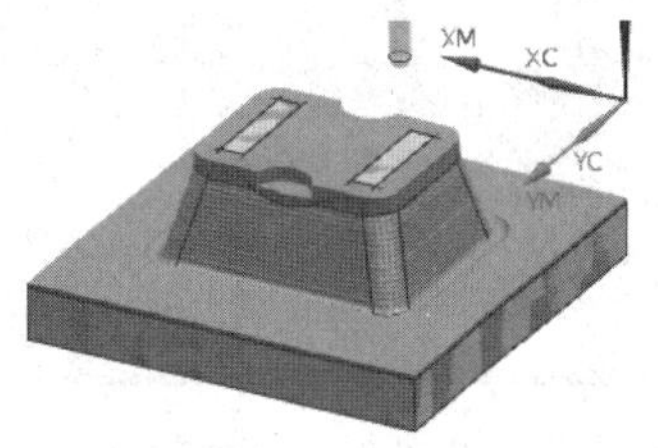

图 4-26 仿真效果

（21）单击【创建工序】按钮，系统弹出【创建工序】对话框，在类型中选择 mill_contour，进行等高轮廓铣精加工。再如图 4-27 所示进行设置。

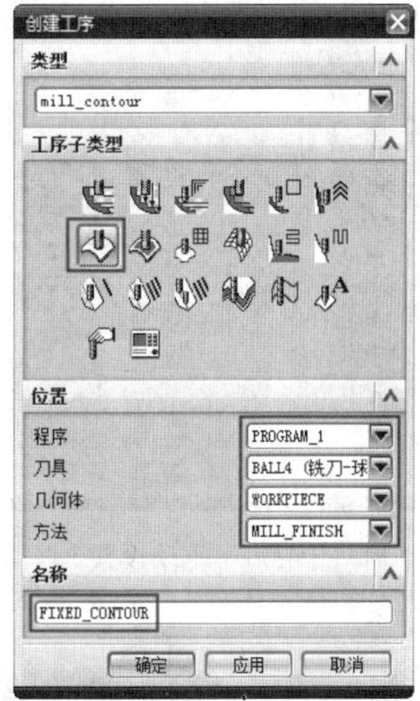

图 4-27 创建精加工工序

（22）系统弹出【固定轮廓铣】对话框。驱动方法选为【区域铣削】，如图 4-28 所示，接着系统弹出【驱动方法】对话框，直接单击【确定】按钮，如图 4-29 所示。此后，弹出【区域铣削驱动方法】对话框，切削方式设为【跟随周边】，其他参数为默认值，单击【确定】按钮，如图 4-30 所示。

（23）在【固定轮廓铣】对话框中单击【指定切削区域】按钮，如图 4-31 所示选择顶面作为切削区域。

图 4-28　选择驱动方法

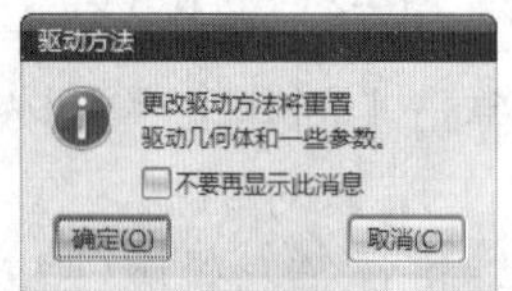

图 4-29　【驱动方法】对话框

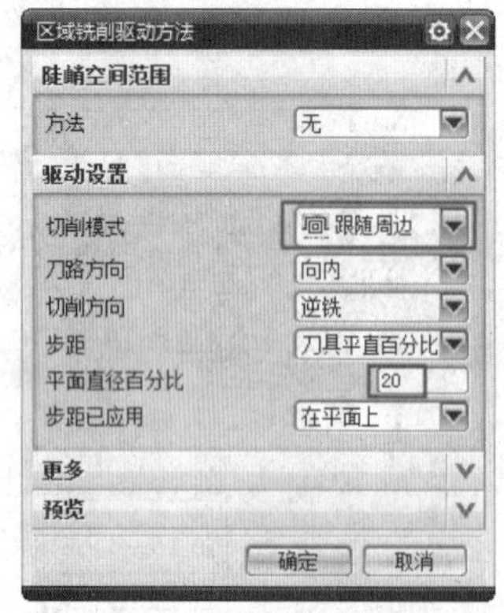

图 4-30　驱动设置

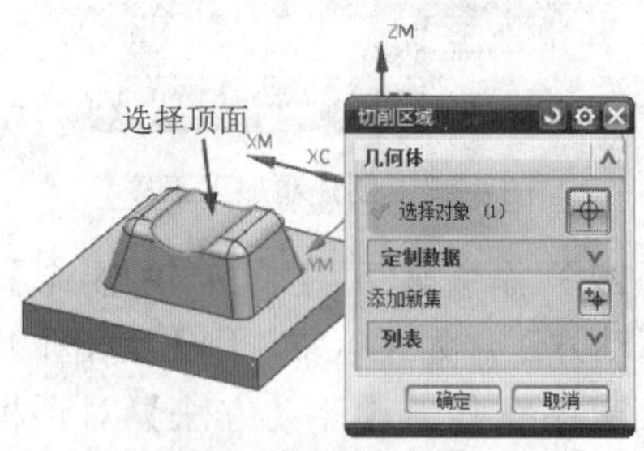

图 4-31　选择加工区域

（24）在【固定轮廓铣】对话框中单击【切削参数】图标，再在【切削参数】对话框中选中【在边上延伸】复选框，如图 4-32 所示。

（25）单击【固定轮廓铣】对话框最下面的【生成刀轨】按钮，生成刀轨，如图 4-33 所示。再单击【固定轮廓铣】对话框上的【确定】按钮，完成操作的创建。

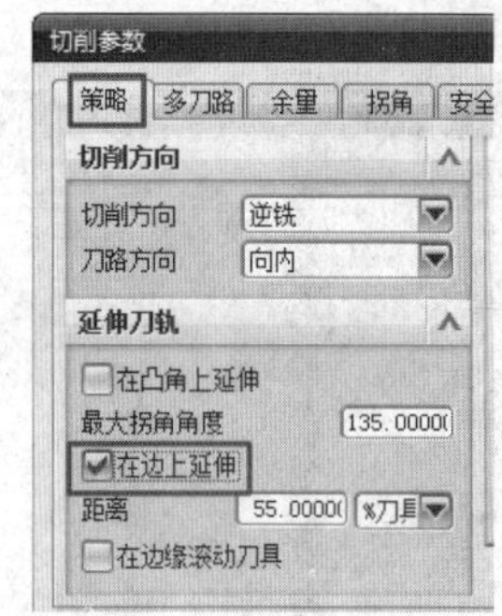

图 4-32　设定切削参数

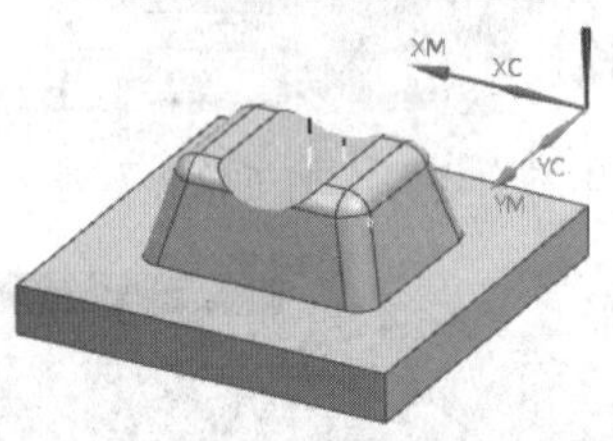

图 4-33　生成刀轨

（26）验证刀路轨迹。在操作导航器中用鼠标左键选择创建的操作，单击【确认刀轨】按钮，仿真效果如图 4-34 所示。

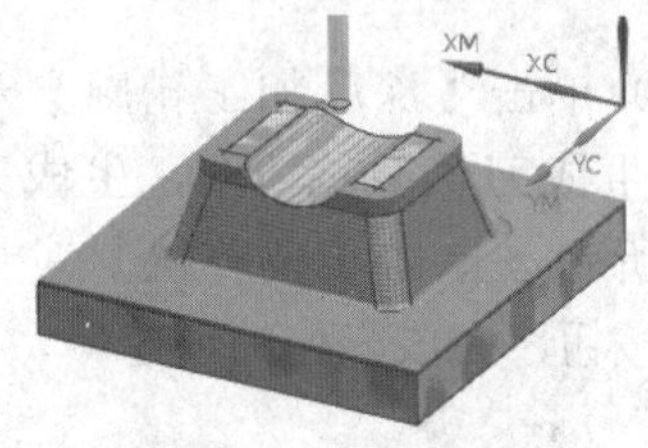

图 4-34　仿真效果

（27）单击【创建工序】按钮，系统弹出【创建工序】对话框，如图 4-35 所示进行设置。

（28）系统弹出【深度加工轮廓】对话框，如图 4-36 所示，在【刀轨设置】组中设置【最大距离】为 1mm，单击【指定切削区域】按钮，如图 4-37 所示选择切削区域，选择所有圆角面，共 10 个面。

图 4-35 创建精加工工序

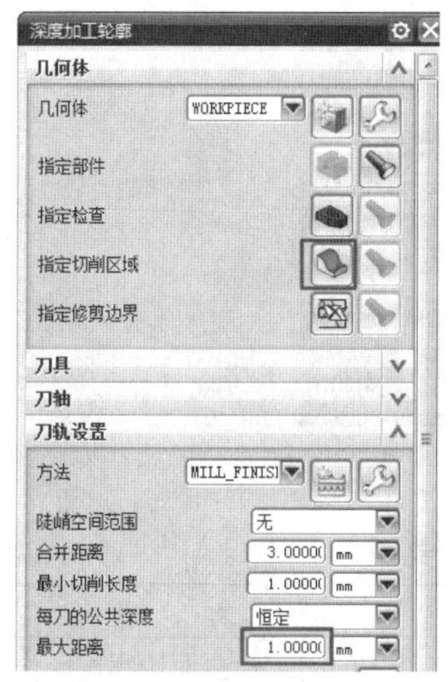

图 4-36 【深度加工轮廓】对话框

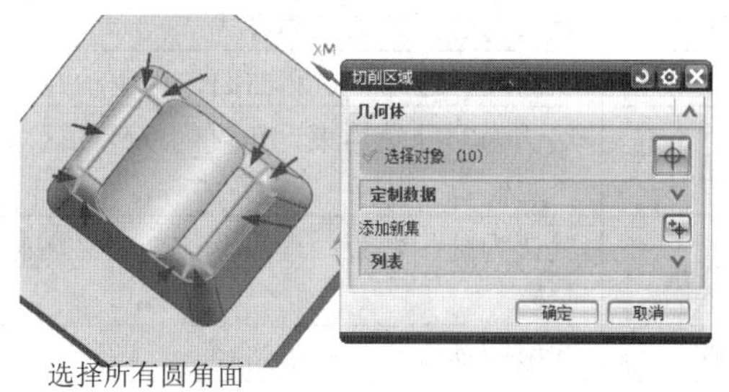

图 4-37 选择加工区域

（29）单击【深度加工轮廓】对话框最下面的【生成刀轨】按钮，生成刀轨，如图 4-38 所示。再单击【深度加工轮廓】对话框上的【确定】按钮，完成操作的创建。

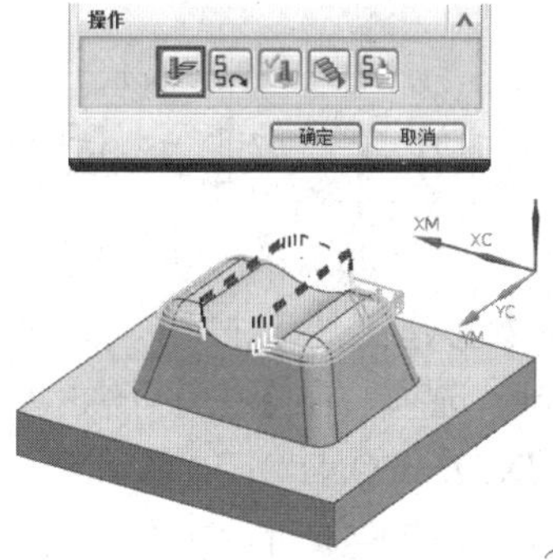

图 4-38 生成刀轨

（30）验证刀路轨迹。在操作导航器中用鼠标左键选择创建的操作，单击【确认刀轨】按钮，仿真效果如图 4-39 所示。

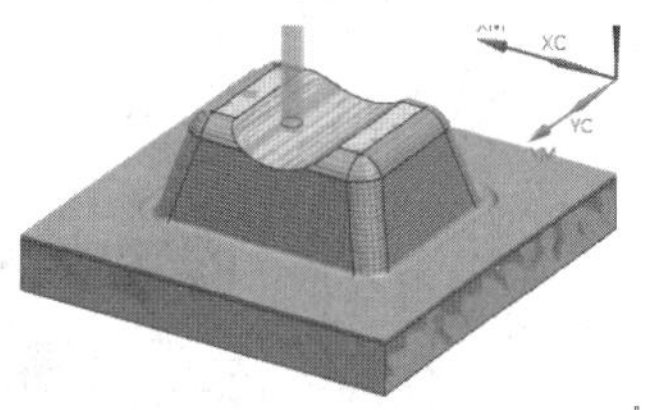

图 4-39 仿真结果

（31）对全部的操作进行一次刀具确认。在操作导航器中，用鼠标右键单击 PROGRAM 选项，如图 4-40 所示，在弹出的菜单中选择【确认】命令。仿照前面的操作进行 2D 仿真，此处不再讲述。

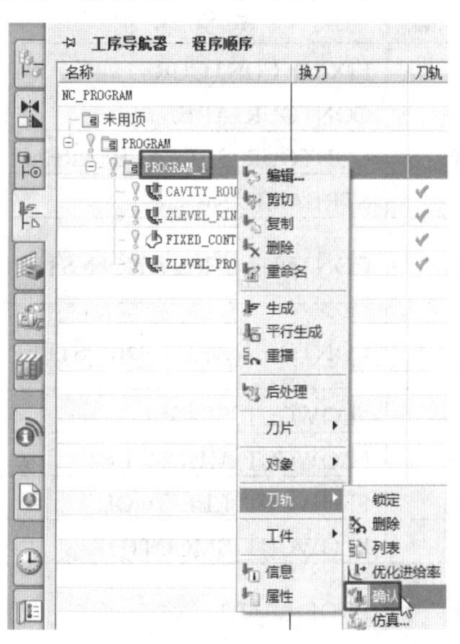

图 4-40 确认全部刀轨

4.2 建立固定轴曲面轮廓铣的加工工序

单击【创建工序】按钮，系统弹出【创建工序】对话框。在【类型】下拉列表内选择 mill_contour 选项，在【工序子类型】列表中有多种子类型供选择，其含义如表 4-1 所示。单击默认的 FIXED_CONTOUR 按钮，然后依次设置程序、刀具、几何体、方法选项，单击【应用】按钮，如图 4-41 所示，即可进入【固定轮廓铣】对话框，如图 4-42 所示。

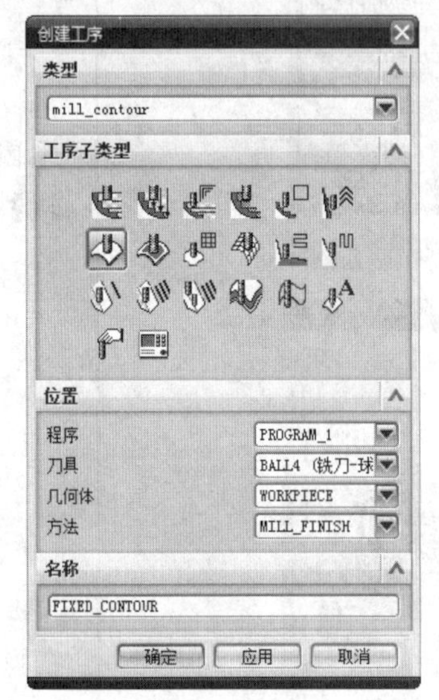

图 4-41 【创建工序】对话框

表 4-1 固定轴曲面轮廓铣加工子类型

图 标	英文名称	中文含义	功能说明
	FIXED_CONTOUR	固定曲面轮廓铣	基本的固定轴曲面轮廓铣操作
	CONTOUR_AREA	区域轮廓铣	默认驱动方式为区域驱动
	CONTOUR_SURFACE_AREA	曲面区域轮廓铣	默认为曲面区域驱动方式
	STREAMILINE	流线曲面加工	以曲线、边缘、点和曲面作为驱动几何
	CONTOUR_AREA_NON_STEEP	非陡峭区域轮廓铣	默认为非陡峭约束、角度为 65°的区域轮廓铣
	CONTOUR_AREA_DIR_STEEP	陡峭区域轮廓铣	默认为陡峭约束、角度为 35°的区域轮廓铣
	FLOWCUT_SINGLE	单路径清根铣	清根驱动方式中选单路径
	FLOWCUT_MULTIPLE	多路径清根铣	清根驱动方式中选多路径
	FLOWCUT_REF_TOOL	参考刀具清根铣	清根驱动方式中选前道工序的参考刀具
	FLOWCUT_SMOOTH	光顺清根铣	默认驱动方式为清根驱动
	PROFILE_3D	3D 轮廓铣	特殊的 3D 轮廓铣切削类型，深度取决于边界中的边或曲线
	CONTOUR_TEXT	文本轮廓铣	切削制图注释中的文字，用于 3D 雕刻

【固定轮廓铣】对话框与平面铣操作的对话框基本相同，包含几何体、刀具、机床控制、程序、选项及操作等选项，设置方法同前边讲过的平面铣和型腔铣相同。不同的是多了驱动方法和投影矢量两个选项。驱动方法决定了可以选用的驱动几何、投影矢量、刀轴、切削方式等。投影矢量用来设置固定轴曲面轮廓铣的投影矢量的方向，通过选择不同的投影矢量方式来定义不同的投影矢量。

设定好驱动方法、投影矢量、刀轴、切削参数、非切削移动、进给率和速度以及机床控制等参数后，单击【生成刀轨】按钮生成刀轨。单击【确定】按钮，完成固定轴曲面轮廓铣加工操作的创建。

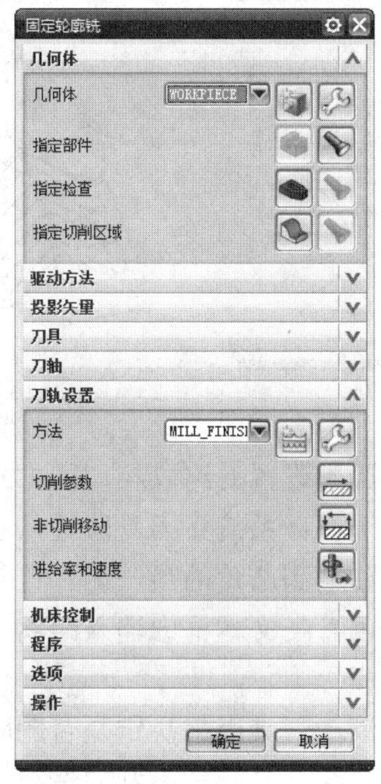

图 4-42 【固定轮廓铣】对话框

4.3 加工参数设置

本节主要介绍固定轴曲面轮廓铣操作对话框中切削参数和非切削移动参数的设置方法。

4.3.1 切削参数

切削参数用于设置刀具切削工件时的相关参数。当选择的驱动方法不同时，其所对应的切削参数也会有所差别。下面以驱动方法为区域铣削为例来说明固定轴轮廓铣中切削参数的意义和设置。

在【固定轮廓铣】对话框中单击【切削参数】右侧的按钮，打开如图 4-43 所示的【切削参数】对话框。选项卡中的很多选项在以前的平面铣、型腔铣中已做过介绍，本节主要介绍固定轴曲面轮廓铣特有的参数。

1.【策略】选项卡

【策略】选项卡主要用于对切削方向和延伸刀轨的相关参数进行设置，如图 4-43 所示。

◆ 在凸角上延伸：在凸角上延伸用于进一步控制刀具的路径，防止刀具通过内凸角时停留在这些边上，如图 4-44 所示。选中该复选框，系统可将刀具轨迹延伸至凸角端点的高度，再将刀具移动到凸角的另一侧，还可以在【最大拐角角度】文本框中输入最大拐角角度值。只有当工件的凸角角度小于指定的最大拐角角度时，系统才将刀具路径延伸至凸角的顶点高度。

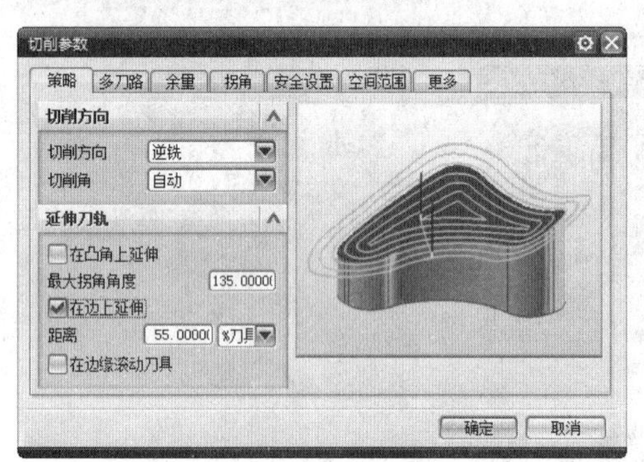

图 4-43 【切削参数】对话框

内部凸棱

图 4-44 在凸角上延伸示意图

◆ 在边上延伸：在边上延伸用于设置刀路以相切的方式在切削区域的所有外部边缘上向外延伸的距离。选中该复选框，系统将刀具轨迹从工件上抬起一小段距离，并延伸出一段长度，就直接将刀具移动到凸角的另一侧。该复选框下边的【距离】选项用来指定刀具轨迹的延伸长度，可以在文本框中输入距离，也可通过刀具直径百分比来设定大小。

◆ 在边缘滚动刀具：在边缘滚动刀具用来决定是否删除边界跟踪。边界跟踪发生在驱动路径延伸超出工件表面的边缘，是一种不利的情况。为了消除这种不利的情况，通常需要删除边界跟踪，以防止刀具发生过切等不利现象。

◆ 切削角：切削角只有在驱动参数中图样类型使用平行线时才有，在其他图样类型没有该选项。切削角的定义有 3 种方式：自动、用户定义和最长的线。

提示

此处的切削角与驱动参数对话框中的切削角一样，设置其中的一个即可。

2.【多刀路】选项卡

【多刀路】选项卡主要用于设置多层切削时的相关参数，如图 4-45 所示。

◆ 部件余量偏置：用于指定在操作过程中要移除的材料量，部件余量是操作完成后所剩余的材料量。部件余量偏置是增加到工件余量的额外余量，此值必须大于或等于零。

◆ 多重深度切削：用于指定多次分层、逐层切削工件材料。其中多重深度切削的步进方法有两种，即增量和刀路，如图 4-46 所示。

- 增量：该选项用来指定各切削层之间的距离。当指定递增的余量后，系统会根据总的切削量来计算切削层的层数。选择该选项后，增量选项被激活，在该选项右侧的文本框内输入数值，即可指定各切削层之间的距离。

- 刀路：该选项用来指定切削层的总层数。当指定切削层的总层数后，系统会根据总的切削量来计算各切削层之间的距离。选择该选项后，刀路选项被激活，在该选项右侧的文本框内输入数值，即可指定各切削层的总层数。

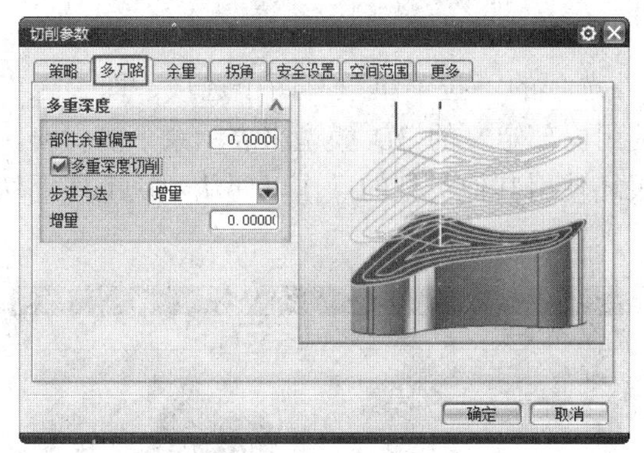

图 4-45 【多刀路】选项卡

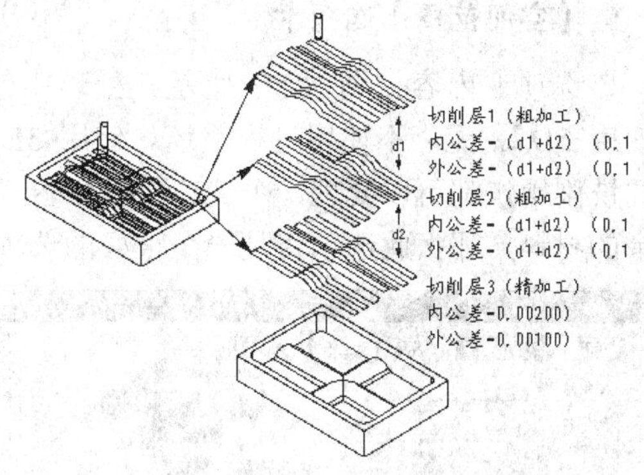

图 4-46 多重深度切削内外公差示意图

3.【余量】选项卡

【余量】选项卡主要用于设置加工余量和加工公差，如图 4-47 所示。

- 部件余量：用于指定一个偏置值来控制在部件上遗留下的材料的量。
- 内公差/外公差：内公差/外公差定义了刀具偏离实际部件表面的可允许范围，如图 4-48 所示。值越小，切削就越准确。部件内公差用于指定刀具穿透曲面的最大量，部件外公差用于指定刀具避免接触曲面的最大量。

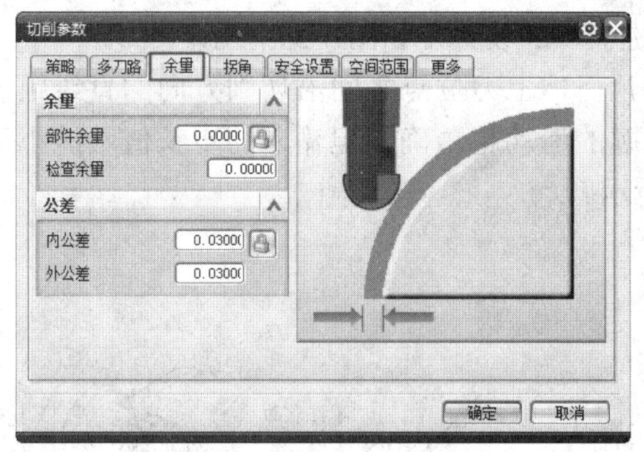

图 4-47 【余量】选项卡

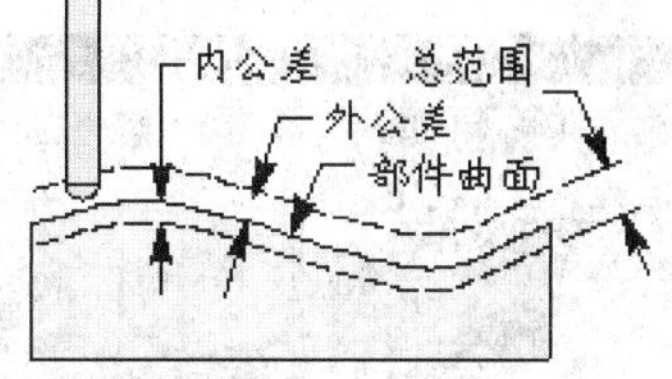

图 4-48 内公差/外公差示意图

4.【安全设置】选项卡

该选项卡用于设置安全间距以及过切时的处理方式，如图 4-49 所示。

- 过切时：该选项用于指定在切削过程中当刀具过切时系统的反应。警告：选择该选项，系统会向刀轨和 CLSF 仅发出警告信息，并不改变刀轨。跳过：生成刀轨时，刀具忽略过切检查几何体的刀位。它产生一个直线刀具运动，该运动从过切几何体之前的最后一个刀位到不过切时的第一个刀位。退刀：选择该选项，系统将使用在非切削移动中指定的检查进退刀参数控制刀具运动，从而使刀具避免过切检查几何体。

◆ 检查安全距离：用于为检查几何体定义刀具或刀柄不能进入的扩展安全区域。定义安全距离用于防止刀具或刀柄与检查几何体发生干涉。

◆ 部件几何体：用于定义刀具所使用的自动进刀/退刀距离，是从部件几何体表面的加工余量偏置处开始测量的。

5.【空间范围】选项卡

该选项卡内容如图 4-50 所示。处理中的工件选项的下拉菜单里有两个选项，即“无”和“使用 3D”。无：不使用过程毛坯。使用 3D：使用内部定义的 3D 模型来表示余下的材料。所有的铣削操作都可以处理一个 3D 过程毛坯。如果还使用其他类型的操作以便从一块毛坯上切除多余的材料，那么此选项将是一个很好的选项。

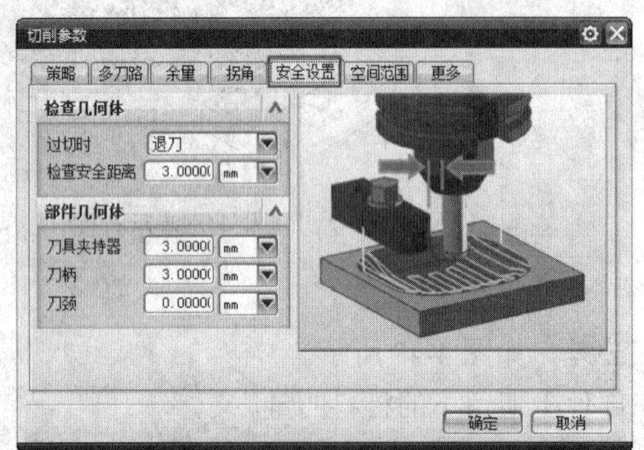

图 4-49 【安全设置】选项卡

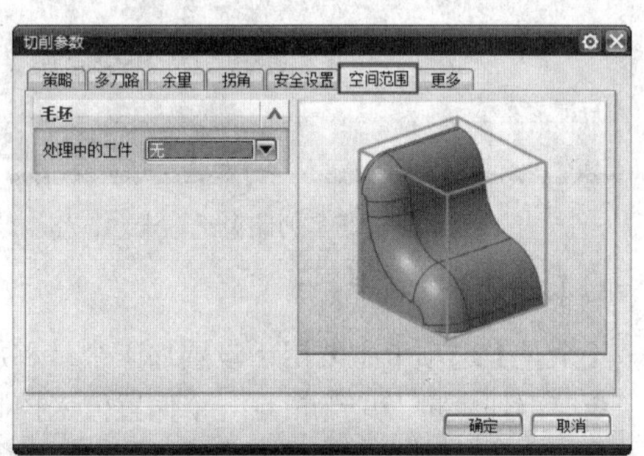

图 4-50 【空间范围】选项卡

6.【更多】选项卡

该选项卡用于对切削中的细节特征进行进一步的设置，如图 4-51 所示。

◆ 最大步长：最大步长用于控制零件几何体上刀位点之间沿切削方向的直线距离。步长值越小，刀具路径沿零件几何体轮廓的运动越精确。但输入的步长值不能小于指定的零件内公差/外公差值，如图 4-52 所示。

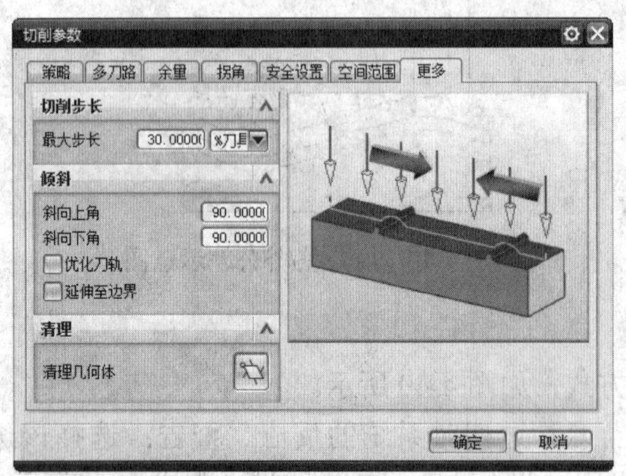

图 4-51 【更多】选项卡

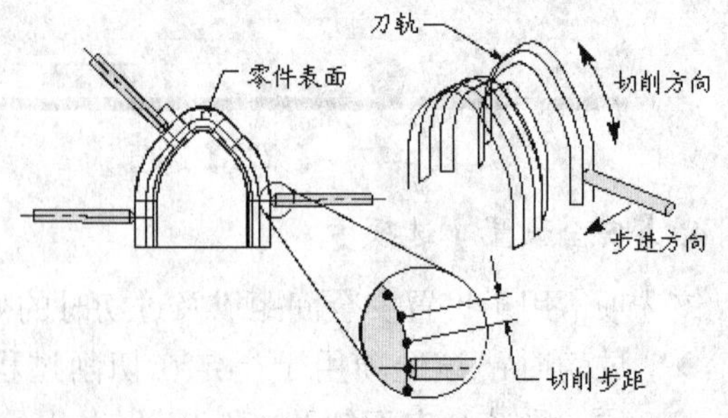

图 4-52 切削步距示意图

有时候可以通过调整切削步距避免零件几何表面上的小特征被忽略，如图 4-53 所示。

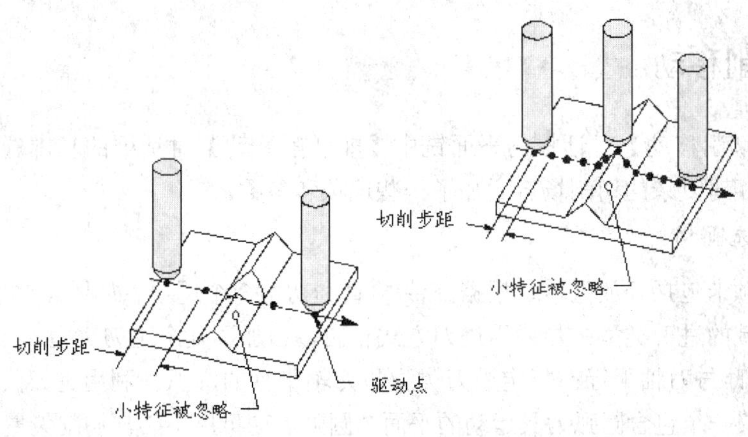

图 4-53　切削步距小特征处理示意图

◆ 斜向上角/斜向下角：用于指定刀具向上和向下的角度运动限制。角度是从垂直于刀具轴的平面测量的。角度的值必须在 0°～90°之间，如果这个值都为 90°，等同于不使用，此时刀具运动不受任何限制。斜向上角/斜向下角可以用图 4-54 表示。

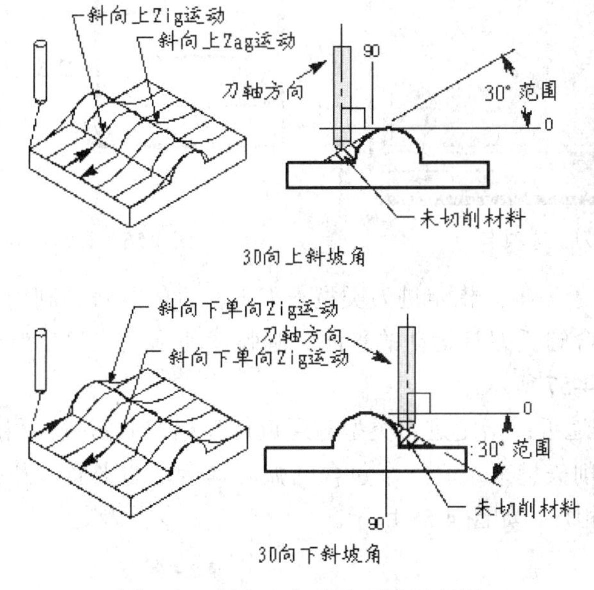

图 4-54　斜向上角/斜向下角示意图

◆ 优化刀轨：用于在将斜向上角和斜向下角与单向或往复切削运动结合使用时自动优化刀轨。即在保持刀具与工件尽可能接触的情况下计算刀轨并最小化刀路之间的非切削运动。仅当斜向上角度为 90°和斜向下角度为 0°～10°时，或斜向下角度为 90°和斜向上角度为 0°～10°时，此功能才可用。
◆ 延伸至边界：用于在创建仅向上或仅向下切削时将切削刀路的末端延伸至工件边界。
◆ 清理几何体：该选项用来指定系统生成点或边界，以辨认工件加工后的残余材料。生成点或边界后，系统计算出未加工的残余材料量，用后续的精加工来切削这些残余量。

4.3.2 非切削移动

本节的【非切削移动】对话框与平面铣中【非切削移动】对话框的基本选项设置类似，针对曲面铣削这种相对复杂的切削场合增加了一些选项和参数。

1.【进刀】选项卡

【进刀】选项卡包括开放区域、根据部件/检查和初始 3 个选项，如图 4-55 所示。

◆ 开放区域的进刀类型：与通用进刀方式相比，增加了几个进刀类型。

- 圆弧-与刀轴平行：指定进刀类型与刀轴平行的圆弧。利用进刀矢量与刀轴矢量来定义一个包含圆弧刀具运动的平面，圆弧运动可以不必与切削矢量相切，如图 4-56 所示。

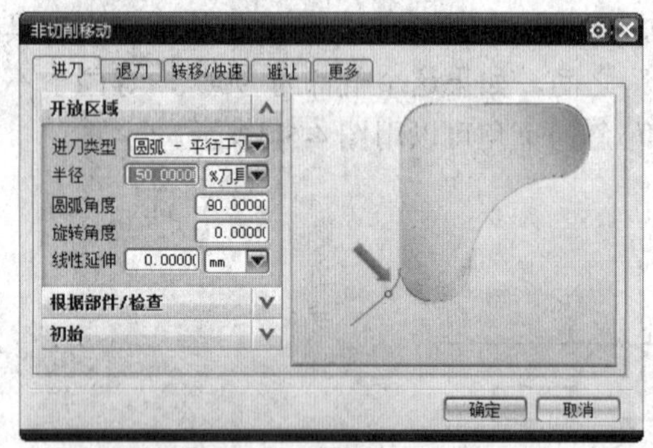

图 4-55 【进刀】选项卡

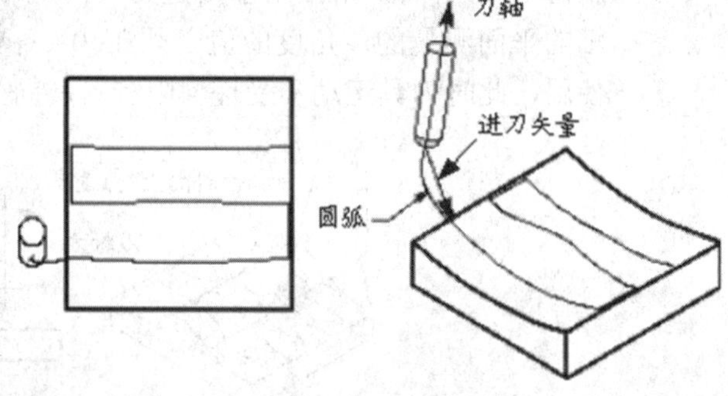

图 4-56 圆弧-与刀轴平行示意图

- 圆弧-垂直于刀轴：指定进刀类型与刀轴垂直的圆弧。利用垂直于刀轴的平面来定义一个包含圆弧刀具运动的平面。圆弧运动垂直于刀轴但可以不必与切削矢量相切，如图 4-57 所示。
- 圆弧-相切逼近：指定进刀类型与逼近运动相切的圆弧。利用逼近运动末尾的切向矢量和切削矢量来定义一个包含圆弧刀具运动的平面，圆弧运动与逼近运动和切削矢量均相切，如图 4-58 所示。

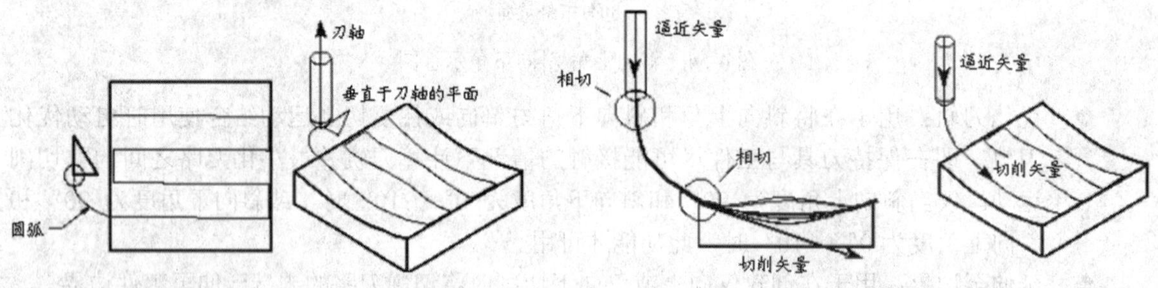

图 4-57 圆弧-垂直于刀轴示意图

图 4-58 圆弧-相切逼近示意图

- 圆弧-垂直于部件：指定进刀类型与切削矢量相切的圆弧。利用进刀矢量与切削矢量来定义一个包含圆弧刀具运动的平面，圆弧末尾始终与切削矢量相切，如

图 4-59 所示。

- ◆ 根据部件/检查的进刀类型：该选项以部件几何体和检查几何体为参考对象来确定进刀类型。相关进刀类型已经在前边讲过，在此不再赘述。
- ◆ 初始的进刀类型：初始运动是整个非切削运动中第一次进刀或者逼近运动。它包含的进刀类型在前边已经讲过，在此不再赘述。

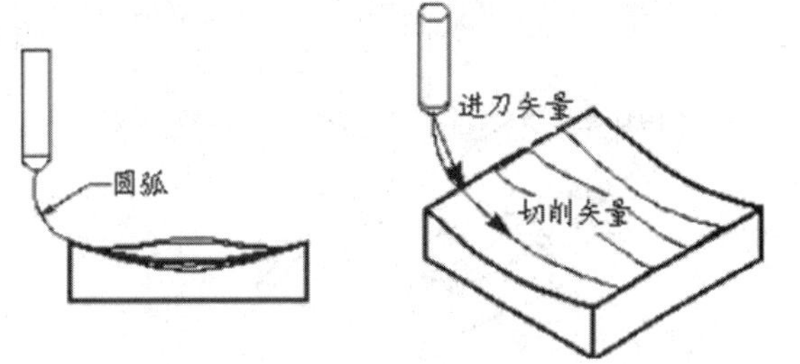

图 4-59 圆弧-垂直于部件示意图

2.【退刀】选项卡

【退刀】选项卡包含开放区域、根据部件/检查和最终 3 个选项，用来控制刀具在各个运动阶段的退刀类型。设置方法与进刀相似，请参考【进刀】选项卡，如图 4-60 所示。

3.【转移/快速】选项卡

【转移/快速】选项卡用来设置安全平面，控制刀具在切削区域内部和切削区域之间的横越运动方式，如图 4-61 所示。

图 4-60 【退刀】选项卡

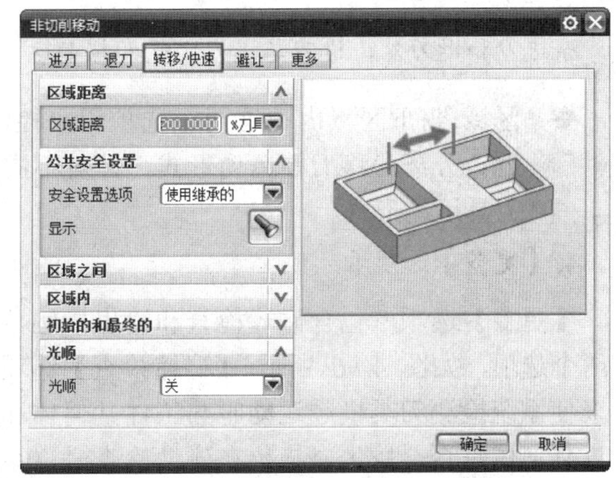

图 4-61 【传递/快速】选项卡

- ◆ 区域距离：用来控制两个切削区域之间的距离，设置方式有两种，即参考刀具直径和直接输入距离。
- ◆ 公共安全设置：主要通过安全设置选项来定义安全平面类型，再确定安全平面具体的位置。点：该选项利用点构造器来指定一个相关或者非相关的点作为安全几何体，如图 4-62 所示。平面：利用平面构造器来指定一个相关或者非相关的平面作为安全几何体，这是最常见的安全几何体构建方式，如图 4-63 所示。圆柱：通过指定半径大小、中心点位置和轴线方向来定义一个有限长度的圆柱面作为安全几何体，如图 4-64 所示。球：通过指定半径和球中心位置来定义一个球面作为安全几何体，如图 4-65 所示。

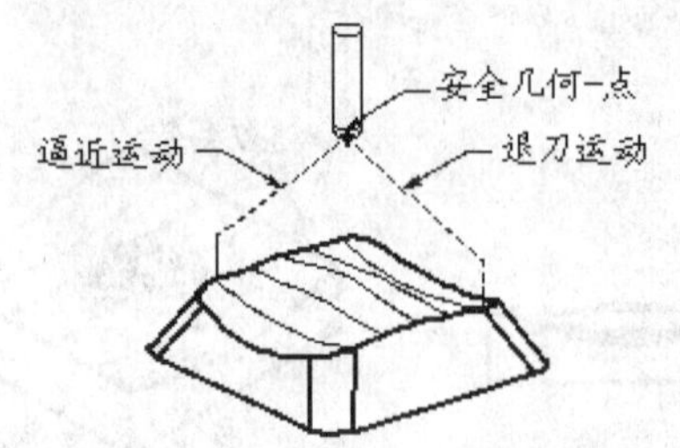

图 4-62 安全几何体-点

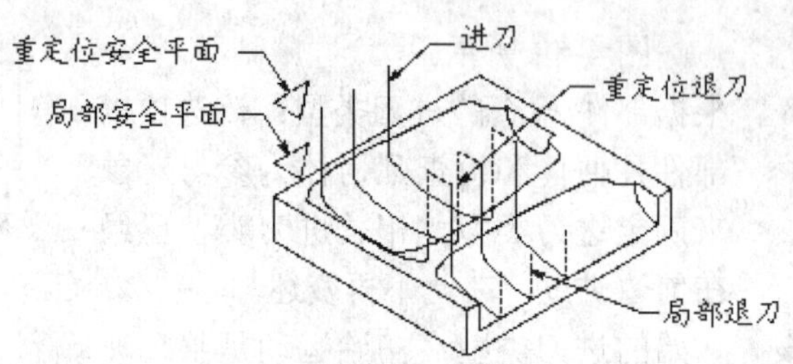

图 4-63 安全几何体-平面

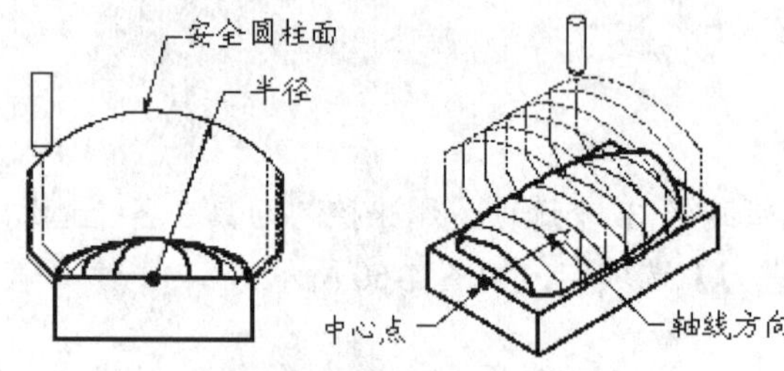

图 4-64 安全几何体-圆柱

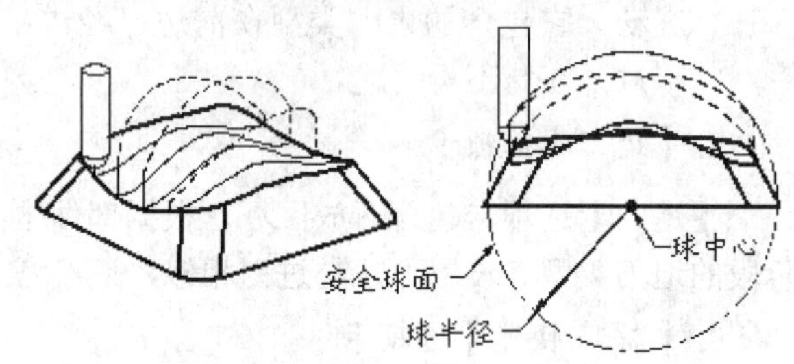

图 4-65 安全几何体-球

除进刀和退刀外，进刀与退刀之间的横越运动跟随球的短程线轮廓，而不少于球面本身。

◆ 区域之间/区域内：这两个选项用来控制刀具在切削区域之间或者切削区域内部的逼近、分离和移刀等运动形式，针对不同的区域类型和空间位置，可以设置多种具体的刀具运动形式。

4.【更多】选项卡

【更多】选项卡包含碰撞检查和输出接触数据两个选项，如图 4-66 所示。【碰撞检查】选项用来使系统检测刀具横越运动时与工件几何体和检查几何体是否会发生碰撞。在碰撞检查时，系统将所有可用的余量和安全距离都累加到工件和检查几何体模型上，再去做碰撞检查，并且检测到碰撞后，会在刀轨生成过程中弹出一个警告对话框，用来提醒用户是否确认相应的刀轨。

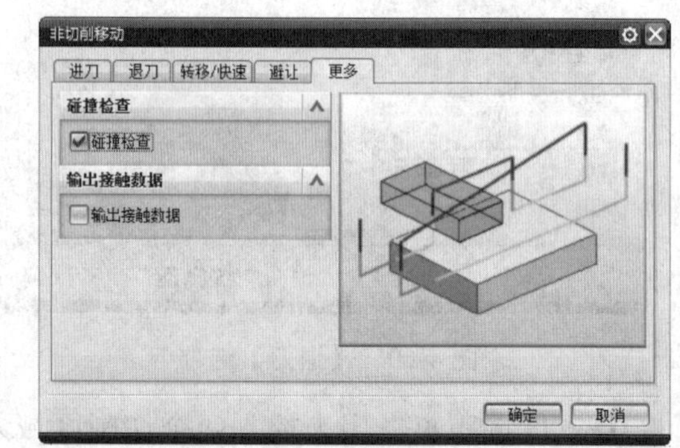

图 4-66 【更多】选项卡

4.4 驱动方法

驱动方法用来定义创建刀具路径所需的驱动点。某些驱动方法沿着一条曲线创建一串的驱动点，而其他驱动方法在边界内或在所选曲面上创建驱动点阵列。驱动点一旦定义就可用于创建刀具路径。如果没有选择部件几何体，则刀具轨迹直接从驱动点创建。否则，刀具轨迹将沿投影矢量到部件表面的驱动点创建。

不同的驱动方法的应用范围是不同的。在选择驱动方法时，应该考虑加工表面的形状和复杂性以及刀轴和投影矢量等因素，以生成高质量的刀具轨迹。所选的驱动方法还会决定可选择的驱动几何体的类型，以及可用的投影矢量、刀轴和切削模式，如图 4-67 所示。

图 4-67　驱动方式

4.4.1　曲线/点驱动

曲线与点驱动方法是通过选择一些点或曲线来定义驱动几何体。系统根据选取的点或曲线来生成驱动点。驱动点沿着指定的投影矢量方向投影到工作表面上生成投影点。

在【固定轮廓铣】对话框中选择曲线/点驱动方法，系统弹出【曲线/点驱动方法】对话框，如图 4-68 所示。

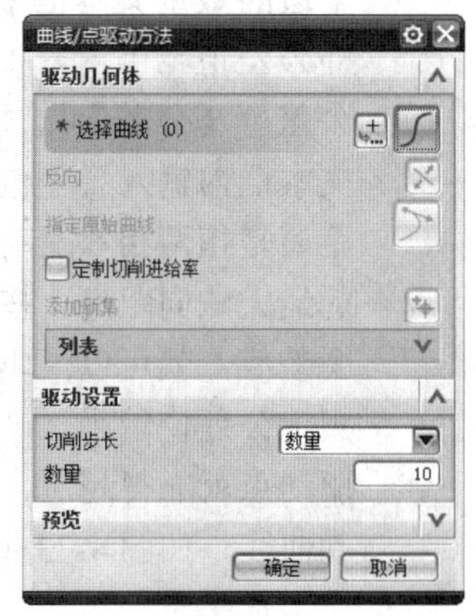

图 4-68　【曲线/点驱动方法】对话框

当选择点时，就在所选点之间用直线段创建驱动路径；当选择曲线时，则沿着所选曲线产生驱动点。在两种情况下，驱动几何体都投影到零件几何体表面上，刀具路径创建在零件几何体表面上。选择的曲线可以是打开的或者封闭的，也可以是连续或断续的，还可以是平面或空间的。用该驱动方法在轮廓表面雕刻文字或图案非常方便，如图 4-69 所示。

当用点定义几何体时，刀具按选择点的顺序沿着刀具路径从一个点向下一个点移动。如果同一个点被定义成第一个点和最后一个点，则产生一条封闭的驱动路径。如果只选择一个驱动点或选择的几个驱动点都投影到零件几何体的同一位置，则不能创建刀具路径。当用曲线定义驱动几何体时，刀具按选择曲线的顺序沿着刀具路径从一条曲线向下一条曲线移动，如图 4-70 所示。

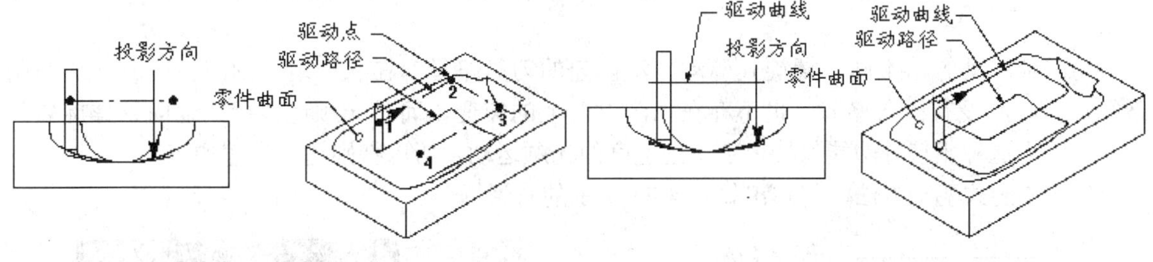

图 4-69　点驱动方法示意图　　　　图 4-70　曲线驱动方法

◆ 驱动几何体：可以单击【点构造器】按钮或直接顺次选择曲线指定驱动几何体。当选择连接的曲线时，将提示选择起始曲线与结束曲线，以确定整条连接曲线的切削方向，如图 4-71 所示。

◆ 定制切削进给率：该复选框为后面所选的曲线或点指定进给量。当要为某对象指定不同的进给量时，应先指定进给量，然后选择对象。对于曲线，进给量应用于沿曲线的切削运动；对断续曲线间的连接线和选择点间的连接线，则采用下一条曲线或下一个点的进给量，如图 4-72 所示。

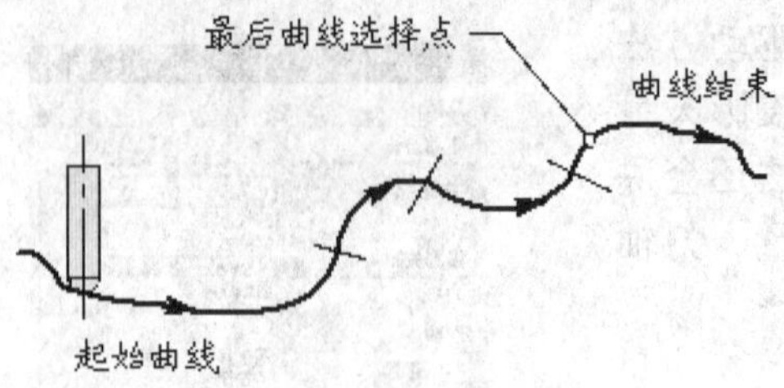

图 4-71　切削方向的确定

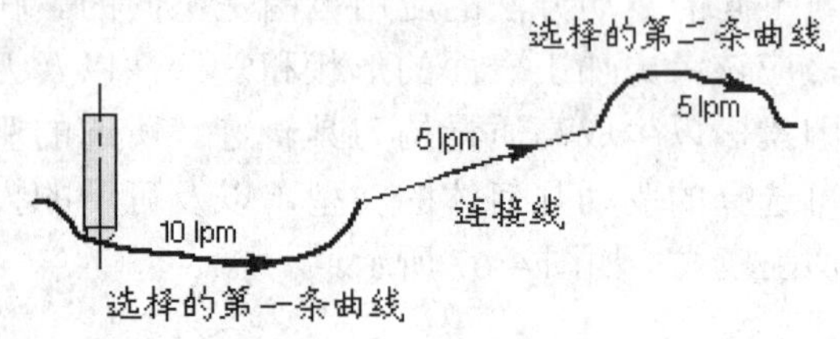

图 4-72　定制切削进给率

◆ 切削步长：用于控制沿着驱动曲线创建的驱动点之间的距离。切削步长越小，生成的驱动点就越近，产生的刀具轨迹越精确。它包含数量和公差两个选项。数量：【数量】选项是按照设置的最少驱动点数、沿驱动曲线产生驱动点。选择该选项后，可在下边的数量文本框中输入最少驱动点数值。输入的点数值必须在设置的零件表面内、外公差值范围内，如果输入太少，系统会自动产生多于最少驱动点数的附加驱动点。公差：【公差】选项是按指定的法向距离产生驱动点。选择该选项后可在下方的公差文本框内输入公差值作为法向距离。法向距离是指两相邻驱动点连线与驱动曲线间的最大法向距离。按法向距离不超过规定公差值，就可以沿驱动曲线产生驱动点，规定公差值越小，产生的驱动点越多，各驱动点就靠得越近，刀具路径就越接近驱动曲线，如图 4-73 所示。

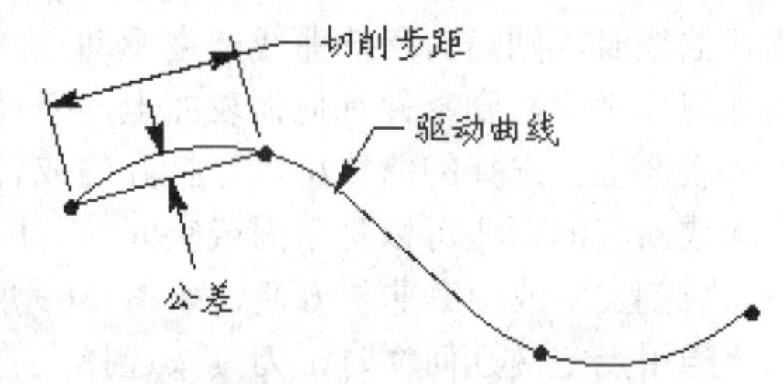

图 4-73　通过设置公差定义切削步距

4.4.2　螺旋式驱动

螺旋式驱动方法是从指定的中心点向外螺旋驱动点。驱动点在垂直于投影矢量并包含中心点的平面上生成，然后驱动点沿着投影矢量投影到所选择的零件表面上生成刀具路径，如图 4-74 所示。

与其他驱动方法不同，螺旋式驱动方法创建的刀具路径，在从一道切削路径向下一道切削路径过渡时，没有横向移刀，也不存在切削方向上的突变，而是光顺地、持续地向外螺旋展开过渡。因为这种驱动方法能保持恒定切削速度的光顺运动，所以特别适合高速加工。

选择螺旋式驱动方法，将弹出如图 4-75 所示的对话框。

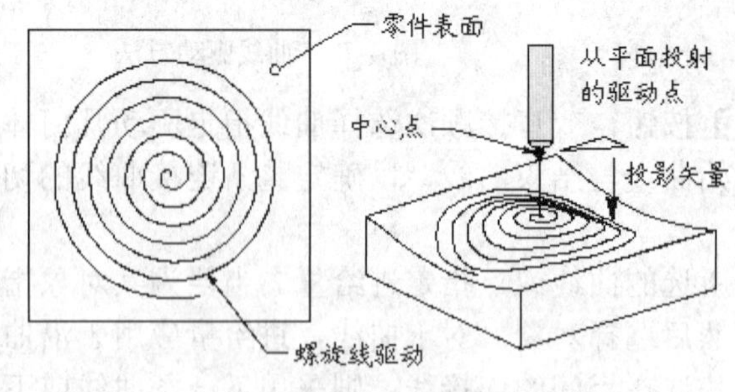

图 4-74　螺旋式驱动示意图

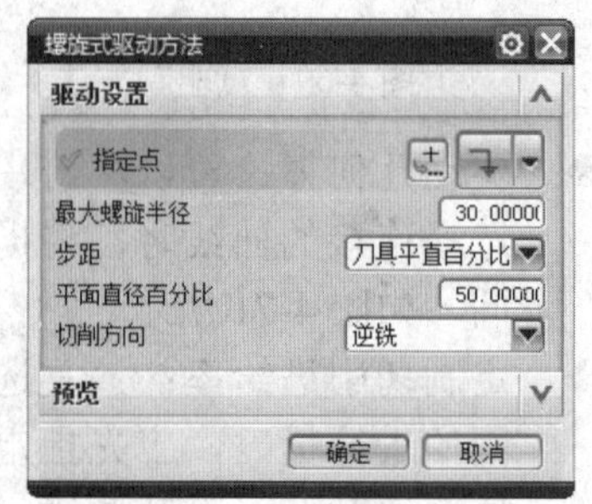

图 4-75　【螺旋式驱动方法】对话框

◆ 指定点：指定刀具开始切削的位置。如果不指定中心点，则系统使用绝对坐标系（0，0，0）。如果螺旋中心点不在零件几何体表面上，则沿投影矢量移动到零件表面。单击【指定点】后边的【点构造器】按钮定义一个点作为螺旋驱动路径的中心点。

◆ 最大螺旋半径：该选项用来限制加工区域的范围，从而限制产生的驱动点数目，以缩短系统的处理时间，螺旋半径在垂直于投影矢量的平面内进行测量，如图 4-76 所示。如果指定的半径超出了零件几何体表面，刀具在不能切削到零件几何体表面时，会退刀、跨越，直至与零件几何体表面接触，再进刀、切削。

◆ 步距：用于指定连续的刀具路径之间的距离，如图 4-77 所示。它包括两个选项：刀具平直百分比和恒定，分别表示以刀具直径的百分比和输入一个恒定值来定义步距。

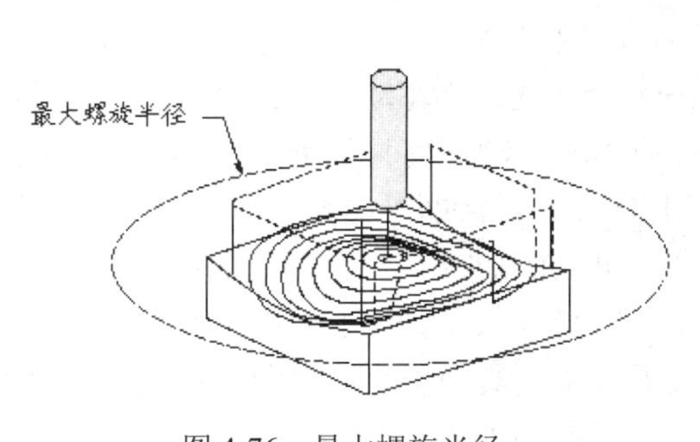

图 4-76 最大螺旋半径

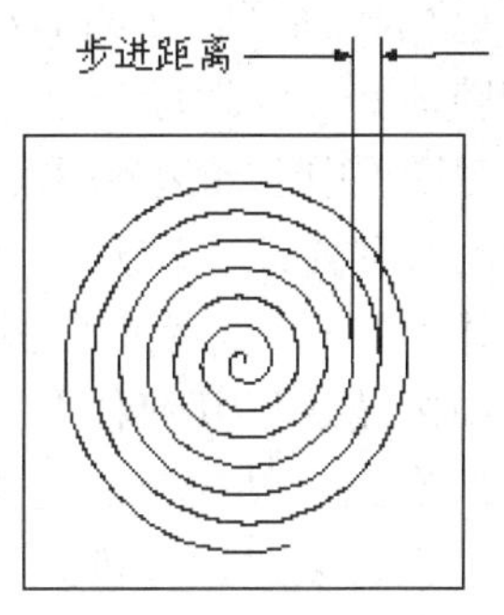

图 4-77 步进距离示意图

◆ 切削方向：切削方向与主轴旋转方向共同定义驱动螺旋的方向是顺时针还是逆时针方向。它包括顺铣和逆铣。顺铣指定驱动螺旋的方向与主轴的旋转方向相同，逆铣指定驱动螺旋的方向与主轴旋转方向相反，如图 4-78 所示。

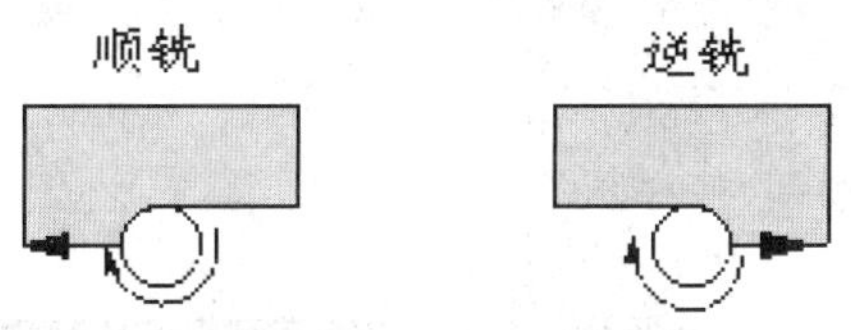

图 4-78 顺铣/逆铣示意图

4.4.3 边界驱动

边界驱动是指通过指定边界和环来定义切削区域，如图 4-79 所示。当环与外部零件表面边界相应时，边界与零件表面的形状和大小无关。切削区域由边界、环或二者的组合定义。将已经定义的切削区域和驱动点按照指定的投影矢量投影到零件表面以生成刀具路径。边界驱动方式可以理解为使用指定边界来裁剪整个零件路径所形成的刀具路径，在加工零件表面时很有用。

边界驱动方法与平面铣的工作方式大致相同。但是，与平面铣不同的是，边界驱动方法可以用来创建刀具沿着复杂表面轮廓移动的精加工操作。与曲面区域驱动方法的固定轴曲面轮廓铣相比，边界驱动方法可创建包含在某一区域内的驱动点阵列。在边界内定义驱动点一般比选择驱动曲面更为快捷和方便。但是，使用边界驱动方法时，不能控制刀轴相对于驱动曲面的投影矢量。因此，生成的刀具路径中会形成未切削区域，如图 4-80 所示。

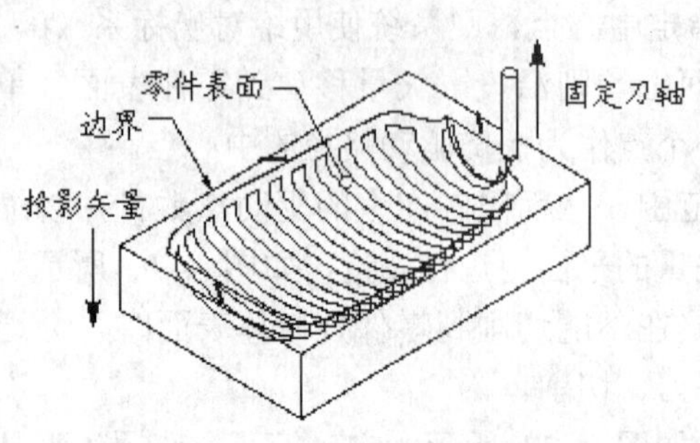

图 4-79　边界驱动示意图

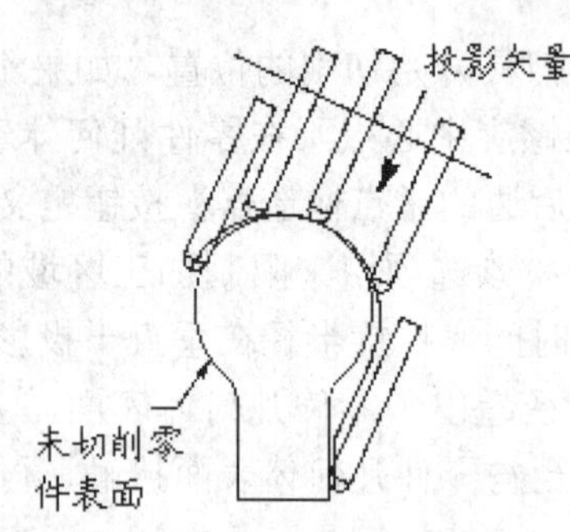

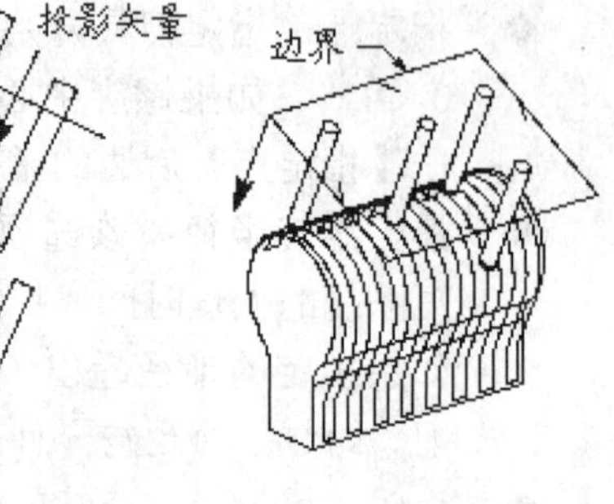

图 4-80　边界驱动产生不均匀切削示意图

边界可以由一系列存在的曲线、现有的永久边界、点或面构成。它们可以定义切削区域外部，如岛和腔体。可以为每个边界成员指定如下的位置属性：在线上面、相切于、接触。在【固定轮廓铣】对话框中选择边界驱动方法，系统将弹出【边界驱动方法】对话框，如图 4-81 所示。

◆ 驱动几何体：驱动几何体用于选择或编辑驱动几何体边界。单击【选择或编辑驱动几何体】按钮，系统将弹出【边界几何体】对话框，如图 4-81 所示。该对话框和平面铣中的【边界几何体】对话框一样，可以添加或减少边界成员以及设置各自相关的参数。在默认情况下，选择类型是永久边界，即选择已经存在的永久边界作为驱动几何，也可以通过【模式】下拉列表框来指定其他类型，并且可以为每个边界成员指定位置属性：在线上、相切于、接触，如图 4-82 所示。

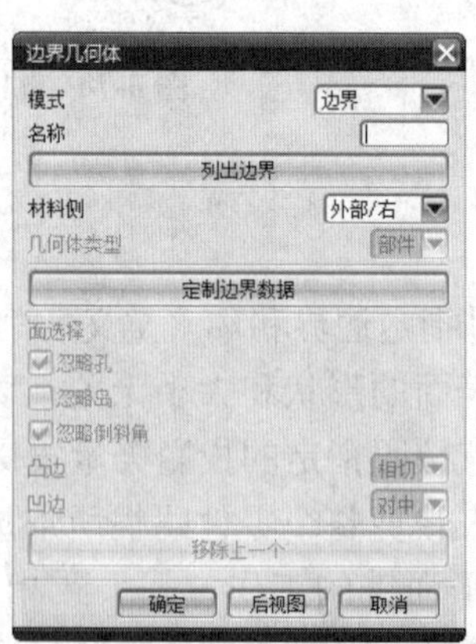

图 4-81　【边界驱动方法】及【边界几何体】对话框

提示

接触边界必须保持封闭，开放的接触边界可能会产生意外的结果。

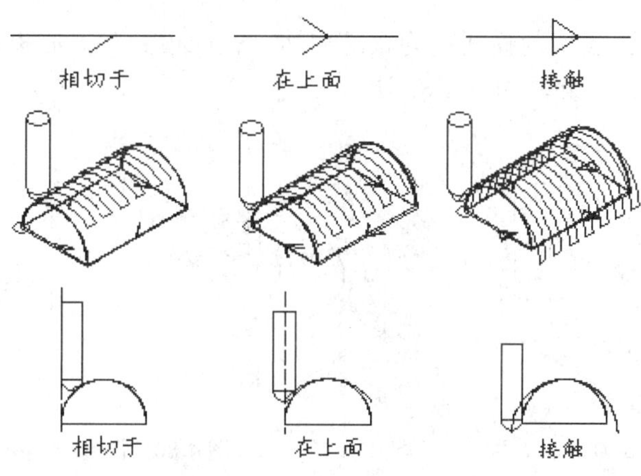

图 4-82　相切于、在上面、接触 3 种位置关系

- 公差：用于指定刀具偏离实际边界的最大距离，包括边界内公差和边界外公差。可以通过【公差】组中的【边界内公差】和【边界外公差】后的文本框输入公差的值。公差的值越小，其精度越高，需要的加工时间就越长。
- 偏置：边界偏置用于设置边界余量的大小，通过一个偏置值来控制边界上遗留下材料的量。一般用于粗铣加工中指定材料的预留余量，以便在后续的精加工中切除。
- 空间范围：部件空间范围是利用沿着所选择零件表面和表面区域的外部边缘生成的环来定义切削区域。环类似于边界，因为它们都可定义切削区域。但环与边界又不同，环是在零件表面上直接生成的而且无需投影。最大的环：选择该选项，使用零件中最大的封闭区域作为环来定义切削区域，如图 4-83 所示。所有的环：选择该选项，零件中所有的封闭区域都可以作为环来定义切削区域。

提示

使用此选项时，零件最好以曲面来定义。

- 驱动设置：包含切削模式、阵列中心、刀路方向、切削方向、步距等选项。
    - 切削模式：【切削模式】选项可分为 3 大类模式：平行模式、径向模式和同心模式。其中平行模式所包括的前边已经讲过，此处不再赘述。径向模式是指从指定的中心点或系统计算的最优中心点，沿径向产生辐射状的刀具路径，且刀具路径与切削区域的形状无关，如图 4-84 所示。同心模式是从指定的中心或系统计算的最优中心点，产生尺寸渐增或渐减的同心圆刀具路径，如图 4-85 所示。

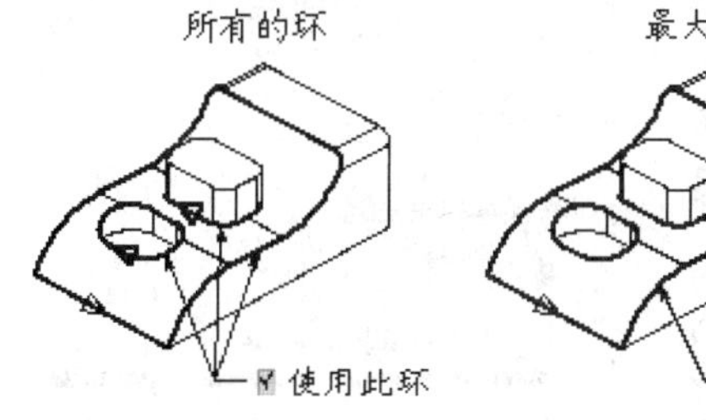

图 4-83　所有的环/最大的环定义切削区域示意图

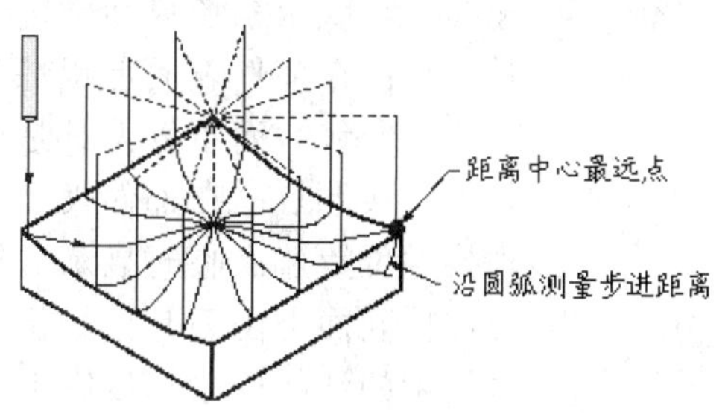

图 4-84　径向模式刀轨示意图

● 刀路方向：当切削模式选为跟随周边、径向模式和同心模式时，可以设置刀具路径是向内或向外，如图 4-86 所示。

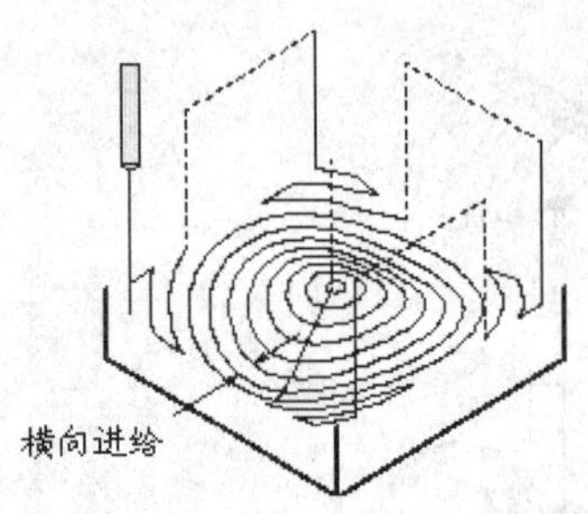

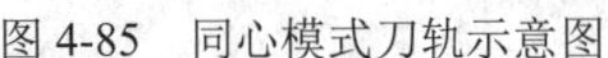

图 4-85　同心模式刀轨示意图

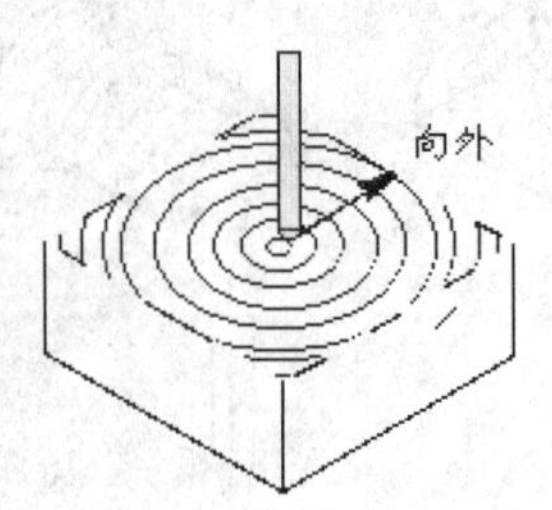

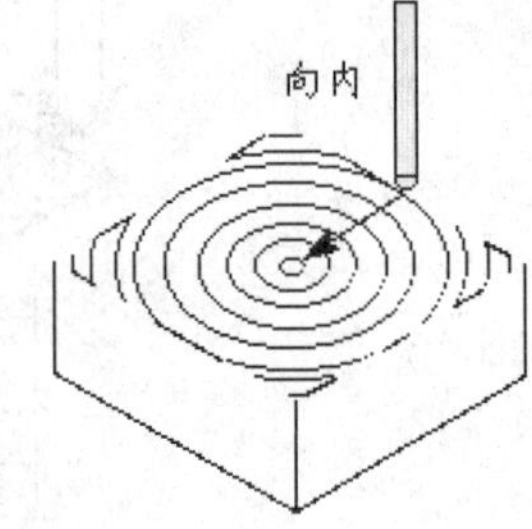

图 4-86　向内/向外示意图

◆ 更多：可以定义很多形式的选项，以提高刀轨的质量。

● 区域连接：在多切削区域的加工中，尽量减少从一个切削区域转到另一个切削区域的退刀、进刀和横越运动。

区域连接只用于跟随周边和配置文件两种切削模式。

● 边界逼近：减少将切削路径转换成更长的直线段的时间，以缩短系统处理的时间，提高加工效率。

● 岛清根：即环岛清理，环绕岛的周围增加一次走刀，以清除岛周围残留的材料。

岛清根只用于跟随周边切削模式。

● 壁清理：用于清除零件侧壁上的残余材料。有 3 种方式：无、在起点和在终点。

壁清理只用于单向、往复和单向步进 3 种切削模式。

● 精加工刀路：即光刀，在每一个正常切削操作结束后，沿边界添加一条精加工刀路。

● 切削区域：用于定义切削起始点以及切削区域的图形显示方式，如图 4-87 所示。定义切削起始点时，可自行指定一个或多个起始点，或由系统自动确定单一起始点。刀具末端：在部件表面上跟踪刀尖位置建立临时显示曲线，而不管刀具是否实际在部件表面上。接触点：在部件表面上由刀具的一系列接触位置建立临时显示曲线。接触法向：在部件表面上由刀具接触位置建立一系列临时显示的法线矢量。投影上的刀具末端：将刀尖位置建立的临时显示曲线临时建立在边

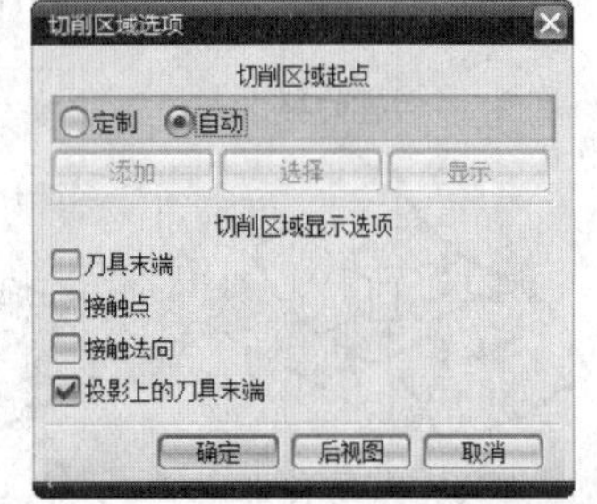

图 4-87　【切削区域选项】对话框

界平面上，或无边界平面时建立在垂直于投影方向并通过 WCS 原点的平面。

4.4.4　区域铣削驱动

区域铣削驱动方法通过指定切削区域来定义固定轴轮廓铣操作，该方法只能用于固定轴铣削。如果需要，可以指定陡峭包含设置以及修剪边界约束。此方法与边界驱动方法类似，只是不需要指定驱动几何体，它可以直接利用工件表面作为驱动几何体。另外，该方法在指定切削区域时不需要按照行、列网格的顺序来定义。选择驱动方法为区域铣削，弹出如图 4-88 所示的对话框。

- ◆ 陡峭空间范围：通过设置陡峭角进一步限制切削区域范围。根据陡峭角将切削区域分为陡峭区域和非陡峭区域。当指定只允许切削陡峭区域或只允许切削非陡峭区域时，就可以限制切削区域，避免刀具在工件表面产生过切。陡峭角用于划分陡峭区域与非陡峭区域。它是由刀轴与零件几何表面法向矢量之间的夹角定义的。如果该角度大于用户设定的陡峭角，则该面为陡峭表面。无：不使用陡峭约束，允许加工整个切削区域。非陡峭：指定切削非陡峭区域。定向陡峭：指定切削指出方向的陡峭区域，方向由切削角指定。
- ◆ 切削模式：区域铣削驱动方法中多了往复上升类型，其他切削类型与前边见过的一样。往复上升方式与往复式一样，只是可根据设置的内部进刀、退刀与跨越运动，在路径间抬起刀具，但没有离开与接近运动，如图 4-89 所示。

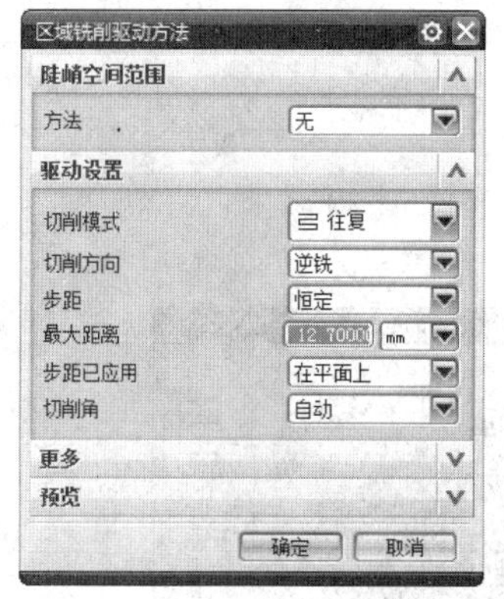

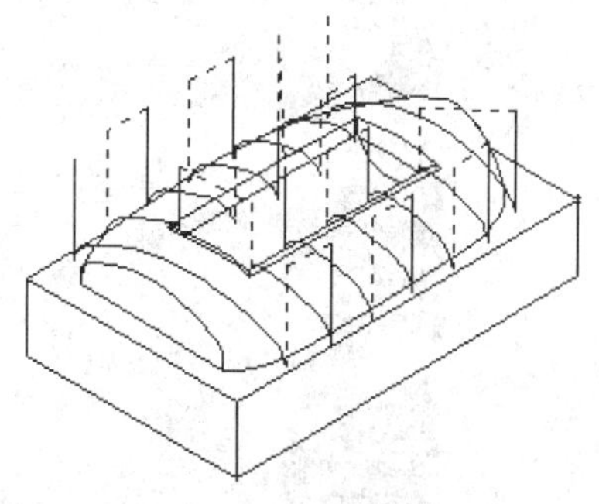

图 4-88　【区域铣削驱动方法】对话框　　　图 4-89　往复上升切削类型示意图

- ◆ 步距已应用：有两个选项，即在平面上和在部件上。如果选择在平面上，当系统生成刀具路径时，步进距离是在垂直于刀轴的平面上测量的，适用于加工非陡峭区域。当选择在部件上，当系统生成刀具路径时，步进距离是沿着零件表面测量的，适用于加工陡峭表面。

4.4.5　曲面驱动

曲面驱动在驱动曲面上定义驱动点的阵列。通过控制刀轴和投影矢量，将驱动点投影到零件的加工表面形成刀轨。如没有定义零件几何体表面，则直接在驱动曲面上创建刀具路径，适合加工需要可变刀具轴的复杂曲面即变轴铣操作。

选取的表面既可以是曲面，也可以是平面，但必须按照一定的行序或列序进行排列，相邻的曲面必须共享一条共用边，如图 4-90 所示。在选择表面时必须按照行、列网格的顺序选取，并且每一行的曲面数目要相同，每一列的曲面数目也要相同，如图 4-91 所示。

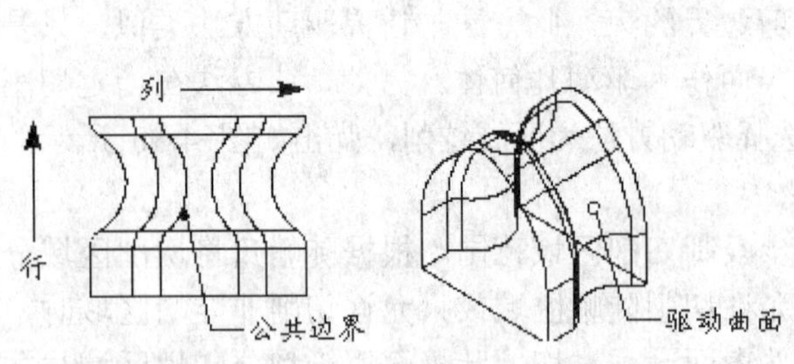

图 4-90　非均匀的行和列的驱动面

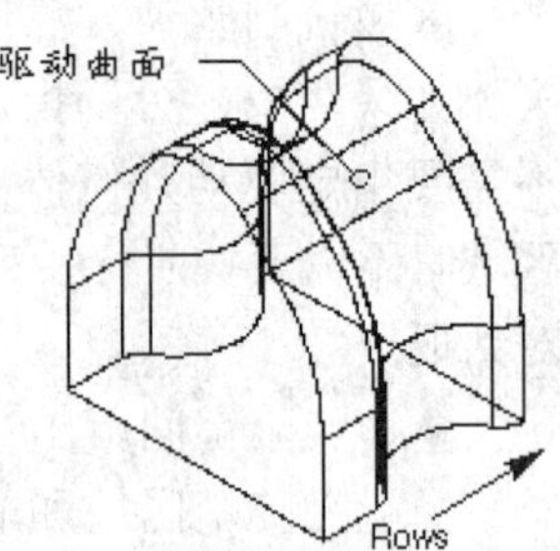

图 4-91　按照行、列网格顺序选取曲面示意图

在【固定轮廓铣】对话框中选择曲面驱动方法，系统将弹出【曲面区域驱动方法】对话框，如图 4-92 所示。

◆ 驱动几何体：驱动几何体用来定义和编辑驱动曲面，以生成刀具路径。单击【选择或编辑驱动几何体】按钮，系统将弹出【驱动几何体】对话框，如图 4-92 所示。可以直接在名称文本框中输入曲线的名称或在视图区域内按有序序列选取一系列曲面。

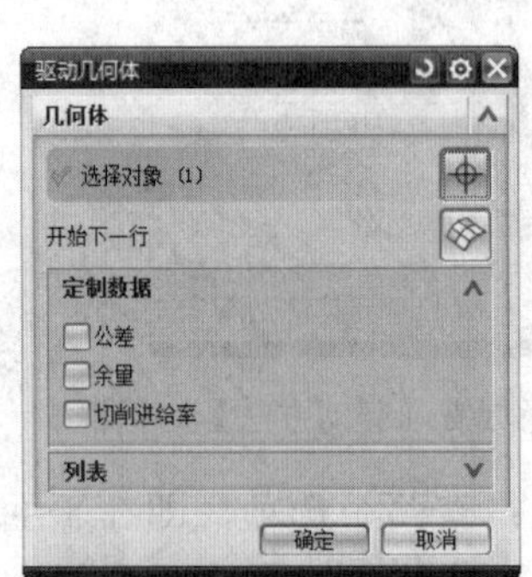

图 4-92　曲面驱动方法设置

◆ 刀具位置：【刀具位置】选项决定系统如何计算刀具在零件表面上的接触点。包含两种方式：相切和上，如图 4-93 所示。相切可以创建零件表面接触点，方法是首先使刀具位于与驱动曲面相切的位置，然后沿着投影矢量运动到零件表面上，在该表面中，系统将计算零件表面的接触点。上可以创建零件表面接触点，首先将刀尖直接定位到驱动点，然后沿着投影矢量将其投影到零件表面上，在该表面中系统将计算零件表面接触点。

提示

若没有定义几何体，而直接在驱动表面上建立刀轨，则系统提示过切，调整方法是设置刀具位置为相切于。

- 偏置：控制沿曲面法向使驱动点偏置指定距离。
- 步距：步距用于指定相邻两刀具路径之间的距离，即切削宽度。包含两种方式：残余高度和数量。残余高度用于指定沿驱动曲面垂直方向测量的所允许的最大高度值。数量指定刀具路径横向进给的总数目。
- 显示接触点：用于显示每一个已生成驱动点处的法向矢量。
- 切削步长：控制切削方向上驱动点之间的距离。驱动点越多，生成的刀具路径与驱动曲面的轮廓越接近，路径越精确。其包括两个选项：公差和数量。公差：该选项使驱动点按指定的法向距离产生，如图 4-94 所示。数量：用于指定沿切削路径产生的最少驱动点数目。其中第一刀切削、第二刀切削和第三刀切削分别指定沿切削方向、横向进给方向及切削方向相反方向产生驱动点的最小数目。

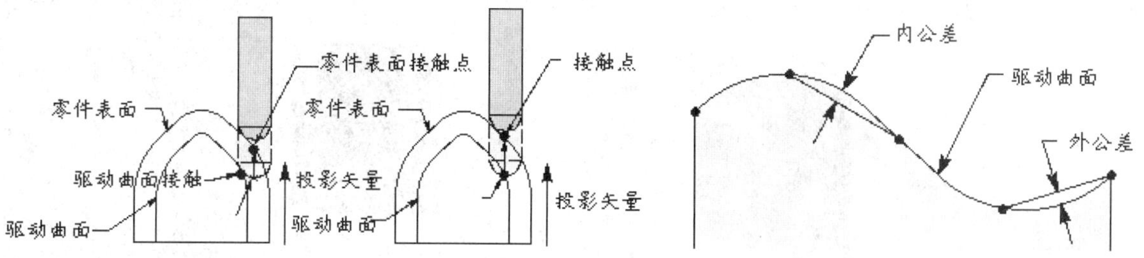

图 4-93　相切/上两种刀具位置　　图 4-94　有内公差/外公差定义的切削步距

- 过切时：该选项用于设置当发生过切时的处理方式，包括无、警告、跳过和退刀 4 个选项。无：忽略驱动曲面过切。警告：遇到过切，系统发出警告信息，但不会避免过切，也不会改变刀具路径。跳过：通过取出发生过切的驱动点来改变刀具路径。刀具不会划伤驱动曲面的凸角，也不会划伤凹入区域，如图 4-95 所示。退刀：遇到过切时，刀具使用在【非切削移动】对话框中设置的参数进行非切削移动，即进行退刀、跨越与进刀运动，以避免过切。

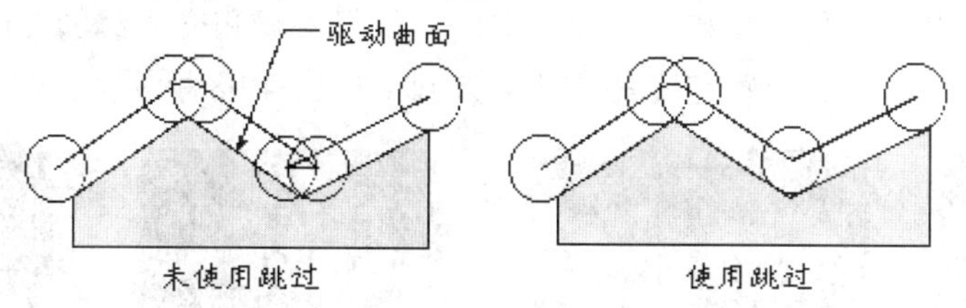

图 4-95　未使用/使用跳过示意图

4.4.6　流线驱动

在【固定轮廓铣】对话框的【方法】下拉框中选择【流线】选项，弹出【流线驱动方法】对话框，如图 4-96 所示。

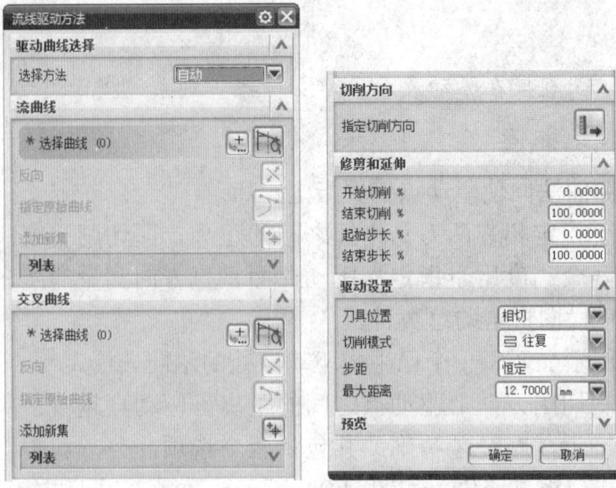

图 4-96 【流线驱动方法】对话框

流线驱动方法使其驱动路径由流线和交叉线产生，而不需要规则排列的曲面，如图 4-97 所示。使用流线驱动方法可以创建更为灵活的刀轨。

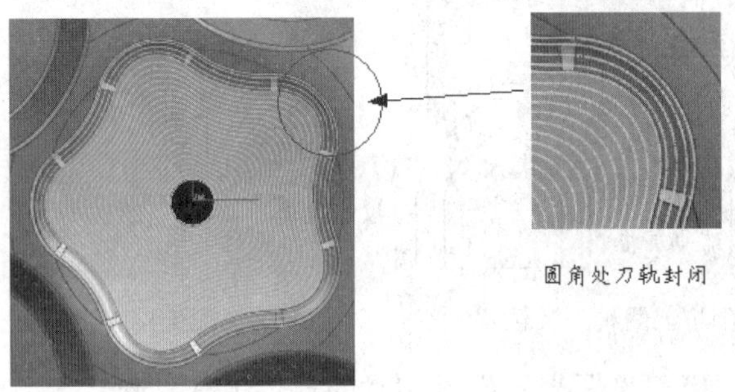

图 4-97 流线驱动方法刀轨示意图

◆ 驱动曲线选择：此选项用于设置流线和交叉线的选择方式。其包括自动和指定两种。自动：选择此选项，系统将根据用户选择的几何体自动创建驱动几何体的流线和交叉线。指定：选择该选项需要用户选择几何体，创建驱动几何体的流线和交叉线。
◆ 流曲线和交叉曲线：用于选择流曲线及交叉曲线有两种方式，即点和曲线。下方的反向按钮可以用来改变流线和交叉线的方向，使得流线和交叉线的方向保持一致。
◆ 切削方向：该选项用于确定刀具的切削方向，如图 4-98 所示。

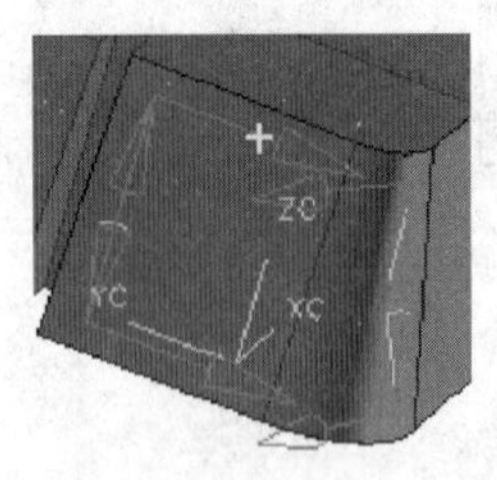

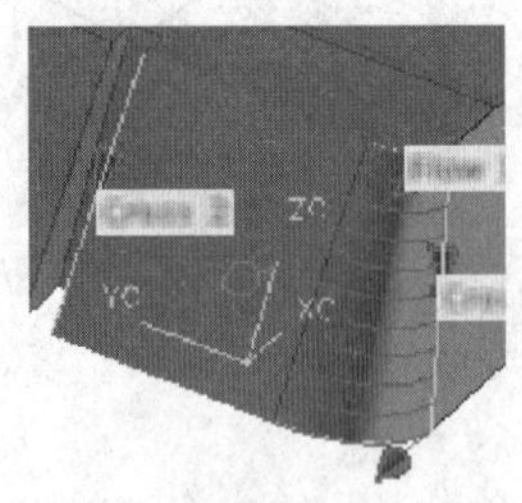

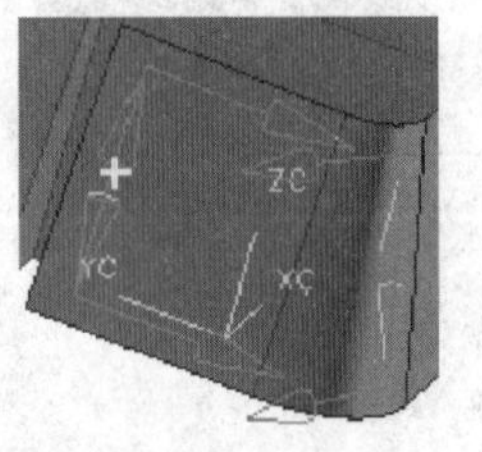

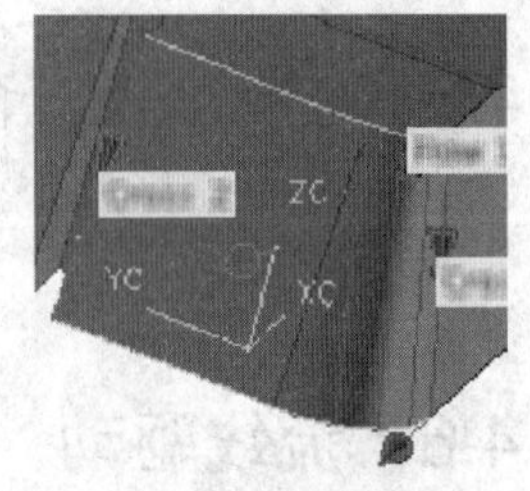

图 4-98 切削方向选择

◆ 修剪和延伸：该选项用于确定切削范围，开始切削、结束切削确定沿交叉线方向的切削范围，起始步长、结束步长确定沿流线方向的切削范围，如图 4-99 所示。

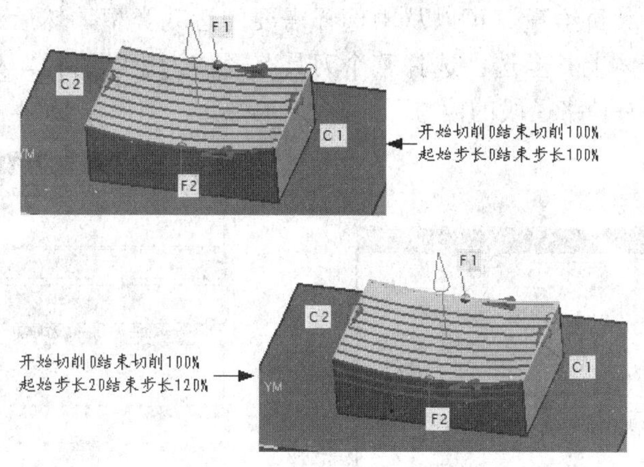

图 4-99　修剪和延伸示意图

4.4.7　刀轨驱动

刀轨驱动方法是沿着存在的刀具位置源文件中的一条刀具路径生成驱动点。当对零件复杂表面进行加工时，如果先前有类似的曲面已经生成刀位源文件，那么可以根据刀位源文件生成驱动点，对新的零件进行加工。该驱动方法的驱动点是沿着存在的刀具路径生产的，然后投影到零件表面上生成刀具路径，如图 4-100 所示为用平面铣中的轮廓铣切削方法（如图 4-100（a）所示）创建的刀具路径（如图 4-100（b）所示）。用刀轨驱动方法利用刀具路径在零件表面上可以创建跟随表面轮廓的新刀具路径。

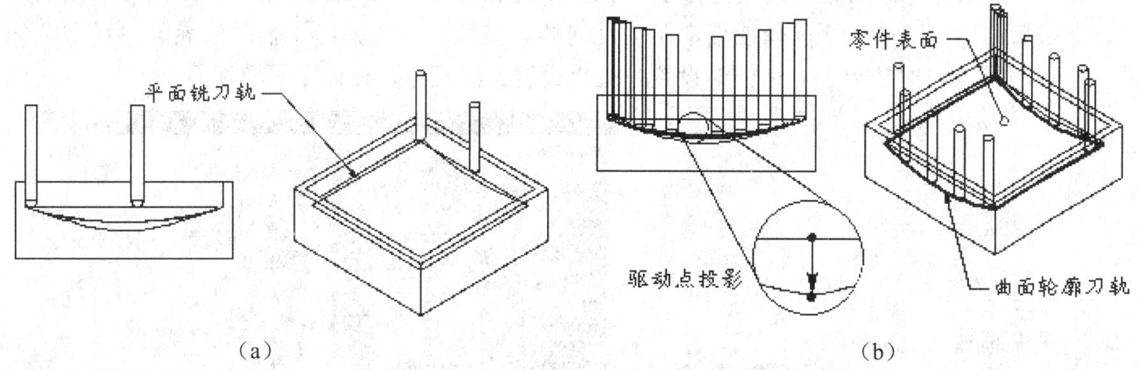

图 4-100　刀轨驱动方法生成的新的刀轨

在【固定轮廓铣】对话框的【方法】下拉框中选择【刀轨】选项，弹出【指定 CLSF】对话框，如图 4-101 所示。选择合适的 CLSF 文件后单击 OK 按钮，系统弹出【刀轨驱动方法】对话框，如图 4-102 所示。

- 刀轨：位于【刀轨驱动方法】对话框上部的列表，列出了所有的刀具位置源文件名，单击选择一条作为投影的刀具路径，按 Shift 键然后单击可以取消错误的选择。
- 重播：在图形区域显示所选刀具路径。
- 列表：在弹出的窗口中以 CLSF 格式列出刀具路径的信息。

◆ 按进给率划分的运动类型：以列表的形式列出了所选刀具路径中的切削与非切削运动的运动类型及其进给量，可以从中选择需要的运动类型，然后对应的刀具路径就会投影到驱动几何体上。全选：选择整个刀具路径作为驱动路径。列表：弹出【信息】窗口显示选中的刀具路径段的信息。

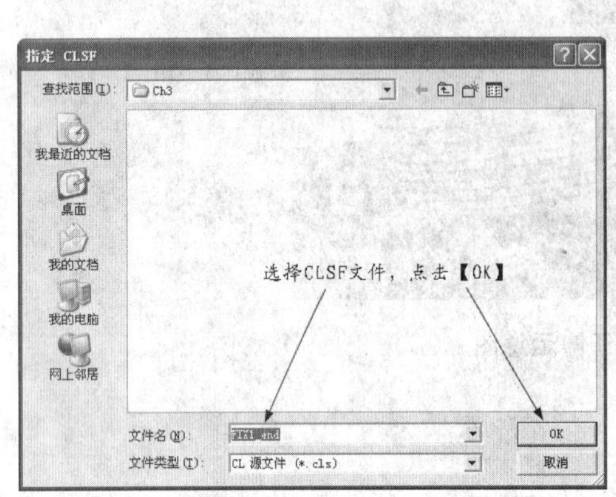

图 4-101　刀轨驱动方法设置

图 4-102　【刀轨驱动方法】对话框

4.4.8 径向切削驱动

径向切削驱动方法使用指定的步进距离、带宽和切削模式产生垂直于给定边界，并沿该边界步进的驱动轨迹，通常用于清根操作中，如图 4-103 所示。

在【固定轮廓铣】对话框的【方法】下拉框中选择【径向切削】选项，将弹出【径向切削驱动方法】对话框，单击【选择或编辑驱动几何体】按钮，系统弹出【临时边界】对话框，如图 4-104 所示。【临时边界】对话框的设置与边界设置方法相似，在此不再赘述了。

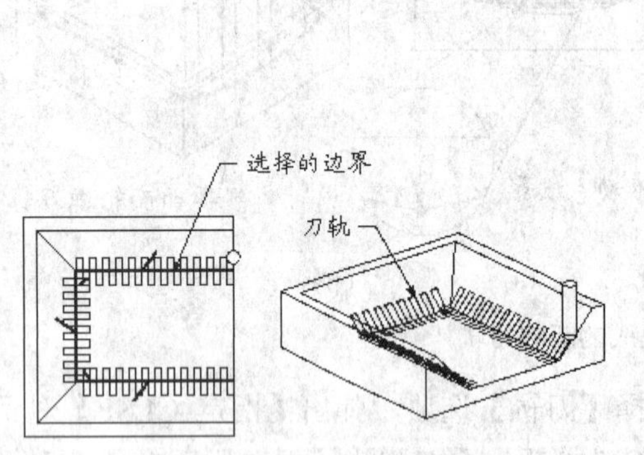

图 4-103　径向切削方法示意图

图 4-104　径向切削方法设置

◆ 驱动几何体：通过选择边界来定义或编辑驱动几何体，以创建刀具路径，也可为定义的驱动几何体指定相关参数。

◆ 材料侧的条带/另一侧的条带：条带用来定义径向切削加工区域的宽度。材料侧是从沿边界指示符的方向看过去的边界右手侧；另一侧指的是左手侧，如图 4-105 所示。

◆ 刀轨方向：该选项用于指定刀具运动方向与边界的关系，包含两个选项：跟随边界和边界反向，如图 4-106 所示。跟随边界：刀具沿边界指示符的方向进行切削。边界反向：刀具沿边界指示符的方向进行切削。

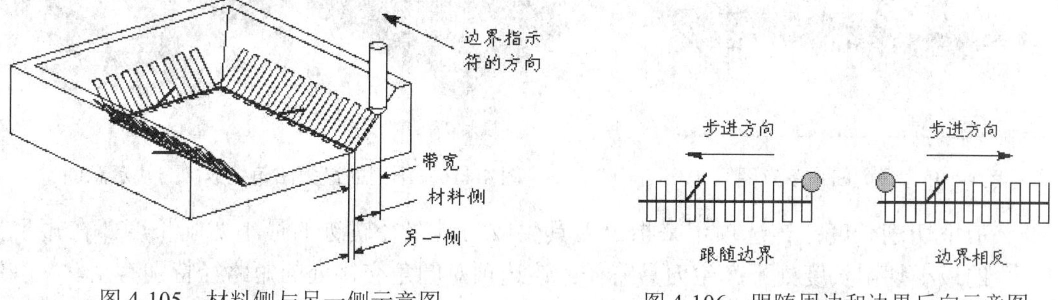

图 4-105　材料侧与另一侧示意图　　图 4-106　跟随周边和边界反向示意图

4.4.9　清根驱动

该驱动方法沿工件面的凹角、凹谷和沟槽作为驱动几何体来生成驱动点，以创建刀具路径。系统根据价格最佳方法的一些规则自动确定清根的方式和顺序。它的最大特点是可以清楚凹角、凹谷和沟槽等地方的残余材料。一般清根驱动方法用于粗加工后的半精加工操作，如图 4-107 所示。

清根驱动方法定义零件几何体时可以选择零件模型的所有表面，而且表面选择的顺序并不重要，也可以选择一个实体作为零件几何体。系统可以自动分辨所需要的曲面作为驱动几何体来生成驱动点。

在【固定轮廓铣】对话框的【方法】下拉框中选择【清根】选项，将弹出【清根驱动方法】对话框，如图 4-108 所示。

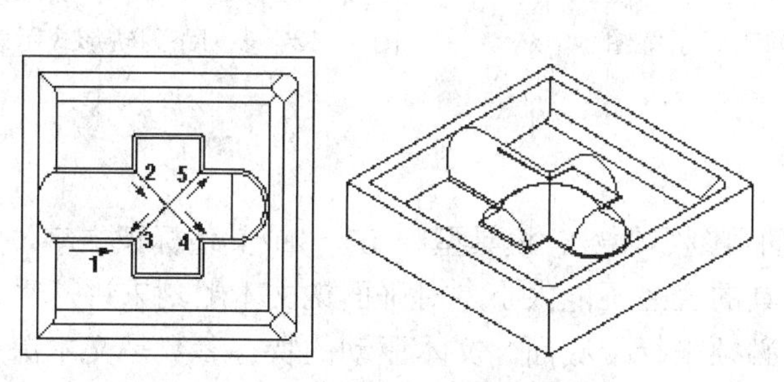

图 4-107　清根驱动方法示意图

图 4-108　【清根驱动方法】对话框

驱动几何体包括最大凹腔、最小切削长度和连接距离 3 项。

◆ 最大凹腔：用于输入创建清根操作的最大凹角值。在文本框内输入数值，即可指定最大凹角。系统将在凹角小于或等于最大凹角处产生清根操作。最大凹角的最大值为 179°，如图 4-109 所示。不同的最大凹角参数可以得到不同的刀具轨迹，如图 4-110 所示。

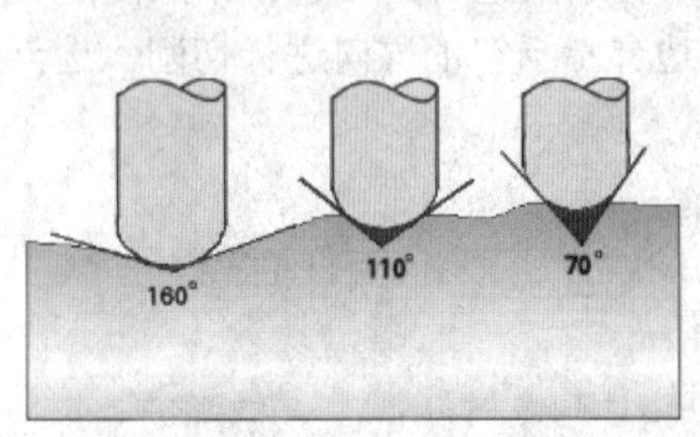

图 4-109 最大凹角示意图

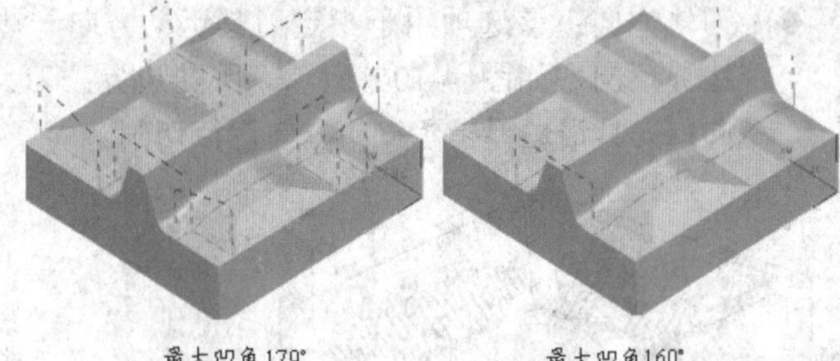

图 4-110 不同的最大凹角生成的刀轨示意图

- ◆ 最小切削长度：该选项用来指定刀具生成刀具路径轨迹的最小切削长度。在短于指定的最小切削长度处不产生刀具路径。该选项对圆角交接处的短路径特别有用。
- ◆ 连接距离：该选项用于输入连接刀具路径的最小距离，如果两条刀具路径之间的距离小于或等于该值，则把两条刀具路径连接起来，这样可以减少不必要的非切削运动。

清根类型包含单刀路、多个偏置和参考刀具偏置 3 种。

- ◆ 单刀路：该选项用来设置刀具沿凹角、凹谷和沟槽产生一条单一的刀具轨迹，如图 4-111 所示。
- ◆ 多刀路：选择该选项，刀具将根据指定的步进距离和偏置数生成多个偏置的刀具路径，如图 4-112 所示。
- ◆ 参考刀具偏置：可以指定一个参考刀具直径来定义加工区域的宽度和步进距离，生成参考刀具偏置的刀具轨迹。

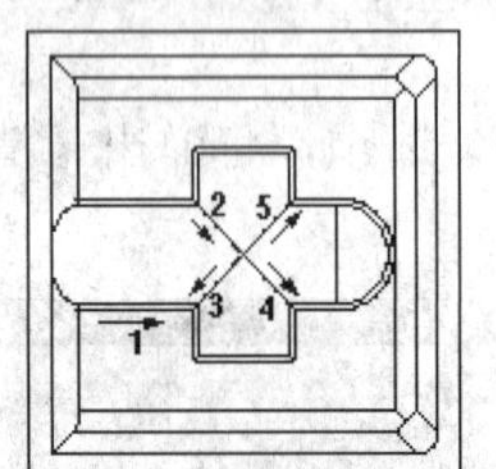

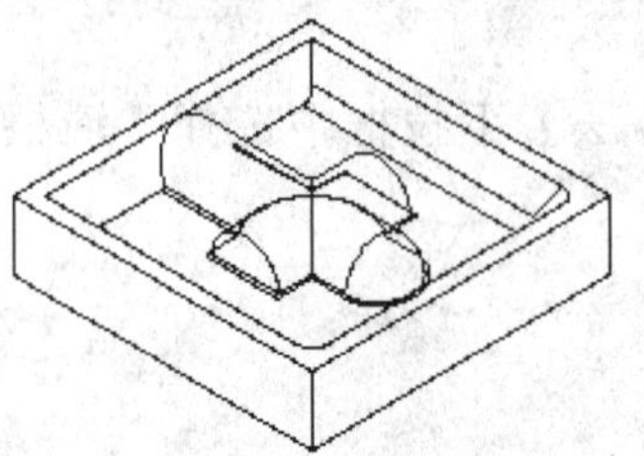

图 4-111 单条刀轨形式示意图

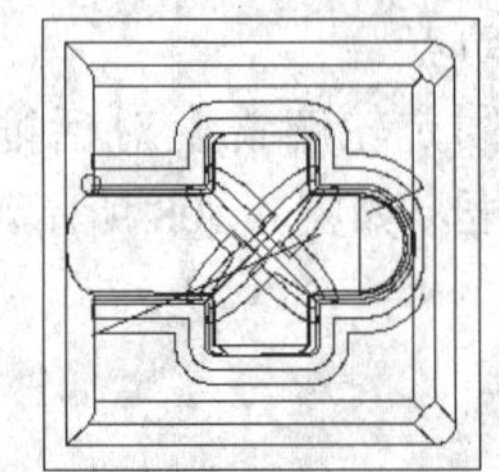

图 4-112 多刀路刀轨形式示意图

4.4.10 文本驱动

在零件加工时经常需要在零件表面雕刻零件号、模具型腔 ID 号或其他标识文字。它属于阴文雕刻，字由多个笔画组成，因此刀具的直径不能太小。对平面铣文本雕刻来讲，系统忽略检查几何体和修剪几何体；创建的文本必须平行于底面。文本驱动的特有参数是文本深度，用于指定文本相对零件表面的深度。

4.4.11 用户定义驱动

用户定义驱动采用用户利用开发工具开发的特殊方式创建刀轨。该选项为系统增加了灵活性，使用户可以先在其他软件中创建好刀具路径，然后再调用到当前操作中作为刀具的驱动路径。

4.5 实例·操作——凸模曲面的加工

如图 4-113 所示的工件需要加工出中间的凹槽和中间的岛屿。

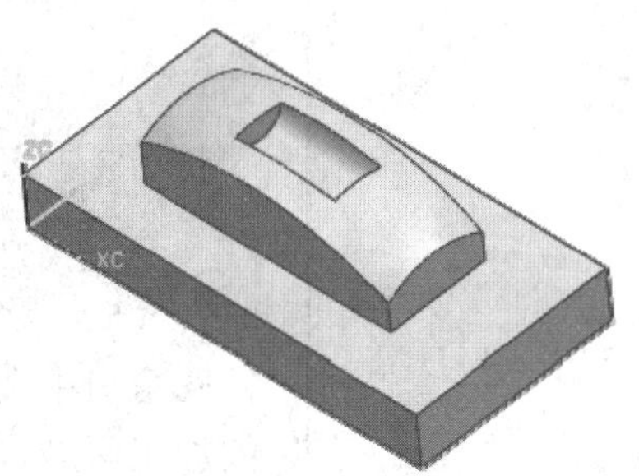

图 4-113 带岛屿的凹模

【思路分析】

从工件构成的几何类型分析，需要型腔铣和固定轴曲面轮廓铣共同进行加工。

1. 工件安装

将底平面固定安装在机床上，固定好以限制 X、Y 方向移动和绕 Z 轴的转动。

2. 加工坐标原点

以毛坯上平面的一个顶点作为加工坐标原点。

3. 工步安排

此零件需要加工有凸台、凸台顶部曲面及顶部的下凹曲面。

加工凸台去除材料很大，第一步选择直径为 12mm 的端铣刀，进行型腔铣粗加工。第二步采取直径为 6mm 的端铣刀，对凸台进行型腔铣半精加工。接着用直径为 4mm 的球头铣刀对顶部凸面及凹面进行精加工。

前边章节已经对型腔铣有了详细的介绍，此处不再赘述。下面主要介绍创建固定轴曲面轮廓铣半精加工的操作。

【光盘文件】

 起始文件——参见附带光盘中的“Model\Ch4\4-5.prt”文件。

 结果文件——参见附带光盘中的“END\Ch4\4-5.prt”文件。

 动画演示——参见附带光盘中的“AVI\Ch4\4-5.avi”文件。

【操作步骤】

（1）单击【创建工序】按钮，在类型中选择 mill_contour，进行等高轮廓铣精加工。按图 4-114 所示进行设置，单击【应用】按钮。

（2）系统弹出【固定轮廓铣】对话框，驱动方法选为【区域铣削】选项，如图 4-115 所示。

图 4-114　起始模型

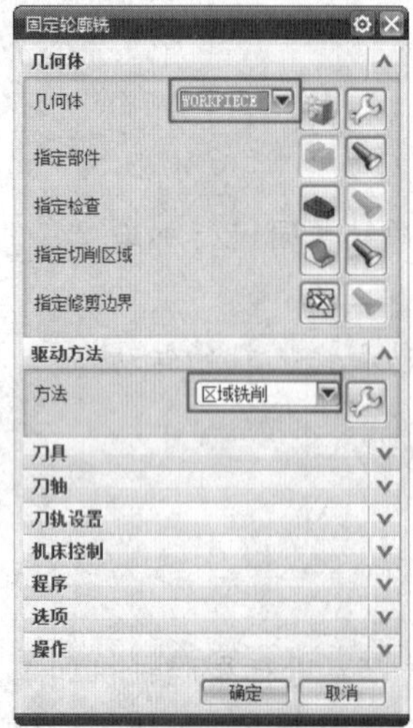

图 4-115　选为【区域切削】选项

（3）系统弹出【区域铣削驱动方法】 对话框，【切削模式】设为【跟随周边】，其他参数为默认值，单击【确定】按钮，如图 4-116 所示。

图 4-116　设置区域切削参数

（4）在【固定轮廓铣】对话框中单击【指定切削区域】按钮，如图 4-117 所示。

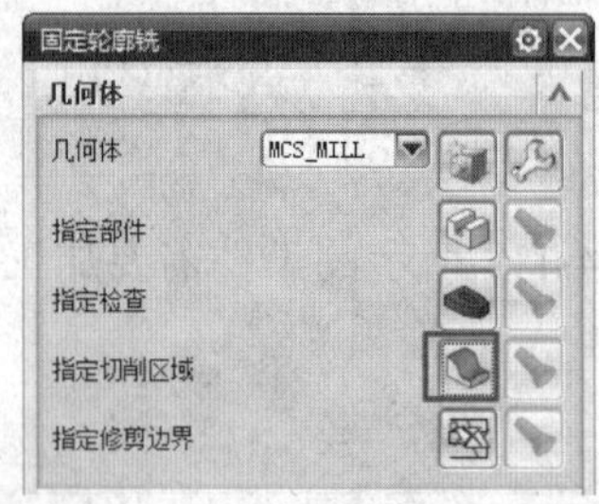

图 4-117　指定切削区域

（5）系统弹出【切削区域】对话框，在视图窗口中选择曲面，作为固定轴曲面轮廓铣的加工区域，单击【确定】按钮，如图 4-118 所示。

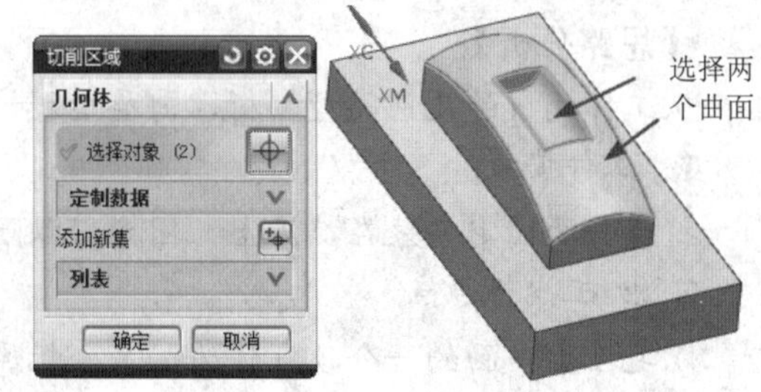

图 4-118　选择曲面

（6）在【固定轮廓铣】对话框中单击【切削参数】按钮，在弹出的【切削参数】对话框中选中【在边上延伸】复选框，如图 4-119 所示。

图 4-119　选中【在边上延伸】复选框

（7）单击【固定轮廓铣】对话框最下面的【生成刀轨】按钮，生成刀轨，如图 4-120 所示。

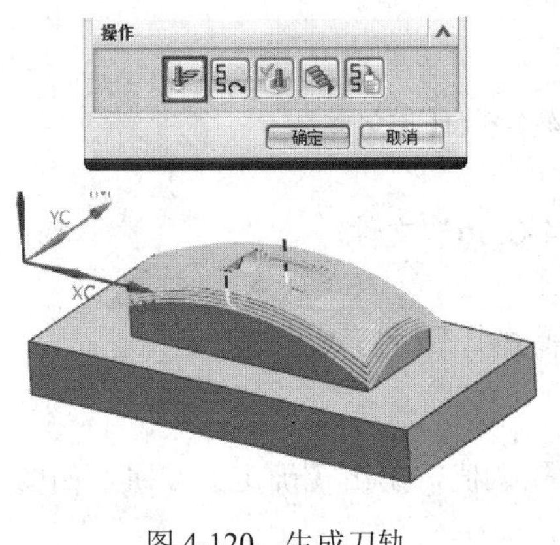

图 4-120　生成刀轨

（8）验证刀路轨迹。在操作导航器中用鼠标左键选择创建的操作，单击【确认刀轨】按钮，仿真效果如图 4-121 所示。

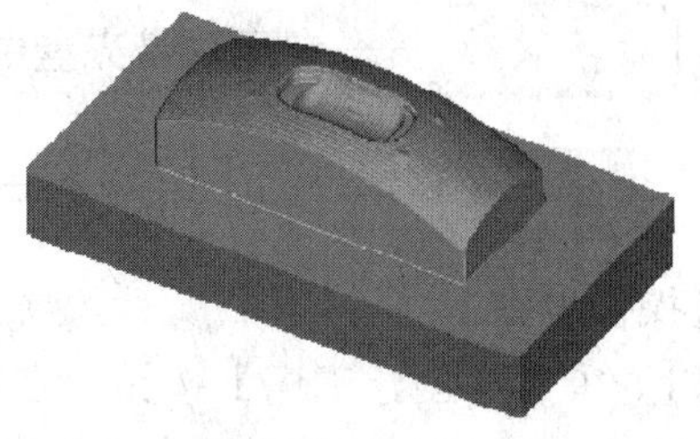

图 4-121　切削仿真

4.6　实例·练习——旋钮加工

如图 4-122 所示的工件需要加工出中间的凹槽和中间的岛屿。

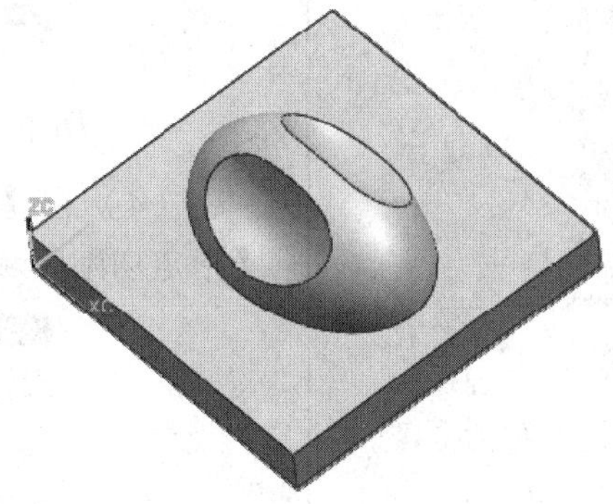

图 4-122　旋钮模型

【思路分析】

此例需要加工的区域为 3 个曲面，需要型腔铣和固定轴曲面轮廓铣共同进行加工。由于分型面处无圆角或倒角融合，所以需要加上清角加工。

1. 工件安装

将底平面固定安装在机床上，固定好以限制 X、Y 方向移动和绕 Z 轴的转动。

2. 加工坐标原点

以毛坯上平面的一个顶点作为加工坐标原点。

3. 工步安排

首先对工件进行整体型腔铣粗加工，去除大部分材料，刀具为直径是 12mm 的端铣刀。第二步采取直径为 6mm 的端铣刀，对工件进行等高轮廓铣半精加工。接着用直径为 4mm 的球头铣刀对顶部凸面及凹面进行精加工。最后进行清角操作。

前边的章节已经对型腔铣有了详细的介绍，此处不再赘述。下面主要介绍创建固定轴曲面轮廓铣半精加工的操作。

【光盘文件】

——参见附带光盘中的“Model\Ch4\4-6.prt”文件。

——参见附带光盘中的“END\Ch4\4-6.prt”文件。

——参见附带光盘中的“AVI\Ch4\4-6.avi”文件。

【操作步骤】

（1）单击【创建工序】按钮，在类型中选择 mill_contour，进行等高轮廓铣精加工。如图 4-123 所示进行设置，单击【应用】按钮。

图 4-123　起始模型

（2）系统弹出【固定轮廓铣】对话框，驱动方法选为【区域铣削】，如图 4-124 所示。

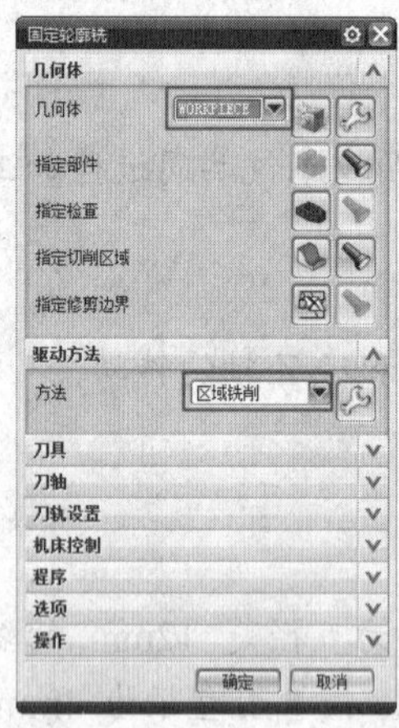

图 4-124　选为【区域铣削】选项

（3）系统弹出【区域铣削驱动方法】对话框，【切削模式】设为【跟随周边】，其他参数为默认值，单击【确定】按钮，如图 4-125 所示。

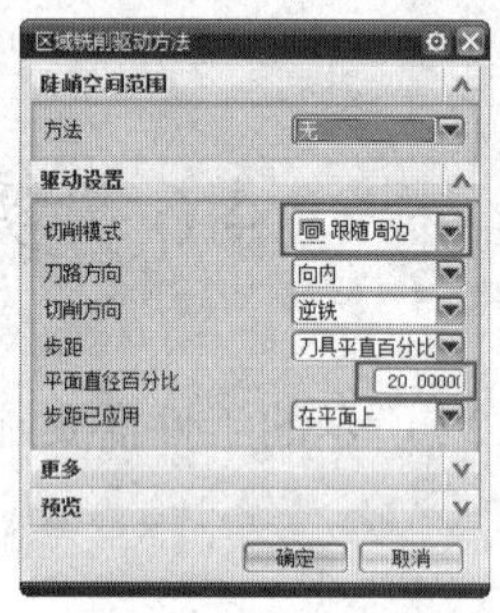

图 4-125　设置区域切削参数

（4）在【固定轮廓铣】对话框中单击【指定切削区域】按钮，如图 4-126 所示。

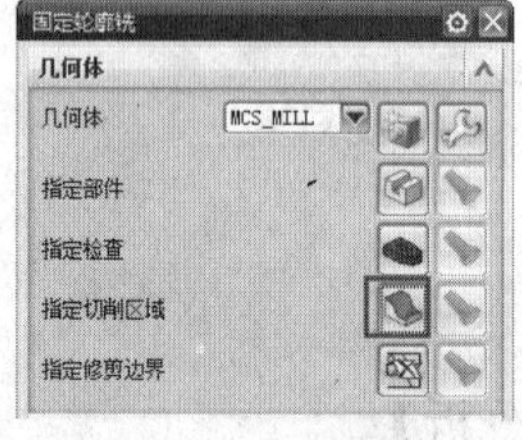

图 4-126　指定切削区域

（5）系统弹出【切削区域】对话框，在视图窗口中选择曲面作为固定轴曲面轮廓铣的加工区域，单击【确定】按钮，如图 4-127 所示。

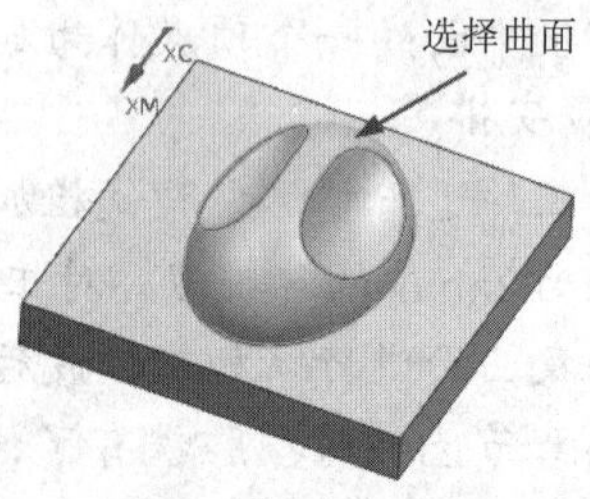

图 4-127　选定曲面

（6）在【固定轮廓铣】对话框中单击【切削参数】图标，在弹出的【切削参数】对话框中选中【在边上延伸】复选框，如图 4-128 所示。

图 4-128　选中【在边上延伸】复选框

（7）单击【固定轮廓铣】对话框最下面的【生成刀轨】按钮，生成刀轨，如图 4-129 所示。

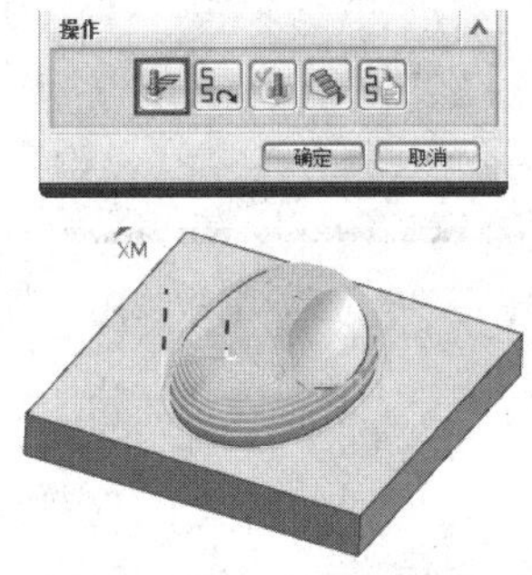

图 4-129　生成刀轨

（8）单击【加工方法视图】按钮，在 MILL_FINISH 下的 FIXED_CONTOUR 上单击右键，在弹出的菜单中选择【复制】命令。再次对其单击右键，选择【粘贴】命令，如图 4-130 所示。

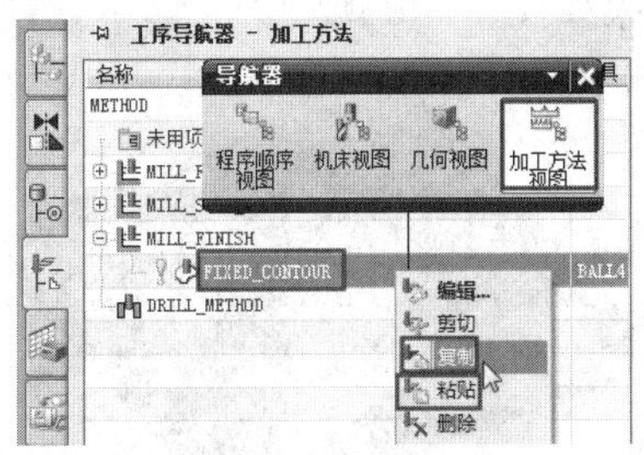

图 4-130　复制刀路

（9）双击粘贴生成的刀路，弹出【固定轮廓铣】对话框。在该对话框中单击【指定切削区域】图标，如图 4-132 所示。

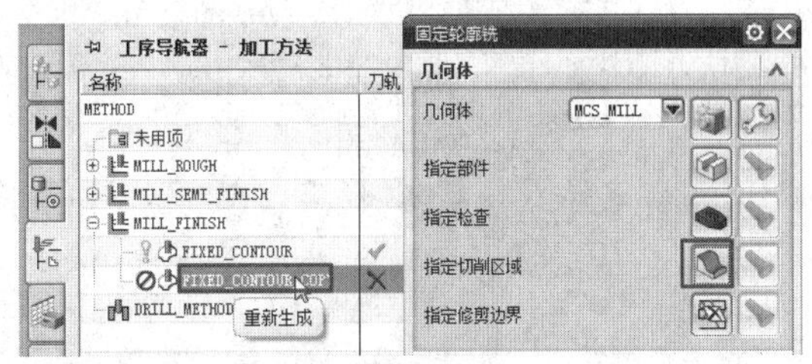

图 4-131　指定切削区域

（10）在弹出的【切削区域】对话框中首先单击【移除】按钮，然后再按图 4-132 所示选择切削区域。

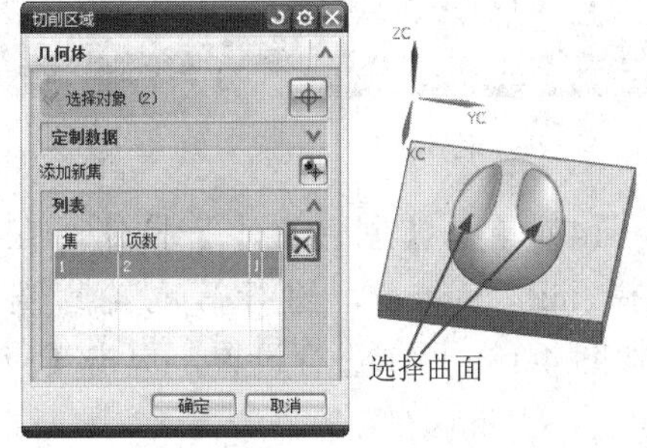

图 4-132　重新选择曲面

（11）在【驱动方法】下单击【编辑】按钮，如图 4-133 所示。

图 4-133　编辑驱动方法

（12）设置方法为非陡峭，陡角为 85，【切削模式】为【跟随周边】，步距百分比为 20%，单击【确定】按钮，如图 4-134 所示。

（13）单击【固定轮廓铣】对话框最下面的【生成刀轨】按钮，生成刀轨，如图 4-135 所示。

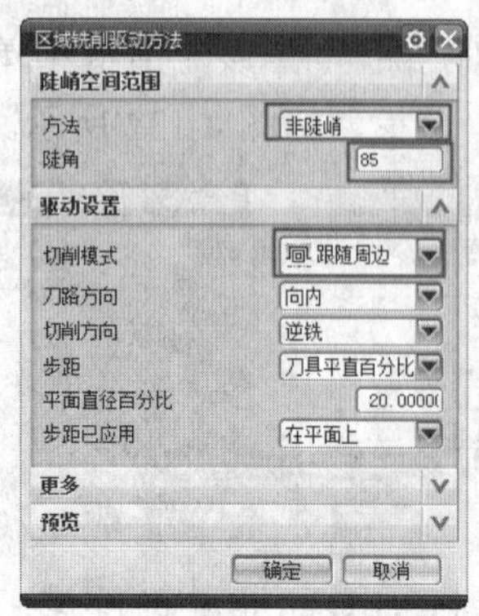

图 4-134　编辑驱动参数

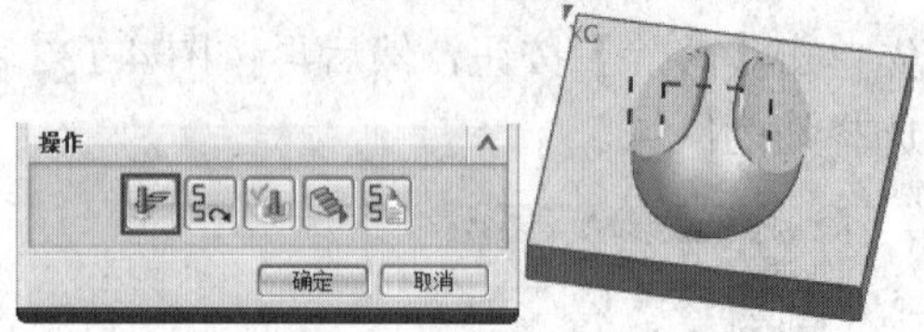

图 4-135　生成刀轨

（14）单击【创建工序】按钮，在类型中选择 mill_contour，进行等高轮廓铣精加工。按图 4-136 所示进行设置，单击【应用】按钮。

图 4-136　起始模型

（15）系统弹出【固定轮廓铣】对话框，驱动方法选为【清根】，如图 4-137 所示。

（16）系统弹出【清根驱动方法】对话框，【清根类型】选为【单刀路】，其他选项保持默认参数，单击【确定】按钮，如图 4-138 所示。

（17）单击【固定轮廓铣】对话框最下面的【生成刀轨】按钮，生成刀轨，如图 4-139 所示。

图 4-137　选为【清根】

图 4-138　设定清根加工参数

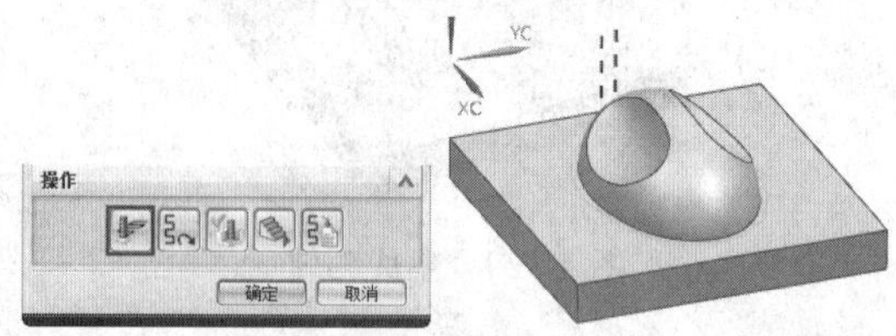

图 4-139　生成刀轨

（18）单击【确认刀轨】按钮，在【刀轨可视化】对话框中选择【2D 动态】选项卡，再单击【播放】按钮实现铣削的仿真。模拟效果如图 4-140 所示。

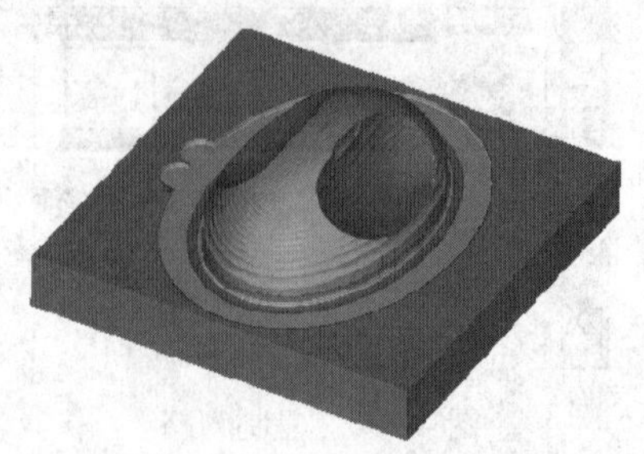

图 4-140　模拟切削效果

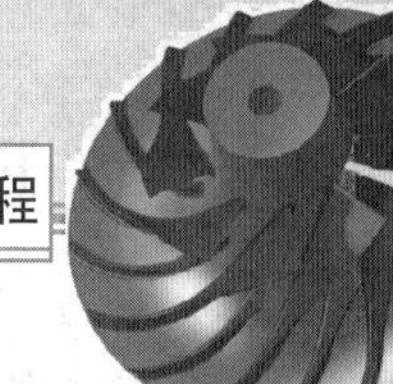

第5讲 点 位 加 工

点位加工操作类型用于创建钻孔、铰孔、镗孔、攻丝等点位的刀轨，针对不同类型的孔，分别由不同的参数控制刀具深度和其他参数。钻孔加工的程序相对简单，通常可以在机床上直接输入程序语句进行加工，但对于使用 UG 进行编程的工件来说，使用 UG 进行钻孔程序的编制，可以直接生成完整的程序，从而提高机床的利用率。

本讲内容

- 实例·模仿——法兰盖孔位加工
- 建立点位加工工序
- 设定加工几何体
- 设置加工参数
- 设定循环加工
- 实例·操作——多孔系零件加工
- 实例·练习——垫板孔位加工

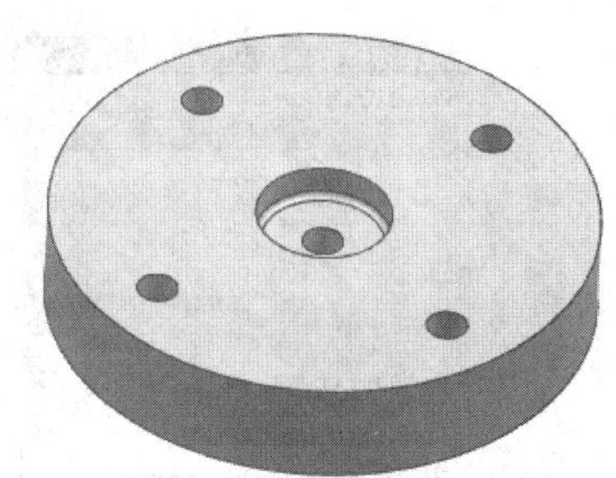

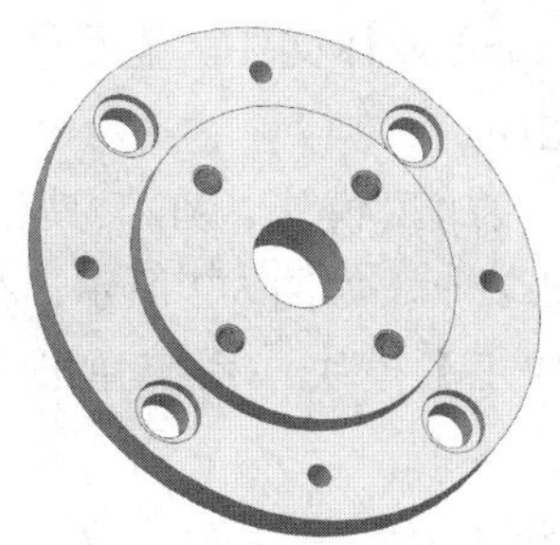

5.1 实例·模仿——法兰盖孔位加工

完成如图 5-1 所示零件的孔位加工的创建。零件的厚度为 15mm，小孔的直径为 6mm，而且需要的加工精度特别高。沉头孔的直径为 20mm，沉头部分的深度为 5mm，沉头孔底部的圆角半径为 1mm。

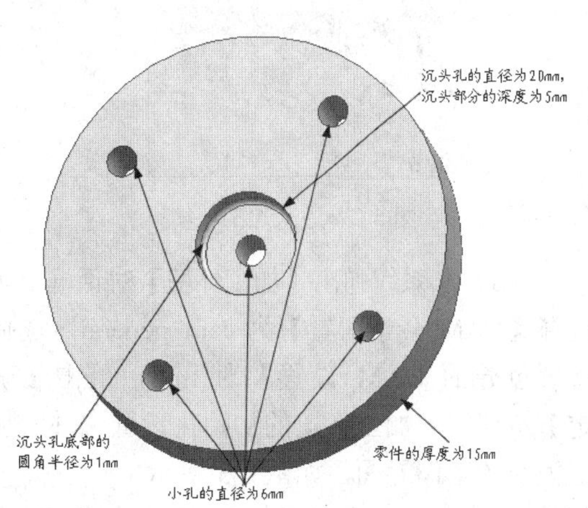

图 5-1 法兰盖

【思路分析】

这是一个比较简单的点位加工。要求中提到直径为 6mm 的小孔精度要求较高，所以在钻孔完成后，需要进行铰孔精加工。对于沉头孔，需要先进行钻孔，然后再进行锪（huo）孔。为了提高钻孔定位的精确度，还要加上点孔加工。同时，还要完成几何体的创建、加工刀具的创建。加工过程可以归结为以下5步：

（1）进行点钻加工，这相当于钳工操作中的打样冲。

（2）钻一个直径为16mm的孔，为锪直径为20mm的沉头孔做准备。

（3）钻5个直径为6mm的通孔。

（4）对步骤（3）钻的孔进行铰孔精加工。

（5）对沉头孔进行锪孔钻操作。

【光盘文件】

——参见附带光盘中的“Model\Ch5\5-1.prt”文件。

结果文件——参见附带光盘中的“END\Ch5\5-1.prt”文件。

动画演示——参见附带光盘中的“AVI\Ch5\5-1.avi”文件。

【操作步骤】

（1）打开模型文件。启动UG NX 8.0，单击【打开文件】按钮，在弹出的文件列表中选择文件名为“5-1.prt”的文件，单击OK按钮。这是一个装配体文件，里面包含有要加工的零件和毛坯。

（2）进入加工模块。在工具栏上单击【开始】按钮，如图5-2所示，在下拉列表中选择【加工】模块，系统弹出【加工环境】对话框。

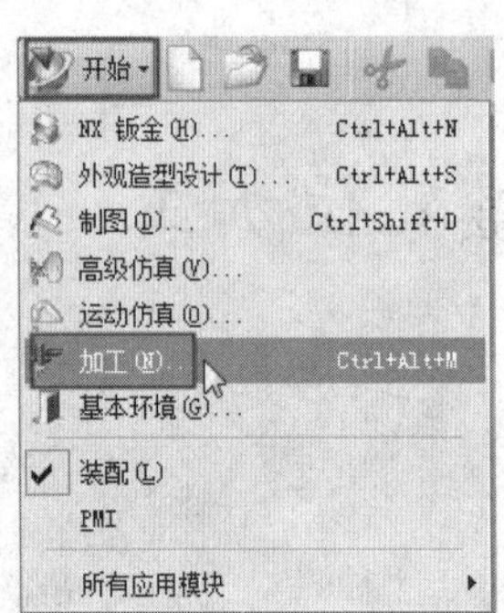

图5-2　进入加工环境

（3）在系统弹出【加工环境】对话框上，选择【CAM会话配置】为cam_general，选择【要创建的CAM设置】为mill，单击【确定】按钮进行加工环境的初始化设置，进入加工模块的工作界面，如图5-3所示。

（4）创建一个刀库，读者可根据第2讲的前两个例子完成创建，由于前面讲述得比较详细，在此不再详述。创建好的刀库，如图5-4所示。

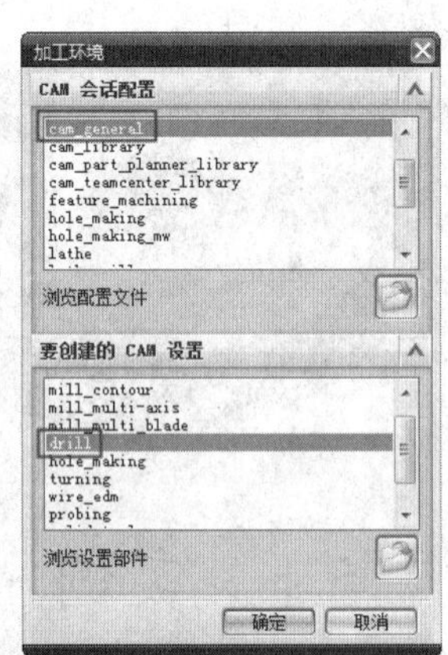

图5-3　设定加工环境

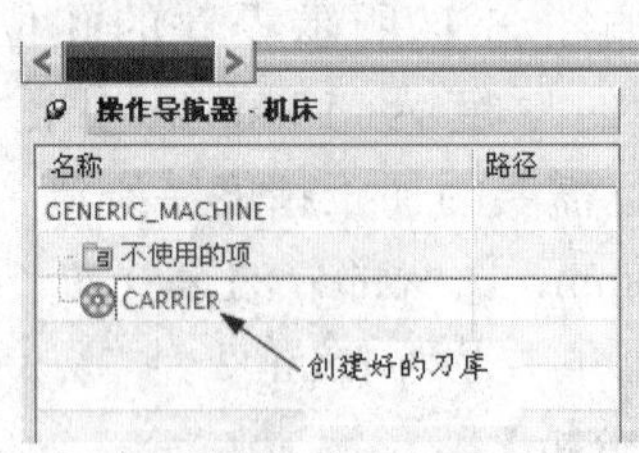

图5-4　建立刀库

（5）创建5把刀柄，读者可根据第3讲的前两个例子完成创建，由于前面讲述得比较详细，在此不再详述。创建好的5把刀柄，如图5-5所示。

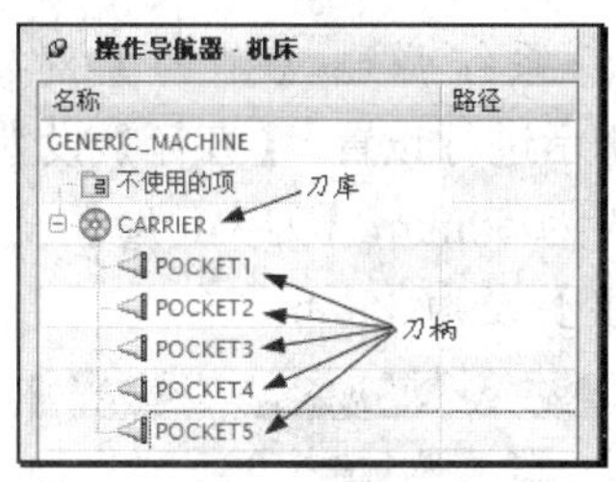

图 5-5 建立刀柄

（6）创建直径为 10mm 的点钻。在工具条上单击【创建刀具】按钮，系统弹出【创建刀具】对话框，如图 5-6 所示进行设置。【类型】选择为 drill，【刀具子类型】选择为 SPOTDRILLING，【刀具】选择 POCKET1，【名称】设置为 SPOTDRILLING_TOOL，单击【确定】按钮。

图 5-6 创建刀具 1

（7）系统弹出【钻刀】对话框，如图 5-7 所示进行设置。【直径】设为 10mm，【长度】设为 30mm，【刀尖角度】设为 118°，【刀刃长度】设为 20mm。

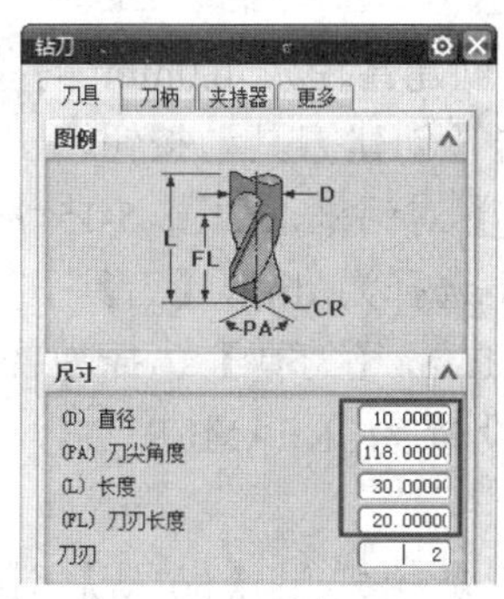

图 5-7 设置刀具参数

（8）设置刀把信息。在【钻刀】对话框中选择【夹持器】选项卡，如图 5-8 所示对刀把信息进行设置。单击【确定】按钮，完成直径为 10mm 的点钻的创建。

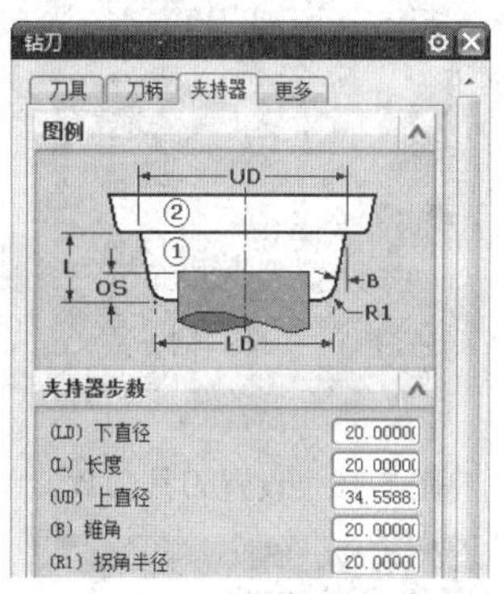

图 5-8 设置夹持器参数

（9）创建直径为 16mm 的钻头。在工具条上单击【创建刀具】按钮，系统弹出【创建刀具】对话框，如图 5-9 所示进行设置。【类型】选择为 drill，【刀具子类型】选择为 DRILLING_TOOL，【刀具】选择 POCKET2，【名称】设置为 DRILLING_TOOL_D16，单击【确定】按钮。

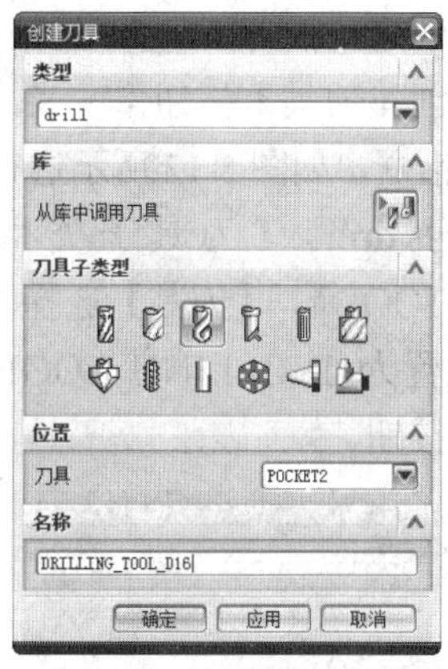

图 5-9 创建刀具 2

（10）系统弹出【钻刀】对话框，如图 5-10 所示进行设置。【直径】设为 16mm，【长度】设为 30mm，【刀尖角度】设为 118°，【刀刃长度】设为 20mm。

（11）设置刀把信息。在【钻刀】对话框中选择【夹持器】选项卡，如图 5-11 所示对刀把信息进行设置。单击【确定】按钮，完成直径为16mm的钻头的创建。

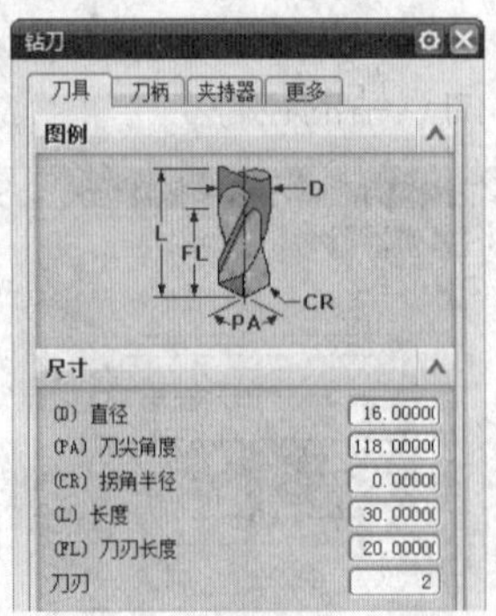

图 5-10　设置刀具参数

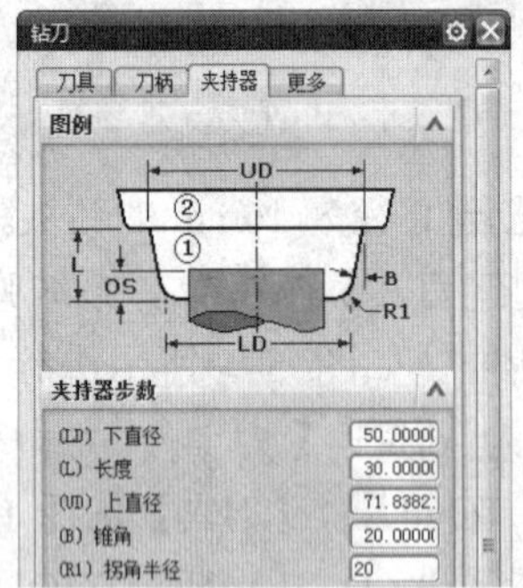

图 5-11　设置夹持器参数

（12）创建直径为5.9mm的钻头。在工具条上单击【创建刀具】按钮，系统弹出【创建刀具】对话框，如图5-12所示进行设置。【类型】选择为drill，【刀具子类型】选择为DRILLING_TOOL，【刀具】选择POCKET3，【名称】设置为DRILLING_TOOL_D5.9，单击【确定】按钮。

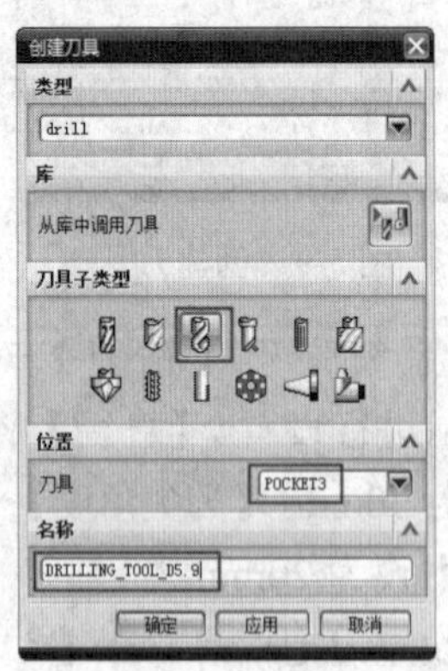

图 5-12　创建刀具 3

（13）系统弹出【钻刀】对话框，如图5-13所示进行设置。【直径】设为5.9mm，【长度】设为50mm，【刀尖角度】设为118°，【刀刃长度】设为35mm。

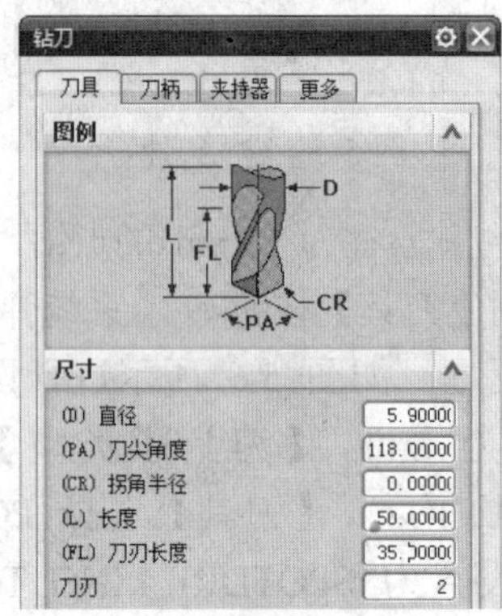

图 5-13　设置刀具参数

（14）设置刀把信息。在【钻刀】对话框中选择【夹持器】选项卡，如图5-14所示对刀把信息进行设置。单击【确定】按钮，完成直径为5.9mm的钻头的创建。

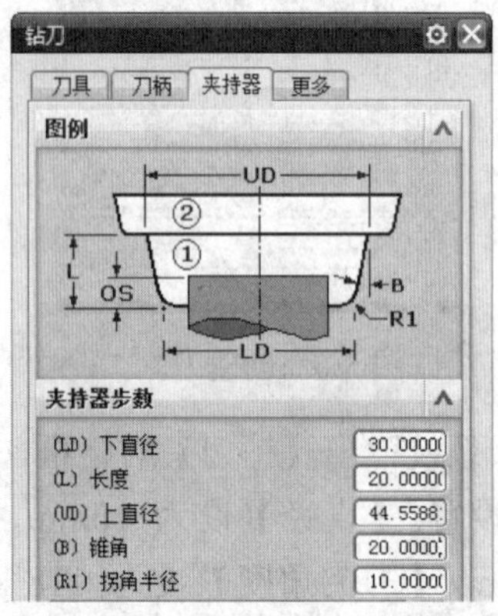

图 5-14　设置夹持器参数

（15）创建直径为6.0mm的铰刀。在工具条上单击【创建刀具】按钮，系统弹出【创建刀具】对话框，如图5-15所示进行设置。【类型】选择为drill，【刀具子类型】选择为REAMER，【刀具】选择为POCKET4，【名称】设置为REAMER_D6，单击【确定】按钮。

（16）系统弹出【钻刀】对话框，如图5-16所示进行设置。【直径】设为6.0mm，

【长度】设为 50mm，【刀尖角度】设为 180°，【刀刃长度】设为 35mm。

图 5-15　创建刀具 4

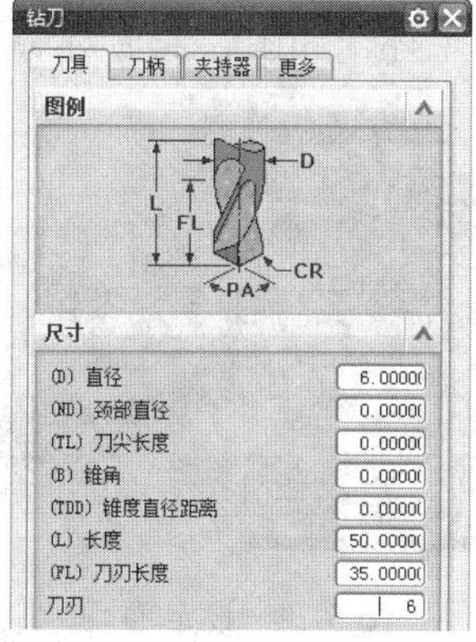

图 5-16　设置刀具参数

（17）设置刀把信息。在【钻刀】对话框中选择【夹持器】选项卡，如图 5-17 所示对刀把信息进行设置。单击【确定】按钮，完成直径为 6.0mm 的铰刀的创建。

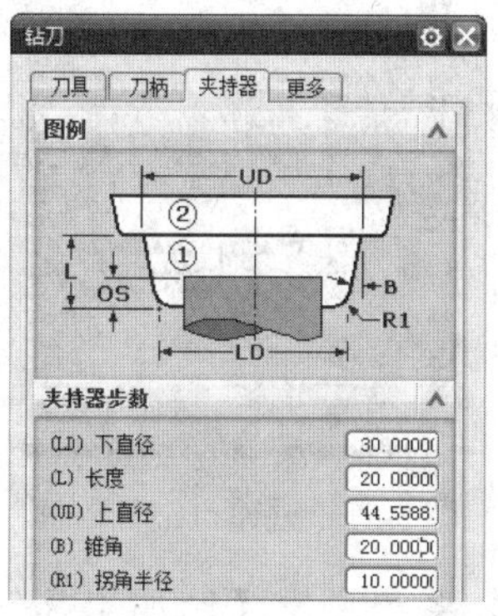

图 5-17　设置夹持器参数

（18）创建直径为 20mm 的锪刀。在工具条上单击【创建刀具】按钮，系统弹出【创建刀具】对话框，如图 5-18 所示进行设置。【类型】选择为 drill，【刀具子类型】选择为 COUNTERBORING_TOOL，【刀具】选择为 POCKET5，【名称】设置为 COUNTERBORING_TOOL_D20，单击【确定】按钮。

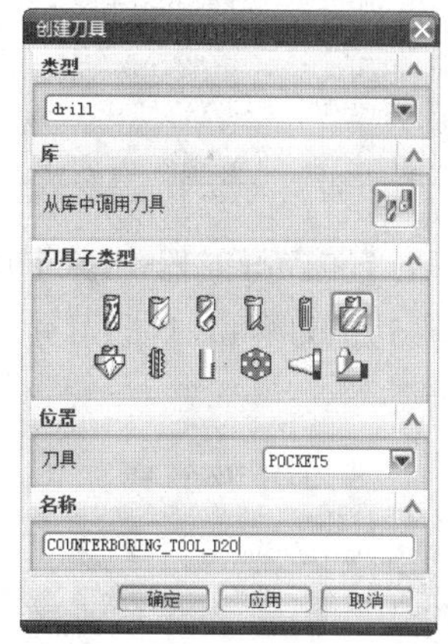

图 5-18　创建刀具 5

（19）系统弹出【铣刀-5 参数】对话框，如图 5-19 所示进行设置。【直径】设为 20.0mm，【下半径】设为 1mm，【长度】设为 30mm，【尖角】设为 0°，【刀刃长度】设为 10mm。

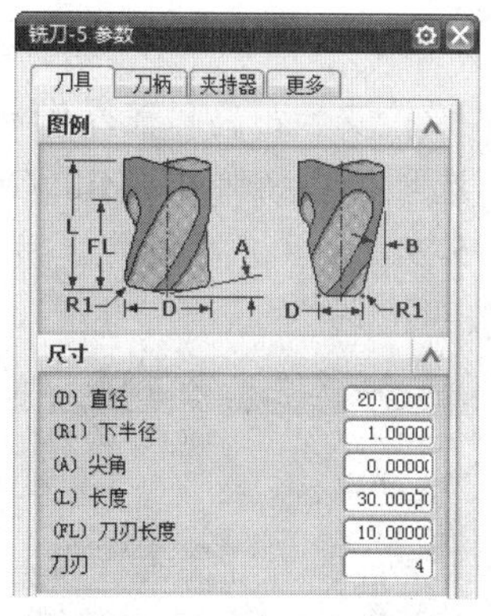

图 5-19　设置刀具参数

（20）设置刀把信息。在【铣刀-5 参数】对话框中选择【夹持器】选项卡，如图 5-20 所示对刀把信息进行设置。单击【确定】按钮，完成直径为 20mm 的锪刀的创建。

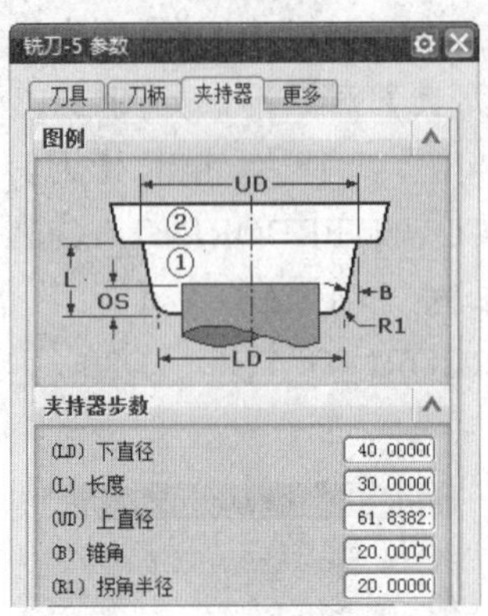

图 5-20 设置夹持器参数

（21）在【工序导航器-机床】中可以看到创建的刀库、5 把刀柄和 5 把刀具，如图 5-21 所示。

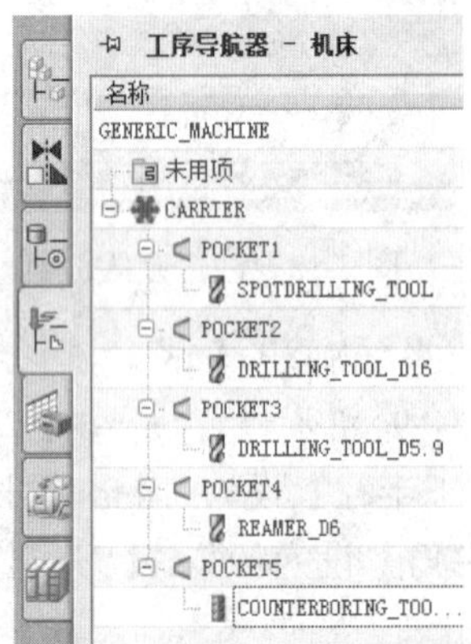

图 5-21 建立的刀具情况

（22）设置安全距离。在操作导航器中双击 MCS_MILL 选项，系统弹出 Mill Orient 对话框，如图 5-22 所示进行设置，完成后单击【确定】按钮。

图 5-22 安全设置

（23）设置工件和毛坯。双击操作导航器中的 WORKPIECE 选项，系统弹出【工件】对话框，单击【指定部件】按钮，弹出【部件几何体】对话框，选择工件，如图 5-23 所示。

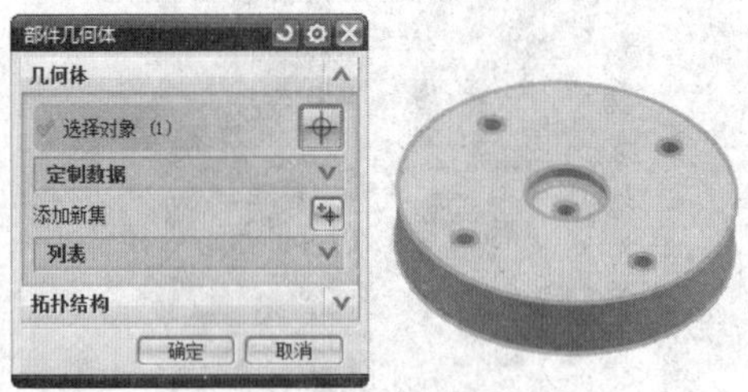

图 5-23 设定工件

（24）系统返回【工件】对话框，单击【指定毛坯】按钮，弹出【毛坯几何体】对话框，选择毛坯，如图 5-24 所示。

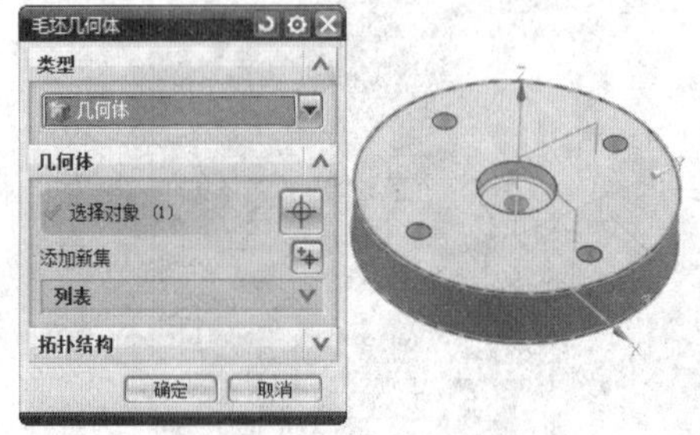

图 5-24 设定毛坯

（25）创建点钻几何体。单击【创建几何体】按钮，系统弹出【创建几何体】对话框，如图 5-25 所示进行设置，设置完成后，单击【确定】按钮。

图 5-25 创建点钻几何体

（26）系统弹出【钻加工几何体】对话框，单击【指定孔】按钮，如图 5-26 所示。

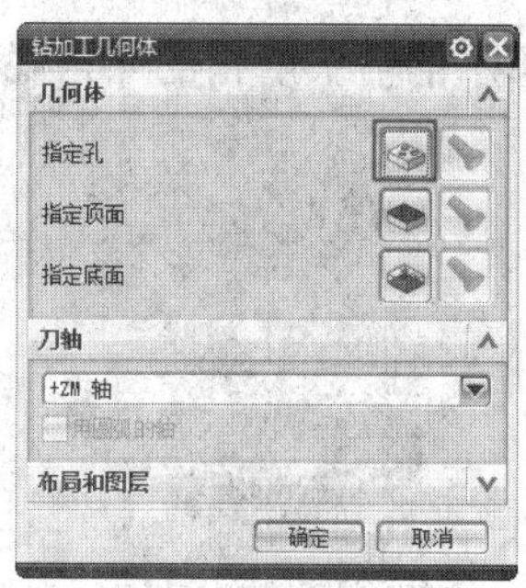

图 5-26 【钻加工几何体】对话框

（27）系统弹出【点到点几何体】对话框，单击【选择】按钮，如图 5-27 所示。

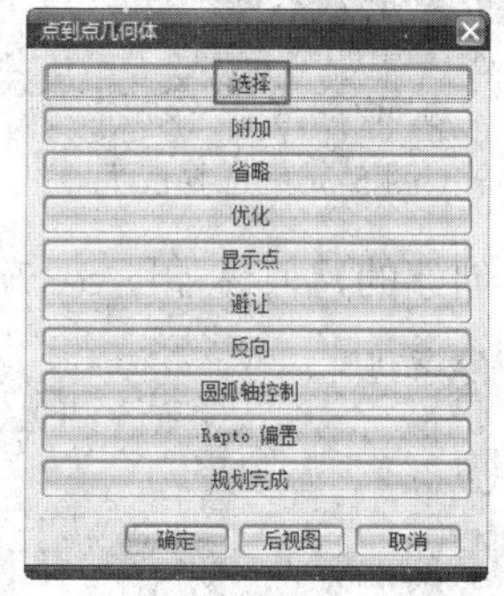

图 5-27 【点到点几何体】对话框

（28）系统弹出如图 5-28 所示的对话框。在视图区用鼠标左键依次选择如图 5-28 所示的 5 个孔。然后在对话框上单击【确定】按钮，系统弹出【点到点几何体】对话框。再单击【确定】按钮，系统弹出【钻加工几何体】对话框。然后单击【确定】按钮，完成点钻几何体的创建。点钻几何体的名字为 DRILL_GEOM_SPOT。

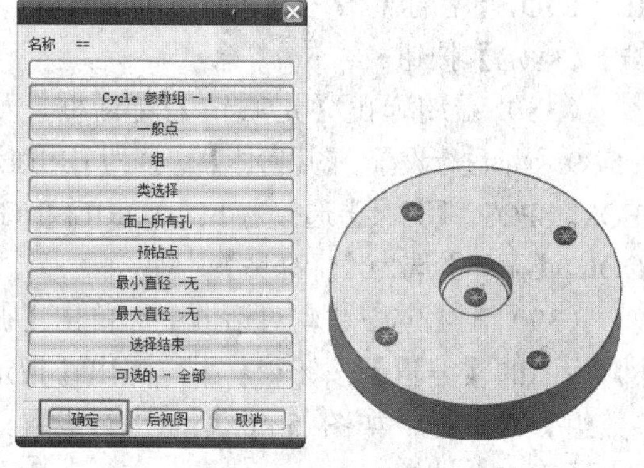

图 5-28 选择钻孔点

（29）创建沉头孔几何体。单击【创建几何体】按钮，系统弹出【创建几何体】对话框，如图 5-29 所示进行设置，设置完成后，单击【确定】按钮。

图 5-29 选择几何体

（30）系统弹出【钻加工几何体】对话框，单击【指定孔】按钮，如图 5-30 所示。

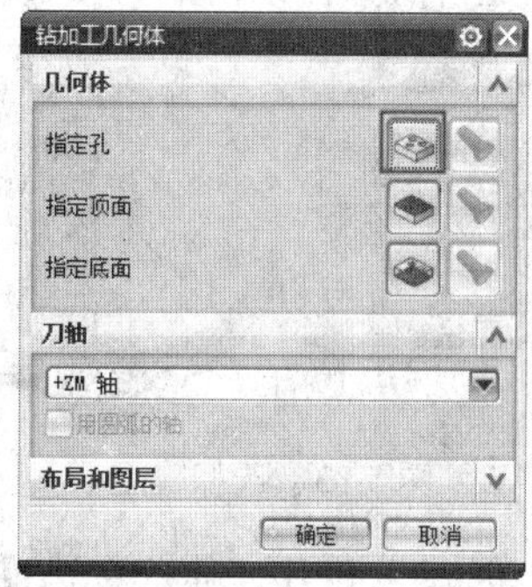

图 5-30 【钻加工几何体】对话框

（31）系统弹出【点到点几何体】对话框，单击【选择】按钮，选择中间的沉头孔，如图 5-31 所示。

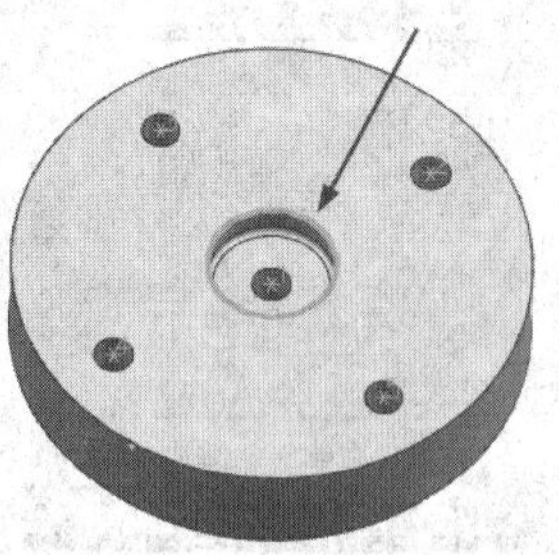

图 5-31 选择沉头孔

（32）单击【钻加工几何体】对话框中的【指定底面】按钮，如图 5-32 所示。

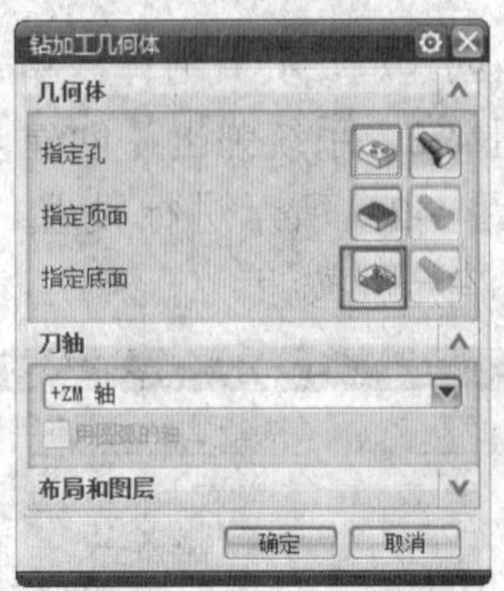

图 5-32　指定底面

（33）系统弹出【底面】对话框，如图 5-33 所示。选择【面】类型，然后在视图区域用鼠标左键单击选择如图 5-33 所示的箭头所指的面，面在选中时会变颜色。再在对话框上单击【确定】按钮，系统弹出【钻加工几何体】对话框，单击【确定】按钮，完成沉头孔几何体的创建。沉头孔几何体的名字为 TAP。

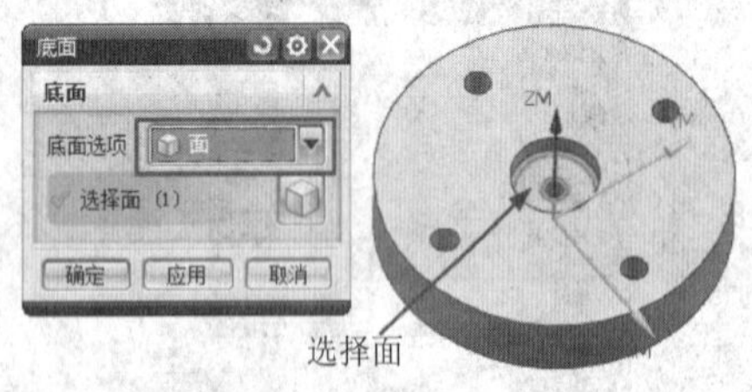

图 5-33　选择底面

（34）创建钻孔几何体。单击【创建几何体】按钮，系统弹出【创建几何体】对话框，如图 5-34 所示进行设置，设置完成后，单击【确定】按钮。

图 5-34　建立几何体

（35）按照上面的方法，选择如图 5-35 所示的箭头所指的 5 个孔为钻孔几何体，选择如图 5-36 所示的箭头所指的面为底面。

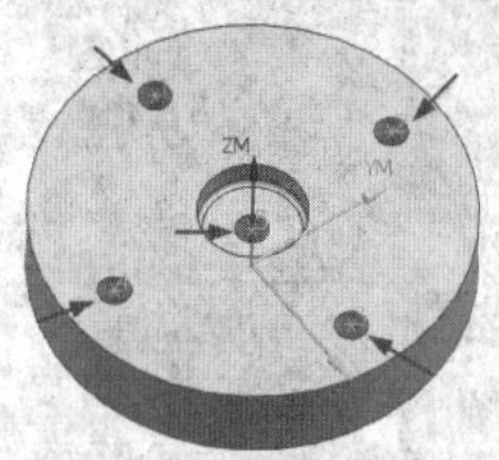

图 5-35　选择钻孔

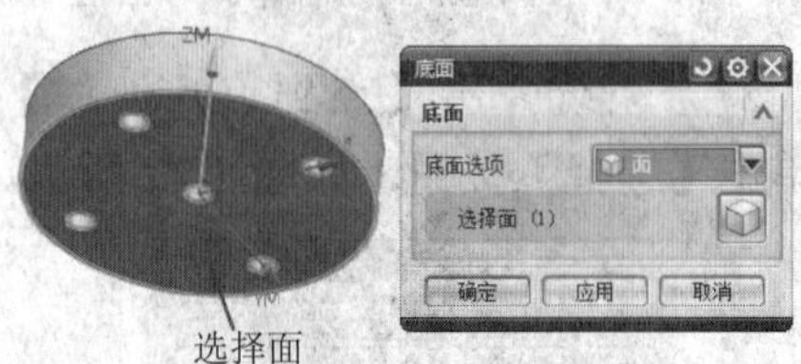

图 5-36　选择底面

（36）创建的几何体如图 5-37 所示。

图 5-37　创建的 3 个几何体

（37）创建点钻加工。单击【创建工序】按钮，系统弹出【创建工序】对话框，如图 5-38 所示进行设置。【类型】选择为 drill，【工序子类型】选择为点钻，【刀具】选择为 SPOTDRILLING_TOOL，【几何体】选择为 DRILL_GEOM_SPOT，【方法】选择为 DRILL_METHOD，【名称】设为 SPOT_DRILLING。单击【确定】按钮。

（38）系统弹出【定心钻】对话框，如图 5-39 所示进行设置。【几何体】选择为 DRILL_GEOM_SPOT，【刀具】选择为 SPOTDRILLING_TOOL，【循环】选为【标准钻】。

（39）在【定心钻】对话框中，单击【循环】后面的【编辑】按钮，系统弹出【指定参数组】对话框，如图 5-40 所示进行设置，单击【确定】按钮。

图 5-38　创建工序

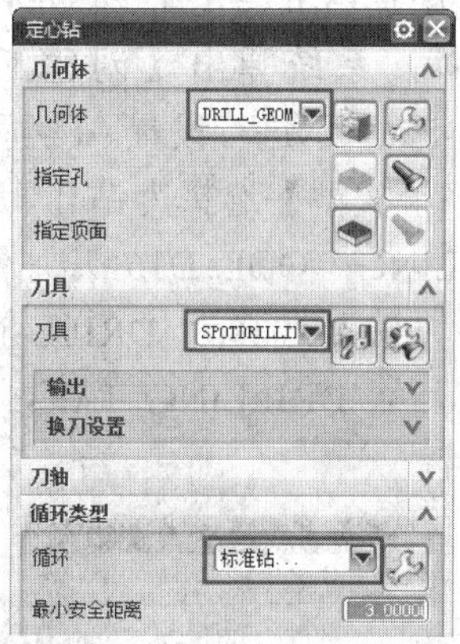
图 5-39　设置定心钻

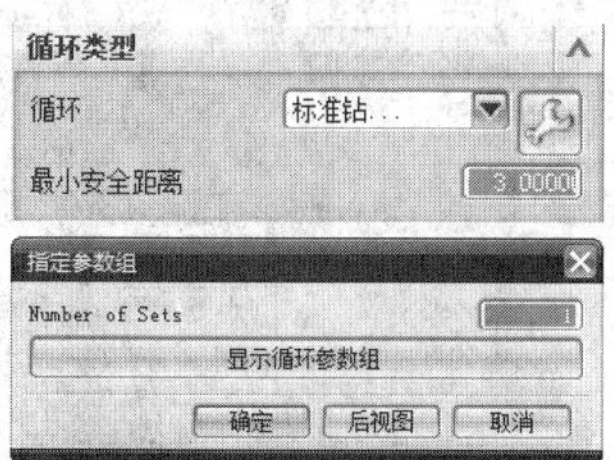
图 5-40　编辑循环参数

（40）系统弹出【Cycle 参数】对话框，单击 Depth(Tip)-0.0000 按钮，如图 5-41 所示。

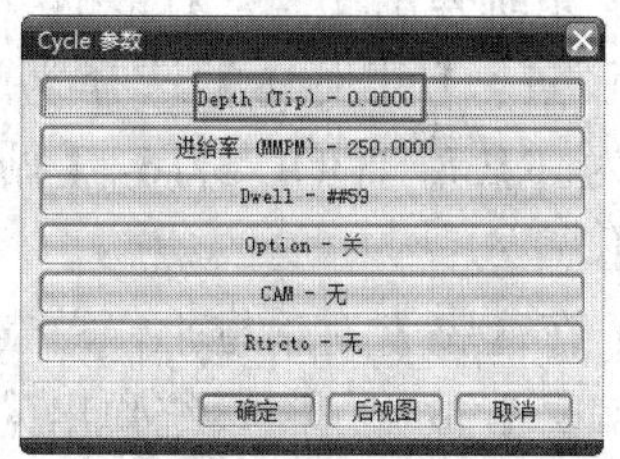
图 5-41　设定 Cycle 参数

（41）系统弹出【Cycle 深度】对话框，单击【刀尖深度】按钮，如图 5-42 所示。

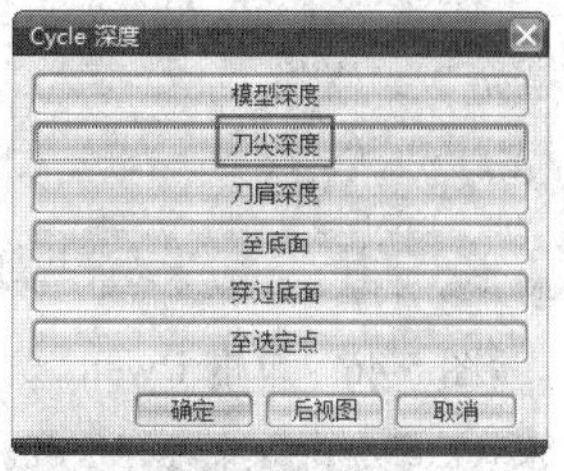
图 5-42　设置 Cycle 深度

（42）系统弹出对话框，设置深度为 1.5mm，如图 5-43 所示，再单击【确定】按钮。

图 5-43　设定深度

（43）系统返回【Cycle 参数】对话框。单击【进给率(MMPM)-250.0000】按钮，如图 5-44 所示。

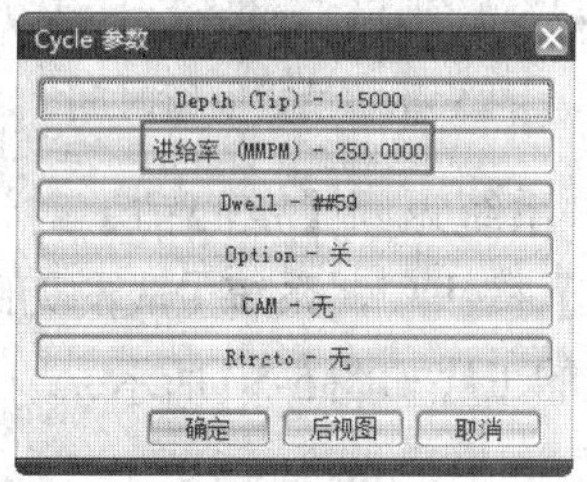
图 5-44　单击进给率

（44）系统弹出【Cycle 进给率】对话框，设置进给率为 50 毫米每分钟，如图 5-45 所示，单击【确定】按钮。

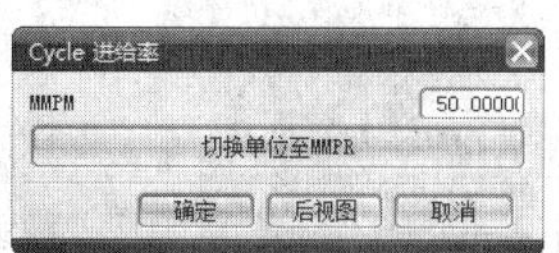
图 5-45　设定进给率

（45）系统返回【Cycle 参数】对话框。单击 Dwell-##59 按钮，如图 5-46 所示。

（46）系统弹出 Cycle Dwell 对话框，单击【秒】按钮，如图 5-47 所示。

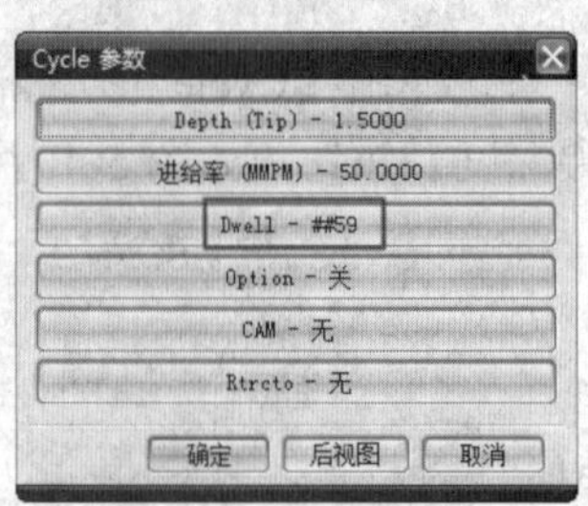

图 5-46　单击 Dwell

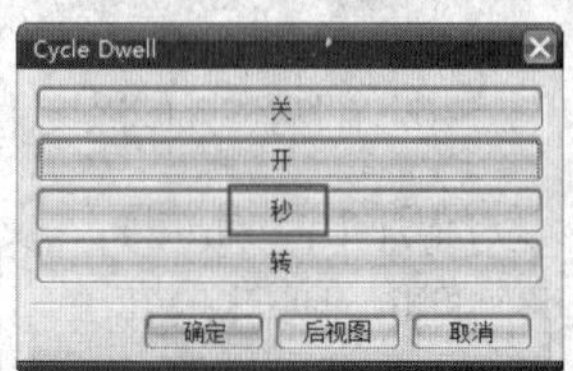

图 5-47　单击秒

（47）系统弹出如图 5-48 所示的对话框，设置停留时间为 3 秒。单击【确定】按钮，系统返回【Cycle 参数】对话框，再单击【确定】按钮。

图 5-48　设定停留时间

（48）系统返回【定心钻】对话框。单击【生成刀轨】按钮，系统生成的刀路如图 5-49 所示。生成的工序如图 5-50 所示。

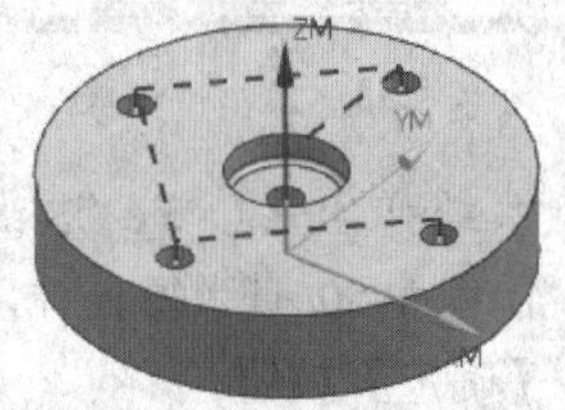

图 5-49　点钻刀路

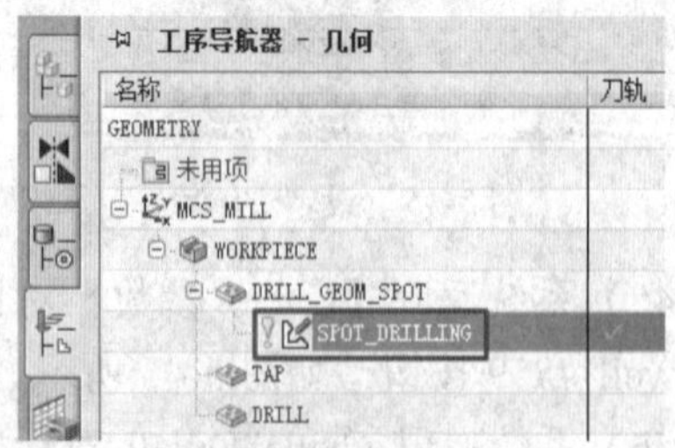

图 5-50　生成的点钻工序

（49）验证刀路轨迹。在操作导航器中用鼠标左键选择创建的操作，再在界面中单击【确认刀轨】按钮。点钻加工的效果如图 5-51 所示。

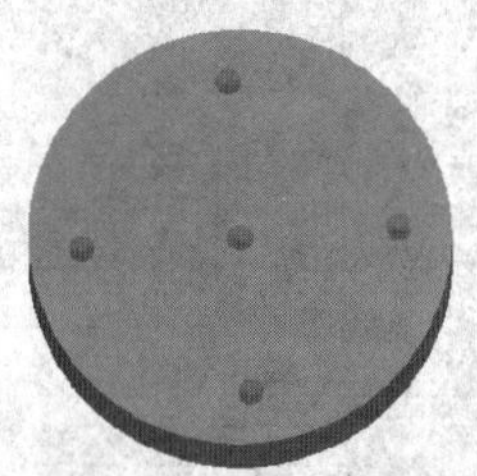

图 5-51　加工效果

（50）创建钻沉头孔加工。单击【创建工序】按钮，系统弹出【创建工序】对话框，如图 5-52 所示进行设置。【类型】选择为 drill，【工序子类型】选择为钻孔，【刀具】选择为 DRILLING_TOOL_D16，【几何体】选择为 TAP，【方法】选择为 DRILL_METHOD，【名称】设为 DRILLING_TAP，单击【确定】按钮。

图 5-52　创建加工操作

（51）系统弹出【钻】对话框，如图 5-53 所示进行设置，【几何体】选择为 AP，【刀具】选择为 RILL_TOOL_D16，【循环】选为【标准钻】。

（52）在【钻】对话框上，单击【循环】后面的【编辑】按钮，系统弹出【指定参数组】对话框，如图 5-54 所示进行设置，然后单击【确定】按钮。

图 5-53　设定加工操作

图 5-54　编辑循环参数

（53）在【Cycle 参数】对话框中单击【进给率(MMPM)-250.0000】按钮，如图 5-55 所示。

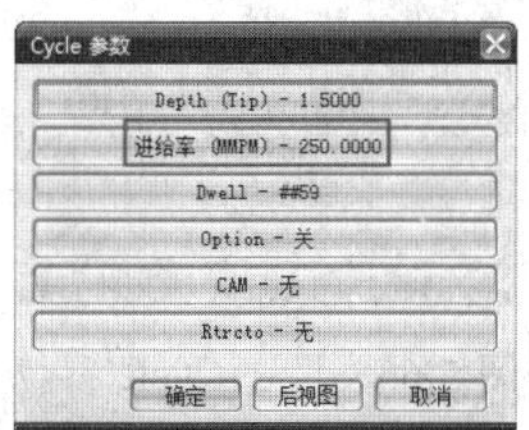

图 5-55　单击进给率

（54）系统弹出【Cycle 进给率】对话框，设置进给率为 100 毫米每分钟，如图 5-56 所示，单击【确定】按钮。

图 5-56　设定进给率

（55）系统返回【Cycle 参数】对话框。单击【Dwell-关】按钮，如图 5-57 所示。

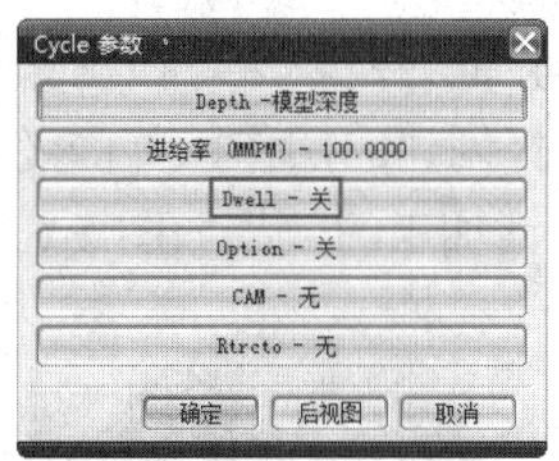

图 5-57　单击 Dwell

（56）系统弹出 Cycle Dwell 对话框，单击【秒】按钮，如图 5-58 所示。

图 5-58　单击秒

（57）系统弹出如图 5-59 所示的对话框，设置停留时间为 3 秒。单击【确定】按钮，系统返回【Cycle 参数】对话框，再单击【确定】按钮。

图 5-59　设定停留时间

（58）系统返回【钻】对话框。单击【生成刀轨】按钮，系统生成的刀路如图 5-60 所示。生成的工序如图 5-61 所示。

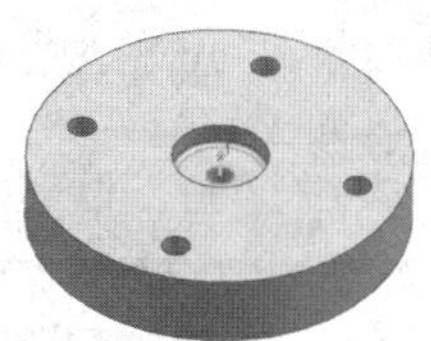

图 5-60　点钻刀路

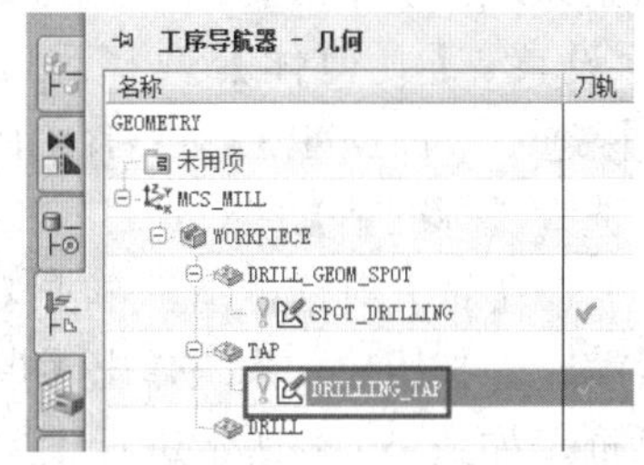

图 5-61　生成的点钻工序

（59）验证刀路轨迹。在操作导航器中用鼠标左键选择创建的操作，单击【确认刀轨】按钮，点钻加工的效果如图 5-62 所示。

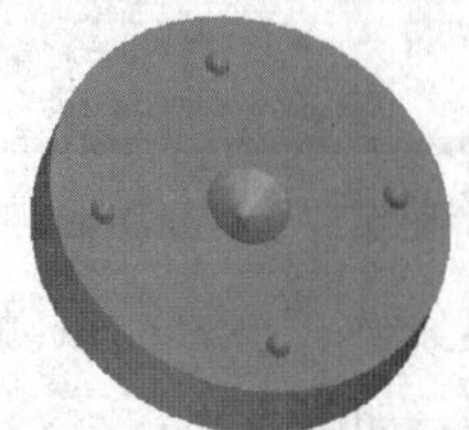

图 5-62　加工效果

（60）创建钻 5 个孔加工。单击【创建工序】按钮，系统弹出【创建工序】对话框，如图 5-63 所示进行设置。【类型】选择为 drill，【工序子类型】选择为钻孔，【刀具】选择为 DRILLING_TOOL_D5.9，【几何体】选择为 DRILL，【方法】选择为 DRILL_METHOD，【名称】设为 DRILLING_HOLE，单击【确定】按钮。

图 5-63　创建加工操作

（61）系统弹出【钻】对话框，如图 5-64 所示进行设置。【几何体】选择为 DRILL，【刀具】选择为 DRILLING_TOOL_D5.9，【循环】选为【标准钻】。

（62）在【钻】对话框上，单击【循环】后面的【编辑】按钮，系统弹出【指定参数组】对话框，如图 5-65 所示进行设置，然后单击【确定】按钮。

图 5-64　设置加工参数

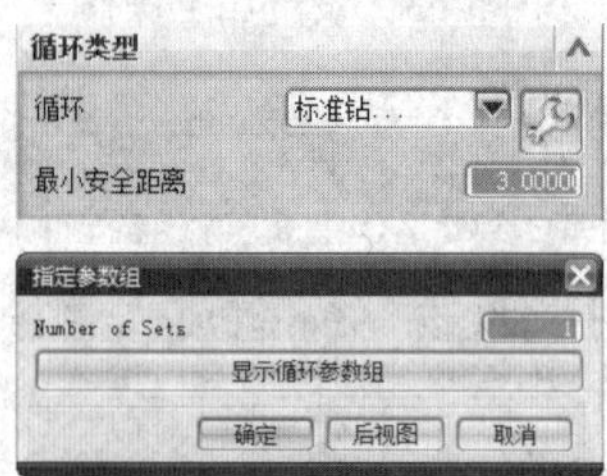

图 5-65　编辑循环参数

（63）系统弹出【Cycle 参数】对话框，单击【Depth-模型深度】按钮，如图 5-66 所示。

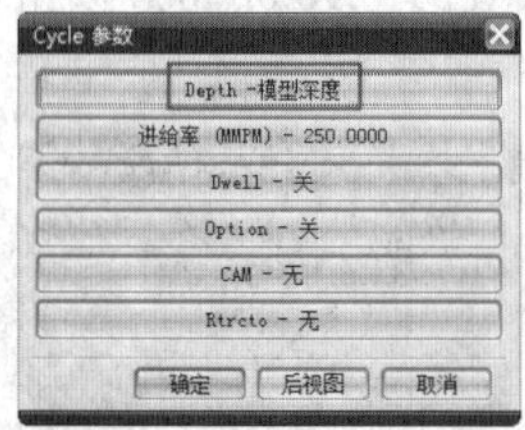

图 5-66　设定 Cycle 参数

（64）系统弹出【Cycle 深度】对话框，单击【穿过底面】按钮，如图 5-67 所示。

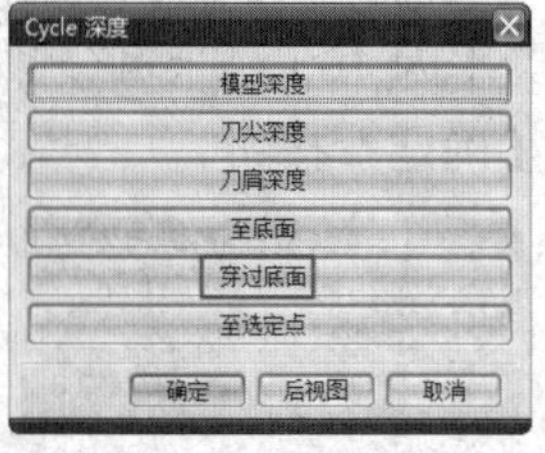

图 5-67　设置 Cycle 深度

（65）系统返回【Cycle 参数】对话框。单击【Dwell-关】按钮，如图 5-68 所示。

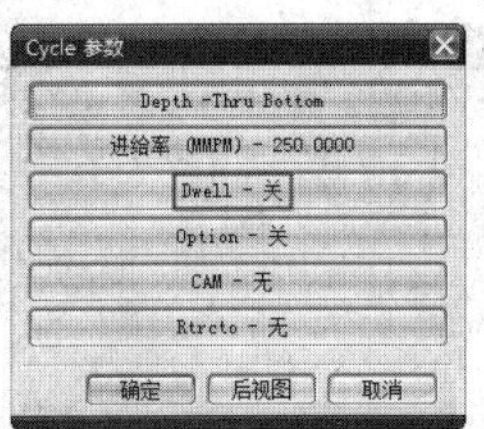

图 5-68　单击 Dwell

（66）系统弹出 Cycle Dwell 对话框，单击【秒】按钮，如图 5-69 所示。

图 5-69　单击秒

（67）系统弹出如图 5-70 所示的对话框，设置停留时间为 3 秒。单击【确定】按钮，系统返回【Cycle 参数】对话框，再单击【确定】按钮。

图 5-70　设定停留时间

（68）系统返回【钻】对话框。单击【生成刀轨】按钮，系统生成的刀路如图 5-71 所示。生成的工序如图 5-72 所示。

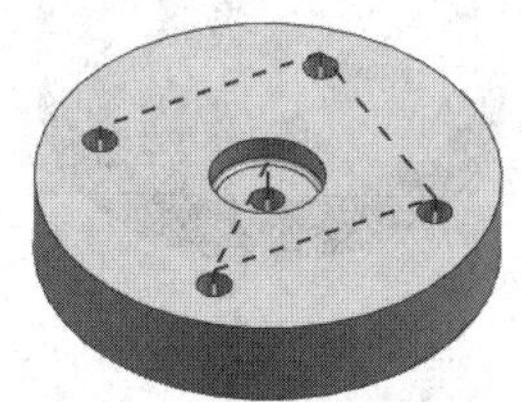

图 5-71　点钻刀路

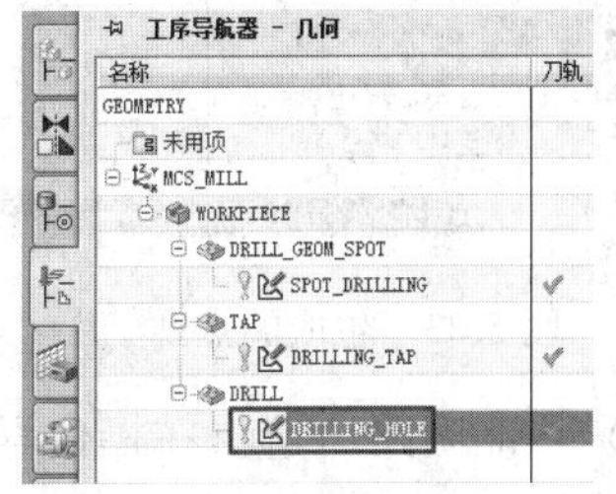

图 5-72　生成的点钻工序

（69）验证刀路轨迹。在操作导航器中用鼠标左键选择创建的操作，单击【确认刀轨】按钮，点钻加工的效果如图 5-73 所示。

图 5-73　加工效果

（70）创建铰的 5 个孔加工。单击【创建工序】按钮，系统弹出【创建工序】对话框，如图 5-74 进行设置。【类型】选择为 drill，【工序子类型】选择为铰孔，【刀具】选择为 REAMER_D6，【几何体】选择为 DRILL，【方法】选择为 DRILL_METHOD，【名称】设为 REAMING，单击【确定】按钮。

图 5-74　创建铰孔操作

（71）系统弹出【铰】对话框，如图 5-75 所示进行设置。【几何体】选择为 DRILL，【刀具】选择为 REAMER_D6。

（72）在【铰】对话框中，选择【循环】下拉菜单中的【标准镗】选项，系统弹出【指定参数组】对话框，如图 5-76 所示进行设置，然后单击【确定】按钮。

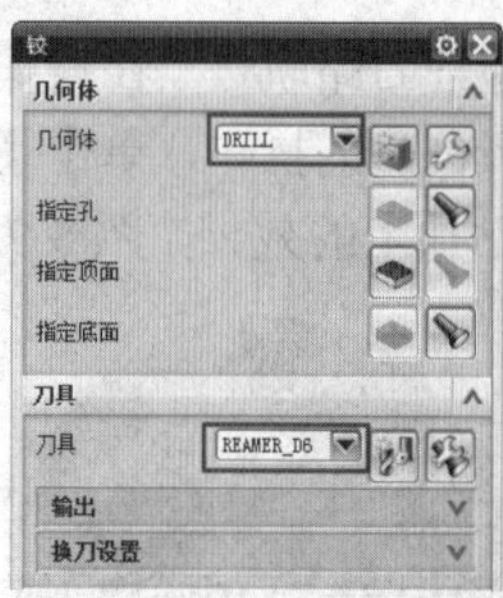

图 5-75　设定铰孔操作

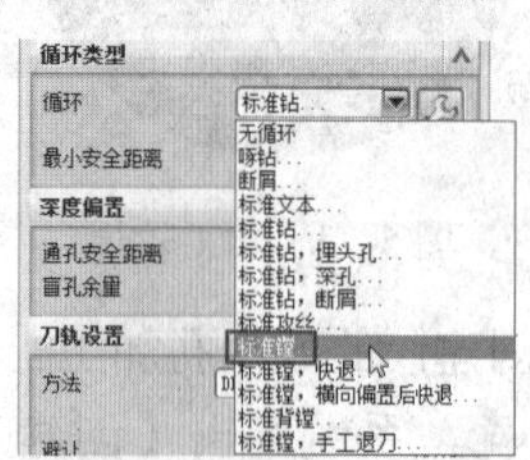

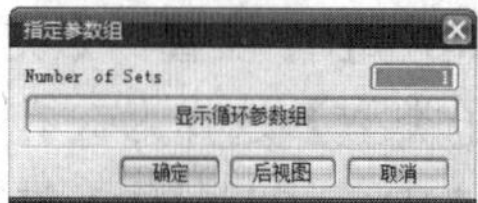

图 5-76　选择标准镗孔

（73）系统弹出【Cycle 参数】对话框，单击【Depth-模型深度】按钮，如图 5-77 所示。

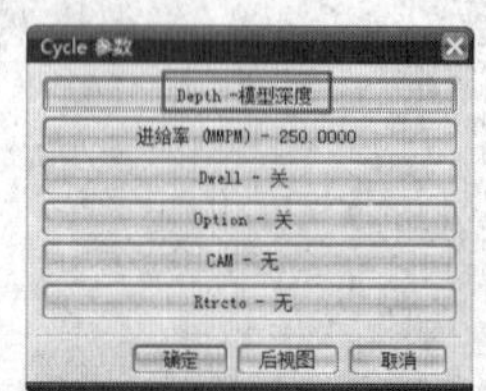

图 5-77　设定 Cycle 参数

（74）系统弹出【Cycle 深度】对话框，单击【穿过底面】按钮，如图 5-78 所示。

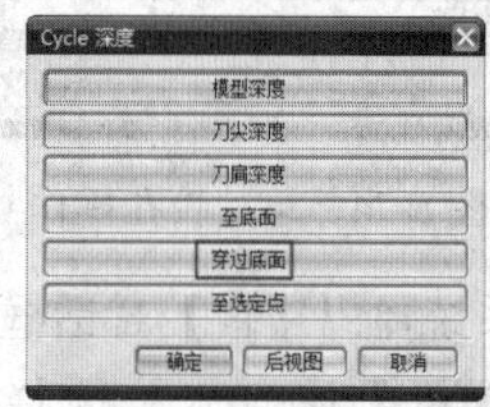

图 5-78　设置 Cycle 深度

（75）系统返回【Cycle 参数】对话框，单击【Dwell-关】按钮，如图 5-79 所示。

（76）系统弹出 Cycle Dwell 对话框，单击【秒】按钮，如图 5-80 所示。

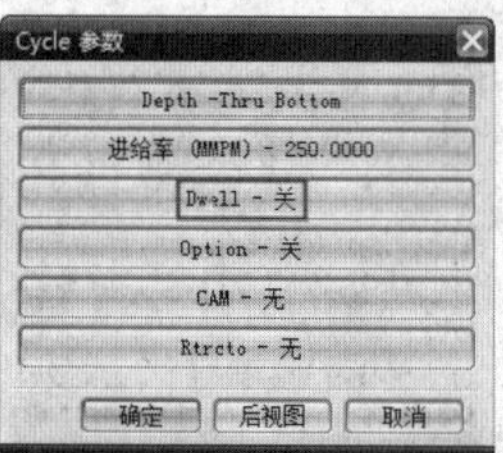

图 5-79　单击 Dwell

图 5-80　单击秒

（77）系统弹出如图 5-81 所示的对话框，设置停留时间为 3 秒。单击【确定】按钮，系统返回【Cycle 参数】对话框，再单击【确定】按钮。

图 5-81　设定停留时间

（78）系统返回【铰】对话框。单击【生成刀轨】按钮，系统生成的刀路如图 5-82 所示。生成的工序如图 5-83 所示。

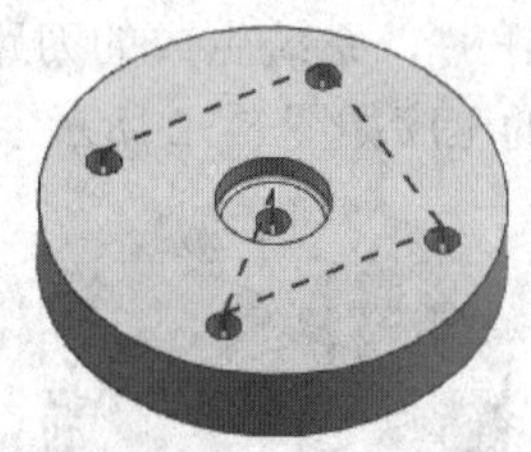

图 5-82　点钻刀路

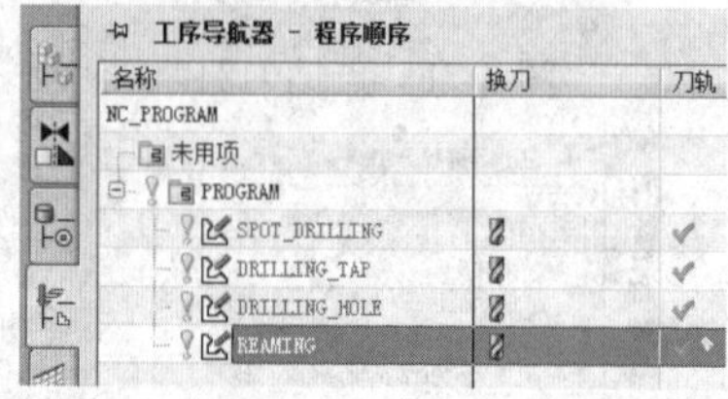

图 5-83　生成的点钻工序

（79）验证刀路轨迹。在操作导航器中用鼠标左键选择创建的操作，单击【确认刀轨】

按钮，点钻加工的效果如图 5-84 所示。

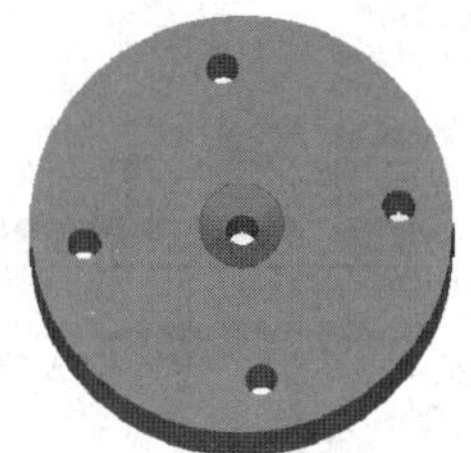

图 5-84　加工效果

（80）创建锪孔加工。单击【创建工序】按钮，系统弹出【创建工序】对话框，如图 5-85 所示进行设置。【类型】选择为 drill，【工序子类型】选择为锪孔，【刀具】选择为 COUNTERBORING_D20，【几何体】选择为 TAP，【方法】选择为 DRILL_METHOD，【名称】设为 COUNTERBORING，单击【确定】按钮。

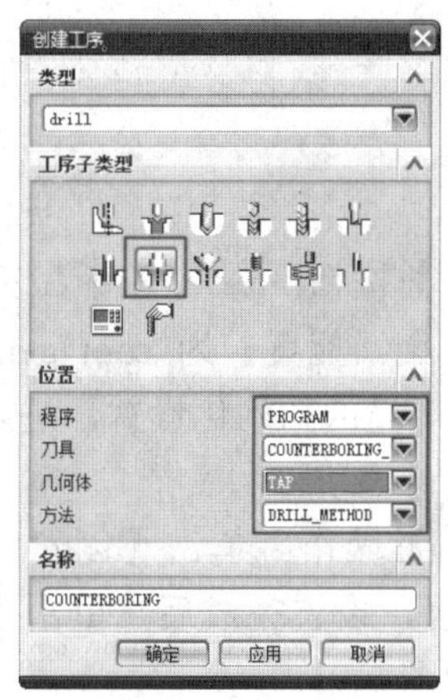

图 5-85　创建锪孔加工

（81）系统弹出【沉头孔加工】对话框，采用默认选项。【几何体】选择为 TAP，【刀具】选择为 COUNTERBORING_D20，【循环】选为【标准钻】，如图 5-86 所示。

（82）在【沉头孔加工】对话框上，单击【循环】后面的【编辑】按钮，系统弹出【指定参数组】对话框，如图 5-87 所示进行设置，然后单击【确定】按钮。

（83）系统返回【Cycle 参数】对话框。单击【Dwell-关】按钮，如图 5-88 所示。

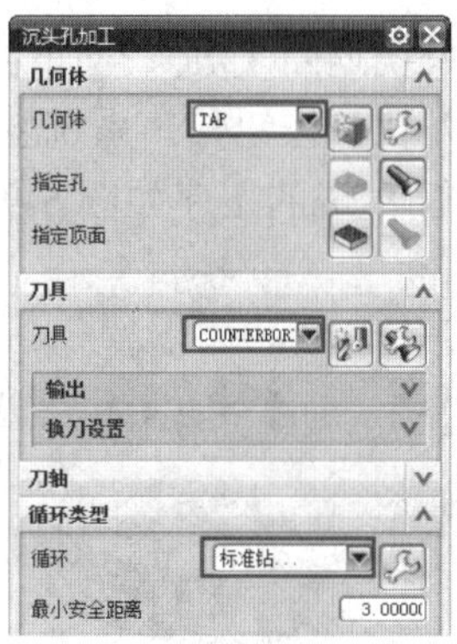

图 5-86　【沉头孔加工】对话框

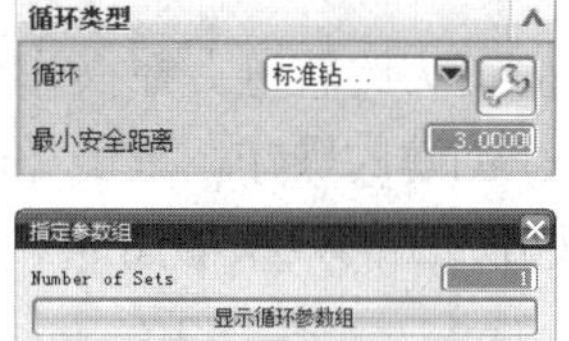

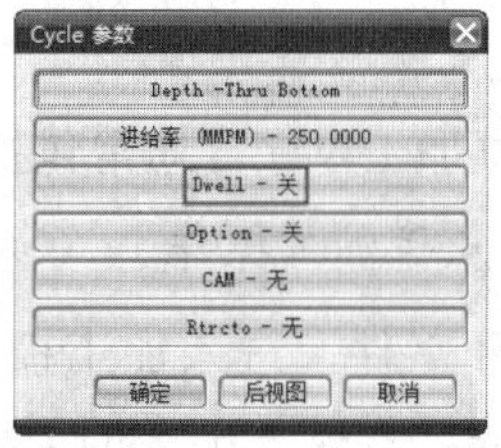

图 5-87　编辑循环参数

图 5-88　选择 Dwell

（84）系统弹出 Cycle Dwell 对话框，单击【秒】按钮，如图 5-89 所示。

图 5-89　单击秒

（85）系统弹出如图 5-90 所示的对话框，设置停留时间为 3 秒。单击【确定】按钮，系统返回【Cycle 参数】对话框，再单击【确定】按钮。

图 5-90　设定停留时间

（86）系统返回【沉头孔加工】对话框。单击【生成刀轨】按钮，系统生成的刀路如图 5-91 所示。生成的工序如图 5-92 所示。

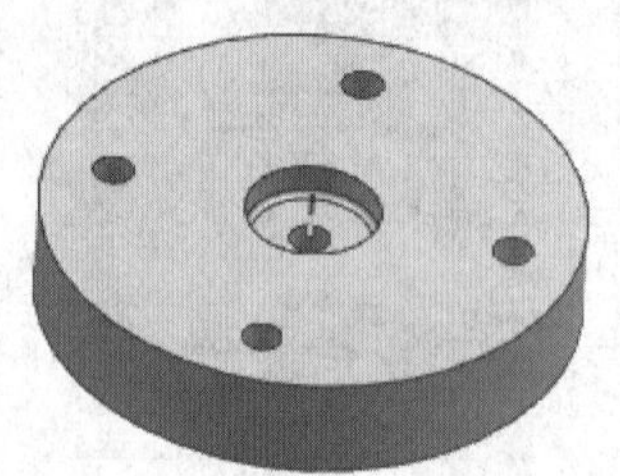

图 5-91　点钻刀路

（87）验证刀路轨迹。在操作导航器中用鼠标左键选择创建的操作，单击【确认刀轨】按钮，点钻加工的效果如图 5-93 所示。

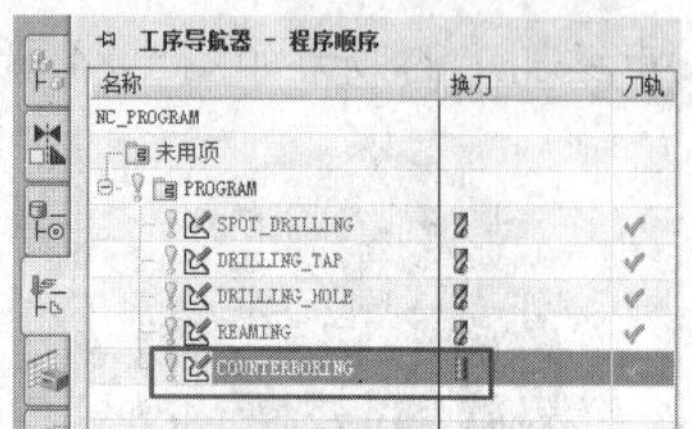

图 5-92　生成的点钻工序

图 5-93　加工效果

5.2　建立点位加工工序

建立点位加工工序，通常包括以下 4 个主要的步骤。

1．创建点位加工操作

首先打开工件，进入加工模块，在工具栏上单击【开始】按钮，在下拉列表中选择【加工】模块，系统弹出【加工环境】对话框。选择【CAM 会话配置】为 cam_general，选择【要创建的 CAM 设置】为 drill，单击【确定】按钮进行加工环境的初始化设置，进入加工模块的工作界面。

创建点位加工操作所需的刀具、几何后，可创建点位加工操作。单击【创建工序】按钮，系统弹出【创建工序】对话框，如图 5-94 所示进行设置，设置完成后，单击【确定】按钮。工序子类型是用来指定加工方式的，所代表的加工方式如图 5-95 所示。

图 5-94　【创建工序】对话框

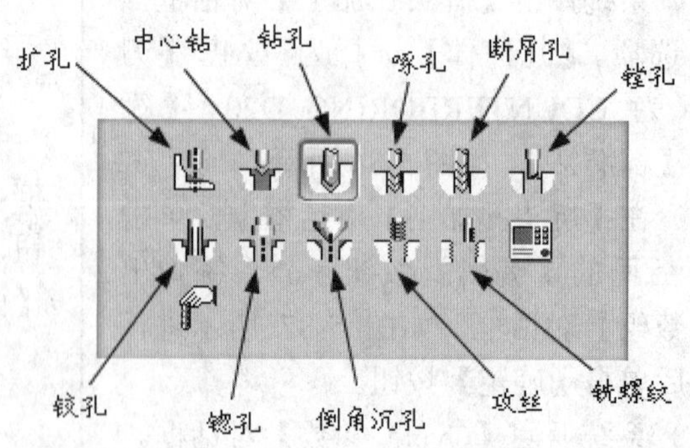

图 5-95　操作子类型

2. 选择循环类型

在钻孔操作对话框的循环选项下拉菜单中有很多循环类型，可以根据需要进行选定，并通过编辑来设定加工参数。

3. 设置一般参数

在点位加工操作中设置参数，从而指导生成刀轨，在对话框中可以设置最小距离、进给速度、避让、机床控制和孔深偏置等参数。

4. 生成刀轨

单击【生成刀轨】按钮，系统生成刀轨，完成操作的创建。

5.3 设定加工几何体

点位加工几何体包括指定加工位置、指定部件表面和加工底面等，可以通过如图 5-96 所示的操作使系统弹出【钻加工几何体】对话框。

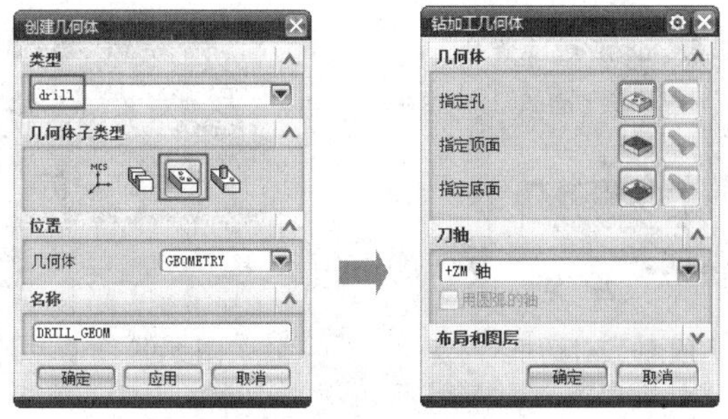

图 5-96 点位加工几何体的创建

1. 指定加工的孔位

在【钻加工几何体】对话框中单击【指定孔】按钮，系统弹出【点到点几何体】对话框，如图 5-97 所示。单击【选择】按钮，系统弹出点选择对话框。

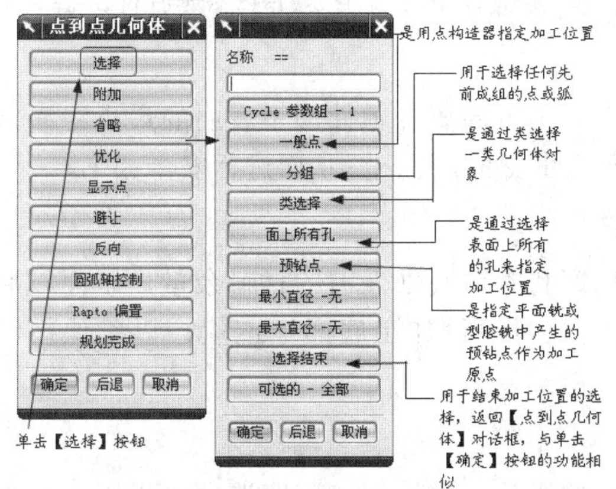

图 5-97 指定加工位置的操作

下面针对几个主要的选项进行简单的讲解。

- ◆ 一般点：是用点构造器指定加工位置。
- ◆ 分组：用于选择任何先前成组的点或弧。
- ◆ 面上所有孔：是通过选择表面上所有的孔来指定加工位置。
- ◆ 类选择：是通过类选择一类几何体对象。
- ◆ 预钻点：是指定平面铣或型腔铣中产生的预钻点作为加工原点。
- ◆ 选择结束：是用于结束加工位置的选择，返回【点到点几何体】对话框，与单击【确定】按钮的功能相似。

2. 指定部件表面

在【钻加工几何体】对话框上单击【指定顶面】按钮，系统弹出【顶面】对话框，如图 5-98 所示。选择【顶面选项】的某一个选项，为几何体指定加工顶面。

3. 指定底面

在【钻加工几何体】对话框上单击【指定底面】按钮，系统弹出【底面】对话框，如图 5-99 所示。单击【底面选项】的某一个选项，为几何体指定部件表面。

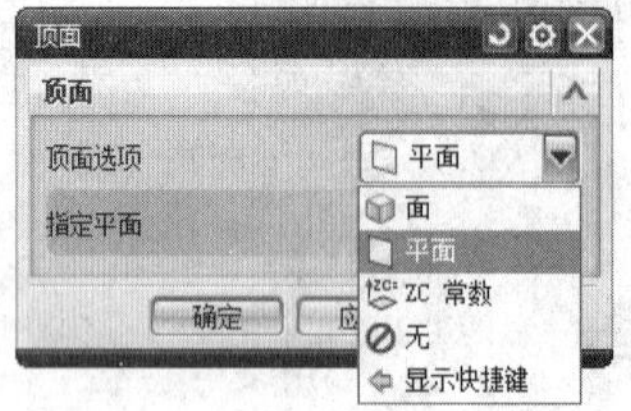

图 5-98 【顶面】对话框

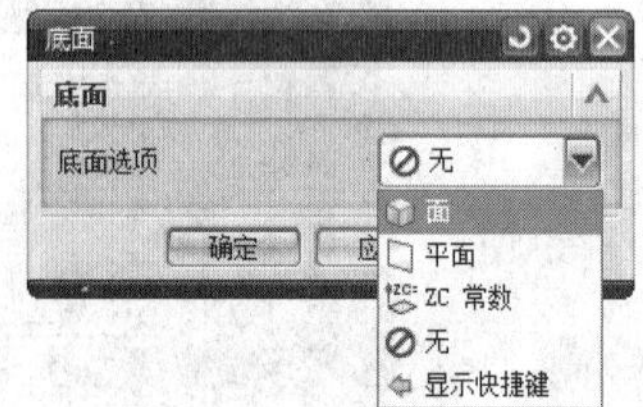

图 5-99 【底面】对话框

5.4 设置加工参数

在【钻】对话框中，如图 5-100 所示，可以设置最小安全距离、孔深偏置值、避让、进给率和速度等参数。下面就主要几个参数进行讲解。

1. 最小安全距离

最小安全距离是刀具沿刀轴方向离开零件加工表面的最小距离，通过设置可以规定刀具离开工件表面的距离，从而进行安全加工。

2. 孔深偏置量

孔深偏置量是指定钻削盲孔时，底部保留的材料余量，以便以后进行精加工，或者指定钻通孔时穿过加工底面穿透量，以确保被钻穿，并确定安全。

3. 避让、进给率和速度

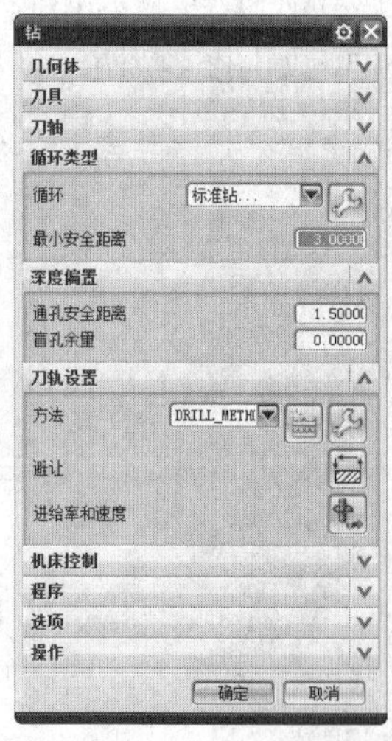

图 5-100 【钻】对话框

点位加工操作对话框中的避让、进给率和速度选项的设置方法与平面铣和型腔铣操作对话框中的相应选项的设置方法类似，读者可以参照前面章节进行相关选项的设置，此处不再详述。

5.5 设定循环加工

在设置循环参数时，需要指定各循环参数值，包括进给速度、暂停时间和深度增值等。因所选择的循环类型不同，所需要设置的循环参数就有所不同。下面介绍各循环参数设置对话框中主要循环参数的设置方法。参数设置的对话框如图 5-101 所示。

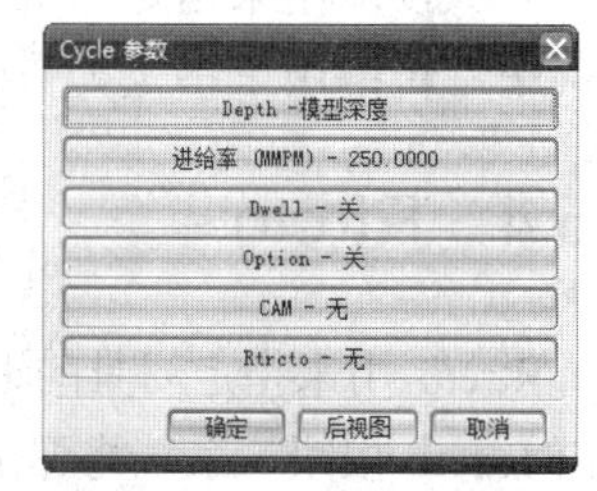

图 5-101 循环参数设置对话框

5.5.1 钻削深度

钻削深度是指零件加工表面到刀尖的深度。除了标准沉孔钻循环外，其他所有的循环均需要设置钻削深度参数。在【Cycle 参数】对话框上单击【Depth-模型深度】按钮，系统弹出深度设置的对话框，如图 5-102 所示。

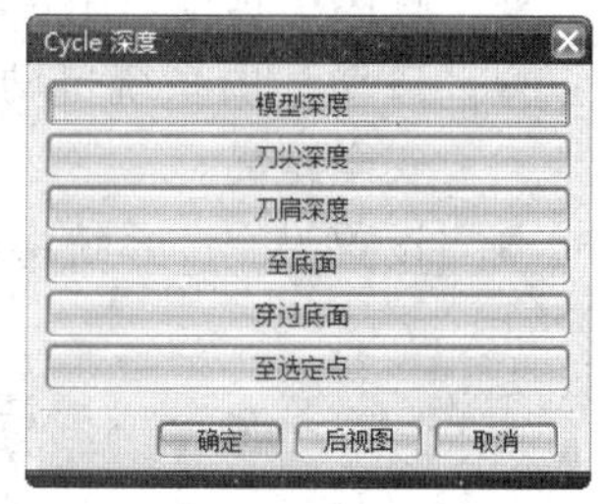

图 5-102 深度设置对话框

- ◆ 模型深度：是指定钻削深度为实体上的孔的深度。
- ◆ 刀尖深度：是沿刀轴方向指定加工表面到刀尖的距离来确定钻削深度。
- ◆ 刀肩深度：是沿刀轴方向指定加工表面到刀肩的距离来确定钻削深度。

- ◆ 至底面：是指定钻削深度是刀尖恰好接触加工底面。
- ◆ 穿过底面：是指定钻削深度是刀肩恰好接触加工底面，即穿透零件。
- ◆ 至选定点：是指沿刀轴方向用指定点到零件加工表面的距离来确定钻削深度。

5.5.2 进给率

进给率选项用来指定刀具进行点位加工时的进给速度，各种循环类型均需要设置进给速度参数。在【Cycle 参数】对话框上单击【进给率(MMPM)-250.0000】按钮，系统弹出进给率设置的对话框，如图 5-103 所示。输入数据进行设置。

图 5-103 进给率设置对话框

提示

如果一个循环处于激活状态，系统将使用用户在【循环参数】菜单中定义的“进给率”，而不是使用“切削进给率”。

5.5.3 Dwell（暂停时间）

暂停时间是指刀具在钻削到孔的最深处时的停留时间。在【Cycle 参数】对话框上单击

Dwell 按钮，系统将出暂停时间设置对话框，如图 5-104 所示。

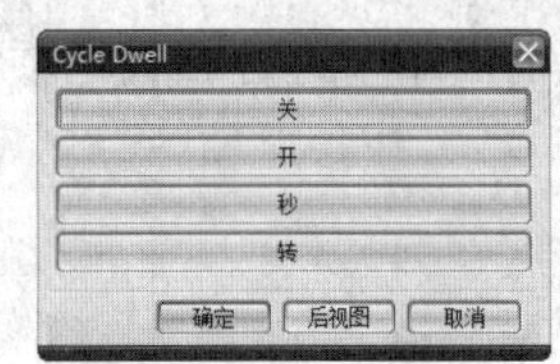

图 5-104　暂停时间设置对话框

- ◆ 关：用来指定刀具钻到孔的最深处时不暂停。
- ◆ 开：用来指定刀具钻到孔的最深处时停留指定的时间，它仅用于各类标准孔。
- ◆ 秒：用来指定刀具钻到孔的最深处时停留的秒数。
- ◆ 转：用来指定刀具钻到孔的最深处时停留的转数。

5.5.4　Rtrcto

Rtrcto 用来指定刀具的退刀距离。在【Cycle 参数】对话框上单击 Rtrcto 按钮，系统将弹出退刀距离设置的对话框，如图 5-105 所示。

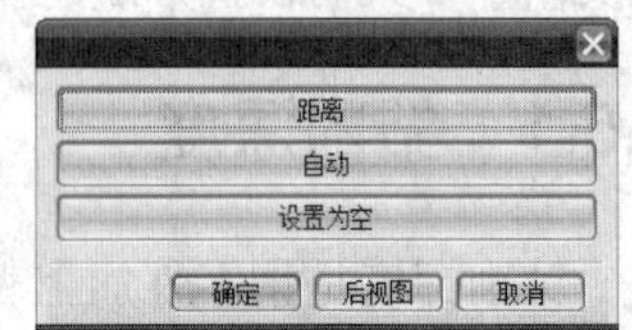

图 5-105　退刀距离设置对话框

- ◆ 距离：指定以用户输入数值作为退刀距离。
- ◆ 自动：由系统自动确定退刀距离，系统自动指定一个安全距离。
- ◆ 设置为空：系统将退刀距离设置为空，即不使用退刀距离。

5.6　实例·操作——多孔系零件加工

加工如图 5-106 所示的多孔系零件。

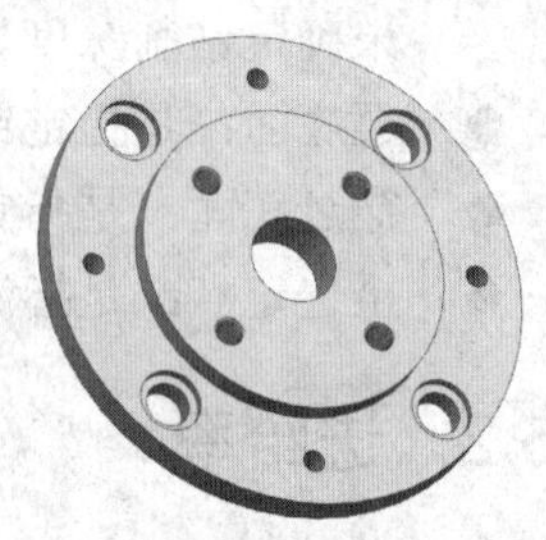
图 5-106　复杂多孔系零件

【思路分析】

如图 5-106 所示的部件模型，由 4 个沉头孔、4 个盲孔、4 个螺纹孔和中间一个大通孔组成。4 个沉头孔的直径为 28mm，通孔直径为 20mm；4 个盲孔直径为 10mm，深度为 8mm；4 个螺纹孔大径为 14mm，小径为 12mm，螺距为 2；中间的大通孔直径为 40mm。在该点位加工中，可以分为 7 个操作来完成孔的加工。

（1）创建一个点钻循环，准确定位所有的孔。

（2）创建一个标准钻循环操作，加工 4 个沉头孔中直径为 20mm 的通孔。

（3）创建一个标准钻循环操作，加工 4 个直径为 10mm 的通孔。

（4）创建一个标准钻循环操作，加工 4 个直径为 12mm 的通孔。

（5）创建一个标准钻循环操作，加工 4 个直径为 28mm，深度为 4mm 的沉头孔。

（6）创建一个标准钻循环操作，加工中间直径为 40mm 的通孔。

（7）创建一个标准攻丝循环操作，加工 4 个大径为 14mm、小径为 12mm、螺距为 2 的螺纹孔。

创建一个基本的点位加工操作，可以分为 6 个步骤：（1）创建通孔刀具和沉头孔刀具；（2）创建加工几何体；（3）创建点位加工工序；（4）指定孔、顶面、底面和深度偏置；

（5）选择循环类型；（6）生成刀轨。

【光盘文件】

起始文件——参见附带光盘中的“Model\Ch5\5-6.prt”文件。

结果文件——参见附带光盘中的“END\Ch5\5-6.prt”文件。

动画演示——参见附带光盘中的“AVI\Ch5\5-6.avi”文件。

【操作步骤】

（1）打开光盘中的源文件“Model\Ch5\5-6.prt”模型，单击 OK 按钮，进入加工环境。选择【开始】/【加工】命令，弹出【加工环境】对话框（快捷键方式 Ctrl+Alt+M），在【CAM 会话配置】中选择 cam_general，在【要创建的 CAM 设置】中选择 drill，单击【确定】按钮进入点位加工环境，如图 5-107 所示。

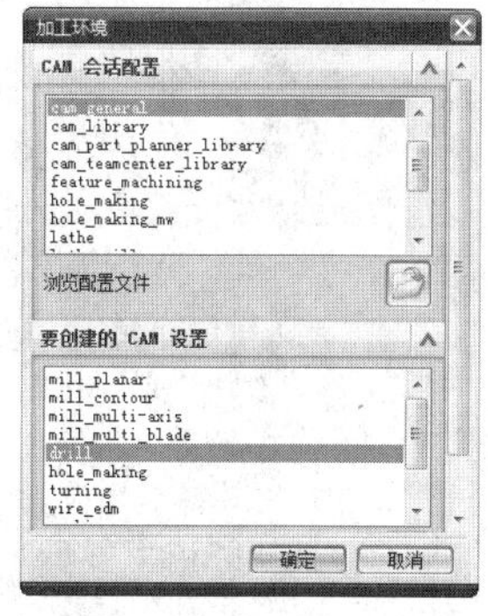

图 5-107　进入加工环境

（2）创建第一个程序。单击【创建程序】按钮，弹出【创建程序】对话框。在【类型】的下拉菜单中选择 drill，在【程序】的下拉菜单中选择 NC_PROGRAM，【名称】设置为 PROGRAM_1，单击【确定】按钮，创建点位加工程序，如图 5-108 所示。在【工序导航器-程序顺序】中显示了新建的程序，如图 5-109 所示。

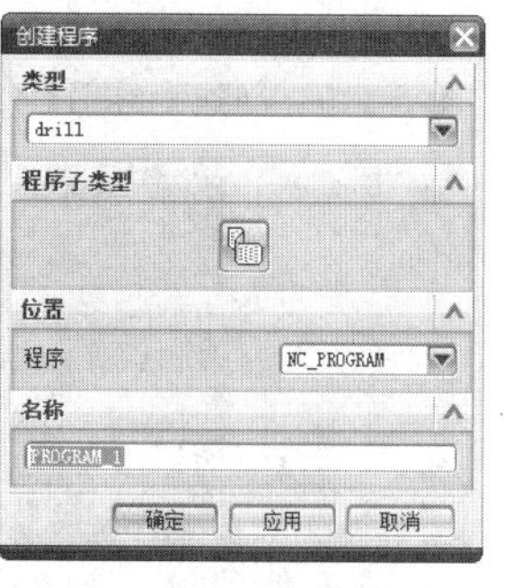

图 5-108　创建程序

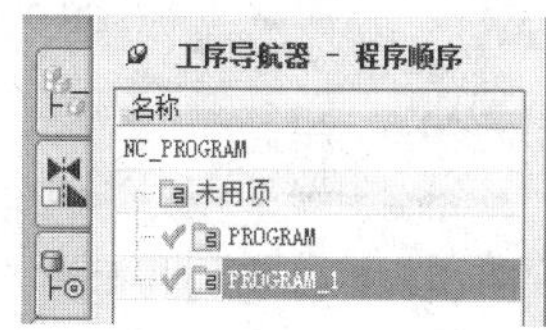

图 5-109　程序顺序视图

（3）创建 1 号刀具——创建点钻刀具。单击【创建刀具】按钮，弹出【创建刀具】对话框，在【类型】的下拉菜单中选择 drill，在【刀具子类型】中选择 SPOTDRILLING_TOOL，在【刀具】的下拉菜单中选择 GENERIC_MACHINE，【名称】设置为 SPOTDRILLING_TOOL_D10，单击【确定】按钮，如图 5-110 所示。

（4）系统自动弹出【钻刀】对话框，设置钻刀的具体参数，【直径】为 10，【刀尖角度】为 120，【长度】为 50，【刀刃长度】为 35，【刀刃】为 2，【刀具号】为 1，其余参数采用系统默认值，如图 5-111 所示。

图 5-110　创建 1 号刀具

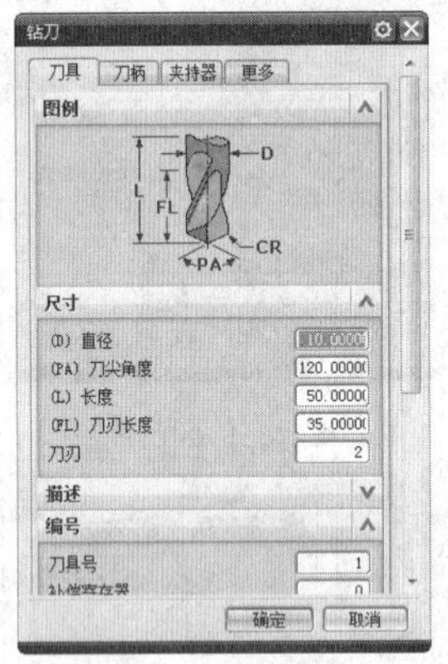

图 5-111　1 号刀具参数

（5）单击【确定】按钮，在【工序导航器-机床】中可显示新建的刀具 SPOTDRILLING_TOOL_D10，如图 5-112 所示。

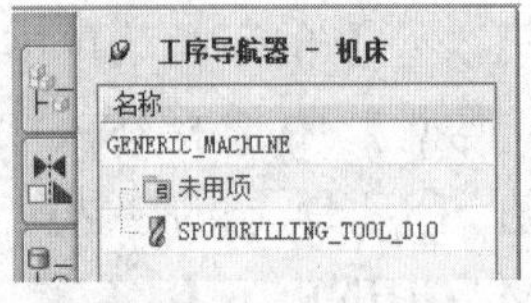

图 5-112　机床视图

（6）创建 2 号刀具——创建直径为 10mm 的标准钻刀。单击【创建刀具】按钮，弹出【创建刀具】对话框，在【类型】的下拉菜单中选择 drill，在【刀具子类型】中选择 DRILLING_TOOL，在【刀具】的下拉菜单中选择 GENERIC_MACHINE，【名称】设置为 DRILLING_TOOL_D10，单击【确定】按钮，如图 5-113 所示。

图 5-113　创建 2 号刀具

（7）系统自动弹出【钻刀】对话框，设置刀具的具体参数，【直径】为 10，【刀尖角度】为 118，【长度】为 50，【刀刃长度】为 35，【刀刃】为 2，【刀具号】为 2，其余参数采用系统默认值，如图 5-114 所示。

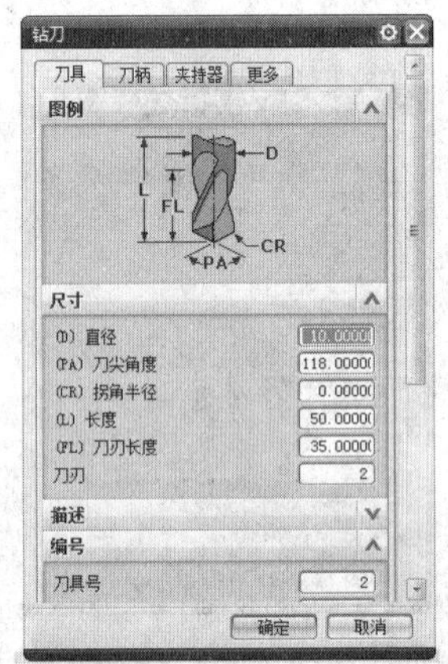

图 5-114　2 号刀具参数

（8）单击【确定】按钮，在【工序导航器-机床】中可显示新建的刀具 DRILLING_TOOL_D10，如图 5-115 所示。

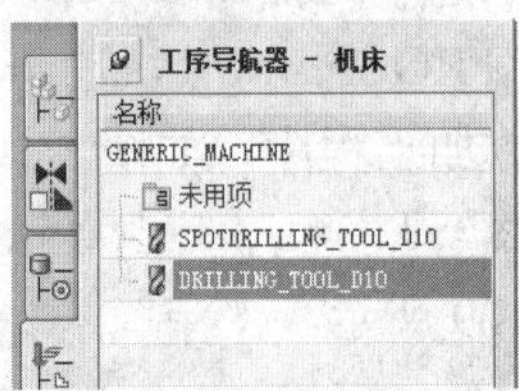

图 5-115　机床视图

（9）创建 3 号刀具——创建直径为 20mm

的标准钻刀。单击【创建刀具】按钮，弹出【创建刀具】对话框，在【类型】的下拉菜单中选择 drill，在【刀具子类型】中选择 DRILLING_TOOL，在【刀具】的下拉菜单中选择 GENERIC_MACHINE，【名称】设置为 DRILLING_TOOL_D20，单击【确定】按钮，如图 5-116 所示。

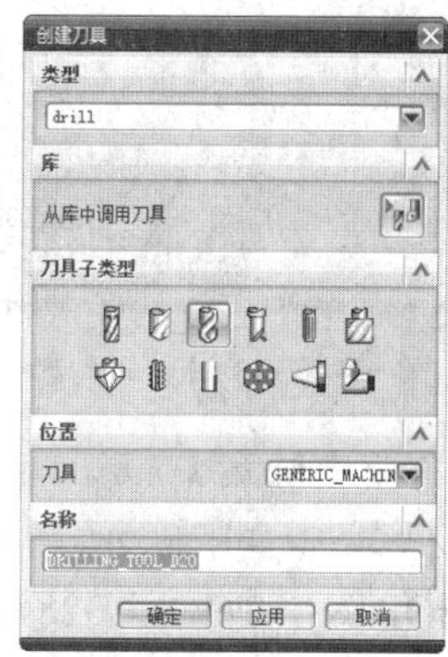

图 5-116　创建 3 号刀具

（10）系统自动弹出【钻刀】对话框，设置刀具的具体参数，【直径】为 20，【刀尖角度】为 118，【长度】为 50，【刀刃长度】为 35，【刀刃】为 2，【刀具号】为 3，其余参数采用系统默认值，如图 5-117 所示。

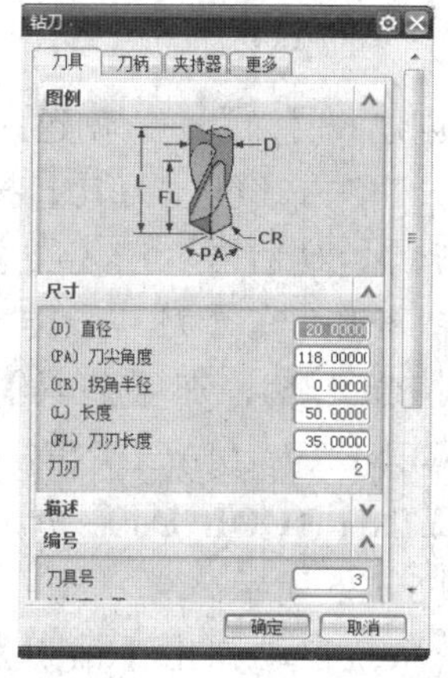

图 5-117　3 号刀具参数

（11）单击【确定】按钮，在【工序导航器-机床】中可显示新建的刀具 DRILLING_TOOL_D20，如图 5-118 所示。

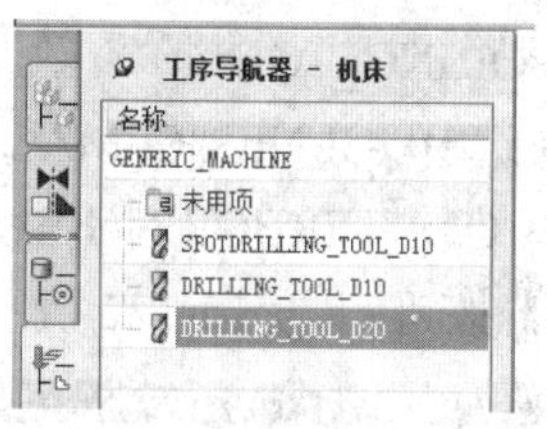

图 5-118　机床视图

（12）创建 4 号刀具——创建直径为 12mm 的标准钻刀。单击【创建刀具】按钮，弹出【创建刀具】对话框，在【类型】的下拉菜单中选择 drill，在【刀具子类型】中选择 DRILLING_TOOL，在【刀具】的下拉菜单中选择 GENERIC_MACHINE，【名称】设置为 DRILLING_TOOL_D12，单击【确定】按钮，如图 5-119 所示。

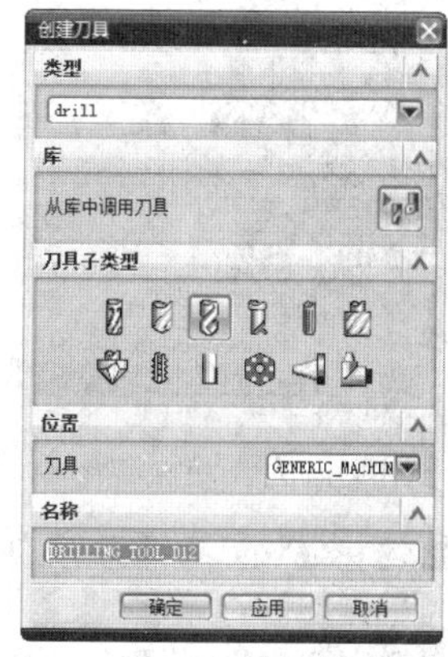

图 5-119　创建 4 号刀具

（13）系统自动弹出【钻刀】对话框，设置刀具的具体参数，【直径】为 12，【刀尖角度】为 118，【长度】为 50，【刀刃长度】为 35，【刀刃】为 2，【刀具号】为 4，其余参数采用系统默认值，如图 5-120 所示。

（14）单击【确定】按钮，在【工序导航器-机床】中可显示新建的刀具 DRILLING_TOOL_D12，如图 5-121 所示。

（15）创建 5 号刀具——创建直径为 28mm 的沉头孔刀具。单击【创建刀具】按钮，弹出【创建刀具】对话框，在【类型】的下拉菜单中选择 drill，在【刀具子类型】中选择

COUNTERBORING_TOOL，在【刀具】的下拉菜单中选择 GENERIC_MACHINE，【名称】设置为 COUNTERBORING_TOOL_ D28，单击【确定】按钮，如图 5-122 所示。

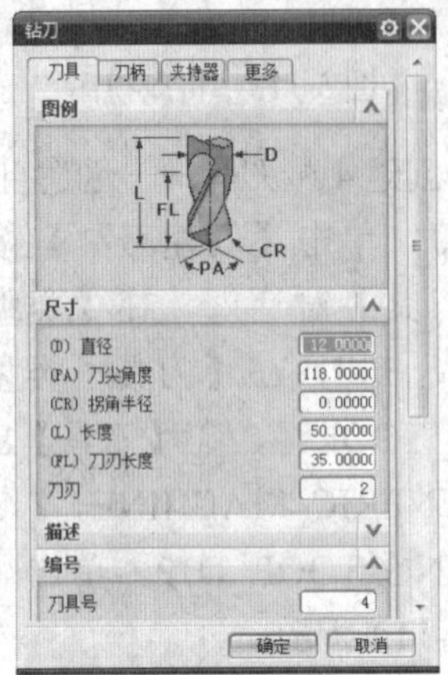

图 5-120　4 号刀具参数

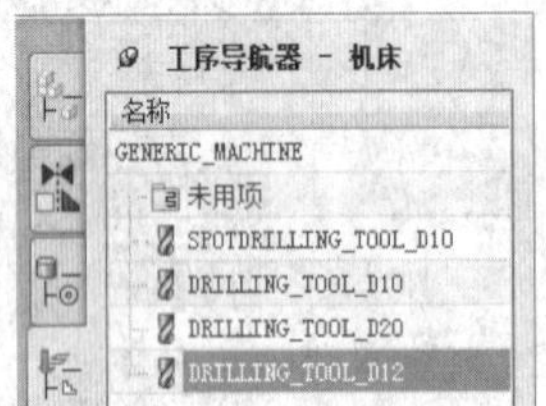

图 5-121　机床视图

图 5-122　创建 5 号刀具

（16）系统自动弹出【铣刀-5 参数】对话框，设置刀具的具体参数，【直径】为 28，【下半径】为 0，【长度】为 75，【刀刃长度】为 50，【刀刃】为 4，【刀具号】为 5，其余参数采用系统默认值，如图 5-123 所示。

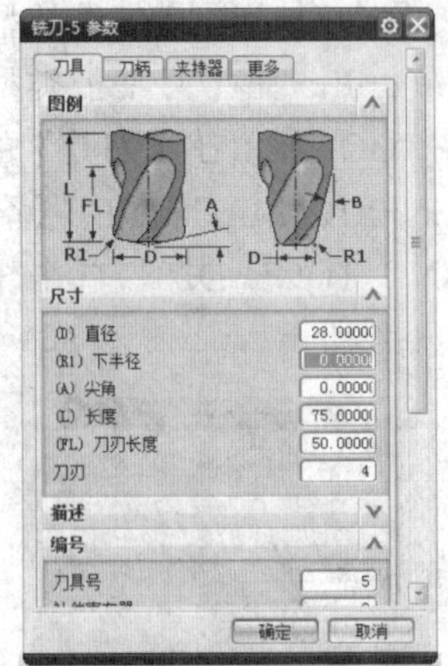

图 5-123　5 号刀具参数

（17）单击【确定】按钮，在【工序导航器-机床】中可显示新建的刀具 COUNTERBORING_TOOL_D28，如图 5-124 所示。

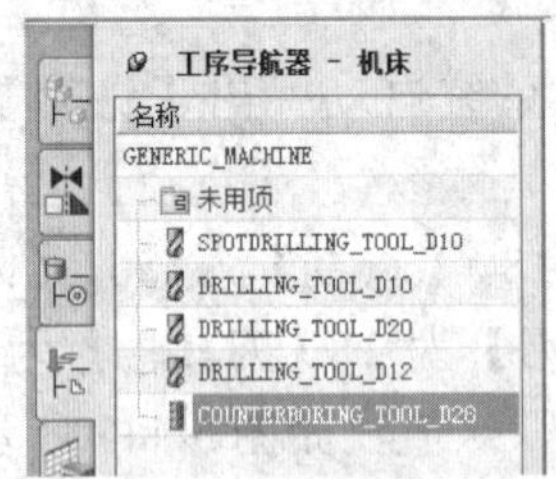

图 5-124　机床视图

（18）创建 6 号刀具——创建直径为 40mm 的标准钻刀。单击【创建刀具】按钮，弹出【创建刀具】对话框，在【类型】的下拉菜单中选择 drill，在【刀具子类型】中选择 DRILLING_TOOL，在【刀具】的下拉菜单中选择 GENERIC_MACHINE，【名称】设置为 DRILLING_TOOL_D40，单击【确定】按钮，如图 5-125 所示。

（19）系统自动弹出【钻刀】对话框，设置刀具的具体参数，【直径】为 40，【刀尖角度】为 118，【长度】为 50，【刀刃长度】为 35，【刀刃】为 2，【刀具号】为 6，其余参数采用系统默认值，如图 5-126 所示。

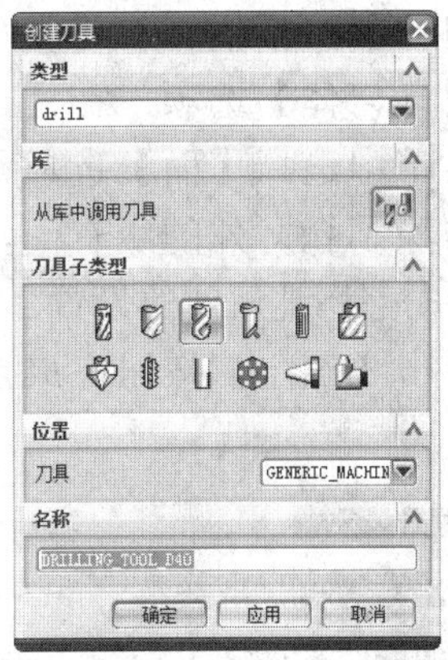

图 5-125 创建 6 号刀具

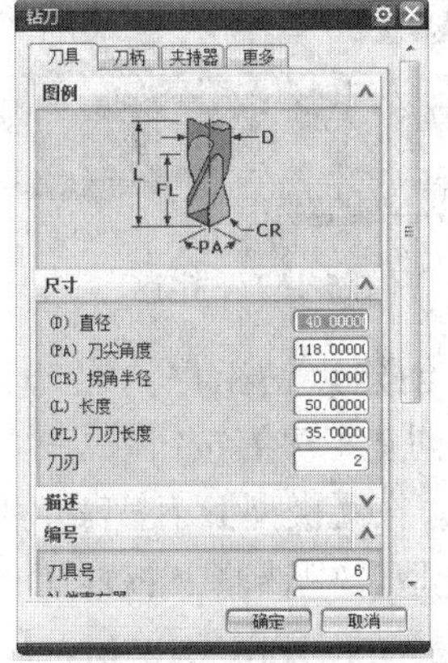

图 5-126 6 号刀具参数

（20）单击【确定】按钮，在【工序导航器 - 机床】中的显示新建的刀具 DRILLING_TOOL_D40，如图 5-127 所示。

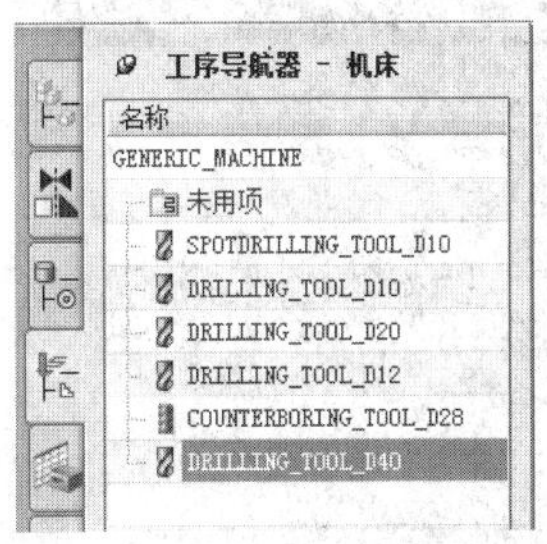

图 5-127 机床视图

（21）创建 7 号刀具——创建螺纹刀。单击【创建刀具】按钮，弹出【创建刀具】对话框，在【类型】的下拉菜单中选择 drill，在【刀具子类型】中选择 THREAD_MILL，在【刀具】的下拉菜单中选择 GENERIC_MACHINE，【名称】设置为 THREAD_MILL，单击【确定】按钮，如图 5-128 所示。

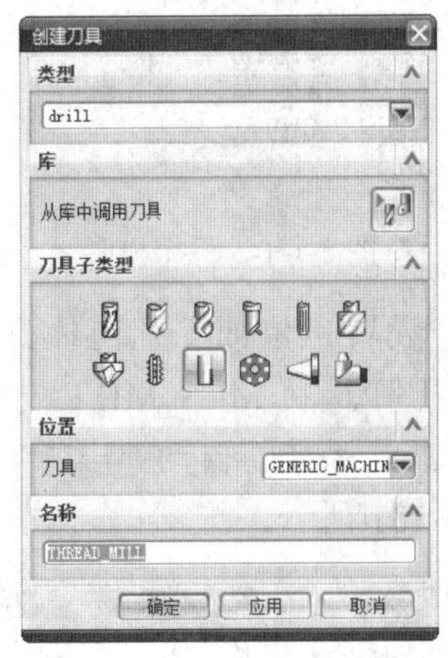

图 5-128 创建 7 号刀具

（22）系统自动弹出【螺纹铣】对话框，设置刀具的具体参数，【直径】为 12，【颈部直径】为 10，【长度】为 70，【刀刃长度】为 40，【刀刃】为 2，【螺距】为 2，【刀具号】为 7，其余参数采用系统默认值，如图 5-129 所示。

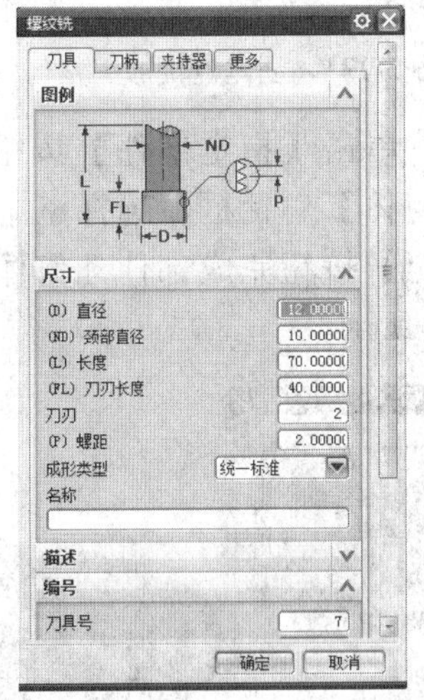

图 5-129 7 号刀具参数

（23）单击【确定】按钮，在【工序导航器-机床】中可显示新建的刀具 THREAD_MILL，如图 5-130 所示。

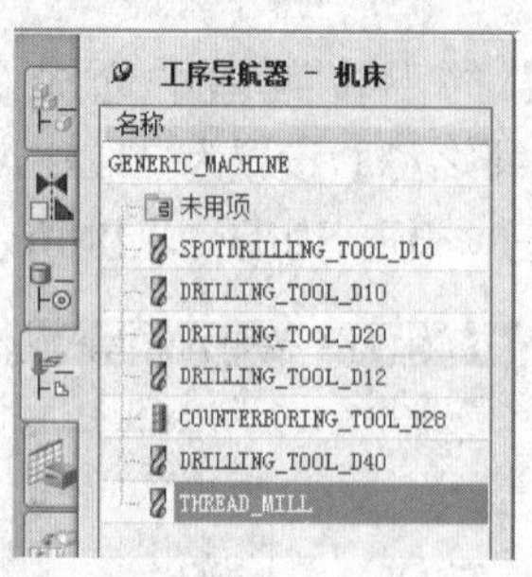

图 5-130　机床视图

（24）设置点位加工几何体。双击【工序导航器-几何】中 MCS_MILL 子菜单下的 WORKPIECE，系统将自动弹出【工件】对话框，如图 5-131 所示。

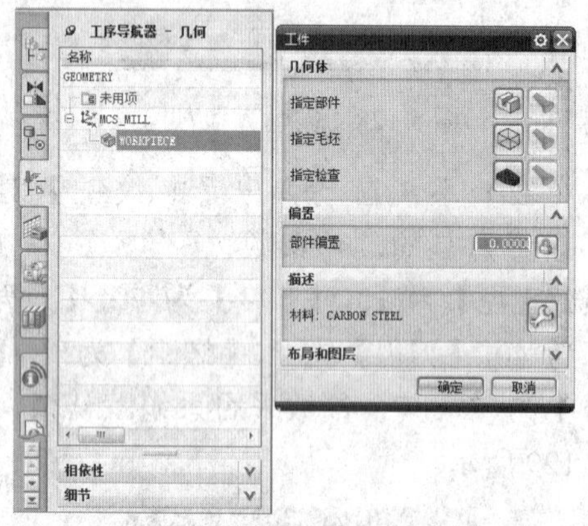

图 5-131　创建点位加工几何体

（25）单击【指定部件】按钮，弹出【部件几何体】对话框，选择整个部件体，单击【确定】按钮完成部件几何体的设置，如图 5-132 所示。

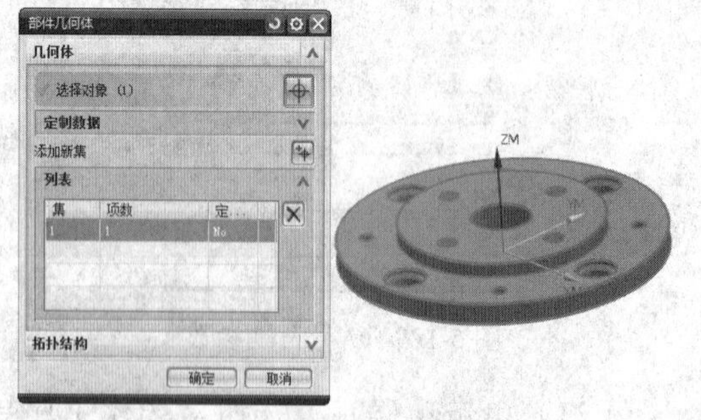

图 5-132　指定部件

（26）单击【指定毛坯】按钮，弹出【毛坯几何体】对话框。在【类型】下拉菜单中选择【几何体】选项，在【过滤器】类型的下拉菜单中选择【面】选项，再选择部件几何体中除了孔之外的所有面，单击【确定】按钮完成毛坯几何体的设置，如图 5-133 所示。再单击【确定】按钮完成点位加工几何体的设置。

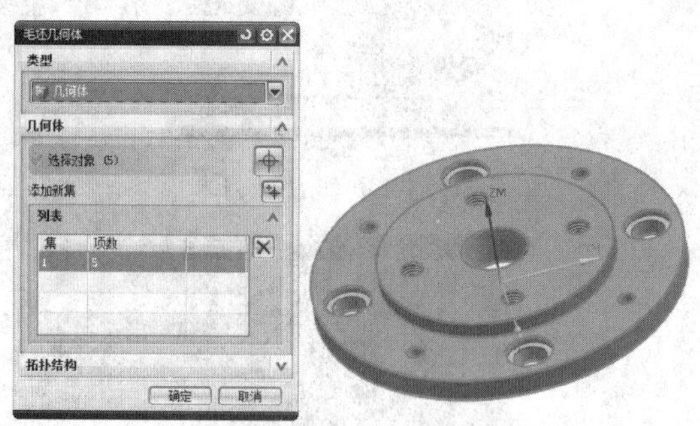

图 5-133　指定毛坯

（27）创建点钻工序，精确定位所有的孔。单击【创建工序】按钮，弹出【创建工序】对话框。在【类型】下拉菜单中选择 drill，【工序子类型】中选择 SPOT_DRILLING，【程序】选择 NC_PROGRAM，【刀具】选择 SPOTDRILLING_TOOL_D10，【几何体】选择 WORKPIECE，【方法】选择 DRILL_METHOD，【名称】设置为 SPOT_DRILLING，单击【确定】按钮，如图 5-134 所示。

图 5-134　创建点钻工序

（28）单击【确定】按钮后，弹出【定心钻】对话框，设置钻孔的参数。在【几何体】的下拉菜单中选择 WORKPIECE，继承前面设置的部件几何体和毛坯几何体，如图 5-135 所示。

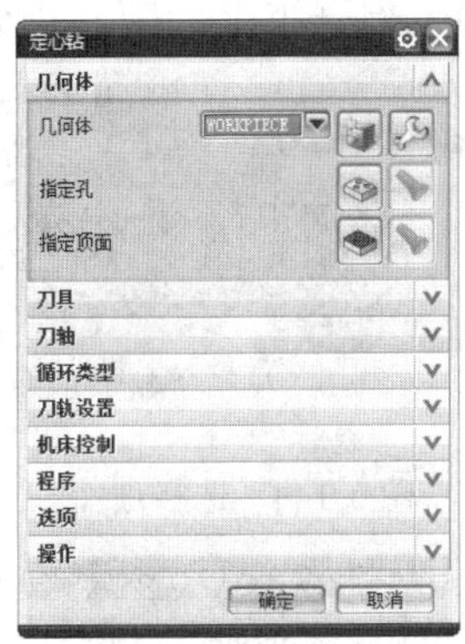

图 5-135　继承几何体

（29）指定孔。单击【指定孔】按钮，系统将自动弹出【点到点几何体】对话框，如图 5-136 所示。

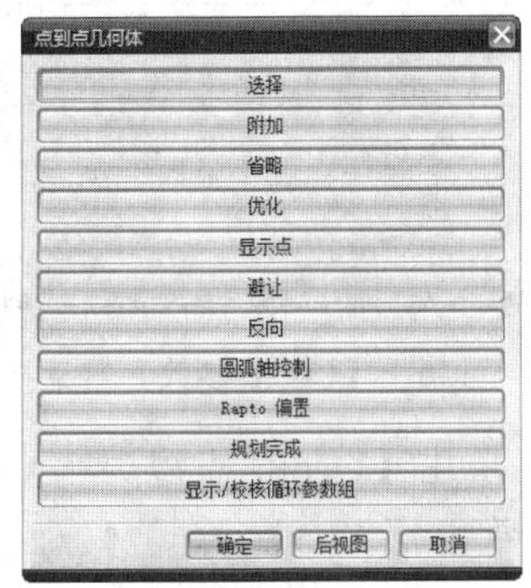

图 5-136　【点到点几何体】对话框

（30）在【点到点几何体】对话框中单击【选择】按钮，系统将自动弹出【加工位置】对话框，如图 5-137 所示。

（31）在【加工位置】对话框中单击【Cycle 参数组-1】按钮，系统将自动弹出选择循环参数组的对话框，如图 5-138 所示。

（32）单击【参数组 1】按钮，系统将自动弹出【选择点/圆弧/孔】对话框，选择所有 13 个孔位，如图 5-139 所示。单击【确定】按钮，系统将自动返回【点到点几何体】对话框。

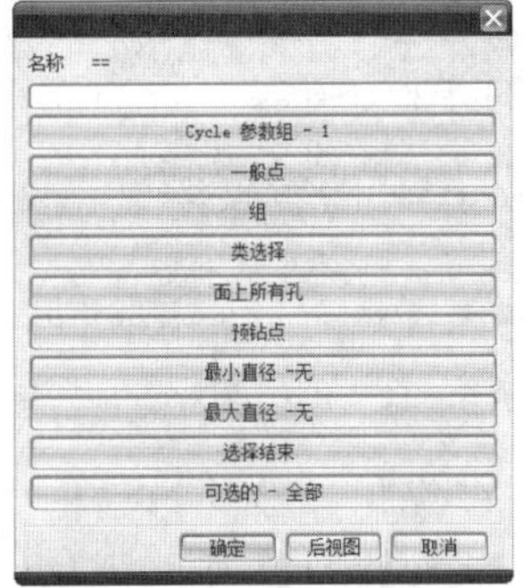

图 5-137　【加工位置】对话框

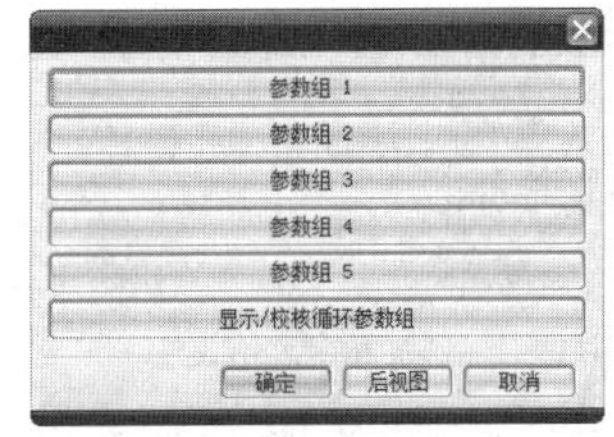

图 5-138　选择循环参数组的对话框

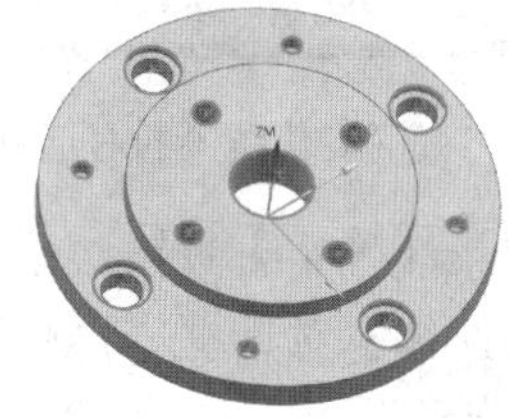

图 5-139　选择孔

（33）在【点到点几何体】对话框中单击【优化】按钮，系统将自动弹出优化点的对话框，如图 5-140 所示。

图 5-140　优化点的对话框

（34）单击对话框中的【最短刀轨】按钮，系统将自动弹出优化参数的对话框，如图 5-141 所示。

Level -标准
Based on -距离
Start Point -自动
End Point -自动
Start Tool Axis-N/A
End Tool Axis -N/A
优化
确定 后视图 取消

图 5-141 优化参数的对话框

（35）在优化参数的对话框中单击【优化】按钮，系统将自动弹出优化结果的对话框，如图 5-142 所示。

-------Total Length of Tool Path-------
Before Optimization - 982.6944
After Optimization - 482.1811
---Total Angular Change of Tool Axis---
Before Optimization -0.0000
After Optimization -0.0000
显示
接受
拒绝
确定 后视图 取消

图 5-142 优化结果的对话框

（36）单击【确定】按钮，系统将自动返回【点到点几何体】对话框。再单击【确定】按钮，系统将自动返回【定心钻】对话框。

（37）指定顶面。单击【指定顶面】按钮，系统将自动弹出【顶面】对话框，如图 5-143 所示。

图 5-143 顶面设置

（38）在【顶面选项】的下拉菜单中选择【面】选项，再选择部件的上表面，如图 5-144 所示，单击【确定】按钮完成顶面的指定。

（39）设置循环类型。在【定心钻】对话框中的【循环类型】的【循环】下拉菜单中选择【标准钻】选项，再单击【标准钻】的参数【编辑】按钮，系统将自动弹出【指定参数组】对话框，在 Number of Sets 文本框中输入 1，设置一个循环参数组，如图 5-145 所示。单击【确定】按钮，系统将自动弹出【Cycle 参数】对话框，如图 5-146 所示。

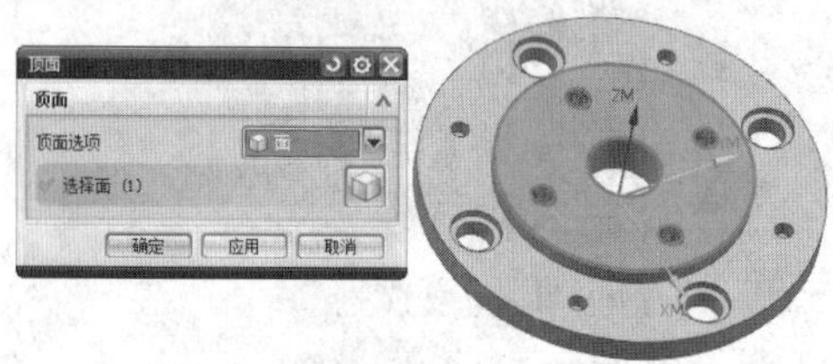

图 5-144 选择顶面

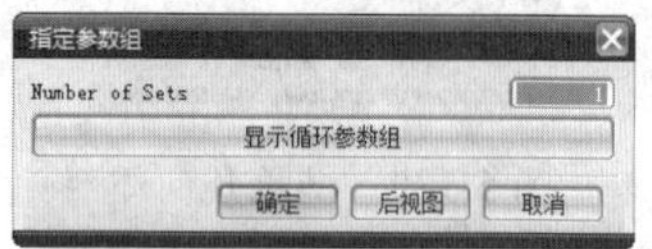

图 5-145 循环次数设置

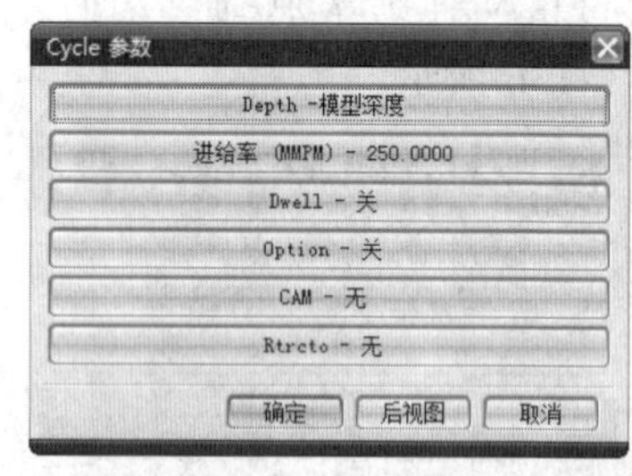
Cycle 参数
Depth -模型深度
进给率 (MMPM) - 250.0000
Dwell - 关
Option - 关
CAM - 无
Rtrcto - 无
确定 后视图 取消

图 5-146 【Cycle 参数】对话框

（40）单击【Depth-模型深度】按钮，系统将自动弹出【Cycle 深度】对话框，如图 5-147 所示。

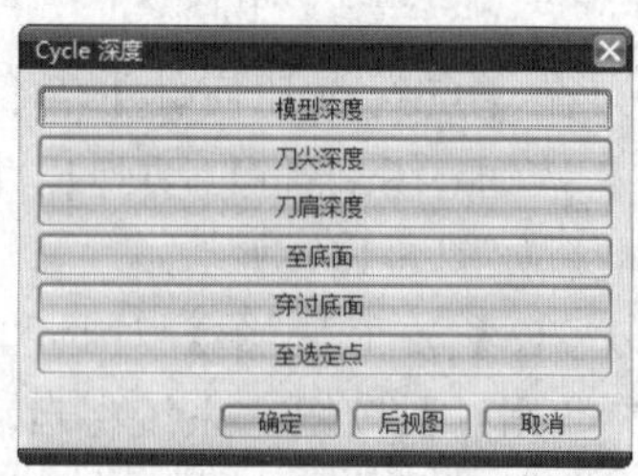
Cycle 深度
模型深度
刀尖深度
刀肩深度
至底面
穿过底面
至选定点
确定 后视图 取消

图 5-147 【Cycle 深度】对话框

（41）单击【刀尖深度】按钮，系统将自动弹出刀尖深度的对话框，输入深度值为

3，如图 5-148 所示。

图 5-148 刀尖深度的对话框

（42）单击【确定】按钮，系统将自动返回【Cycle 参数】对话框。在【Cycle 参数】对话框中单击【进给率(MMPM)-250.0000】按钮，系统将自动弹出【Cycle 进给率】对话框，设置进给率为 200，如图 5-149 所示。

图 5-149 设置进给率

（43）单击【确定】按钮，系统将自动返回【Cycle 参数】对话框。再单击【确定】按钮，系统将自动返回【定心钻】对话框，在【循环类型】组中设置【最小安全距离】值为 15，如图 5-150 所示。

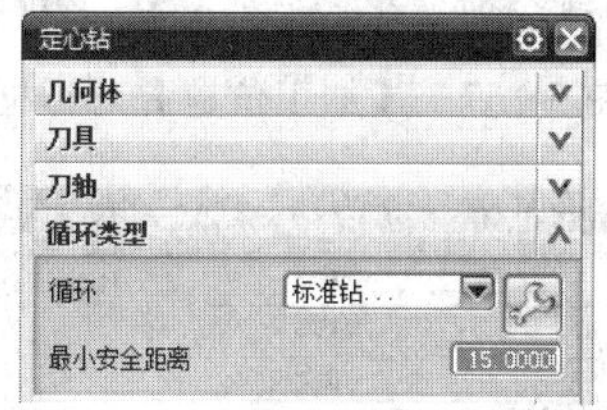

图 5-150 设置最小安全距离

（44）设置进给率速度。在【定心钻】对话框中单击【进给率和速度】按钮，系统将自动弹出【进给率和速度】对话框，设置的参数如图 5-151 所示。单击【确定】按钮，完成进给率和速度的设置。

（45）生成刀轨。单击【生成刀轨】按钮，系统将根据设置的操作参数生成相应的刀轨，如图 5-152 所示。

（46）确认刀轨。单击【确认刀轨】按钮，系统将确认操作生成的刀轨，通过【刀轨可视化】对话框，用户可对刀轨进行可视化播放，包括 3D 和 2D 动画演示，且可以进行过切和碰撞检查，如图 5-153 所示。单击【确定】按钮，完成定位钻孔的加工。

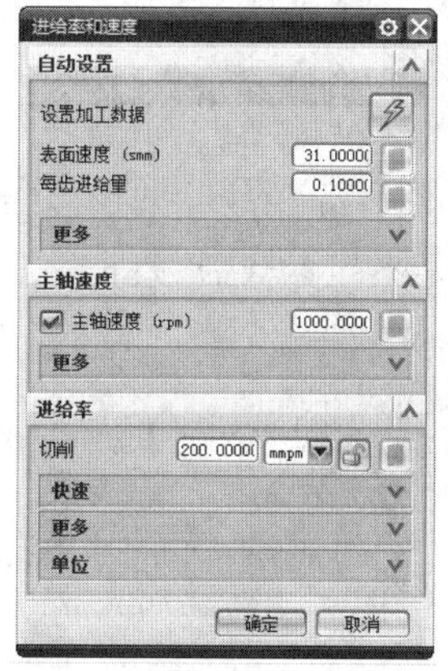

图 5-151 设置进给率和速度

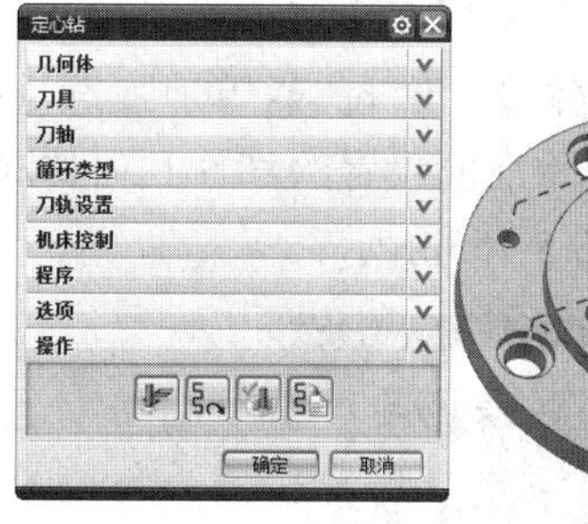

图 5-152 生成刀轨

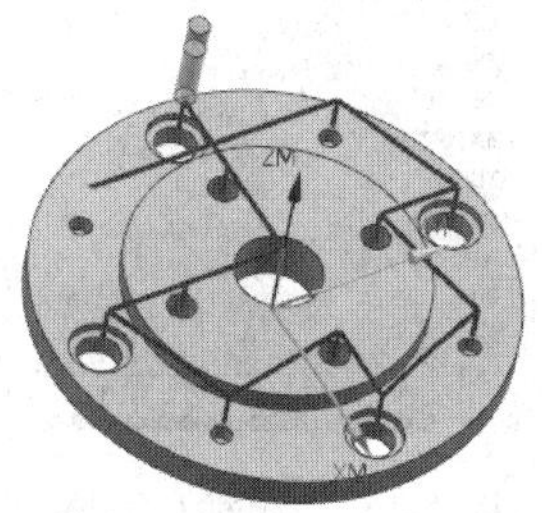

图 5-153 确认刀轨

（47）创建钻孔直径为 20mm 的通孔工序。单击【创建工序】按钮，弹出【创建工序】对话框，在【类型】下拉菜单中选择 drill，【工序子类型】中选择 DRILLING，【程序】选择 NC_PROGRAM，【刀具】选择 DRILLING_TOOL_D20，【几何体】选择 WORKPIECE，【方法】选择 DRILL_

METHOD，【名称】设置为 DRILLING，单击【确定】按钮，如图 5-154 所示。单击【确定】按钮后，弹出【钻】对话框，设置钻孔的参数。

图 5-154　创建钻孔工序

在【几何体】下拉菜单中选择 WORKPIECE，继承前面设置的部件几何体和毛坯几何体，如图 5-155 所示。

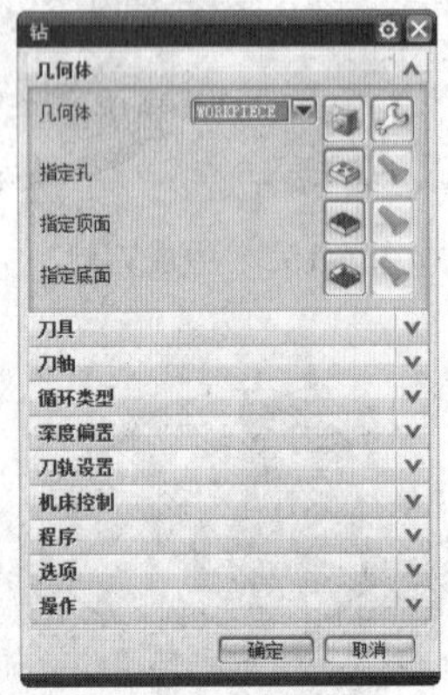

图 5-155　继承几何体

（48）指定孔。单击【指定孔】按钮，系统将自动弹出【点到点几何体】对话框，如图 5-156 所示。

（49）在【点到点几何体】对话框中单击【选择】按钮，系统将自动弹出【选择点/圆弧/孔】对话框，如图 5-157 所示。

（50）在【选择点/圆弧/孔】对话框中按钮【Cycle 参数组-1】按钮，系统将自动弹出选择循环参数组的对话框，如图 5-158 所示。

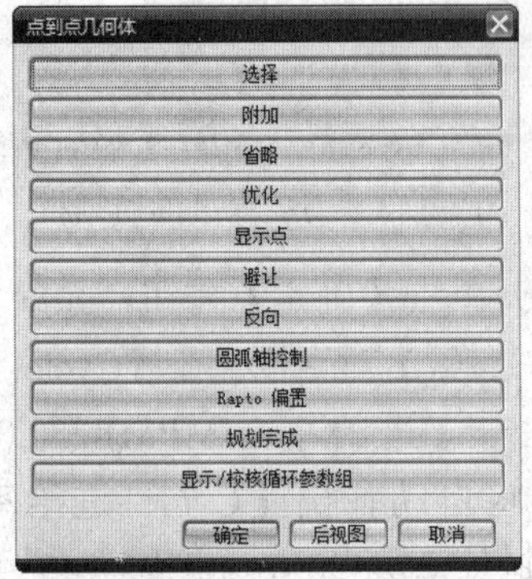

图 5-156　【点到点几何体】对话框

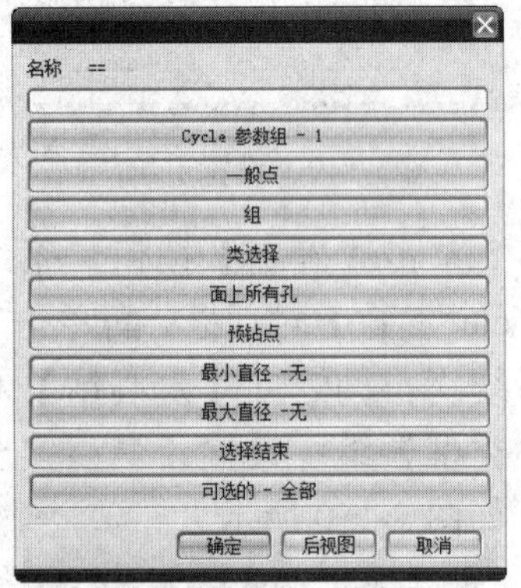

图 5-157　【加工位置】对话框

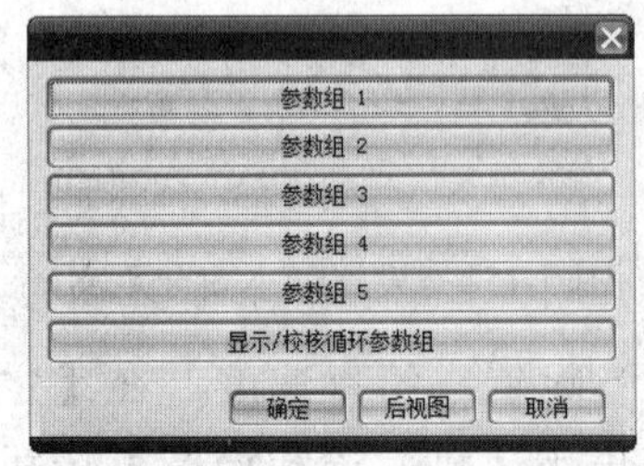

图 5-158　参数组的对话框

（51）在选择循环参数组对话框中单击【参数组 1】按钮，系统将自动返回【选择点/圆弧/孔】对话框，选择部件上直径为 20mm 的孔，如图 5-159 所示。

（52）单击【确定】按钮，系统将自动返回【点到点几何体】对话框。在【点到点几何体】对话框中单击【优化】按钮，系统将自动弹出【优化】对话框，如图 5-160 所示。

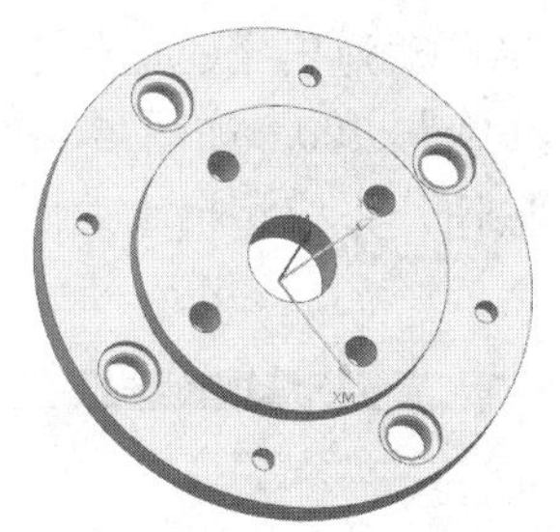

图 5-159 选择孔

图 5-160 【优化】对话框

（53）在【优化】对话框中单击【最短刀轨】按钮，系统将自动弹出优化参数的对话框，如图 5-161 所示。

图 5-161 优化参数的对话框

（54）在优化参数的对话框中单击【优化】按钮，系统将自动弹出优化结果的对话框，如图 5-162 所示。

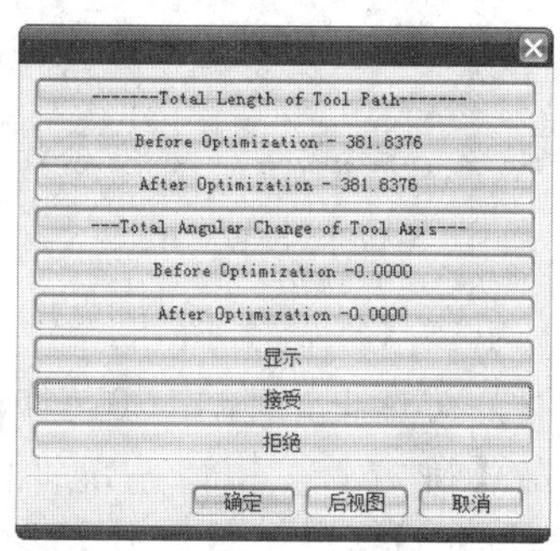

图 5-162 优化结果的对话框

（55）单击【确定】按钮，系统将自动返回【点到点几何体】对话框。再单击【确定】按钮，完成孔的指定，系统将自动返回【钻】对话框。

（56）指定顶面。单击【指定顶面】按钮，系统将自动弹出【顶面】对话框，如图 5-163 所示。

图 5-163 顶面设置

（57）在【顶面选项】的下拉菜单中选择【面】选项，再选择如图 5-164 所示表面，单击【确定】按钮完成顶面的指定。

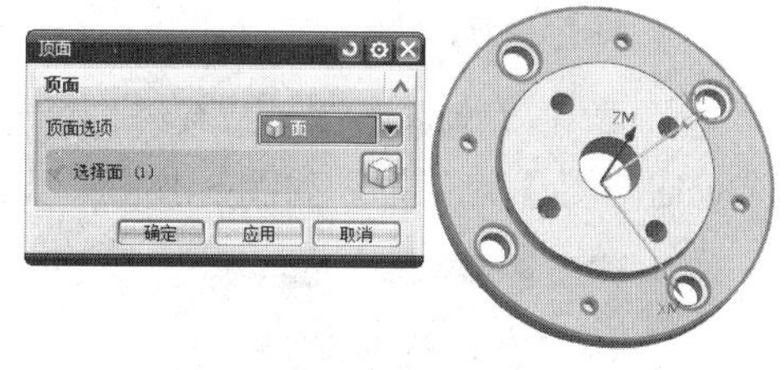

图 5-164 选择顶面

（58）指定底面。单击【指定底面】按钮，系统将自动弹出【底面】对话框，如图 5-165 所示。

图 5-165 底面设置

（59）在【底面选项】的下拉菜单中选择【面】选项，再选择部件的下表面，如图 5-166 所示。单击【确定】按钮，完成底面的指定。

（60）设置循环类型。在【钻】对话框中，在【循环类型】的【循环】下拉菜单中选择【标准钻】选项，再单击【标准钻】的参数【编辑】按钮，系统将自动弹出【指定参数组】对话框。在 Number of Sets 文本框中输入 1，设置一个循环参数组，如图 5-167 所示。

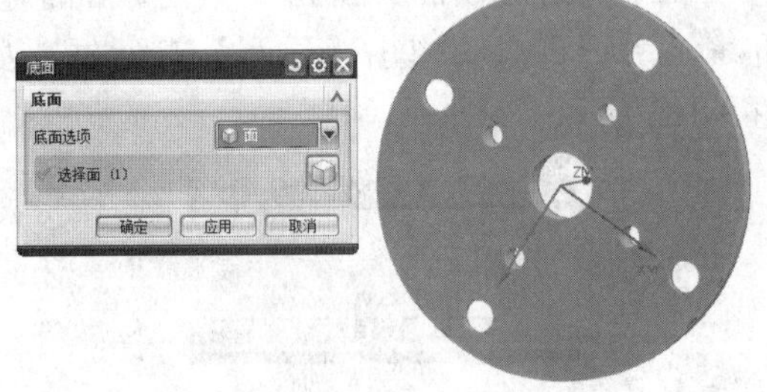

图 5-166　选择底面

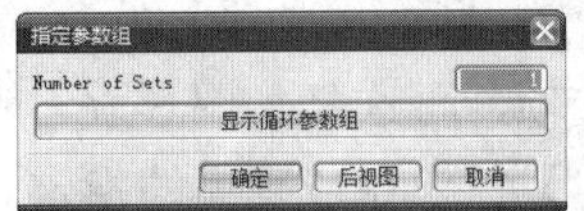

图 5-167　循环次数设置

（61）单击【确定】按钮，系统将自动弹出【Cycle 参数】对话框，如图 5-168 所示。

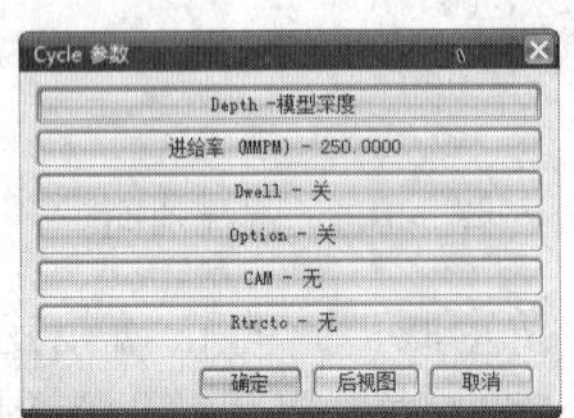

图 5-168　循环参数对话框

（62）单击【Depth-模型深度】按钮，系统将自动弹出【Cycle 深度】对话框，如图 5-169 所示。再单击【模型深度】按钮，系统将自动返回【Cycle 参数】对话框。

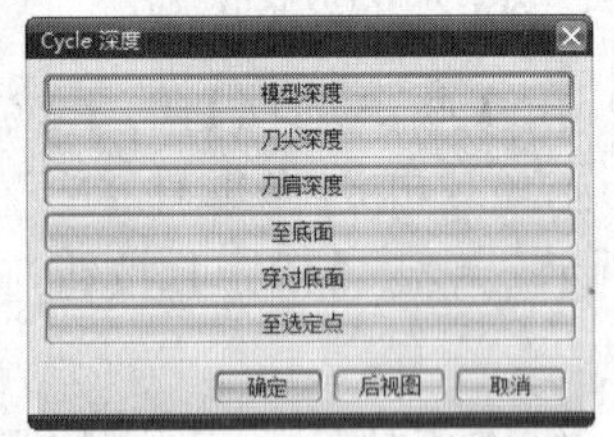

图 5-169　深度对话框

（63）单击【进给率(MMPM)-250.0000】按钮，系统将自动弹出【Cycle 进给率】对话框，设置进给率为 200，如图 5-170 所示。单击【确定】按钮，系统将自动返回【Cycle 参数】对话框。

图 5-170　设置进给率

（64）单击【Dwell-关】按钮，系统将自动弹出 Cycle Dwell 对话框，如图 5-171 所示。

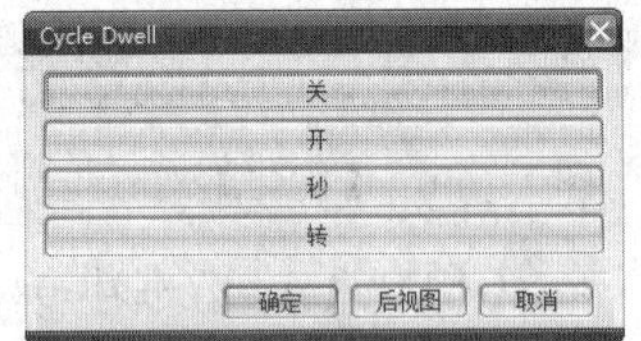

图 5-171　设置 Dwell

（65）单击【秒】按钮，系统将自动弹出时间设置对话框，输入 2，如图 5-172 所示。单击【确定】按钮，系统将自动返回【Cycle 参数】对话框。

图 5-172　设置时间

（66）单击【Rtrcto-无】按钮，系统将自动弹出 Rtrcto 对话框，如图 5-173 所示。

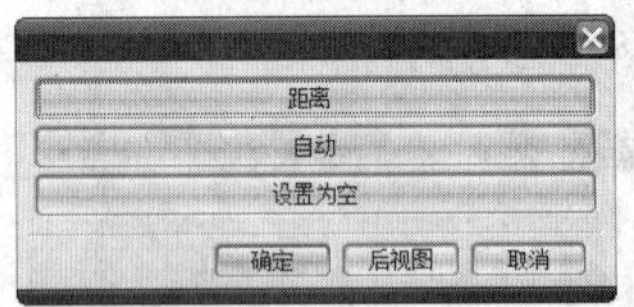

图 5-173　设置 Rtrcto

（67）单击【距离】按钮，系统将自动弹出【退刀】对话框，输入 30，如图 5-174 所示。单击【确定】按钮，系统将自动返回【Cycle 参数】对话框，再单击【确定】按钮完成循环参数的设置。

图 5-174　设置退刀距离

再将【循环类型】下的【最小安全距离】设置为 25，如图 5-175 所示。

图 5-175　设置最小安全距离

（68）设置进给率和速度。在【定心钻】对话框中，单击【进给率和速度】按钮，系统将自动弹出【进给率和速度】对话框，设置参数如图 5-176 所示。单击【确定】按钮，完成进给率和速度的设置。

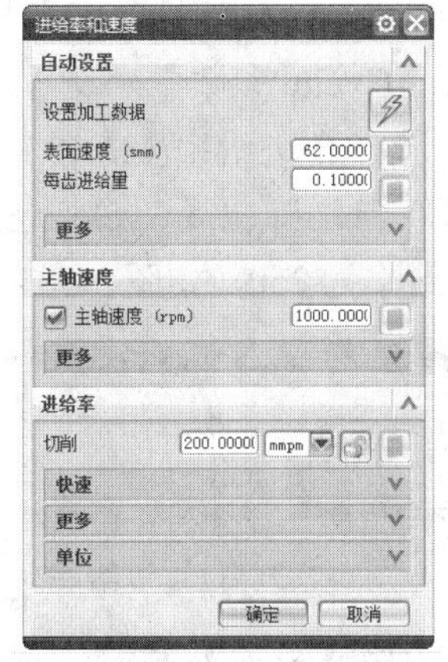

图 5-176　设置进给率和速度

（69）生成刀轨。单击【生成刀轨】按钮，系统将根据设置的操作参数生成相应的刀轨，如图 5-177 所示。

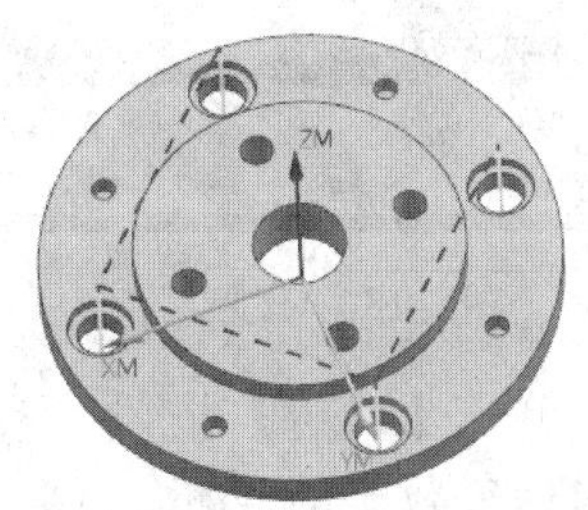

图 5-177　生成刀轨

（70）确认刀轨。单击【确认刀轨】按钮，系统将确认操作生成的刀轨，通过【刀轨可视化】对话框，用户可对刀轨进行可视化播放，包括 3D 和 2D 动画演示，还可以进行过切和碰撞检查，如图 5-178 所示。单击【确定】按钮，完成通孔的加工。

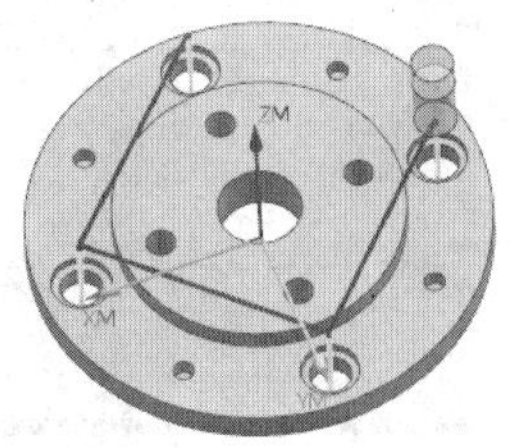

图 5-178　确认刀轨

（71）创建钻孔直径为 28mm 的沉头孔孔工序。单击【创建工序】按钮，弹出【创建工序】对话框，在【类型】下拉菜单中选择 drill，【工序子类型】中选择 COUNTERBORING，【程序】选择 NC_PROGRAM，【刀具】选择 COUNTERBORING_TOOL_D28，【几何体】选择 WORKPIECE，【方法】选择 DRILL_METHOD，【名称】设置为 COUNTERBORING，单击【确定】按钮，如图 5-179 所示。

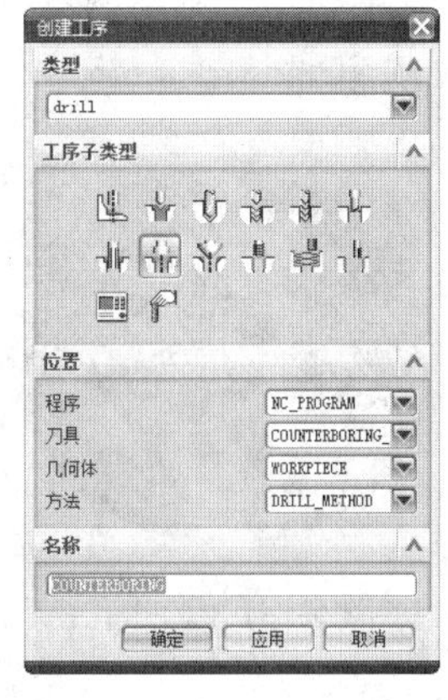

图 5-179　创建沉头孔工序

（72）单击【确定】按钮后，弹出【沉头孔加工】对话框，设置沉头孔加工的参数。在【几何体】下菜单子选择 WORKPIECE，继承前面设置的部件几何体和毛坯几何体，如图 5-180 所示。

图 5-180 继承几何体

（73）指定孔。单击【指定孔】按钮，系统将自动弹出【点到点几何体】对话框，单击【选择】按钮，系统将自动弹出【选择点/圆弧/孔】对话框，单击【Cycle 参数组-1】按钮，系统将自动弹出参数组对话框，单击【参数组 1】按钮，系统将自动返回到【选择点/圆弧/孔】对话框。选择直径为 28mm 的沉头孔，如图 5-181 所示。再单击【确定】按钮，系统将自动返回【点到点几何体】对话框。单击【规划完成】按钮，系统将自动返回【沉头孔加工】对话框，完成孔的指定。

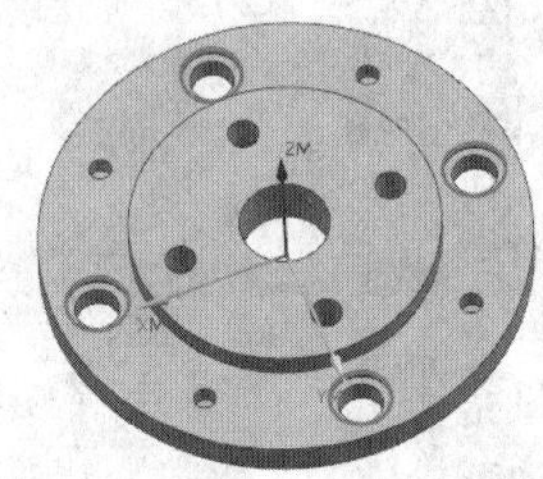

图 5-181 选择孔

（74）指定顶面。单击【指定顶面】按钮，系统将自动弹出【顶面】对话框，在【顶面选项】的下拉菜单中选择【面】选项，再选择如图 5-182 所示的面。然后单击【确定】按钮完成顶面的指定。

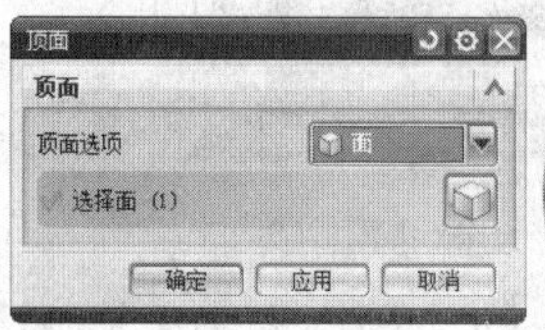

图 5-182 选择顶面

（75）设置循环类型。在【沉头孔加工】对话框的【循环】下拉菜单中选择【标准钻】选项，再单击【标准钻】的参数【编辑】按钮，系统将自动弹出【指定参数组】对话框，在 Number of Sets 文本框中输入 1，设置一个循环参数组。

（76）单击【确定】按钮，系统将自动弹出【Cycle 参数】对话框，单击【Depth-模型深度】按钮，系统将自动弹出【Cycle 深度】对话框，单击【模型深度】按钮，系统将自动返回【Cycle 参数】对话框。

（77）选择【进给率(MMPM)-250.0000】选项，系统将自动弹出【Cycle 进给率】对话框，设置进给率为 250，如图 5-183 所示。

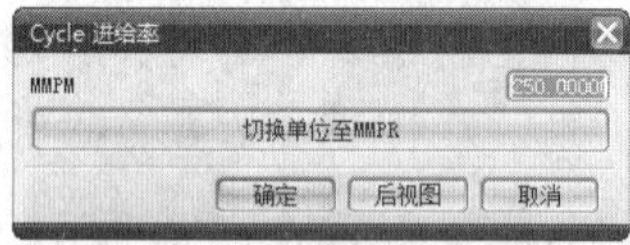

图 5-183 设置进给率

（78）单击【确定】按钮，系统将自动返回【Cycle 参数】对话框。单击【Dwell-关】按钮，系统将自动弹出【Cycle Dwell】对话框，再单击【秒】按钮，系统将自动弹出时间设置对话框，输入 10，如图 5-184 所示。

图 5-184 设置时间

（79）单击【确定】按钮，系统将自动返回【Cycle 参数】对话框。单击【Rtrcto-无】按钮，系统将自动弹出 Rtrcto 对话框，再选择【距离】选项，系统将自动弹出【退刀】对话框，输入 40，如图 5-185 所示。

图 5-185　设置退刀距离

沉头孔的循环参数如图 5-186 所示。

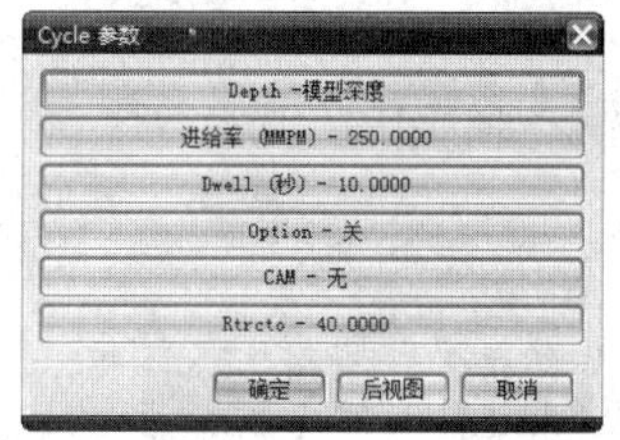

图 5-186　沉头孔循环参数

（80）单击【确定】按钮，系统将自动返回【Cycle 参数】对话框，再单击【确定】按钮完成循环参数的设置。再将【循环类型】下的【最小安全距离】设置为 20，如图 5-187 所示。其余参数采用系统默认值。

图 5-187　设置最小安全距离

（81）生成刀轨。单击【生成刀轨】按钮，系统将根据设置的操作参数生成相应的刀轨，如图 5-188 所示。

（82）确认刀轨。单击【确认刀轨】按钮，系统将确认操作生成的刀轨，通过【刀轨可视化】对话框，用户可对刀轨进行可视化播放，包括 3D 和 2D 动画演示，还可以进行过切和碰撞检查，如图 5-189 所示。单击【确定】按钮，完成沉头孔的加工。

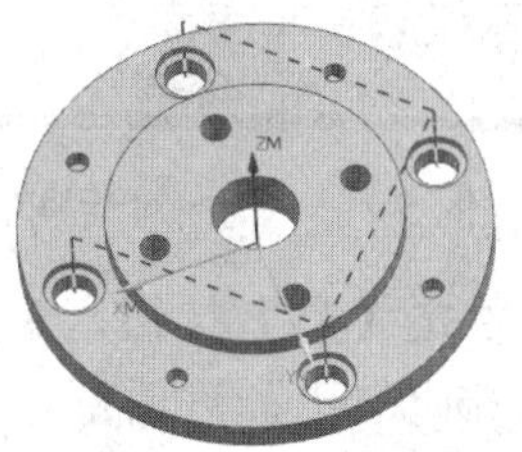

图 5-188　生成刀轨

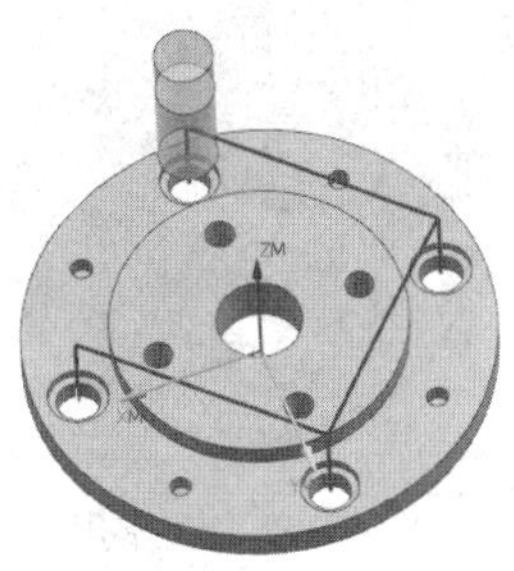

图 5-189　确认刀轨

（83）创建钻孔直径为 10mm 的盲孔工序。在【工序导航器-几何】中选中 DRILLING 工序程序，鼠标右击，在弹出的菜单中选择【复制】命令，再右击选择【粘贴】命令，复制一个标准钻程序 DRILLING_COPY，再右击鼠标选择【重命名】命令，设置复制的程序名称为 DRILLING_D10，单击【确定】按钮，如图 5-190 所示。双击选中复制所得的程序 DRILLING_D10，系统将自动弹出【钻】对话框，设置标准钻孔加工的参数。

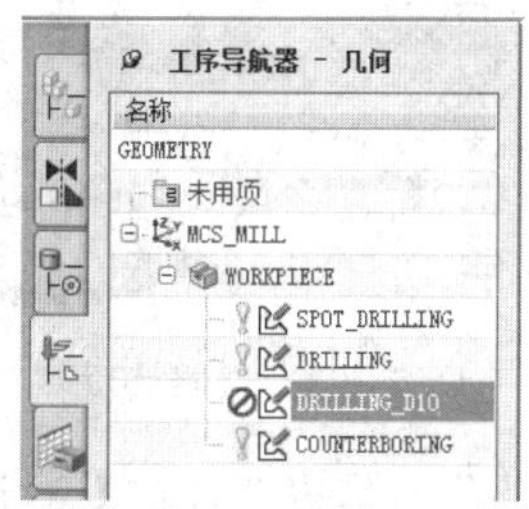

图 5-190　复制程序

（84）指定孔。单击【指定孔】按钮，系统将自动弹出【点到点几何体】对话框，单击【选择】按钮，系统将自动弹出询问对话框，如图 5-191 所示。

图 5-191　询问对话框

（85）单击【是】按钮，系统将自动弹出【选择点/圆弧/孔】对话框，选择直径为 10mm 的盲孔，如图 5-192 所示。

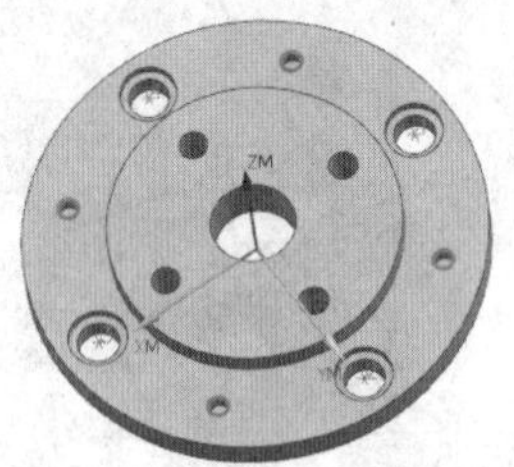
图 5-192　选择孔

（86）单击【确定】按钮，系统将自动返回到【点到点几何体】对话框。再单击【确定】按钮，系统将自动返回到【钻】对话框，完成孔的指定。

（87）指定底面。单击【指定底面】按钮，系统将自动弹出【顶面】对话框，在【顶面选项】的下拉菜单中选择【面】选项，再选择如图 5-193 所示的面。单击【确定】按钮完成底面的指定。

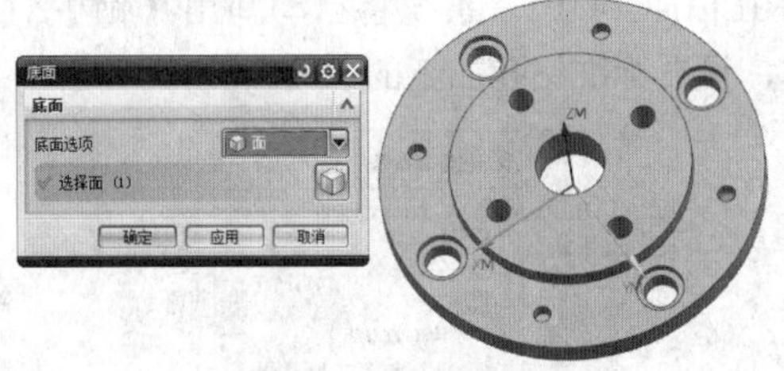

图 5-193　选择底面

（88）设置刀具。在【钻】对话框中，【刀具】的下拉菜单中选择 DRILLING_TOOL_D10，如图 5-194 所示。

（89）生成刀轨。单击【生成刀轨】按钮，系统将根据设置的操作参数生成相应的刀轨，如图 5-195 所示。

图 5-194　选择刀具

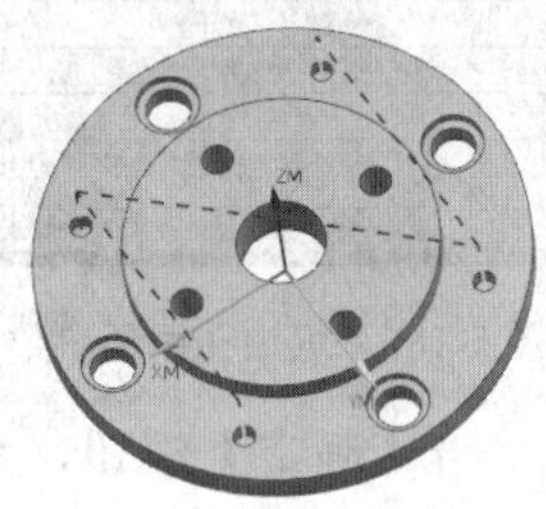
图 5-195　生成刀轨

（90）确认刀轨。单击【确认刀轨】按钮，系统将确认操作生成的刀轨，通过【刀轨可视化】对话框，用户可对刀轨进行可视化播放，包括 3D 和 2D 动画演示，还可以进行过切和碰撞检查，如图 5-196 所示。单击【确定】按钮，完成盲孔的加工。

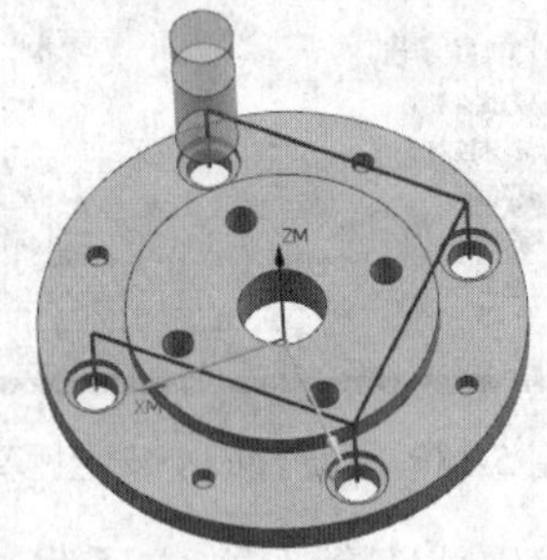
图 5-196　确认刀轨

（91）创建钻孔直径为 12mm 的通孔工序。在【工序导航器-几何】中选中 DRILLING 工序程序，鼠标右击，选择【复制】命令，再右击选择【粘贴】命令，复制一个标准钻程序 DRILLING_COPY，再鼠标右击选择【重命名】命令，设置复制的程序名称为 DRILLING_D20，单击【确定】按钮，如图 5-197 所示。双击选中复制所得的程序 DRILLING_D12，系统将自动弹出【钻】对话框，设置标准钻孔加工的参数。

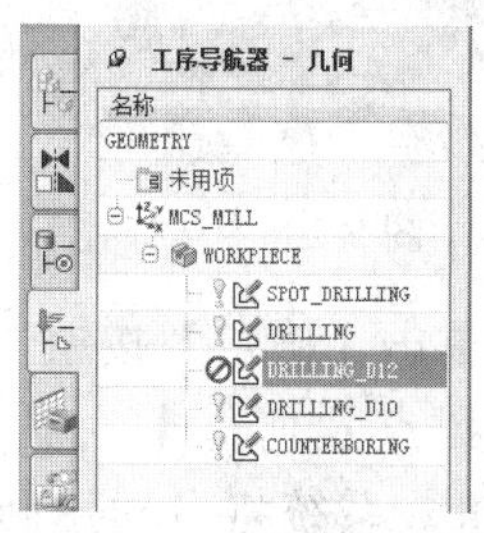

图 5-197　复制程序

（92）指定孔。单击【指定孔】按钮，系统将自动弹出【点到点几何体】对话框，单击【选择】按钮，系统将自动弹出询问对话框，如图 5-198 所示。

图 5-198　询问对话框

（93）单击【是】按钮，系统将自动弹出【选择点/圆弧/孔】对话框，选择直径为 12mm 的通孔，如图 5-199 所示。

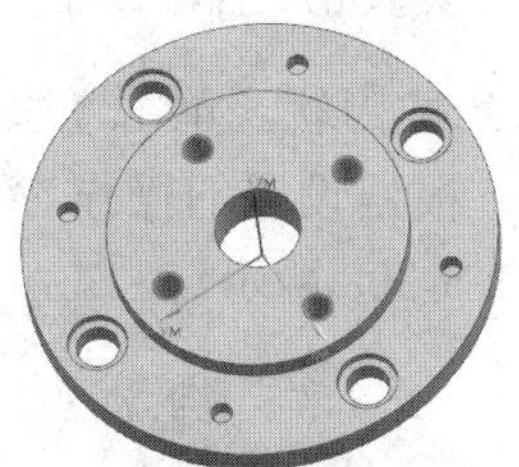

图 5-199　选择孔

（94）单击【确定】按钮，系统将自动返回到【点到点几何体】对话框。再单击【确定】按钮，系统将自动返回到【钻】对话框，完成孔的指定。

（95）指定顶面。单击【指定顶面】按钮，系统将自动弹出【顶面】对话框，在【顶面选项】的下拉菜单中选择【面】选项，再选择如图 5-200 所示的面。然后单击【确定】按钮完成底面的指定。

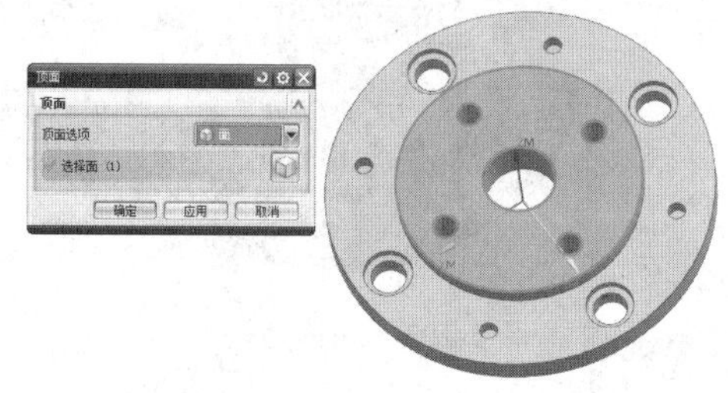

图 5-200　选择顶面

（96）设置刀具。在【钻】对话框中，【刀具】的下拉菜单中选择 DRILLING_TOOL_D12，如图 5-201 所示。

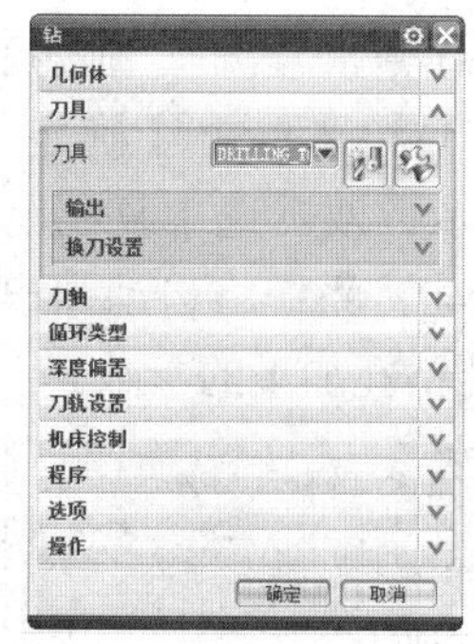

图 5-201　选择刀具

（97）生成刀轨。单击【生成刀轨】按钮，系统将根据设置的操作参数生成相应的刀轨，如图 5-202 所示。

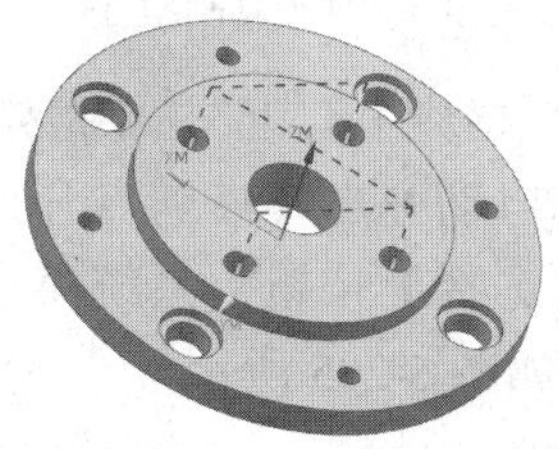

图 5-202　生成刀轨

（98）确认刀轨。单击【确认刀轨】按钮，系统将确认操作生成的刀轨，通过【刀轨可视化】对话框，用户可对刀轨进行可视化播放，包括 3D 和 2D 动画演示，还可以进行过切和碰撞检查，如图 5-203 所示。单击【确定】按钮，完成通孔的加工。

图 5-203　确认刀轨

(99) 创建钻孔直径为 40mm 的通孔工序。在【工序导航器-几何】中选中 DRILLING_D12 工序程序，单击鼠标右键，选择【复制】命令，再右键选择【粘贴】命令，复制一个标准钻程序 DRILLING_D12_COPY，再鼠标右击选择【重命名】命令，设置复制的程序名称为 DRILLING_ D40，单击【确定】按钮，如图 5-204 所示。双击选中复制所得的程序击 DRILLING_D40，系统将自动弹出【钻】对话框，设置标准钻孔加工的参数。

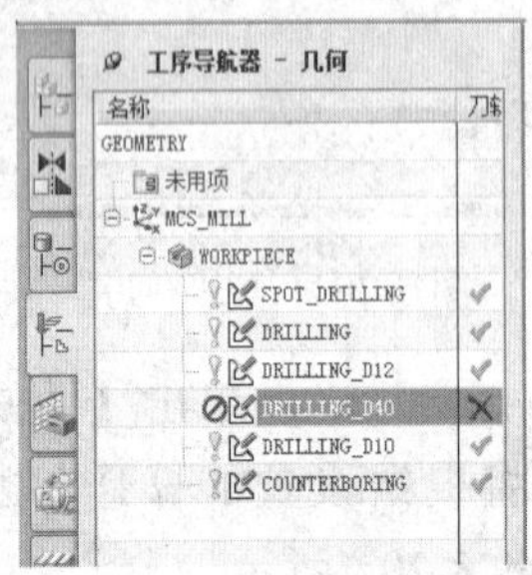

图 5-204　复制程序

(100) 指定孔。单击【指定孔】按钮，系统将自动弹出【点到点几何体】对话框，单击【选择】按钮，系统将自动弹出询问对话框，如图 5-205 所示。

图 5-205　询问对话框

(101) 单击【是】按钮，系统将自动弹出【选择点/圆弧/孔】对话框，选择直径为 40mm 的通孔，如图 5-206 所示。

图 5-206　选择孔

(102) 单击【确定】按钮，系统将自动返回到【点到点几何体】对话框。再单击【确定】按钮，系统将自动返回到【钻】对话框，完成孔的指定。

(103) 设置刀具。在【钻】对话框中，【刀具】的下拉菜单中选择 DRILLING_TOOL_D40，如图 5-207 所示。

图 5-207　选择刀具

(104) 生成刀轨。单击【生成刀轨】按钮，系统将根据设置的操作参数生成相应的刀轨，如图 5-208 所示。

图 5-208　生成刀轨

(105) 确认刀轨。单击【确认刀轨】按钮，系统将确认操作生成的刀轨，通过【刀轨可视化】对话框，用户可对刀轨进行可视化播放，包括 3D 和 2D 动画演示，还可以进行过切和碰撞检查，如图 5-209 所示。单击【确定】按钮，完成通孔的加工。

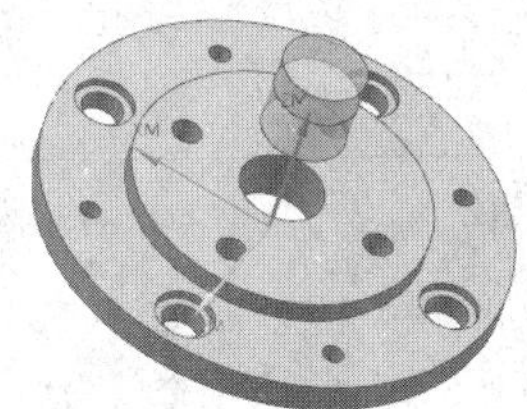

图 5-209 确认刀轨

（106）创建攻螺纹工序。单击【创建工序】按钮，弹出【创建工序】对话框，在【类型】下拉菜单中选择 drill，【工序子类型】中选择 TAPPING，【程序】选择 NC_PROGRAM，【刀具】选择 THREAD_MILL，【几何体】选择 WORKPIECE，【方法】选择 DRILL_METHOD，【名称】设置为 TAPPING，单击【确定】按钮，如图 5-210 所示。

图 5-210 创建攻螺纹工序

（107）单击【确定】按钮，弹出【出屑】对话框，设置攻螺纹的参数。在【几何体】下菜单子选择 WORKPIECE，继承前面设置的部件几何体和毛坯几何体，如图 5-211 所示。

（108）指定孔。单击【指定孔】按钮，系统将自动弹出【点到点几何体】对话框，单击【选择】按钮，系统将自动弹出【选择点/圆弧/孔】对话框，选择直径为 12mm 的螺纹孔，如图 5-212 所示。单击【确定】按钮，系统将自动返回【点到点几何体】对话框，再单击【确定】按钮，完成孔的指定。

图 5-211 继承几何体

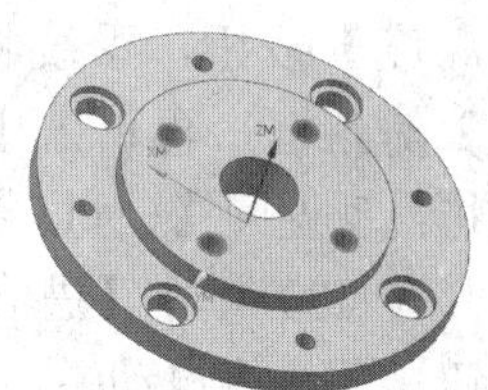

图 5-212 选择孔

（109）指定顶面。单击【指定顶面】按钮，系统将自动弹出【顶面】对话框，在【顶面选项】的下拉菜单中选择【面】选项，再选择如图 5-213 所示的面。然后单击【确定】按钮完成顶面的指定。

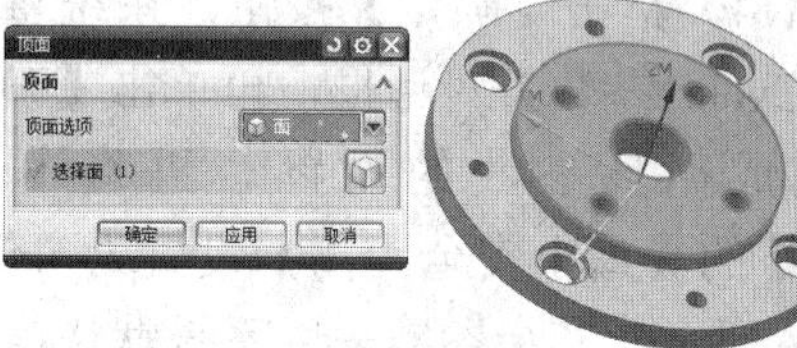

图 5-213 选择顶面

（110）指定底面。单击【指定底面】按钮，系统将自动弹出【底面】对话框，在【底面选项】的下拉菜单中选择【面】选项，再选择部件的下表面，如图 5-214 所示。单击【确定】按钮完成底面的指定。

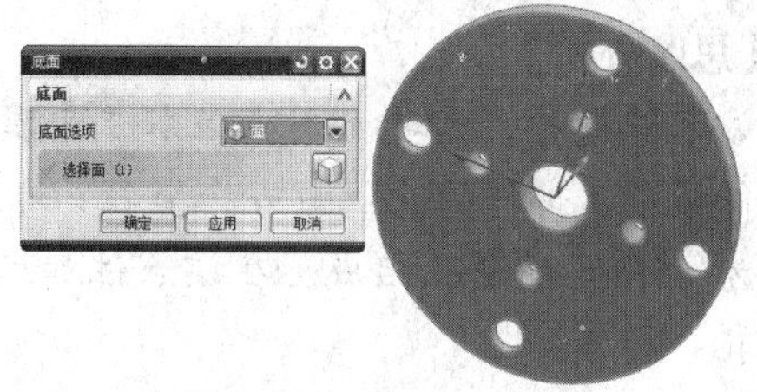

图 5-214 选择底面

（111）设置循环类型。在【出屑】对话框的【循环】下拉菜单中选择【标准攻丝】选项，再单击【标准攻丝】的参数【编辑】按钮，系统将自动弹出【指定参数组】对话框。在 Number of Sets 文本框中输入 1，设置一个循环参数组。

（112）单击【确定】按钮，系统将自动弹出【Cycle 参数】对话框，单击【Depth-模型深度】按钮，系统将自动弹出【Cycle 深度】对话框，再单击【模型深度】按钮，系统将自动返回【Cycle 参数】对话框。

（113）单击【进给率(MMPM)-250.0000】按钮，系统将自动弹出【Cycle 进给率】对话框，设置进给率为 200，如图 5-215 所示。

图 5-215　设置进给率

（114）单击【确定】按钮，系统将自动返回【Cycle 参数】对话框，再单击【确定】按钮完成循环参数的设置。再将【循环类型】下的【最小安全距离】设置为 15，如图 5-216 所示。其余参数采用系统默认值。

（115）生成刀轨。单击【生成刀轨】按钮，系统将根据设置的操作参数生成相应的刀轨，如图 5-217 所示。

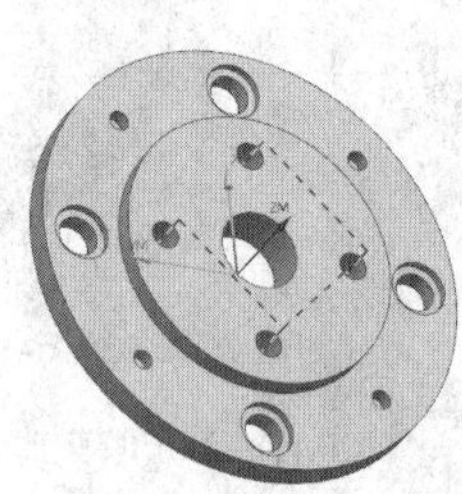

图 5-216　设置最小安全距离　图 5-217　生成刀轨

（116）确认刀轨。单击【确认刀轨】按钮，系统将确认操作生成的刀轨，通过【刀轨可视化】对话框，用户可对刀轨进行可视化播放，包括 3D 和 2D 动画演示，还可以进行过切和碰撞检查，如图 5-218 所示。单击【确定】按钮，完成标准螺纹的加工。

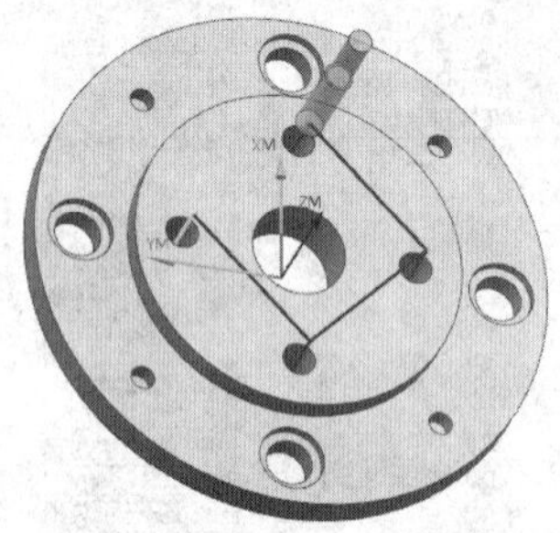

图 5-218　确认刀轨

5.7　实例·练习——垫板孔位加工

本例的加工零件如图 5-219 所示。

【思路分析】

该零件模型，需要利用点位加工来加工各个孔。如图 5-219 的部件模型，部件的孔位由 6 个直径为 12mm 的通孔和中间一个直径为 65mm 的通孔组成。在该点位加工中，可以利用两个操作完成孔的加工。

（1）利用一个标准钻循环操作，加工 6 个直径为 12mm 的

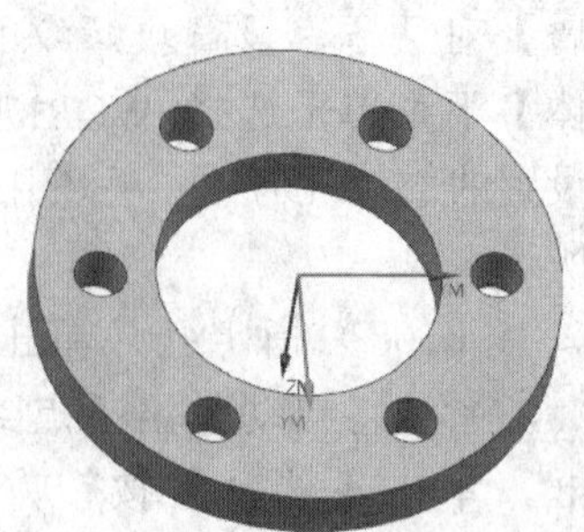

图 5-219　法兰模型

通孔，以及在中间先钻一个直径为12mm的通孔。

（2）最后利用一个镗孔操作，加工中间一个直径为65mm的通孔。

创建一个基本的点位加工操作，可以分为6个步骤：（1）创建通孔刀具和沉头孔刀具；（2）创建加工几何体；（3）创建点位加工工序；（4）指定孔、顶面、底面和深度偏置；（5）选择循环类型；（6）生成刀轨。最后完成该零件的点位加工操作。

【光盘文件】

起始文件——参见附带光盘中的“Model\Ch5\5-7.prt”文件。

结果文件——参见附带光盘中的“END\Ch5\5-7.prt”文件。

动画演示——参见附带光盘中的“AVI\Ch5\5-7.avi”文件。

【操作步骤】

（1）打开光盘中的源文件“Model\Ch5\5-7.prt”模型，单击OK按钮。选择【开始】/【加工】命令，弹出【加工环境】对话框（快捷键方式Ctrl+Alt+M）。在【CAM会话配置】中选择cam_general，在【要创建的CAM设置】选选择drill，单击【确定】按钮进入点位加工环境，如图5-220所示。

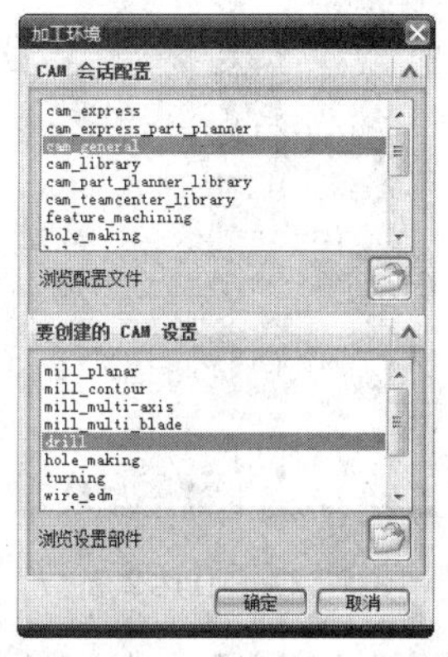

图5-220 进入加工环境

（2）创建程序。单击【创建程序】按钮，弹出【创建程序】对话框。在【类型】的下拉菜单中选择drill，在【位置】的下拉菜单中选择NC_PROGRAM，【名称】设置为PROGRAM_1，单击【确定】按钮，创建点位加工程序，如图5-221所示。

图5-221 创建程序

在【工序导航器-程序顺序】中可显示新建的程序，如图5-222所示。

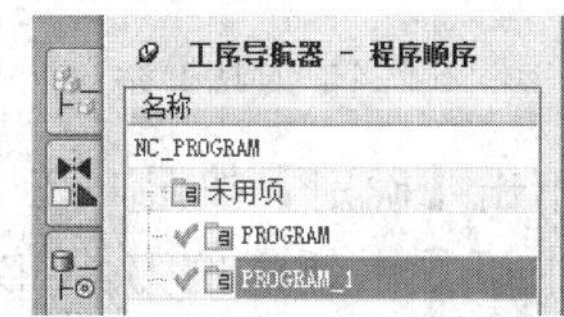

图5-222 程序顺序视图

（3）创建直径为12mm的通孔的钻刀。单击【创建刀具】按钮，弹出【创建刀具】对话框，在【类型】的下拉菜单中选择drill，在【刀具子类型】中选择DRILLING_TOOL，在【刀具】的下拉菜单中选择GENERIC_MACHINE，【名称】设置为DRILLING_TOOL_D12，单击【确定】按钮，如图5-223所示。

图 5-223　创建刀具 1

（4）系统自动弹出【钻刀】对话框，设置钻刀的具体参数，【直径】为 12，【刀尖角度】为 118，【长度】为 50，【刀刃长度】为 35，【刀刃】为 2，其余参数采用系统默认值，如图 5-224 所示。

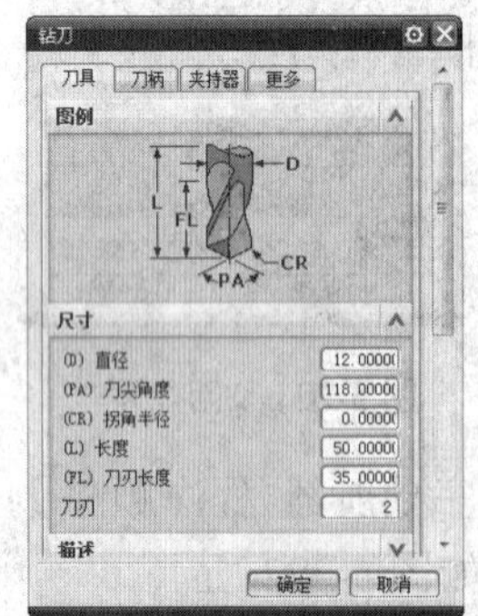

图 5-224　刀具 1 参数

（5）单击【确定】按钮，在【工序导航器-机床】中可显示新建的刀具 DRILLING_TOOL_D12，如图 5-225 所示。

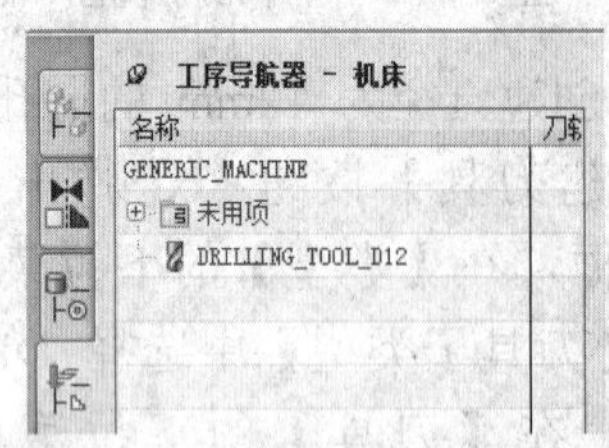

图 5-225　机床视图

（6）创建直径为 65mm 的通孔的镗刀。单击【创建刀具】按钮，弹出【创建刀具】对话框，在【类型】的下拉菜单中选择 drill，在【刀具子类型】中选择 BORING_BAR，在【刀具】的下拉菜单中选择 GENERIC_MACHINE，【名称】设置为 BORING_BAR，单击【确定】按钮，如图 5-226 所示。

图 5-226　创建刀具 2

（7）系统自动弹出【钻刀】对话框，设置刀具的具体参数，【直径】为 65，【长度】为 50，【刀刃长度】为 35，【刀刃】为 1，其余参数采用系统默认值，如图 5-227 所示。

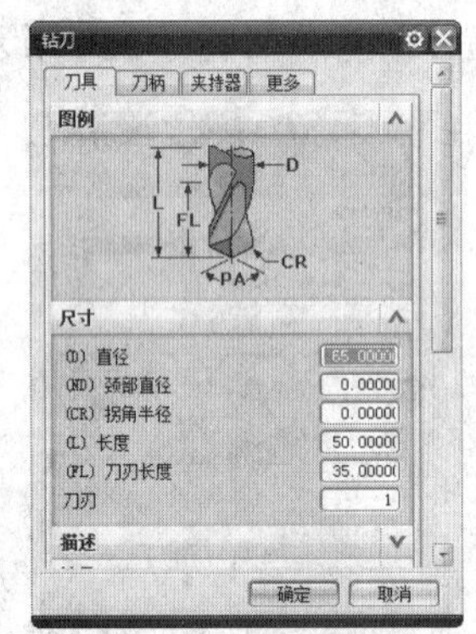

图 5-227　刀具 2 参数

（8）单击【确定】按钮，在【工序导航器-机床】中可显示新建的刀具 BORING_BAR，如图 5-228 所示。

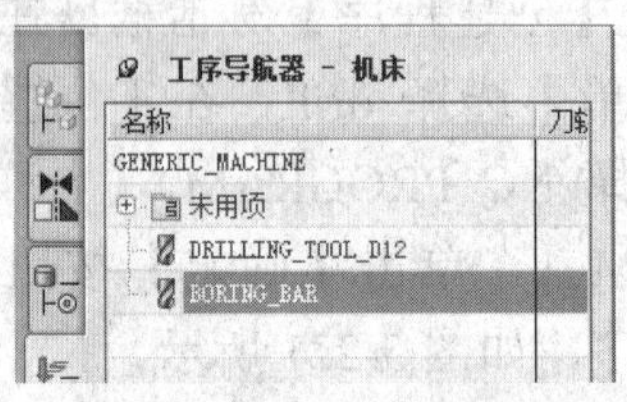

图 5-228　机床视图

（9）设置点位加工几何体。双击【工序导航器-几何】中 MCS_MILL 子菜单中的 WORKPIECE，系统将自动弹出【工件】对话框，如图 5-229 所示。

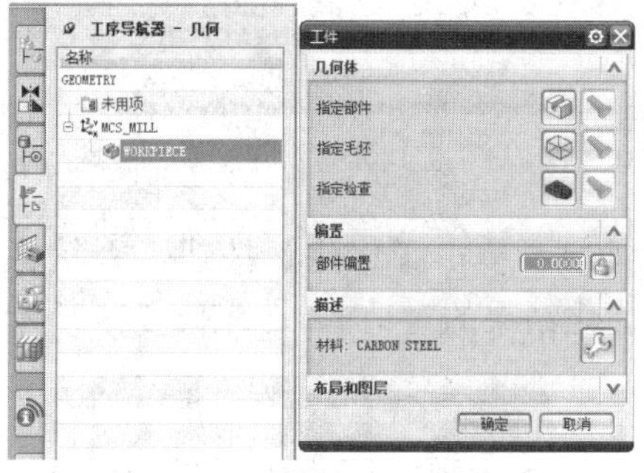

图 5-229　创建点位加工几何体

（10）单击【指定部件】按钮，弹出【部件几何体】对话框，选择整个部件体，单击【确定】按钮完成部件几何体的设置，如图 5-230 所示。

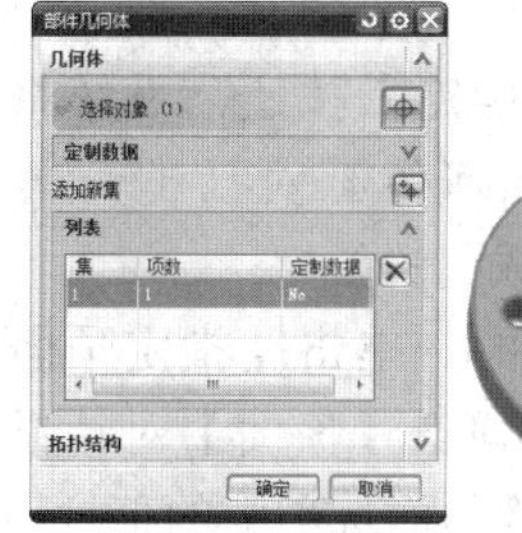

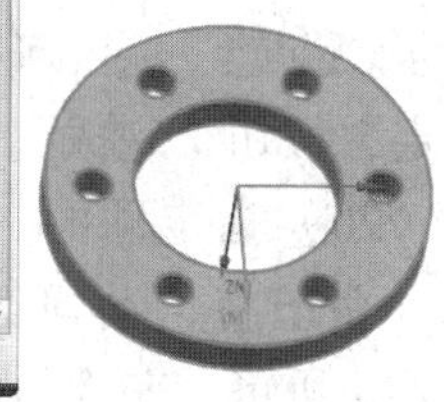

图 5-230　指定部件

（11）单击【指定毛坯】按钮，弹出【毛坯几何体】对话框，单击【类型】的下拉菜单，选中【包容圆柱体】选项，单击【确定】按钮完成毛坯几何体的设置，如图 5-231 所示。再单击【确定】按钮完成点位加工几何体的设置。

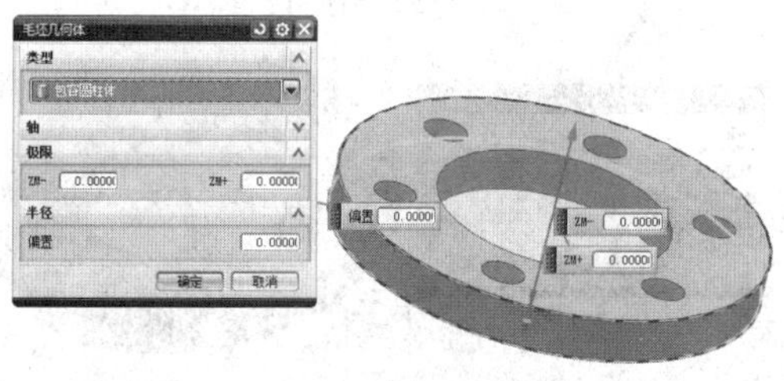

图 5-231　指定毛坯

（12）创建钻孔直径为 12mm 的通孔工序。单击【创建工序】按钮，弹出【创建工序】对话框，在【类型】下拉菜单中选择 drill，【工序子类型】中选择 DRILLING，【程序】选择 NC_PROGRAM，【刀具】选择 DRILLING_TOOL_D12，【几何体】选择 WORKPIECE，【方法】选择 DRILL_METHOD，【名称】设置为 DRILLING_1，单击【确定】按钮，如图 5-232 所示。单击【确定】按钮后，弹出【钻】对话框，设置钻孔的参数。在【几何体】的下拉菜单中选择 WORKPIECE，继承前面设置的部件几何体和毛坯几何体，如图 5-233 所示。

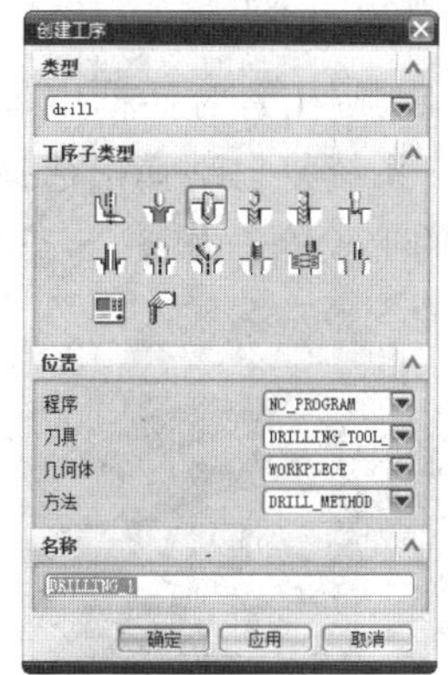

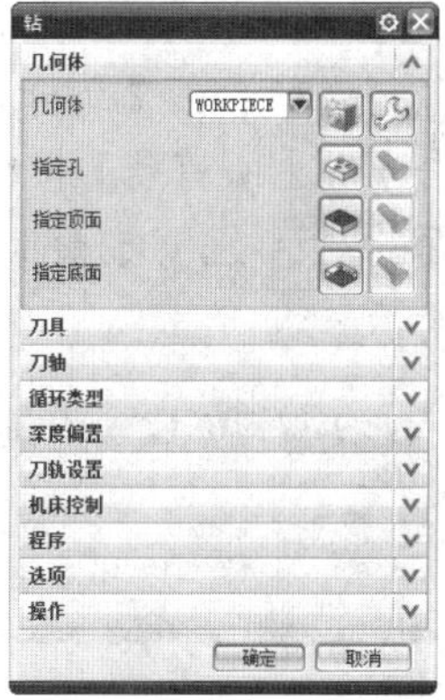

图 5-232　创建钻孔工序　　图 5-233　继承几何体

（13）指定孔。单击【指定孔】按钮，系统将自动弹出【点到点几何体】对话框，如图 5-234 所示。

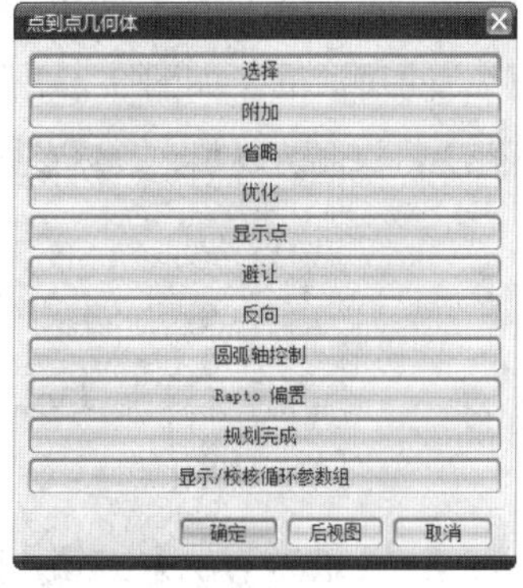

图 5-234　【点到点几何体】对话框

（14）在【点到点几何体】对话框中单击【选择】按钮，系统将自动弹出【选择点/圆弧/孔】对话框，如图 5-235 所示。

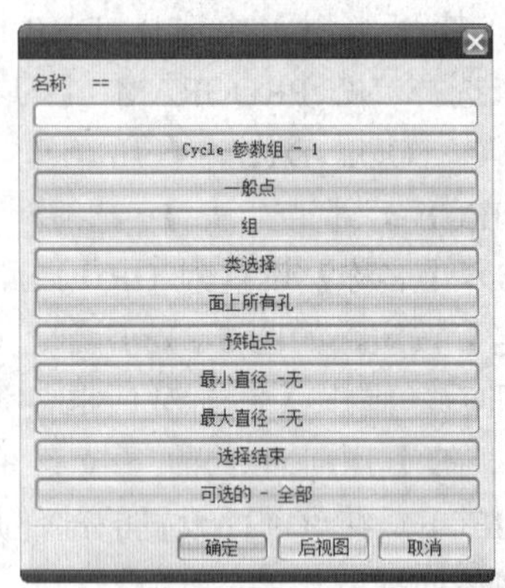

图 5-235　选择点/圆弧/孔对话框

（15）在【选择点/圆弧/孔】对话框中单击【面上所有孔】按钮，系统将自动弹出选择面的对话框，选择部件的上表面，如图 5-236 所示。

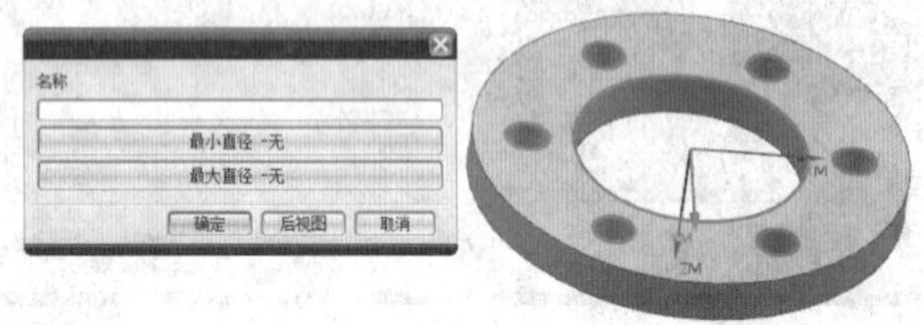

图 5-236　选择面

（16）单击【确定】按钮，系统将自动返回到【选择点/圆弧/孔】对话框。再单击【确定】按钮，系统将自动返回到【点到点几何体】对话框，单击【优化】按钮，系统将自动弹出优化点的对话框，如图 5-237 所示。

图 5-237　优化点

（17）单击【最短刀轨】按钮，系统将自动弹出优化参数的对话框，如图 5-238 所示。

图 5-238　优化参数

（18）单击【优化】按钮，系统将自动弹出优化结果的对话框，如图 5-239 所示。

图 5-239　优化结果

（19）单击【确定】按钮，系统将自动返回到【点到点几何体】对话框，再单击【确定】按钮，完成孔的指定。

（20）指定顶面。单击【指定顶面】按钮，系统将自动弹出【顶面】对话框，如图 5-240 所示。在【顶面选项】的下拉菜单中选择【面】选项，再选择部件的上表面，如图 5-241 所示，单击【确定】按钮完成顶面的指定。

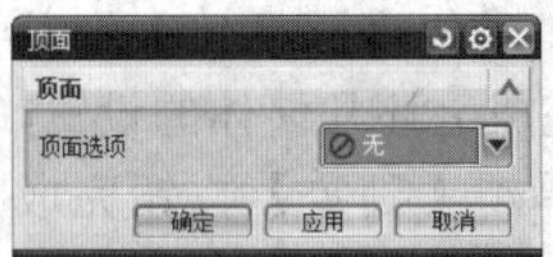

图 5-240　顶面设置

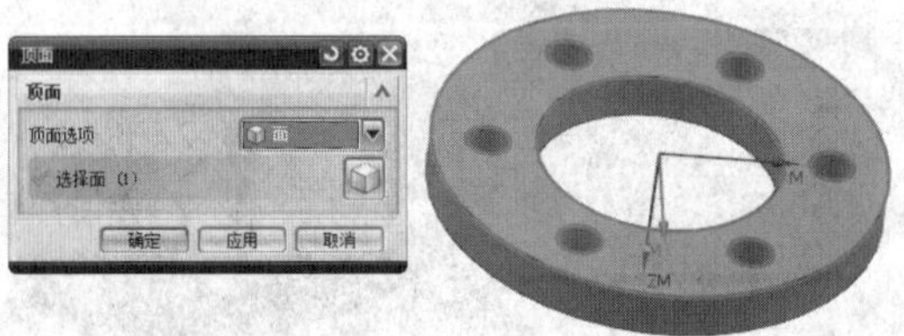

图 5-241　选择顶面

（21）指定底面。单击【指定底面】按钮，系统将自动弹出【底面】对话框，如图 5-242 所示。在【底面选项】的下拉菜单中选择【面】选项，再选择部件的下表面，如图 5-243 所示。单击【确定】按钮，完成底面的指定。

图 5-242 底面设置

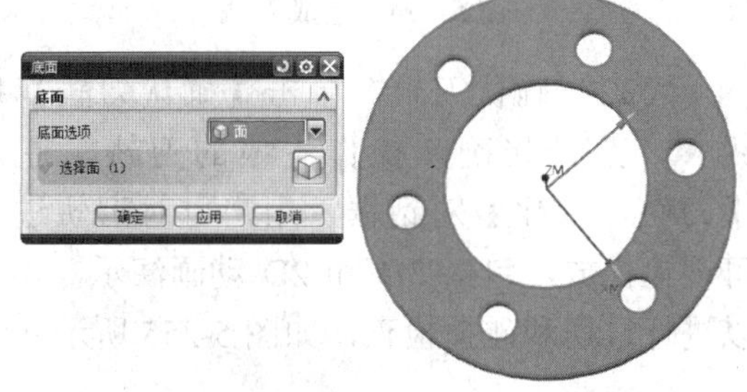

图 5-243 选择底面

（22）设置循环类型。在【钻】对话框的【循环】下拉菜单中选择【标准钻】选项，再单击【标准钻】的参数【编辑】按钮，系统将自动弹出【指定参数组】对话框。在 Number of Sets 文本框中输入 1，设置一个循环参数组，如图 5-244 所示。

图 5-244 循环次数设置

（23）单击【确定】按钮，系统将自动弹出【Cycle 参数】对话框，如图 5-245 所示。单击【Depth-模型深度】按钮，系统将自动弹出【Cycle 深度】对话框，如图 5-246 所示。

（24）单击【模型深度】按钮，系统将自动返回【Cycle 参数】对话框，再单击【进给率(MMPM)-250.0000】按钮，系统将自动弹出【Cycle 进给率】对话框，设置进给率为 200，如图 5-247 所示。

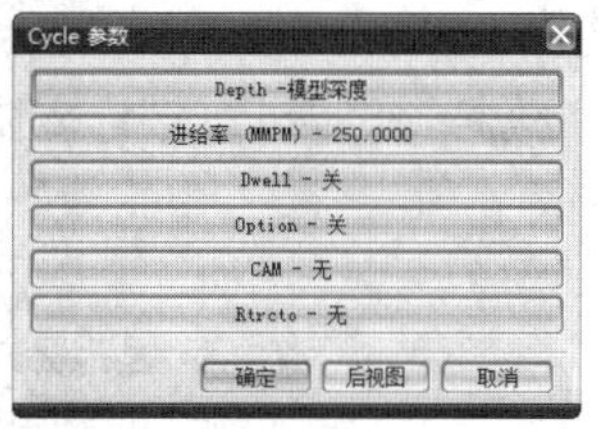

图 5-245 循环参数对话框

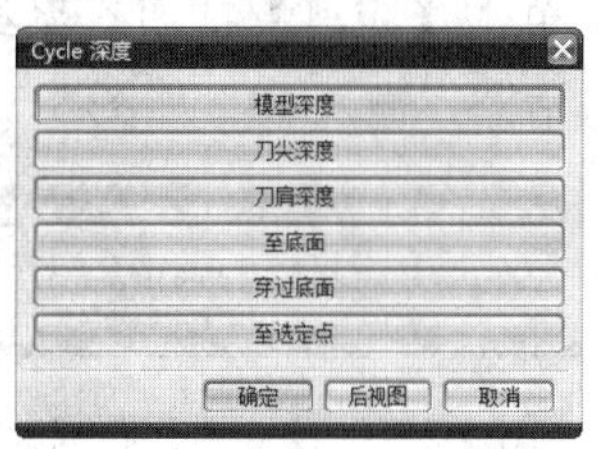

图 5-246 深度对话框

图 5-247 设置进给率

（25）单击【确定】按钮，系统将自动返回【Cycle 参数】对话框，单击【Dwell-关】按钮，系统将自动弹出 Cycle Dwell 对话框，如图 5-248 所示。

图 5-248 设置 Dwell

（26）单击【秒】按钮，系统将自动弹出时间设置对话框，输入 2，如图 5-249 所示。

图 5-249 设置时间

（27）单击【确定】按钮，系统将自动返回【Cycle 参数】对话框，单击【Rtrcto-

无】按钮，系统将自动弹出 Rtrcto 对话框，如图 5-250 所示。

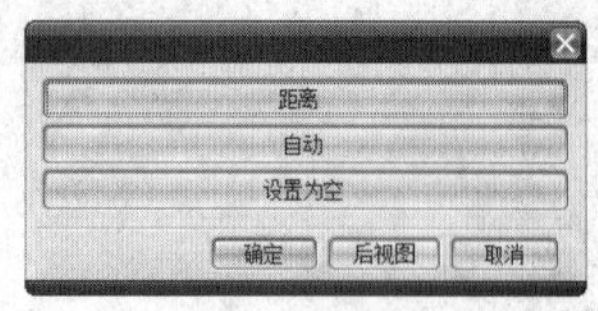

图 5-250　设置 Rtrcto

（28）单击【距离】按钮，系统将自动弹出退刀的对话框，输入 40，如图 5-251 所示。

图 5-251　设置退刀距离

（29）单击【确定】按钮，系统将自动返回【Cycle 参数】对话框，再单击【确定】按钮完成循环参数的设置。

再将【循环类型】下的【最小安全距离】设置为 25，如图 5-252 所示。

图 5-252　设置最小安全距离

（30）设置进给率和速度。在【钻】对话框中，单击【进给率和速度】按钮，系统将自动弹出【进给率和速度】对话框，设置参数如图 5-253 所示。

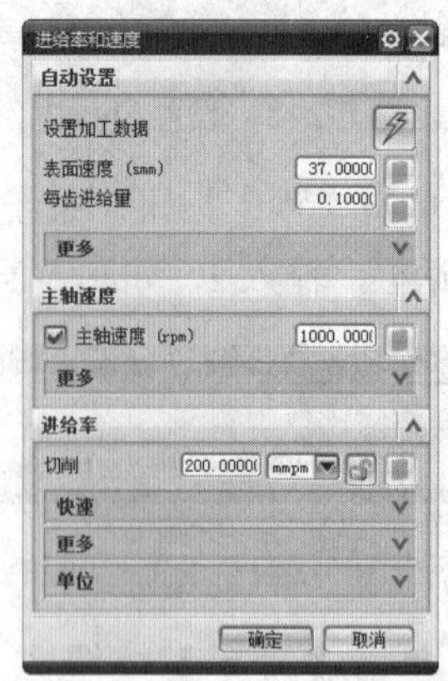

图 5-253　设置进给率和速度

（31）生成刀轨。单击【生成刀轨】按钮，系统将根据设置的操作参数生成相应的刀轨，如图 5-254 所示。

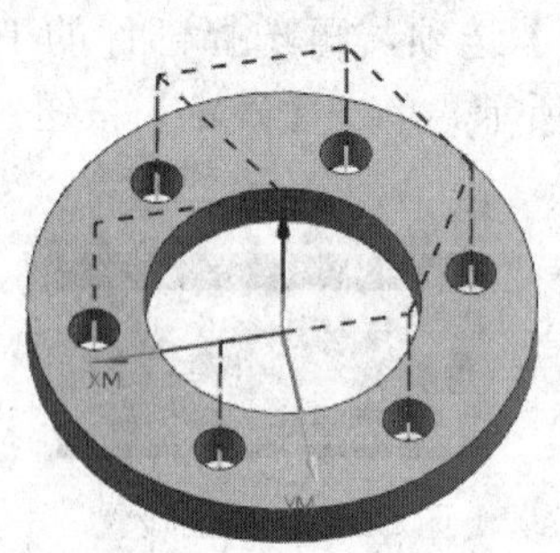

图 5-254　生成刀轨

（32）确认刀轨。单击【确认刀轨】按钮，系统将确认操作生成的刀轨，通过【刀轨可视化】对话框，用户可对刀轨进行可视化播放，包括 3D 和 2D 动画演示，还可以进行过切和碰撞检查，如图 5-255 所示。

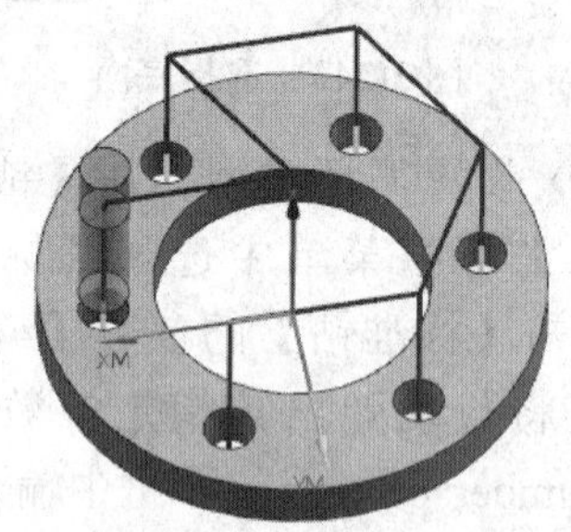

图 5-255　确认刀轨

（33）创建镗孔工序。单击【创建工序】按钮，弹出【创建工序】对话框，在【类型】下拉菜单中选择 drill，【工序子类型】中选择 BORING，【程序】选择 NC_PROGRAM，【刀具】选择 BORING，【几何体】选择 WORKPIECE，【方法】选择 DRILL_METHOD，【名称】设置为 BORING，单击【确定】按钮，如图 5-256 所示。

（34）弹出【镗孔】对话框，设置镗孔加工的参数。在【几何体】的下拉菜单中选择 WORKPIECE，继承前面设置的部件几何体和毛坯几何体，如图 5-257 所示。

图 5-256　创建镗孔工序

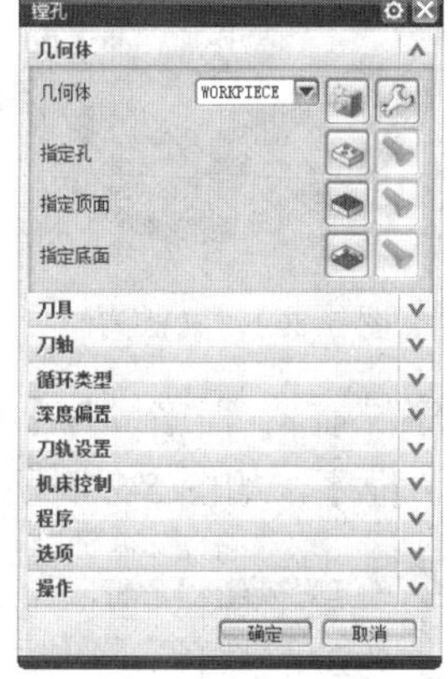

图 5-257　继承几何体

（35）指定孔。单击【指定孔】按钮，系统将自动弹出【点到点几何体】对话框。在【点到点几何体】对话框中单击【选择】按钮，系统将自动弹出【选择点/圆弧/孔】对话框，选择部件中间的大孔，如图 5-258 所示。

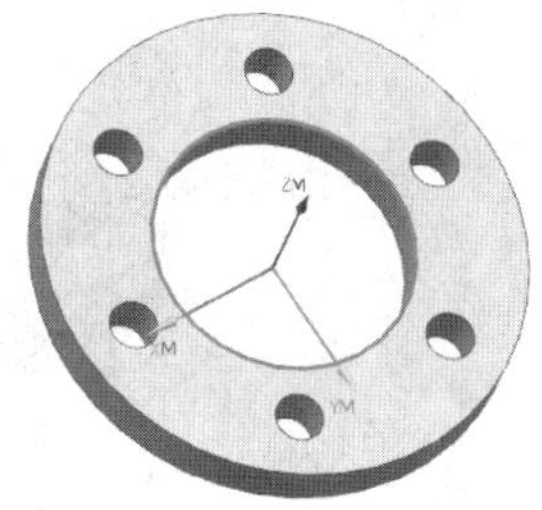

图 5-258　选择孔

（36）单击【确定】按钮，系统将自动返回【点到点几何体】对话框。再单击【确定】按钮，系统将自动返回【镗孔】对话框，单击【确定】按钮，完成孔的指定。

（37）指定顶面。单击【指定顶面】按钮，系统将自动弹出【顶面】对话框，在【顶面选项】的下拉菜单中选择【面】选项，再选择部件的上表面，如图 5-259 所示。单击【确定】按钮完成顶面的指定。

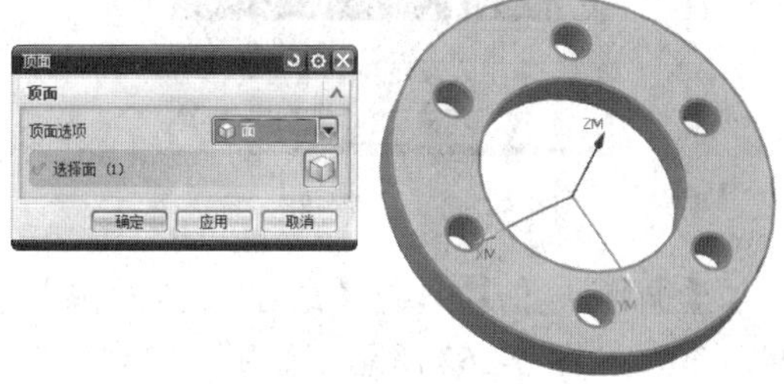

图 5-259　选择顶面

（38）指定底面。单击【指定底面】按钮，系统将自动弹出【底面】对话框，在【底面选项】的下拉菜单中选择【面】选项，再选择部件的下表面，如图 5-260 所示。单击【确定】按钮完成底面的指定。

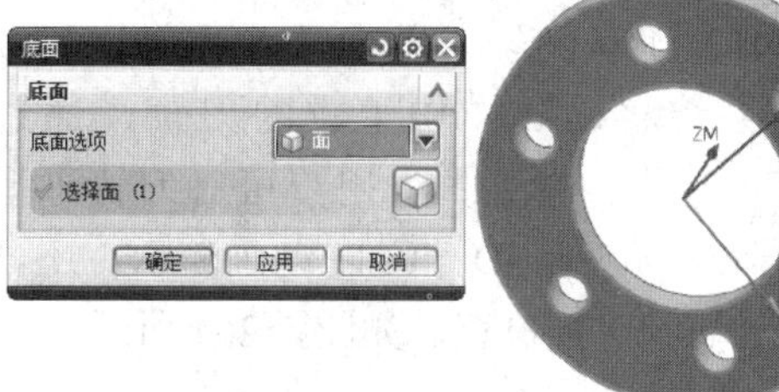

图 5-260　选择底面

（39）设置循环类型。在【沉头孔加工】对话框的【循环】下拉菜单中选择【标准镗】选项，再单击【标准镗】的参数【编辑】按钮，系统将自动弹出【指定参数组】对话框。在 Number of Sets 文本框中输入 1，设置一个循环参数组，单击【确定】按钮，系统将自动弹出【Cycle 参数】对话框。单击【Depth-模型深度】按钮，系统将自动弹出【Cycle 深度】对话框，再单击【模型深度】按钮，系统将自动返回【Cycle 参数】对话框。单击【进给率(MMPM)-250.0000】按钮，系统将自动弹出【Cycle 进给率】对话框，设置进给率为 250，如图 5-261 所示。单击【确定】按钮，系统将自动返回【Cycle 参数】对话框，再单击【确定】按钮完成循环参数的设置。

图 5-261　设置进给率

【循环类型】下的【最小安全距离】设置为 20，如图 5-262 所示。

图 5-262　设置最小安全距离

（40）生成刀轨。单击【生成刀轨】按钮，系统将根据设置的操作参数生成相应的刀轨，如图 5-263 所示。

（41）确认刀轨。单击【确认刀轨】按钮，系统将确认操作生成的刀轨，通过【刀轨可视化】对话框，用户可对刀轨进行可视化播放，包括 3D 和 2D 动画演示，还可以进行过切和碰撞检查，如图 5-264 所示。

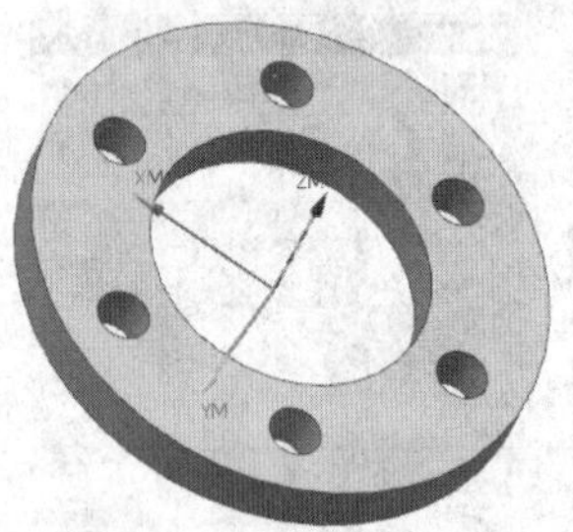
图 5-263　生成刀轨

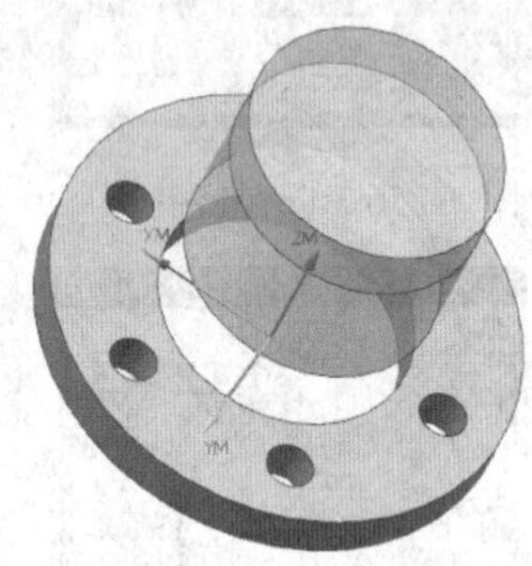
图 5-264　确认刀轨

在【工序导航器-程序顺序】中会显示已经建立的两个程序，如图 5-265 所示。

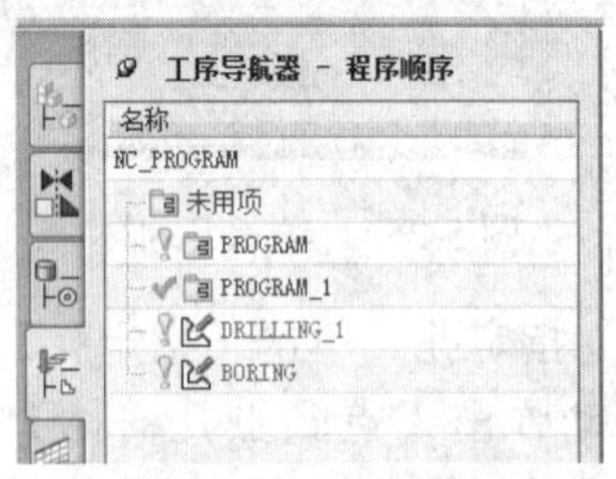

图 5-265　加工程序

第 6 讲　可变轴曲面轮廓加工

本讲主要介绍 UG 铣加工中的可变轴曲面轮廓加工。可变轴曲面轮廓针对的加工对象主要是复杂的曲面零件，可以使用的加工方法和加工参数也很复杂。

本讲内容

- 实例・模仿——拉手曲面加工
- 可变轴曲面轮廓铣概述
- 刀轴控制
- 实例・操作——叶片的加工
- 实例・练习——具有斜面凹槽的加工

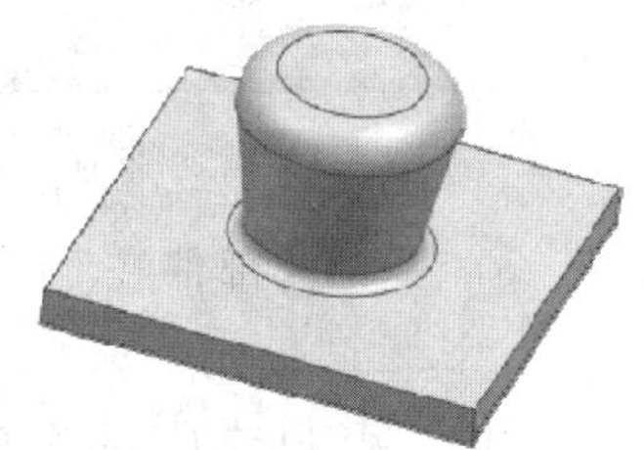

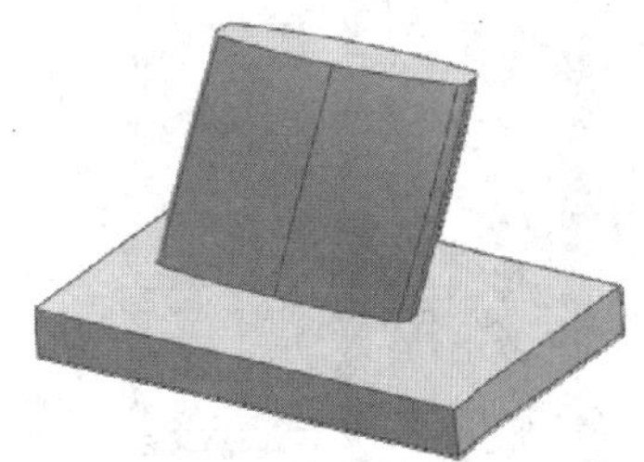

6.1　实例・模仿——拉手曲面加工

完成如图 6-1 所示的拉手曲面的加工。

图 6-1　拉手曲面零件

【思路分析】

此例需要加工的区域为叶片上不同形状的曲面，需要型腔铣先进行粗加工，而后选择可变轴曲面轮廓铣进行精加工。

1. 工件安装

将底平面固定安装在机床上，固定好以限制 X、Y 方向移动和绕 Z 轴的转动。

2. 加工坐标原点

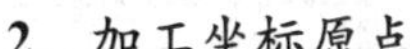

以毛坯上平面的一个顶点作为加工坐标原点。

3. 工步安排

首先对工件进行整体型腔铣粗加工，去除大部分材料，选择直径为 12mm 的端铣刀，接着用直径为 4mm 的球头铣刀对曲面进行精加工。

前边章节已经对型腔铣有了详细的介绍，此处不再赘述。下面主要介绍创建可变轴曲面轮廓铣精加工的操作。

【光盘文件】

起始文件——参见附带光盘中的“Model\Ch6\6-1.prt”文件。

结果文件——参见附带光盘中的“END\Ch6\6-1.prt”文件。

动画演示——参见附带光盘中的“AVI\Ch6\6-1.avi”文件。

【操作步骤】

（1）单击【创建刀具】按钮，在弹出的对话框的【刀具子类型】中选择 BALL_MILL 图标，【名称】设为 BALL4。然后在系统弹出的【铣刀-5 参数】对话框内输入直径为 4mm，最后单击【确定】按钮，如图 6-2 所示。

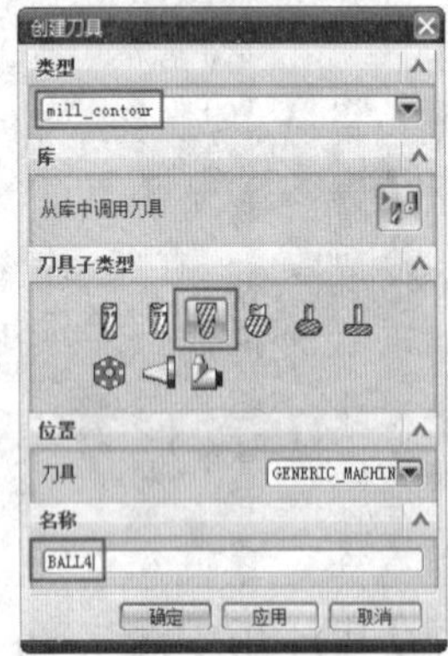

图 6-2　创建刀具

（2）单击【创建几何体】按钮，系统弹出如图 6-3 所示的对话框。【类型】为 mill_multi-axis，子类型为 WORKPIECE，其他参数为默认值，单击【确定】按钮。

图 6-3　创建几何体

（3）系统弹出【工件】对话框。在对话框中单击【指定部件】按钮，如图 6-4 所示。

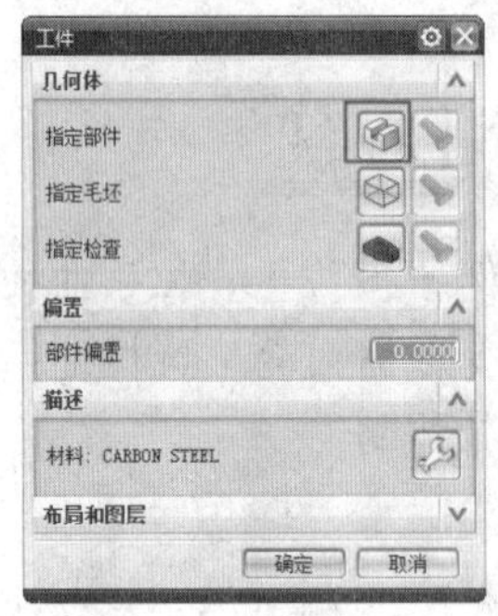

图 6-4　指定部件

（4）系统弹出【部件几何体】对话框，在视图窗口中选择拉手作为几何体，单击【确定】按钮，如图 6-5 所示。

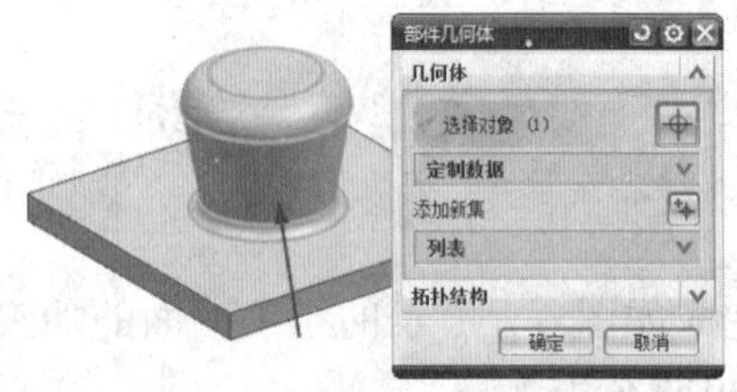

图 6-5　设定加工环境

（5）返回【工件】对话框。单击【指定毛坯】按钮，设置图层 10 为可见图层，在视图窗口中选择毛坯，如图 6-6 所示。

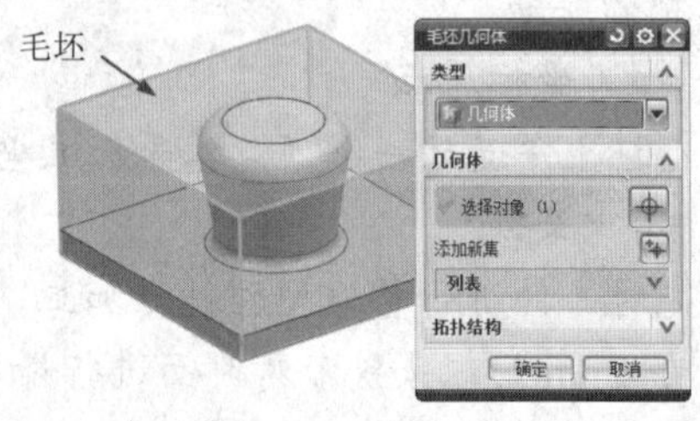

图 6-6　创建程序

（6）单击【创建工序】按钮，在类型中

选择 mill_multi-axis，子类型选为 VARIABLE_CONTOUR，其他参数按图 6-7 所示进行设置，单击【确定】按钮。

图 6-7 创建工序

（7）系统弹出【可变轮廓铣】对话框。驱动方法选为【曲面】类型，如图 6-8 所示。

图 6-8 选择驱动方法

（8）系统弹出【曲面区域驱动方法】对话框，在对话框中单击【指定驱动几何体】按钮，如图 6-9 所示。

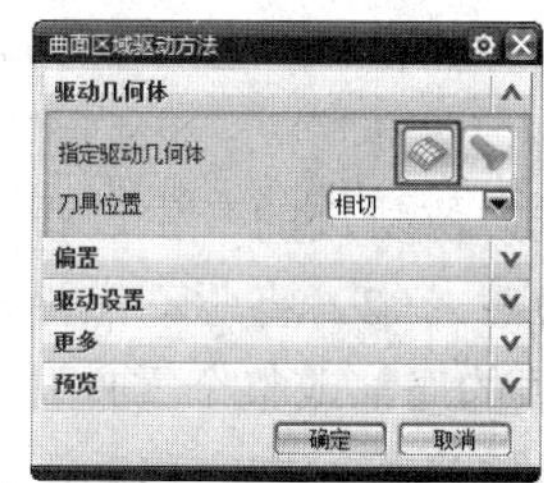

图 6-9 指定驱动几何体

（9）系统弹出【驱动几何体】对话框，首先选择曲面 1，接着在对话框中单击【开始下一行】按钮，接着选择曲面 2，如图 6-10 所示。

图 6-10 选择曲面

（10）返回【曲面区域驱动方法】对话框，在【切削区域】下拉菜单中选择【曲面%】选项，系统弹出【曲面百分比方法】对话框，按图 6-11 所示进行设置，单击【确定】按钮。

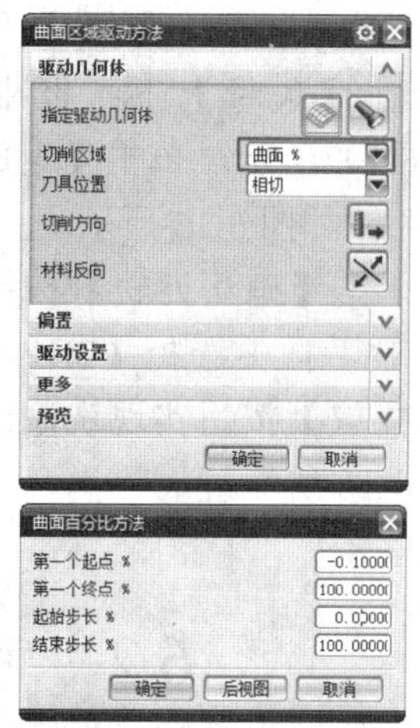

图 6-11 设定曲面参数

（11）返回【曲面区域驱动方法】对话框，【步距】下拉菜单选为【数量】，在下边的【步距数】文本框中输入 80，如图 6-12 所示。

图 6-12 驱动设置

（12）单击【显示接触点】按钮，可以根据接触点的运动方向以及其代表的法向方向来判断刀路是否合理。最后再次单击，取消显示接触点，并单击【确定】按钮，如图 6-13 所示。

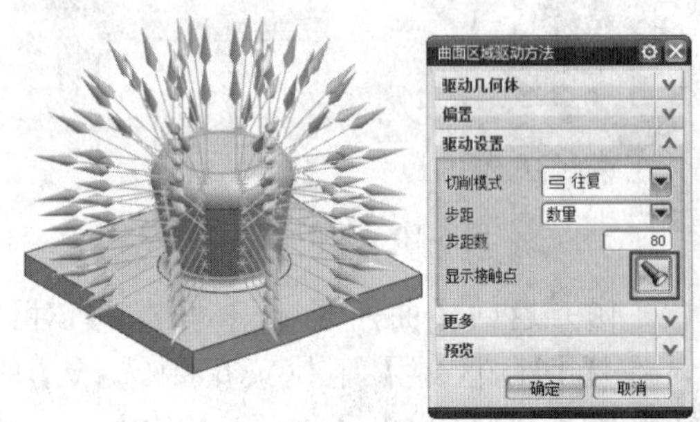

图 6-13　显示接触点

（13）返回【可变轮廓铣】对话框，展开【刀轴】下拉选项，选择【垂直于驱动体】选项，在【矢量】下拉框中选择【刀轴】，如图 6-14 所示。单击【生成刀轨】按钮，生成刀路，如图 6-15 所示。

（14）单击【确认刀轨】按钮，在【刀轨可视化】对话框中选择【2D 动态】选项卡，单击【播放】按钮实现铣削的仿真。模拟效果如图 6-16 所示。

图 6-14　设置加工方法

图 6-15　生成刀路

图 6-16　模拟切削

6.2　可变轴曲面轮廓铣概述

可变轴曲面轮廓铣是用于精加工由轮廓曲面形成的区域的加工方式，它允许通过精确控制刀轴和投影矢量以使刀具沿着非常复杂的曲面和复杂轮廓运动，如图 6-17 所示，刀轴垂直于驱动表面时刻变化。

可变轴曲面轮廓铣刀位轨迹的产生过程与固定曲面轮廓铣刀位轨迹的产生过程大致相同。刀位轨迹创建的两个步骤是：（1）从驱动几何体上产生驱动点；（2）将驱动点沿投射方向投射到零件几何体上，如图 6-18 所示。驱动点可以从零件几何体的局部或整个零件几何体或与加工零件不相关的其他几何体上产生。刀轨输出时将刀具从驱动点沿投射方向移动，直到接触零件几何体。

边界驱动和曲面区域驱动的可变轮廓铣分别如图 6-19 和图 6-20 所示，在以后章节里将详细介绍，读者可以先体会其思想。

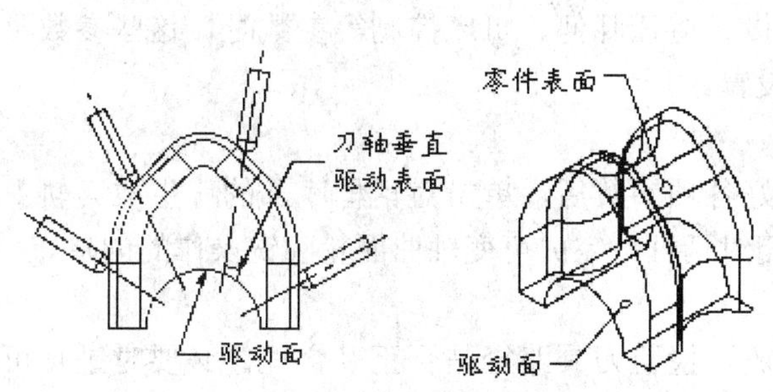

图 6-17　刀轴垂直于驱动表面

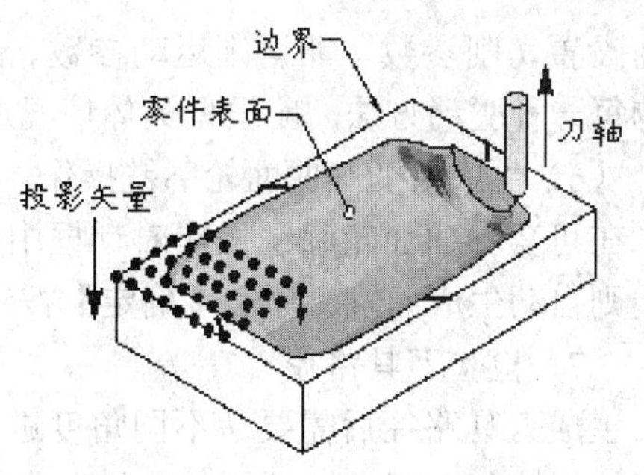

图 6-18　驱动点的投影

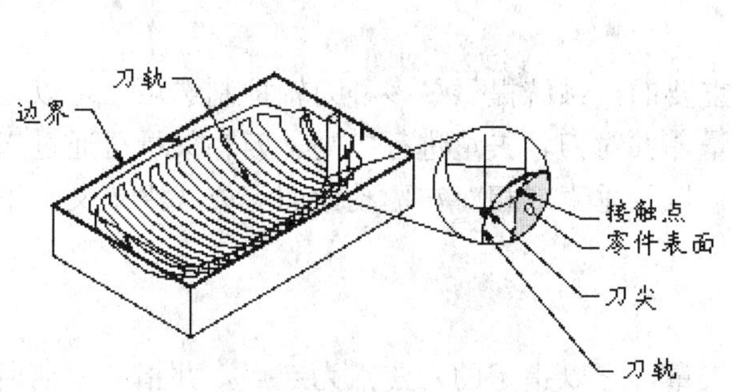

图 6-19　边界驱动的可变轮廓铣

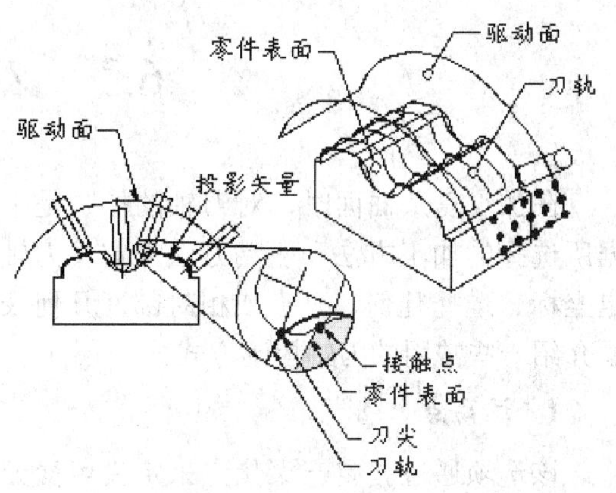

图 6-20　曲面区域驱动的可变轮廓铣

创建可变轴曲面轮廓铣的大致步骤如下。

（1）创建固定轴曲面轮廓铣操作

单击【创建工序】按钮，出现创建操作对话框，此时选择类型为 mill_multi-axis，即选择了多轴铣加工操作建立模板，在子类型里选择某个多轴铣类型，并指定操作所在的程序组、所使用的父节点组的几何体、使用道具、使用加工方法，输入一个操作名称，单击【确定】按钮，系统会自动打开可变轴曲面轮廓铣操作对话框。

（2）设置可变轴曲面轮廓铣的组

组的设置可以在创建操作中确定，但是在创建操作前，有必要先把部件几何体、切削区域、加工刀具创建好。组的设置也可以在可变轴曲面轮廓铣操作对话框中进行组的选择或重新选择，在可变轴曲面轮廓铣操作对话框中选择【组】选项卡进行设置，在组的设置中，可以选择或者新建使用的几何体、加工方法、刀具。

（3）设置驱动方法

根据加工表面的形状与复杂性，以及刀轴与投影矢量的要求来确定适当的驱动方法，一旦选择了驱动方法，就决定了可选择的驱动几何类型、投影矢量、刀轴与切削方法。

（4）指定刀轴

刀轴矢量可以通过指定坐标、选择几何、垂直或相对于零件表面，以及垂直或相对于驱动表面等方式来定义。

（5）设置必要加工参数

在可变轴曲面轮廓铣操作对话框中设置参数，这些参数都将对刀轨产生直接影响。在对话框需设置切削参数、非切削运动参数、进给量、避让几何、机床控制等参数时，这些参数可以影响每一种驱动方法，应根据具体情况进行设置。

（6）生成可变轴曲面轮廓铣操作

在可变轴曲面轮廓铣操作对话框中设置好各项参数后，单击对话框底部的【生成刀轨】按钮，则自动生成刀轨。单击【确定】按钮关闭对话框，完成可变轴曲面轮廓铣操作的创建。

（7）检验刀具路径

生成刀具路径后需要从不同角度进行回放，检验刀具路径是否正确合理，必要时进行可视化刀轨检验。也可先生成 CLSF 文件或数控程序，再用 VERICUT 软件进行检验和路径优化。

6.3 刀轴控制

在加工复杂曲面时，对刀轴的控制是十分重要的，系统提供了多种刀轴控制选项，可以根据所选择的加工方法和驱动方法来定义刀轴矢量，并对刀轴矢量进行控制。刀轴矢量可通过指定坐标、选择几何、垂直或相对部件几何表面，以及垂直或相对与驱动曲面等方式来定义。下面介绍一些常用的刀轴控制方式。

1. 远离点

该选项通过指定一聚焦点来定义可变刀轴矢量，它以指定的聚焦点为起点，并指向刀柄所形成的矢量作为可变刀轴矢量，如图 6-21 所示。选择该选项，系统将弹出点构造器对话框，指定一个焦点，刀轴矢量由焦点指向刀柄。

2. 朝向点

朝向点通过指定一聚焦点来定义可变刀轴矢量，它以刀柄为起点并指向指定的聚焦点所形成的矢量作为可变刀轴矢量，如图 6-22 所示。选择该选项，系统弹出点构造器对话框，构造一点作为聚焦点。

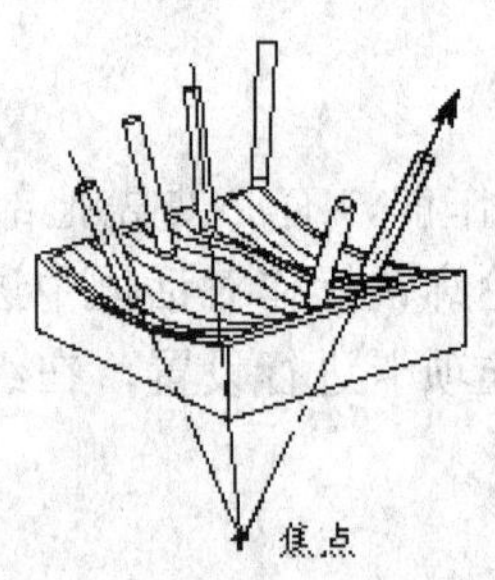

图 6-21　远离点示意图

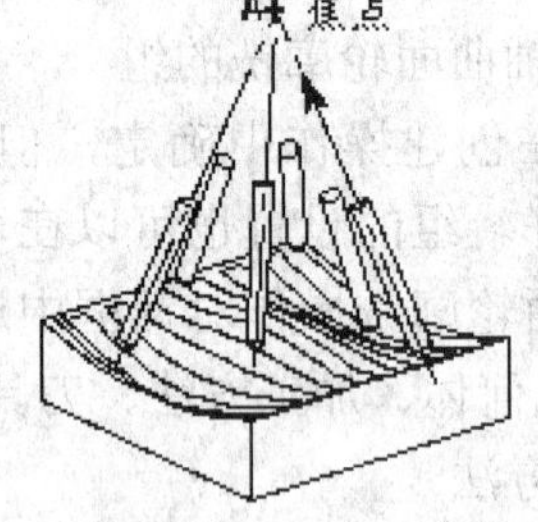

图 6-22　朝向点示意图

3. 远离直线

刀轴矢量沿给定直线向外，刀轴沿直线的长度方向移动且保持与直线垂直，如图 6-23 所示。选择该选项，系统弹出直线定义对话框。可以通过两点、现有直线或点和矢量构造一条直线。

4. 朝向直线

指定一条直线，刀轴矢量沿给定直线方向向内，刀轴沿直线的长度方向移动且保持与直线垂直，如图 6-24 所示。

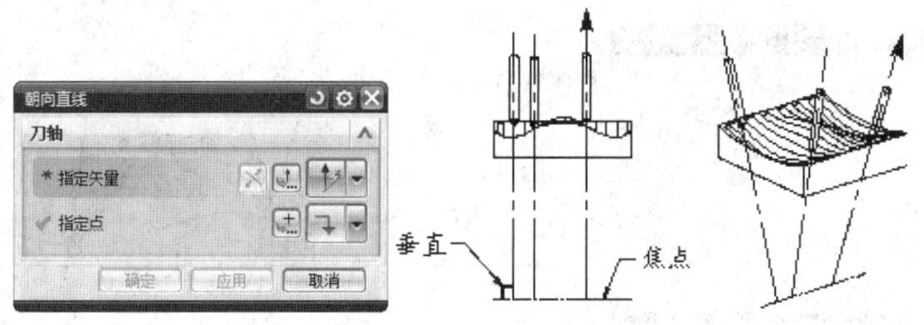

图 6-23　直线定义对话框和远离直线示意图

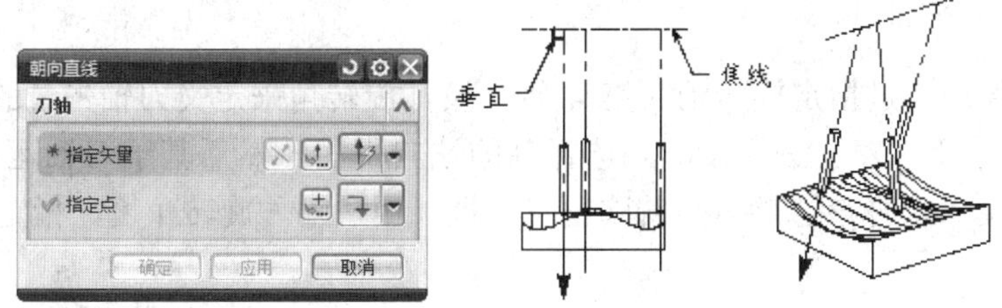

图 6-24　朝向直线示意图

5. 相对于矢量

根据指定的矢量及输入的前角（Lead Angle）和侧倾角（Tilt Angle）构建刀轴矢量，如图 6-25 所示。前角是指刀轴沿刀轨方向向前或向后的倾角，向前倾斜为正。侧倾角定义刀具向刀具旁侧倾斜的角度，切削方向的右侧为正。

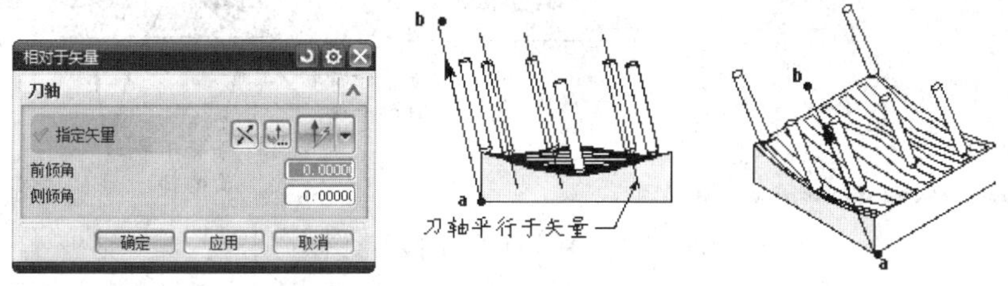

图 6-25　相对于矢量示意图

6. 垂直于部件

该选项使可变轴矢量在每一个接触点处垂直于部件几何表面，如图 6-26 所示。

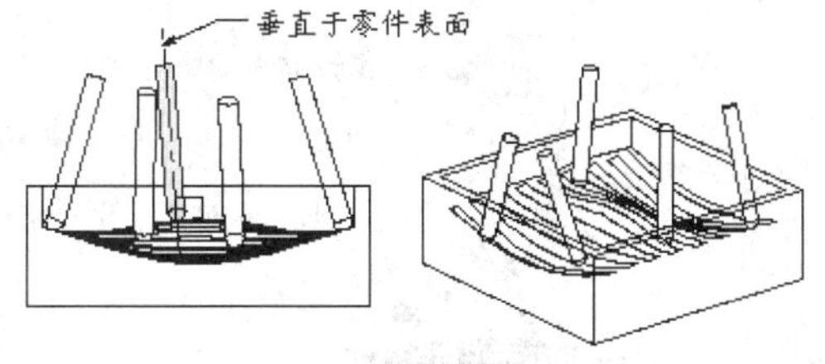

图 6-26　垂直于部件示意图

7. 相对于部件

该方式通过指定前倾角和侧倾角来定义相对于部件几何表面法向矢量的可变刀轴矢量，如

图 6-27 所示。最大/最小侧倾角规定了偏离侧倾角的允许范围。

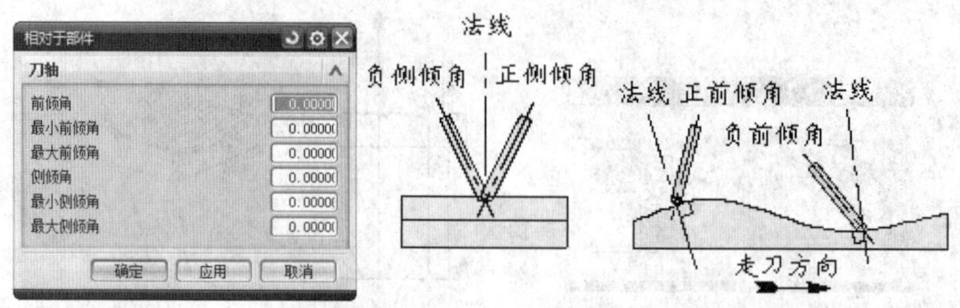

图 6-27　相对于部件示意图

8．4 轴，垂直于部件

4 轴垂直于部件是通过指定旋转轴（第 4 轴）及其旋转角来定义刀轴矢量的，如图 6-28 所示。即刀轴先从部件几何表面法线投影到选择轴的法向平面，然后基于刀轴运动方向朝前或朝后倾斜一个旋转角度。选择该选项，系统弹出对话框，用户输入旋转角度，指定旋转轴。

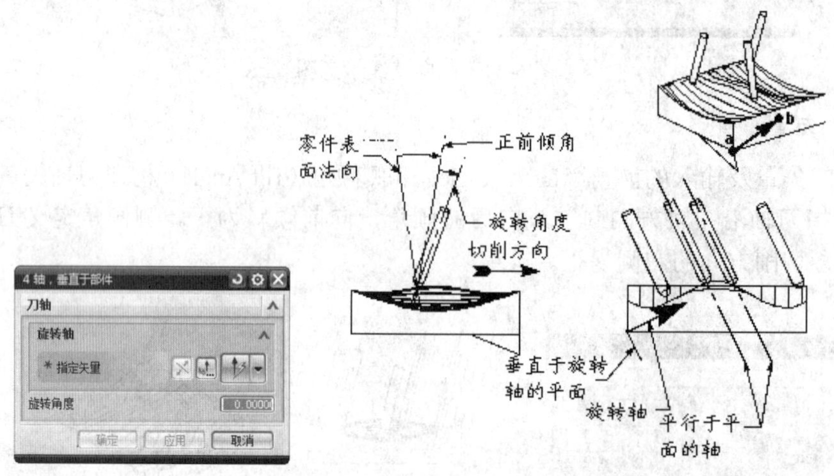

图 6-28　4 轴垂直于部件示意图

9．4 轴，相对于部件

该选项是通过指定第 4 轴及其旋转角度、前倾角和侧倾角来定义的，如图 6-29 所示。即先使刀轴从部件几何表面法线、基于刀具运动方向朝前或朝后倾斜前倾角与侧倾角。然后投影到正确的第 4 轴运动平面，最后旋转一个旋转角度。

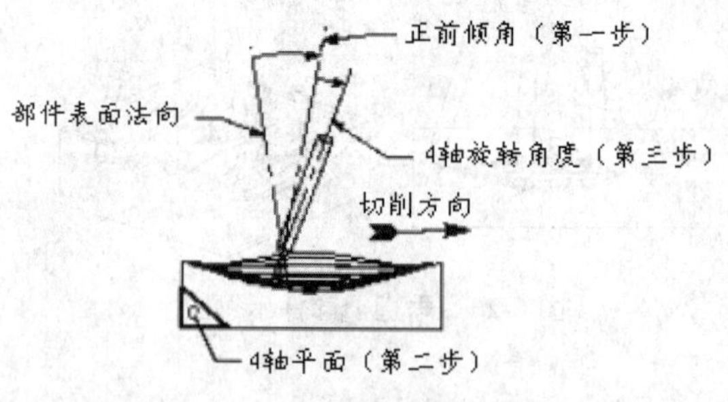

图 6-29　4 轴相对于部件

10. 双 4 轴在部件上

此方式和 4 轴相对于部件选项非常相似，但仅能用于往复切削方式，如图 6-30 所示。它通过指定第 4 轴及其旋转角度、前置角度与倾斜角来定义刀轴矢量，即分别在往、复方向，首先使刀轴从部件几何表面法向、基于刀具运动方向朝前或朝后倾斜前倾角度和侧倾角度。然后投影到正确的第 4 轴运动平面，最后旋转一个旋转角度。

选择该选项，系统弹出的对话框中可以分别设置往方向和复方向切削的旋转轴、旋转角度、前倾角度以及侧倾角度。

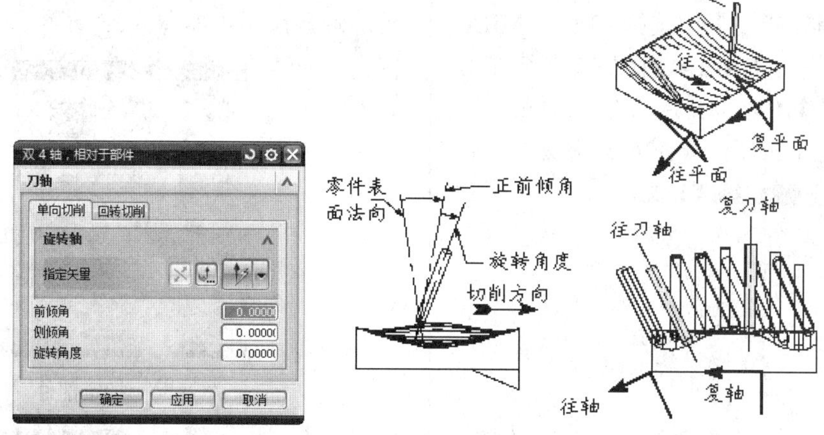

图 6-30　双 4 轴在部件上示意图

6.4　实例·操作——叶片的加工

对如图 6-31 所示的叶片工件进行编程。

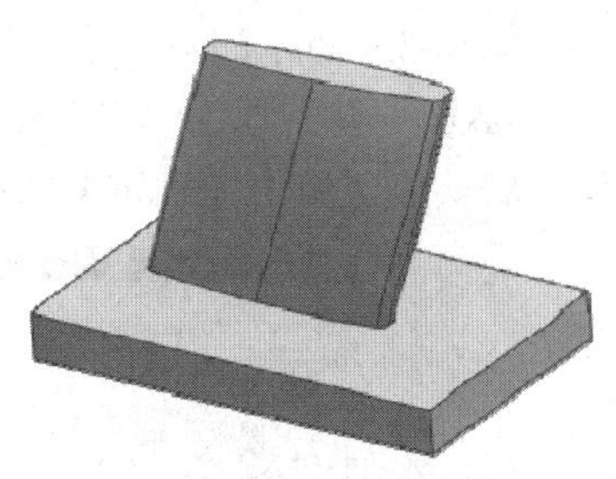

图 6-31　带岛屿凹模

【思路分析】

此例需要加工的区域为叶片上不同形状的曲面，需要型腔铣先进行粗加工，而后选择可变轴曲面轮廓铣进行精加工。

1. 工件安装

将底平面固定安装在机床上，固定好以限制 X、Y 方向移动和绕 Z 轴的转动。

2. 加工坐标原点

将毛坯上平面的一个顶点作为加工坐标原点。

3. 工步安排

首先对工件进行整体型腔铣粗加工，去除大部分材料，选择直径为 12mm 的端铣刀，接着用直径为 4mm 的球头铣刀对曲面进行精加工。

前边章节已经对型腔铣有了详细的介绍，此处不再赘述。下面主要介绍创建可变轴曲面轮廓铣精加工的操作。

【光盘文件】

——参见附带光盘中的“Model\Ch6\6-4.prt”文件。

——参见附带光盘中的“END\Ch6\6-4.prt”文件。

——参见附带光盘中的“AVI\ Ch6\6-4.avi”文件。

【操作步骤】

（1）单击【创建刀具】按钮，在弹出的对话框的【刀具子类型】中选择 BALL_MILL 图标，【名称】设为 BALL4。然后在系统弹出的【铣刀-5 参数】对话框内输入直径为 4mm，最后单击【确定】按钮，如图 6-32 所示。

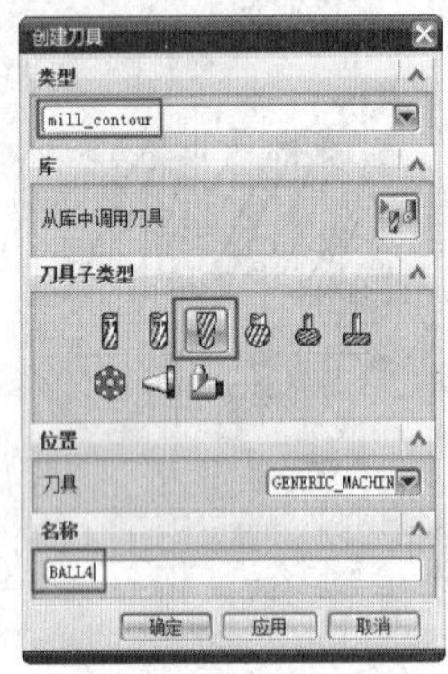

图 6-32　创建刀具

（2）单击【创建几何体】按钮，系统弹出如图 6-33 所示的对话框，【类型】为 mill_multi-axis，子类型为 WORKPIECE，其他参数为默认值，单击【确定】按钮。

图 6-33　创建几何体

（3）系统弹出【工件】对话框。在该对话框中单击【指定部件】按钮，如图 6-34 所示。

（4）系统弹出【部件几何体】对话框，在视图窗口中选择拉手作为几何体，单击【确定】按钮，如图 6-35 所示。

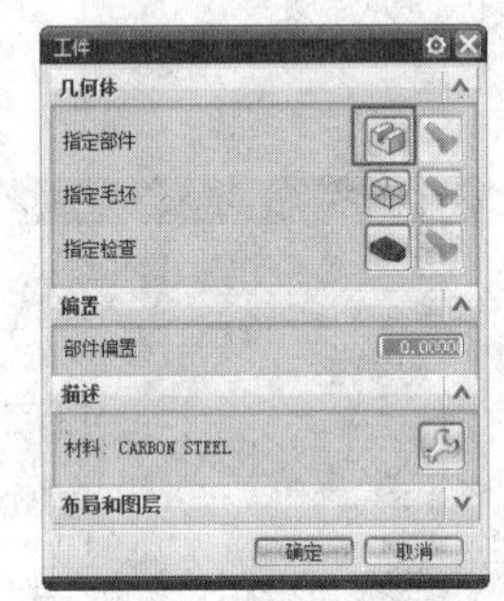

图 6-34　指定部件

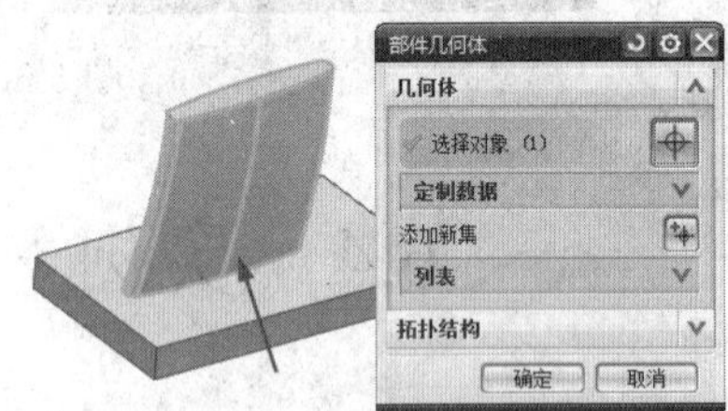

图 6-35　设定加工环境

（5）返回【工件】对话框。单击【指定毛坯】按钮，设置图层 10 为可见图层，在视图窗口中选择毛坯。如图 6-36 所示。

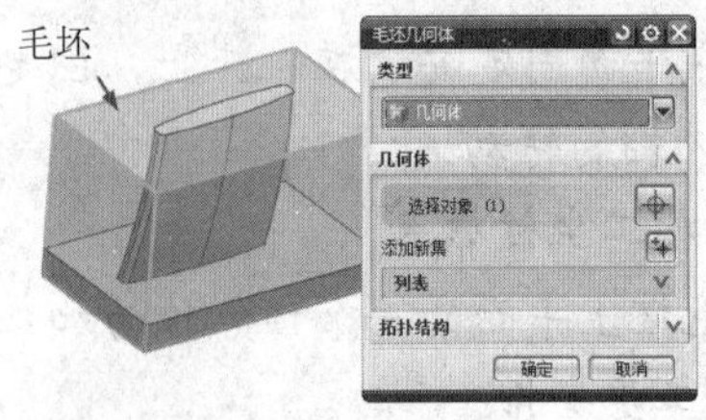

图 6-36　创建程序

（6）单击【创建工序】图标，在类型中选择 mill_multi-axis，子类型选为 VARIABLE_CONTOUR，其他参数按图 6-37 所示进行设置，单击【确定】按钮。

图 6-37　创建工序

（7）系统弹出【可变轮廓铣】对话框。驱动方法选为【曲面】类型，如图 6-38 所示。

图 6-38　选择驱动方法

（8）系统弹出【曲面区域驱动方法】对话框，在该对话框中单击【指定驱动几何体】按钮，如图 6-39 所示。

图 6-39　指定驱动几何体

（9）系统弹出【驱动几何体】对话框，依次选择叶片周围的所有曲面，共 10 个，如图 6-40 所示。

（10）返回【曲面区域驱动方法】对话框，在【切削区域】下拉菜单中选择【曲面%】，系统弹出【曲面百分比方法】对话框，按图 6-41 所示进行设置，单击【确定】按钮。

图 6-40　选择曲面

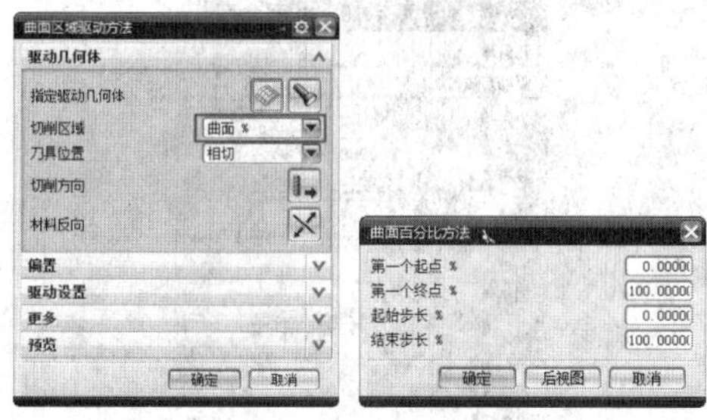

图 6-41　设定曲面参数

（11）返回【曲面区域驱动方法】对话框，在【步距】下拉菜单中选择【数量】，在下边的【步距数】文本框中输入 30，如图 6-42 所示。

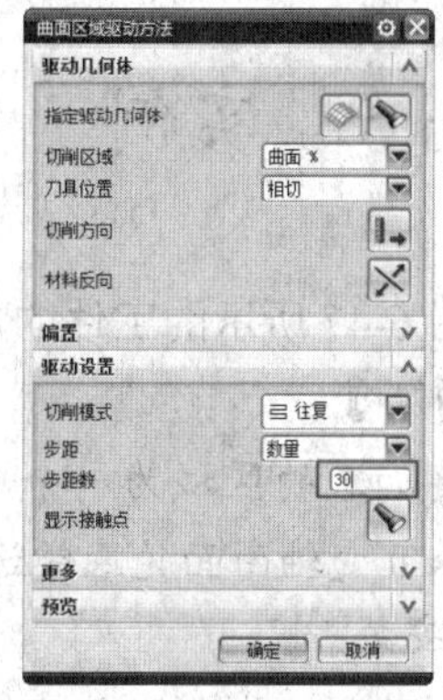

图 6-42　驱动设置

（12）单击【显示接触点】图标，可以根据接触点的运动方向以及其代表的法向方向来判断刀路是否合理。最后再次单击，取消显示接触点，并单击【确定】按钮，如图 6-43 所示。

（13）返回【可变轮廓铣】对话框，展开【刀轴】下拉选项，选择【垂直于驱动体】选项，在【矢量】下拉框中选择【刀轴】，如图 6-44 所示。单击【生成刀轨】按钮，生成刀路，如图 6-45 所示。

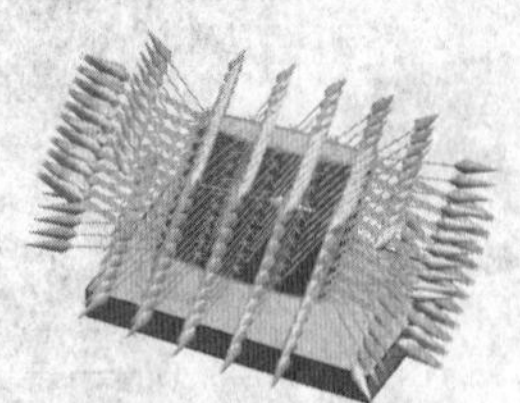

图 6-43　显示接触点

图 6-44　设置加工方法

图 6-45　生成刀路

（14）单击【确认刀轨】按钮，在【刀轨可视化】对话框中选择【2D 动态】选项卡，单击【播放】按钮实现铣削的仿真。模拟效果如图 6-46 所示。

图 6-46　模拟切削

6.5　实例·练习——具有斜面凹槽的加工

完成如图 6-47 所示的工件的加工。

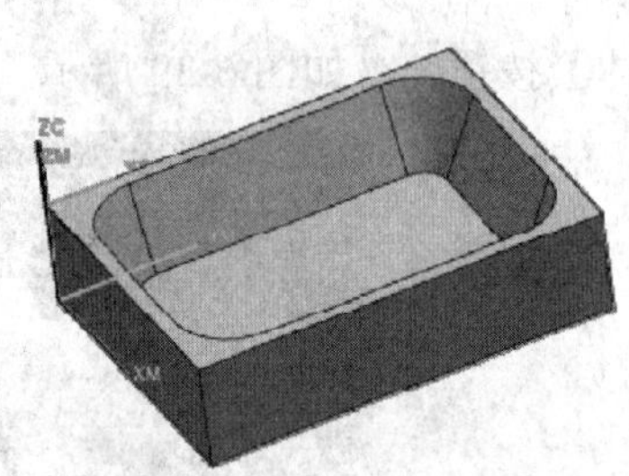

图 6-47　具有斜面凹槽

【思路分析】

此例需要加工的区域为一个凹腔，需要型腔铣先进行粗加工，而后选择可变轴曲面轮廓铣进行精加工。

1. 工件安装

将底平面固定安装在机床上，固定好以限制 X、Y 方向移动和绕 Z 轴的转动。

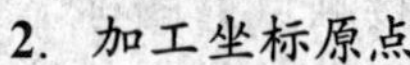

2. 加工坐标原点

以毛坯上平面的一个顶点作为加工坐标原点。

3. 工步安排

首先对工件进行整体型腔铣粗加工，去除大部分材料，选择直径为 12mm 的端铣刀，接着用直径为 4mm 的球头铣刀对曲面进行精加工。

前边章节已经对型腔铣有了详细的介绍，此处不再赘述。下面主要介绍创建可变轴曲面轮廓铣精加工的操作。

【光盘文件】

——参见附带光盘中的“Model\Ch6\6-5.prt”文件。

——参见附带光盘中的“END\Ch6\6-5.prt”文件。

——参见附带光盘中的“AVI\ Ch6\6-5.avi”文件。

【操作步骤】

（1）单击【创建刀具】按钮，在对话框的【刀具子类型】中选择 BALL_MILL 图标，【名称】设为 BALL4。然后在系统弹出的【铣刀-5 参数】对话框内输入直径为 4mm，最后单击【确定】按钮，如图 6-48 所示。

图 6-48 创建刀具

（2）单击【创建工序】按钮，在类型中选择 mill_multi-axis，子类型选为 VARIABLE_CONTOUR，其他参数按图 6-49 所示进行设置，单击【确定】按钮。

图 6-49 创建工序

（3）系统弹出【可变轮廓铣】对话框，驱动方法选为【曲面】类型，如图 6-50 所示。

图 6-50 选择驱动方法

（4）系统弹出【曲面区域驱动方法】对话框，在该对话框中单击【指定驱动几何体】按钮，如图 6-51 所示。

图 6-51 指定驱动几何体

（5）系统弹出【驱动几何体】对话框，选择凹槽所有侧面，共 8 个，如图 6-52 所示。

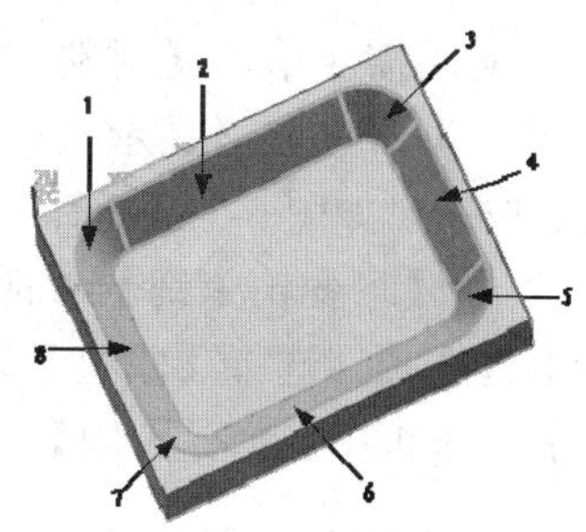

图 6-52 选择曲面

（6）返回【曲面区域驱动方法】对话框，在【切削区域】下拉菜单中选择【曲面%】，系统弹出【曲面百分比方法】对话框，按图 6-53 所示进行设置，单击【确定】按钮。

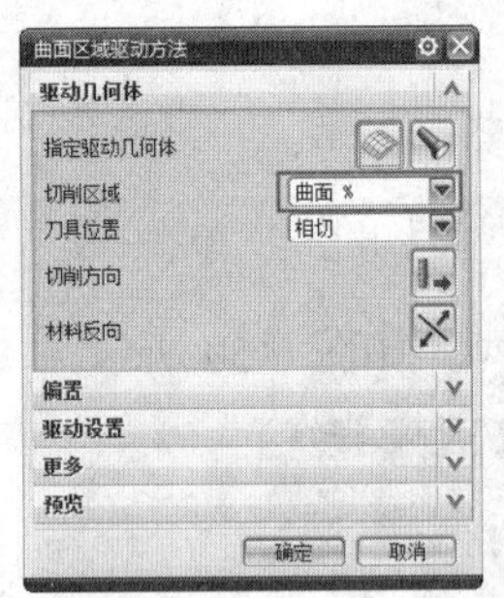
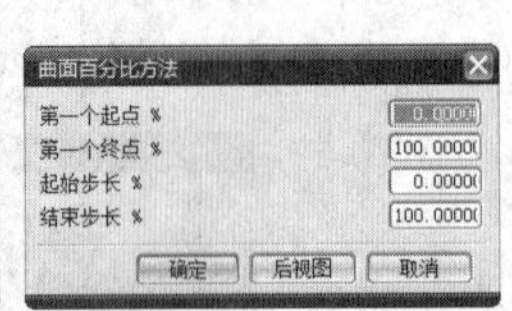

图 6-53　设定曲面参数

（7）返回【曲面区域驱动方法】对话框，在【步距】下拉菜单选择【数量】，在下边的【步距数】文本框中输入 30，如图 6-54 所示。

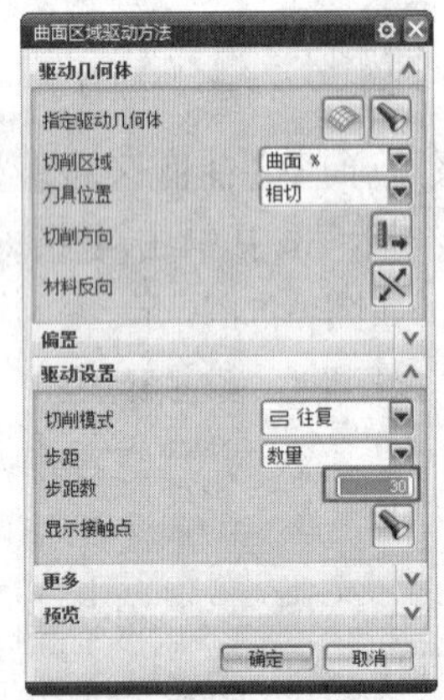

图 6-54　驱动设置

（8）单击【显示接触点】按钮，可以根据接触点的运动方向以及其代表的法向方向来判断刀路是否合理。注意所有箭头应该向内，如果不是，需要单击【材料方向】按钮 ✕。最后再次单击，取消显示接触点，并单击【确定】按钮，如图 6-55 所示。

（9）返回【可变轮廓铣】对话框，展开【刀轴】下拉选项，选择【垂直于驱动体】，在【矢量】下拉框中选择【刀轴】，如图 6-56 所示。单击【生成刀轨】按钮，生成刀路，如图 6-57 所示。

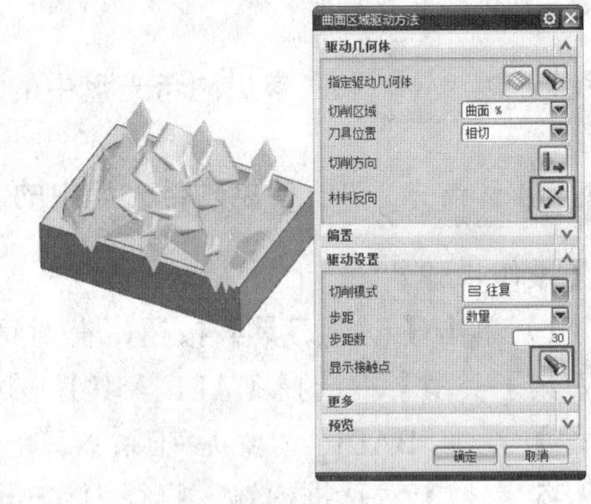

图 6-55　显示接触点

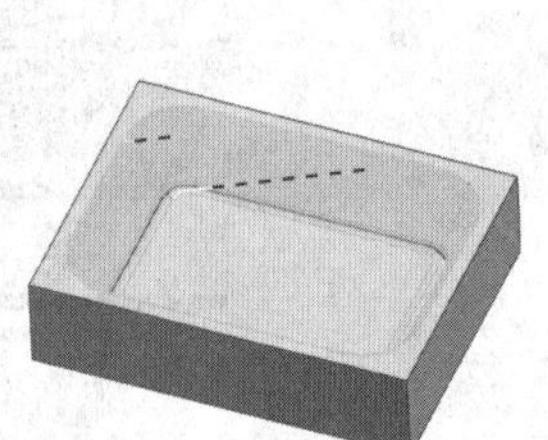

图 6-56　设置加工方法　　图 6-57　生成刀路

（10）单击【确认刀轨】按钮，在【刀轨可视化】对话框中选择【2D 动态】选项卡，单击【播放】按钮实现铣削的仿真。模拟效果如图 6-58 所示。

图 6-58　模拟切削

第 7 讲　综合实例——电吹风凹模加工

本书前面各讲分别介绍了平面铣削、型腔加工、固定轴曲面轮廓铣、孔位加工、可变轴曲面轮廓加工等加工的操作方法。然而在实际生产中，一个工件的加工不可能只采用一种操作就能满足加工要求，而需要综合考虑运用多种加工类型，并根据加工工件的特点，合理地安排各种加工操作。同时借助与可视化切削仿真，检查各道工序的刀轨是否合理，检查过程毛坯的形貌特点，并通过检查有无干涉情况，对刀轨不断进行调整和优化。本讲将对一个综合实例——电吹风凹模加工进行详细的讲述，综合演示实际生产中数控编程的方法和操作过程。

本讲内容

- 综合加工中加工环境的设置
- 综合加工中加工几何体的创建
- 综合加工中加工操作的创建
- 综合加工中加工方法的顺序安排

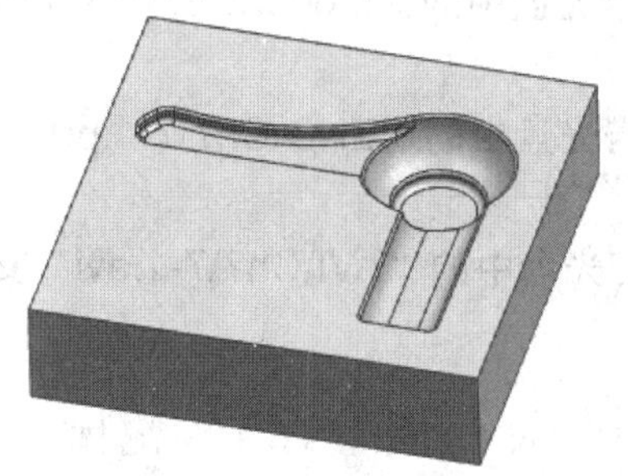

本例是一个电吹风凹模模型，如图 7-1 所示。电吹风凹模模型主要加工的部分有 3 个：1-顶面平面，2-轮廓曲面，3-3 个小台面，并且这三部分的加工精度要求较高，特别是轮廓曲面实际上是一张自由曲面。其中顶面平面的大小为 300mm×300mm，并且最大的深度为 38mm，最小的圆角半径为 4mm。

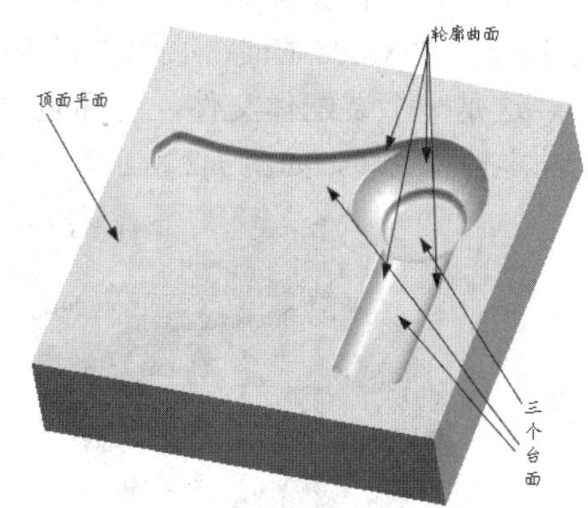

图 7-1　电吹风凹模

【思路分析】

对于这样一个加工零件，首先要考虑毛坯的尺寸，根据以上提供的数据，可以确定数控加工的毛坯尺寸。在数控加工之前，可以在普通铣床上准备好毛坯，从而可以在满足加工精度要求的前提下，降低加工成本。模型的毛坯可以为一个长方体，尺寸定为 300mm×300mm×73mm，并且四周侧面和底面已经加工好了，可以作为本次加工的安装面。

本例中采用装配加工的概念和加工方式，读者可以自己另外建立一个毛坯零件，并将加工零件与毛坯零件在一个装配文件里将其装配起来，本书提供的文件有：（1）加工零件文件“example015.prt”；（2）毛坯零件文件“example016.prt”；（3）装配文件“Ex8_start.prt”。读者可以自己完成毛坯零件的建模，生成毛坯零件文件，并建立装配文件。由于这一部分属于 CAD 部分，而且比较简单，此处不再讲解，本例的讲解从建立好的装配文件“Ex8_start.prt”讲起。

加工步骤可以分为以下 6 步。

（1）从毛坯到成品，加工余量很大，所以首先可以采用型腔铣去除大部分余量，采用平底立铣刀开粗，铣刀的直径可以选为 10mm，每层切深 3mm，采用跟随周边的走刀方式。

（2）采用固定轴曲面轮廓铣对主要的轮廓曲面进行半精加工，采用直径为 10mm 的球头铣刀，采用平行往复刀路。

（3）采用面铣精加工三个小台面，采用直径为 6mm 的立铣刀，采用单向的走刀方式。

（4）采用固定轴曲面轮廓铣对轮廓曲面进行精加工，采用直径为 6mm 的球头铣刀，采用平行单向刀路。

（5）采用平面铣精加工顶面平面，采用直径为 8mm 的立铣刀，采用平行往复刀路。

（6）采用清根加工操作对整个加工模型进行清根精加工，采用直径为 4mm 的球头铣刀，采用跟随部件加工刀路。

【光盘文件】

起始文件——参见附带光盘中的“Model\Ch7\7-1.prt”文件。

结果文件——参见附带光盘中的“END\Ch7\7-1.prt”文件。

——参见附带光盘中的“AVI\Ch7\7-1.avi”文件。

【操作步骤】

（1）打开模型文件。启动 UG NX 8.0，单击【打开文件】按钮，在弹出的文件列表中选择“Model\Ch7\7-1.prt”的装配件文件。这是一个装配体文件，里面包含有要加工的零件和毛坯，如图 7-2 所示。

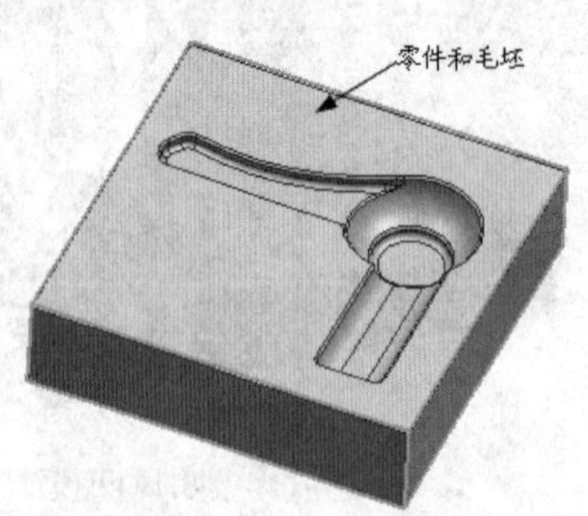

图 7-2　起始文件

（2）打开装配导航器，可以发现这是一个装配体文件，里面包含有要加工的零件 example015 和毛坯 example016，如图 7-3 所示。

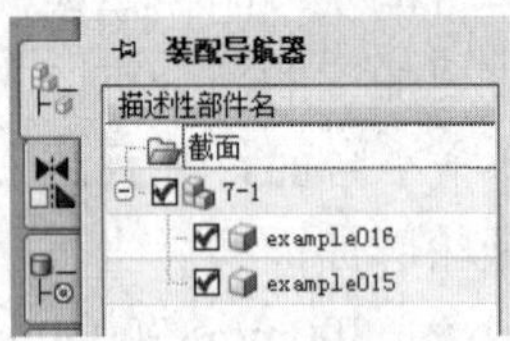

图 7-3　装配导航器

（3）进入加工模块。在工具栏上单击【开始】按钮，在下拉列表中选择【加工】模块，如图 7-4 所示，系统弹出【加工环境】对话框。

（4）在系统弹出的【加工环境】对话框中，选择【CAM 会话配置】为 cam_general，选择【要创建的 CAM 设置】为 drill，单击

【确定】按钮进行加工环境的初始化设置，进入加工模块的工作界面，如图 7-5 所示。

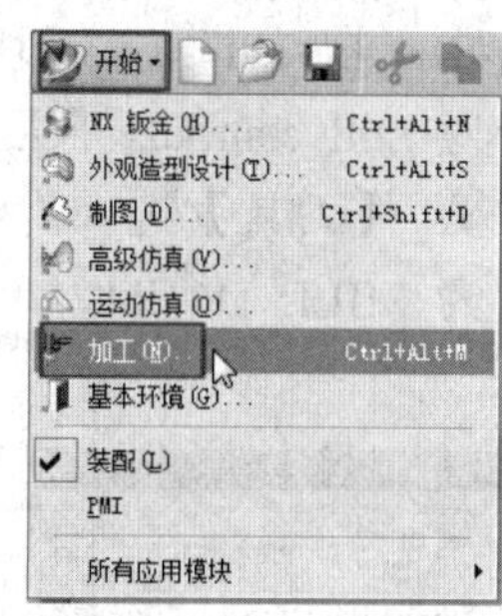

图 7-4　进入加工环境

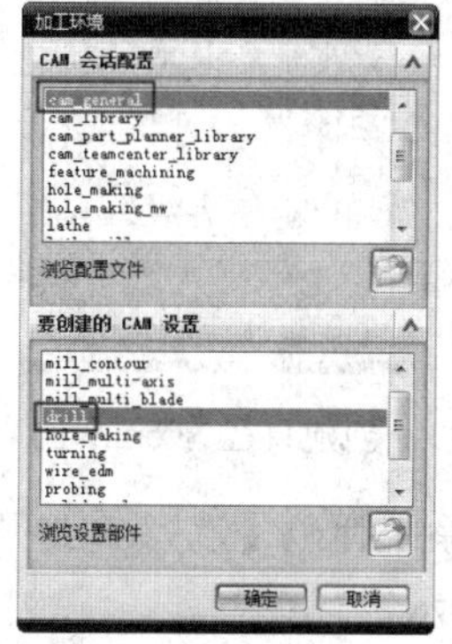

图 7-5　设定加工环境

（5）创建 1 个刀库和 6 把刀柄。创建好的刀库和刀柄，如图 7-6 所示。

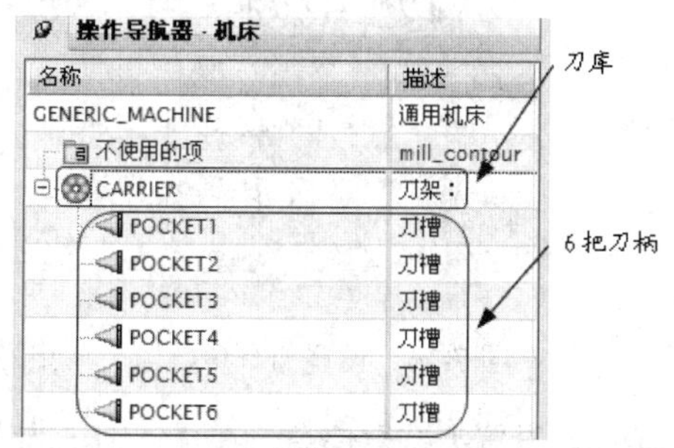

图 7-6　创建刀库和刀柄

（6）创建直径为 10mm 的立铣刀。在工具条上单击【创建刀具】按钮，系统弹出【创建刀具】对话框，如图 7-7 所示进行设置。【类型】选择为 mill_contour，【刀具子类型】选择为 MILL，【刀具】选择为 POCKET1，【名称】设置为 MILL_D10_R0，单击【确定】按钮。

图 7-7　创建直径为 10mm 的立铣刀

（7）系统弹出【铣刀-5 参数】对话框，如图 7-8 所示进行设置。

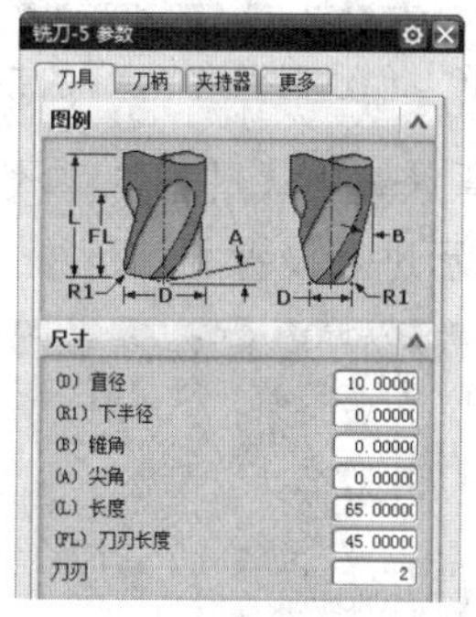

图 7-8　设置刀具参数

（8）设置夹持器信息。在【铣刀-5 参数】对话框中选择【夹持器】选项卡，如图 7-9 所示进行刀把信息的设置。单击【确定】按钮，完成直径为 10mm 的立铣刀的创建。

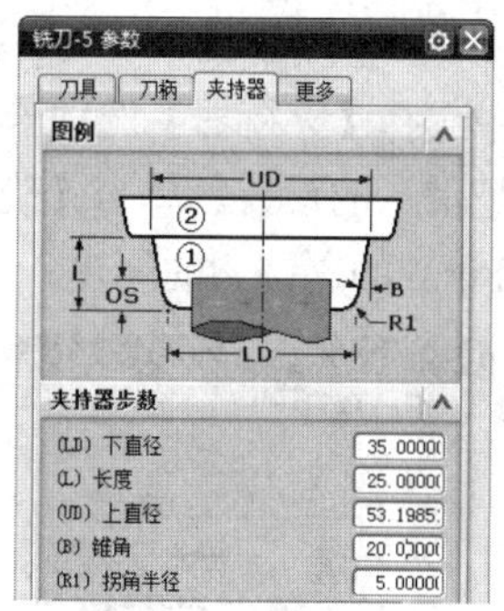

图 7-9　设置夹持器参数

（9）创建直径为 8mm 的立铣刀。在工具条上单击【创建刀具】按钮，系统弹出【创建刀具】对话框，如图 7-10 所示进行设置。【类型】选择为 mill_contour，【刀具子类型】选择为 MILL，【刀具】选择为 POCKET2，【名称】设置为 MILL_D8_R0，单击【确定】按钮。

图 7-10　创建直径为 8mm 的立铣刀

（10）系统弹出【铣刀-5 参数】对话框，如图 7-11 所示进行设置。

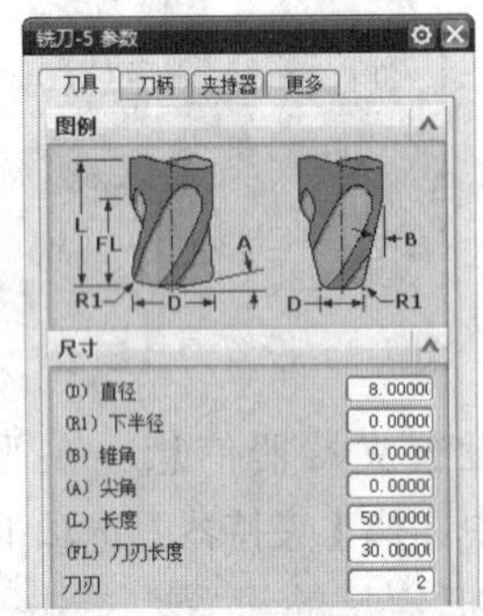

图 7-11　设置刀具参数

（11）设置夹持器信息。在【铣刀-5 参数】对话框中选择【夹持器】选项卡，如图 7-12 所示进行刀把信息的设置。单击【确定】按钮，完成直径为 8mm 的立铣刀的创建。

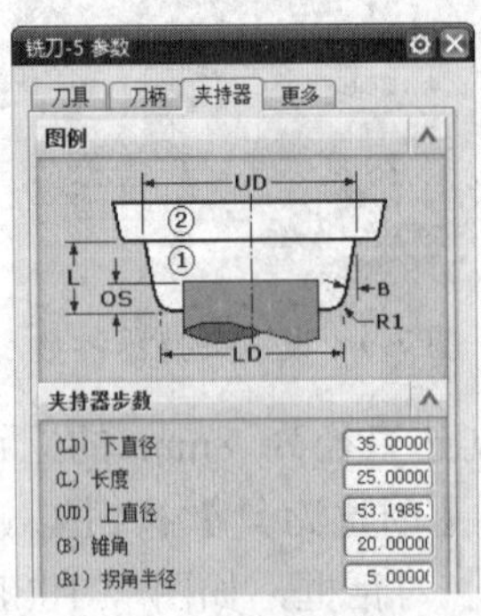

图 7-12　设置夹持器信息

（12）创建直径为 6mm 的立铣刀。在工具条上单击【创建刀具】按钮，系统弹出【创建刀具】对话框，如图 7-13 所示进行设置。【类型】选择为 mill_contour，【刀具子类型】选择为 MILL，【刀具】选择为 POCKET3，【名称】设置为 MILL_D6_R1，单击【确定】按钮。

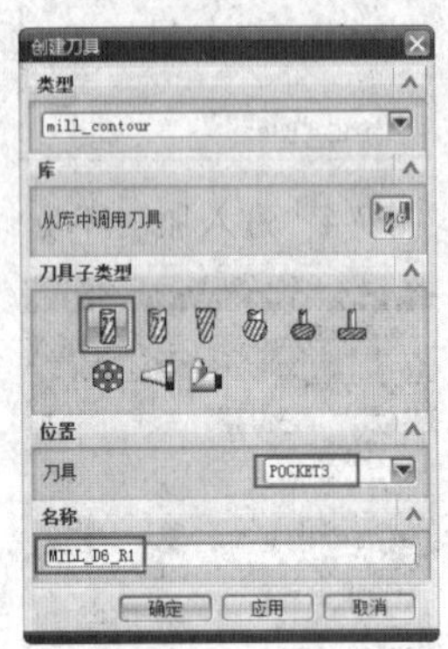

图 7-13　创建直径为 6mm 的立铣刀

（13）系统弹出【铣刀-5 参数】对话框，如图 7-14 所示进行设置。

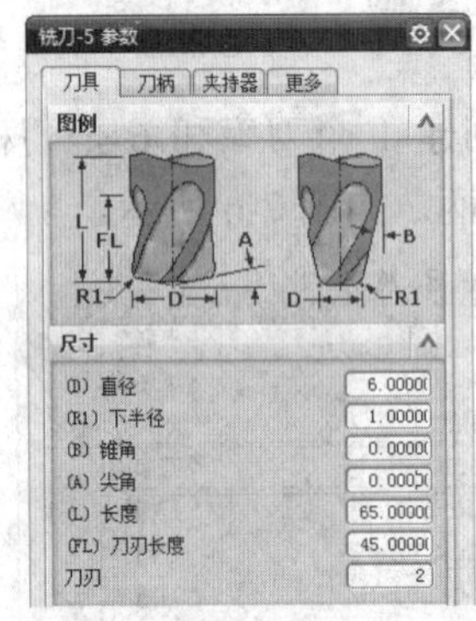

图 7-14　设置刀具参数

（14）设置夹持器信息。在【铣刀-5 参数】对话框中选择【夹持器】选项卡，如图 7-15 所示进行刀把信息的设置。单击【确定】按钮，完成直径为 6mm 的立铣刀的创建。

（15）创建直径为 10mm 的球头铣刀。在工具条上单击【创建刀具】按钮，系统弹出【创建刀具】对话框，如图 7-16 所示进行设置。【类型】选择为 mill_contour，【刀具子类型】选择为 BALL_MILL，【刀具】选择为 POCKET4，【名称】设置为 BALL_MILL_D10，单击【确定】按钮。

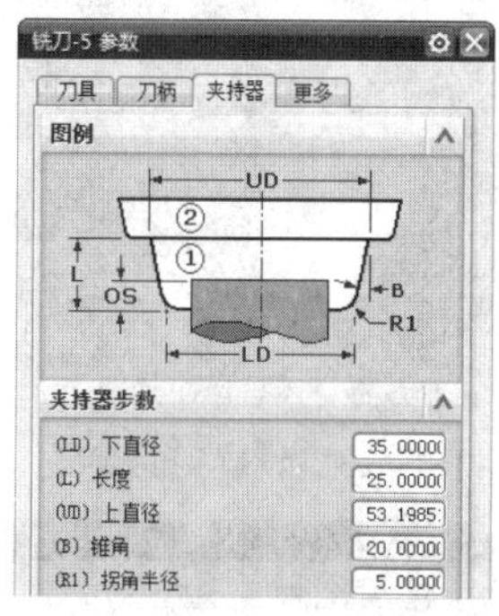

图 7-15 设置夹持器信息

图 7-16 创建直径为 10mm 的球头铣刀

（16）系统弹出【铣刀-球头铣】对话框，如图 7-17 所示进行设置。

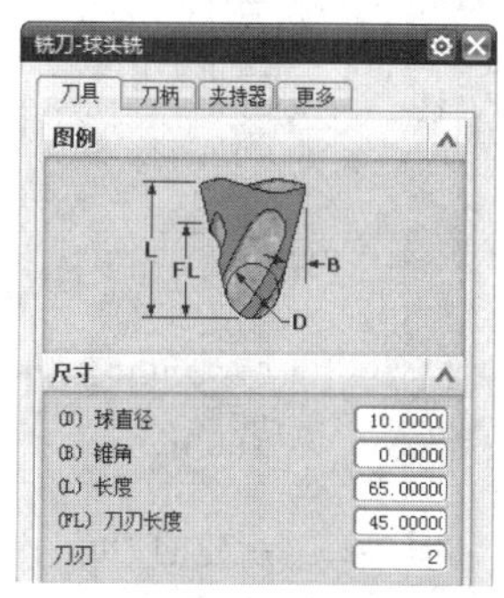

图 7-17 设置刀具参数

（17）设置夹持器信息。在【铣刀-球头铣】对话框中选择【夹持器】选项卡，如图 7-18 所示进行刀把信息的设置。单击【确定】按钮，完成直径为 10mm 的球头铣刀的创建。

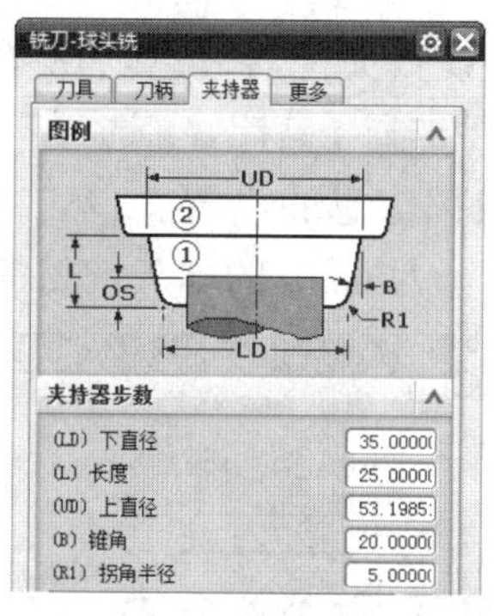

图 7-18 设置夹持器信息

（18）创建直径为 6mm 的球头铣刀。在工具条上单击【创建刀具】按钮，系统弹出【创建刀具】对话框，如图 7-19 所示进行设置。【类型】选择为 mill_contour，【刀具子类型】选择为 BALL_MILL，【刀具】选择为 POCKET5，【名称】设置为 BALL_MILL_D6，单击【确定】按钮。

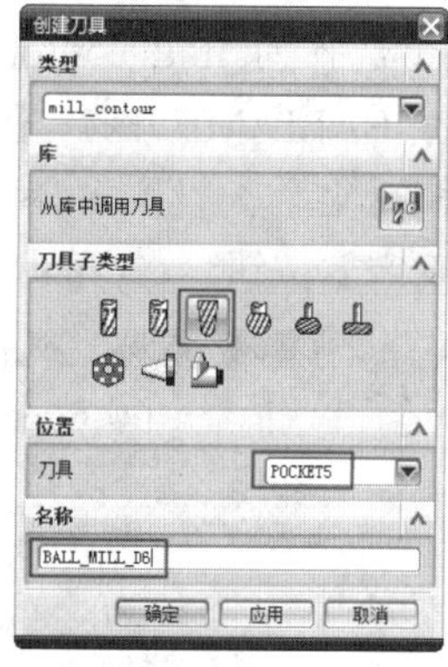

图 7-19 创建直径为 6mm 的球头铣刀

（19）系统弹出【铣刀-球头铣】对话框，如图 7-20 所示进行设置。

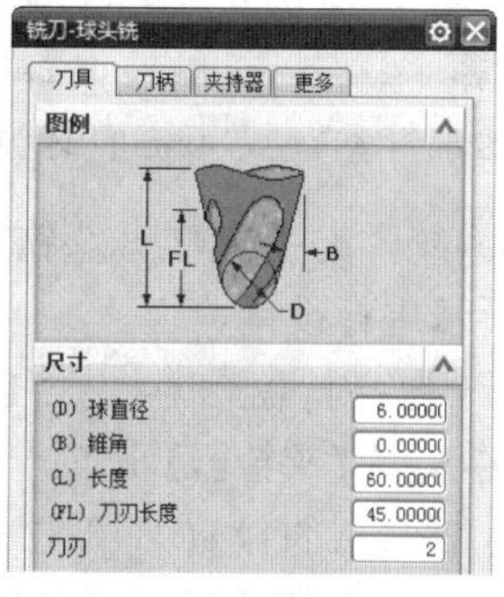

图 7-20 设置刀具参数

（20）设置夹持器信息。在【铣刀-球头铣】对话框中选择【夹持器】选项卡，如图 7-21 所示进行刀把信息的设置。单击【确定】按钮，完成直径为 6mm 的球头铣刀的创建。

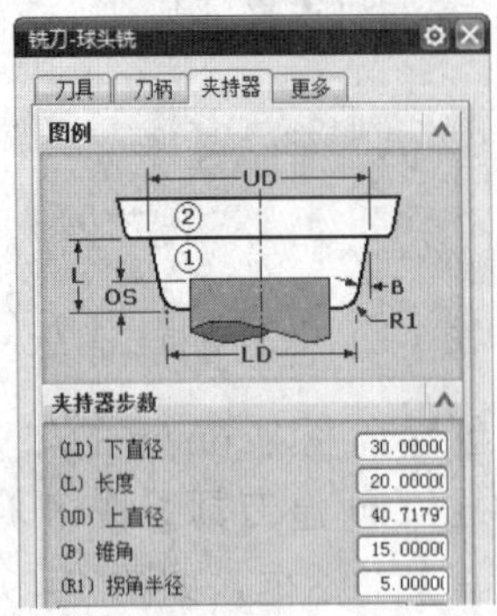

图 7-21　设置夹持器信息

（21）创建直径为 4mm 的球头铣刀。在工具条上单击【创建刀具】按钮，系统弹出【创建刀具】对话框，如图 7-22 所示进行设置。【类型】选择为 mill_contour，【刀具子类型】选择为 BALL_MILL，【刀具】选择为 POCKET6，【名称】设置为 BALL_MILL_D4，单击【确定】按钮。

图 7-22　创建直径为 4mm 的球头铣刀

（22）系统弹出【铣刀-球头铣】对话框，如图 7-23 所示进行设置。

（23）设置夹持器信息。在【铣刀-球头铣】对话框中选择【夹持器】选项卡，如图 7-24 所示进行刀把信息的设置。单击【确定】按钮，完成直径为 4mm 的球头铣刀的创建。

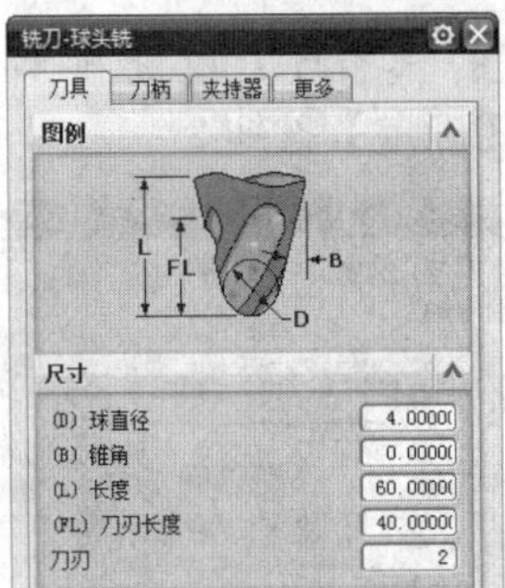

图 7-23　设置刀具参数

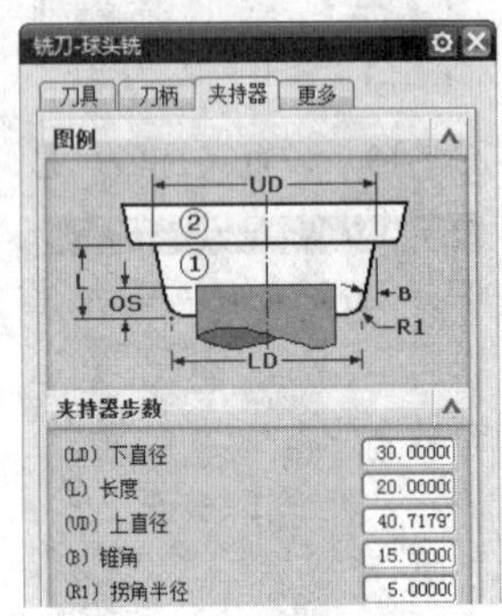

图 7-24　设置夹持器信息

（24）在【工序导航器-机床】中可以看到创建的刀库、6 把刀柄和 6 把刀具，如图 7-25 所示。

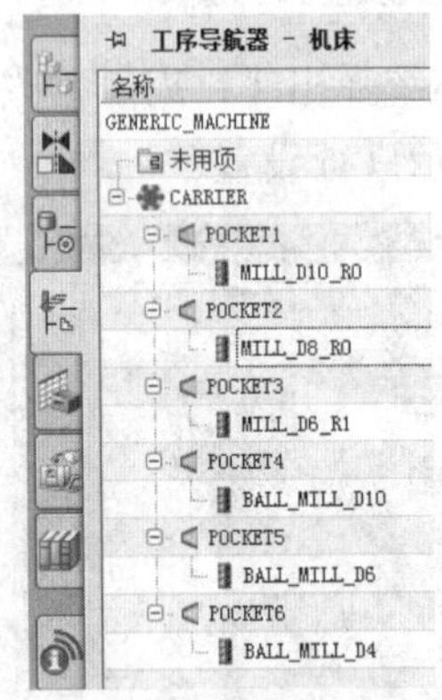

图 7-25　新建的刀具

（25）设置安全距离。在操作导航器中双击 MCS_MILL，系统弹出 Mill Orient 对话框，如图 7-26 所示进行设置。单击【确定】按钮，完成设置。

（26）单击【指定 MCS】按钮，系统弹出 CSYS 对话框，单击【指定方位】按钮，系统弹出【点】对话框。在视图区域，用鼠标左键选择顶面的一个角点，作为加工坐标系的原点。单击【确定】按钮，系统弹出CSYS对话框。再单击【确定】按钮，系统弹出Mill Orient对话框。然后单击【确定】按钮，完成设置，如图7-27所示。

图7-26 安全设置

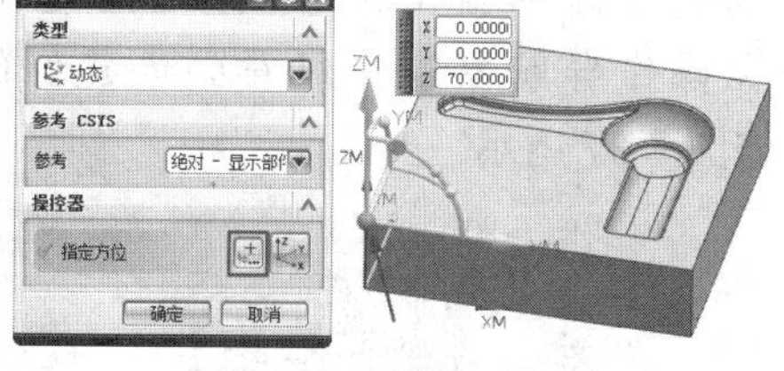

图7-27 设定加工坐标系

（27）设置工件和毛坯。双击操作导航器中的 WORKPIECE，系统弹出【工件】对话框，单击【指定部件】按钮，弹出【部件几何体】对话框，选择工件，如图7-28所示。

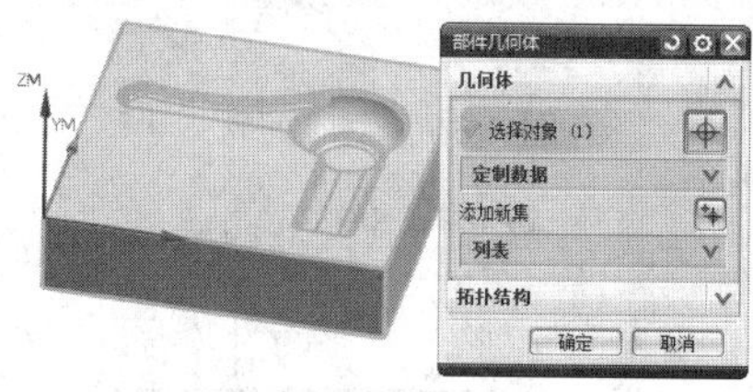

图7-28 设定工件

（28）系统返回【工件】对话框，单击【指定毛坯】按钮，弹出【毛坯几何体】对话框，如图7-29所示。

（29）创建型腔铣粗加工。单击【创建工序】按钮，系统弹出【创建工序】对话框，如图7-30所示进行设置。其中刀具使用的是直径为10mm的立铣刀，几何体使用的是前面设定的WORKPIECE。设置完成后单击【确定】按钮。

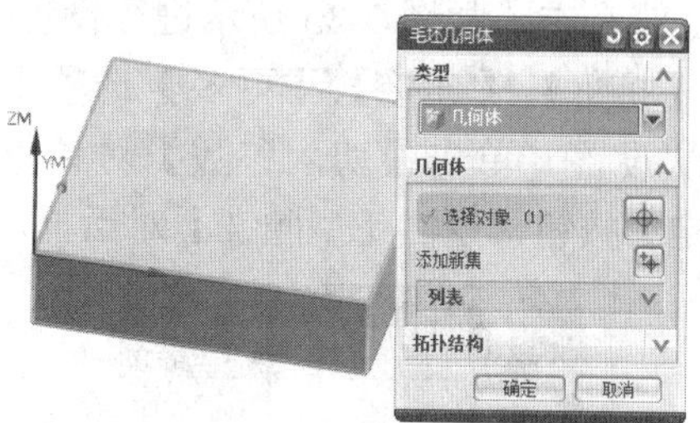

图7-29 设定毛坯

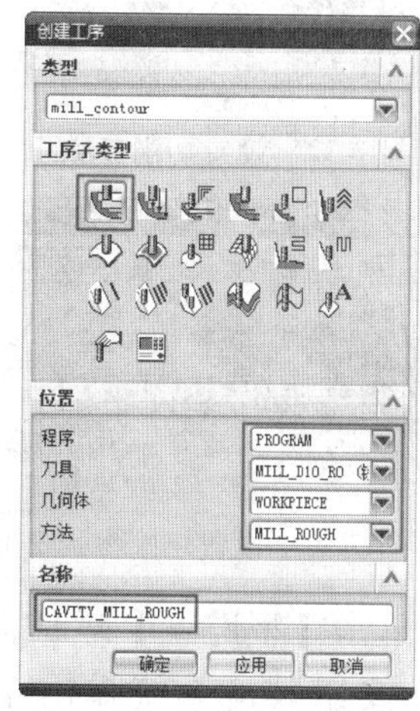

图7-30 创建型腔铣粗加工

（30）系统弹出【型腔铣】对话框，如图7-31所示进行设置，【几何体】选择WORKPIECE，【刀具】选择MILL_D10_R0，【方法】选为MILL_ROUGH，【切削模式】选为【跟随周边】，【最大距离】设置为3.0。

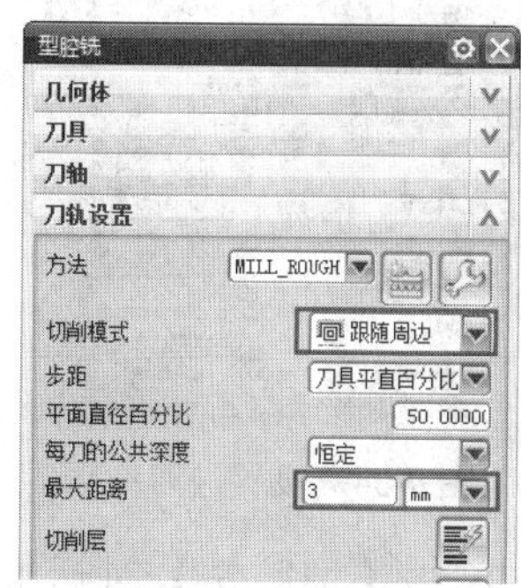

图7-31 设置加工参数

（31）单击【型腔铣】对话框上的【切削参数】按钮，系统弹出【切削参数】对话框。如图 7-32 所示对【策略】选项卡进行设置。在【切削参数】对话框上选择【空间范围】选项卡，如图 7-33 所示进行设置。【余量】、【拐角】、【连接】、【更多】选项卡都采用默认设置。单击【切削参数】对话框上的【确定】按钮，返回【型腔铣】对话框。

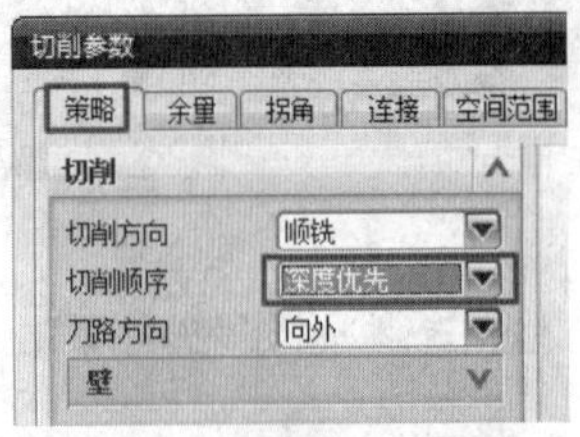

图 7-32　设置切削参数 1

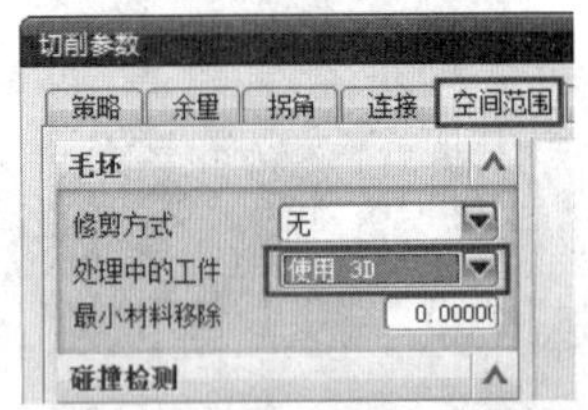

图 7-33　设置切削参数 2

（32）单击【型腔铣】对话框上的【非切削移动】按钮，系统弹出【非切削移动】对话框。如图 7-34 所示对【进刀】选项卡进行设置，【退刀】、【起点/钻点】、【转移/快速】、【避让】、【更多】选项卡都采用默认设置。单击【非切削移动】对话框上的【确定】按钮，返回【型腔铣】对话框。

图 7-34　设置进刀参数

（33）单击【型腔铣】对话框上的【进给率和速度】按钮，系统弹出【进给率和速度】对话框。如图 7-35 所示进行设置主轴速度和进给率。单击【确定】按钮，返回【型腔铣】对话框。

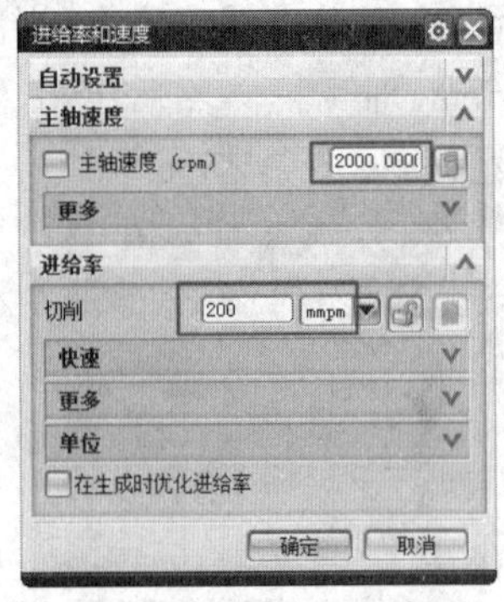

图 7-35　设置进给率和速度

（34）单击【型腔铣】对话框最下面的【生成刀轨】按钮，生成刀轨，如图 7-36 所示。单击对话框上的【确定】按钮，完成操作的创建。单击【程序顺序视图】按钮，在操作导航器中便可看到创建好的操作，如图 7-37 所示。

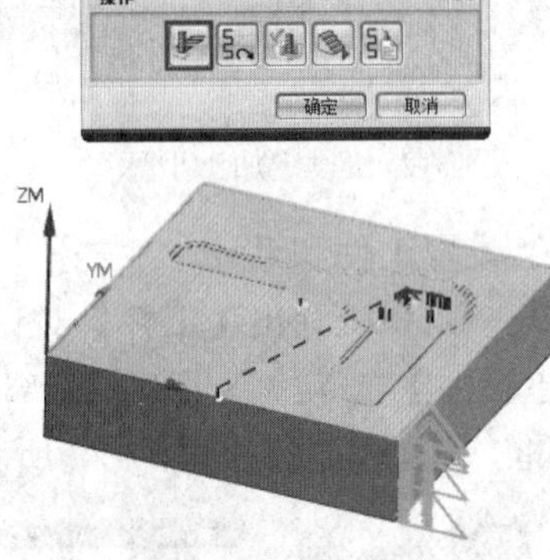

图 7-36　生成刀轨

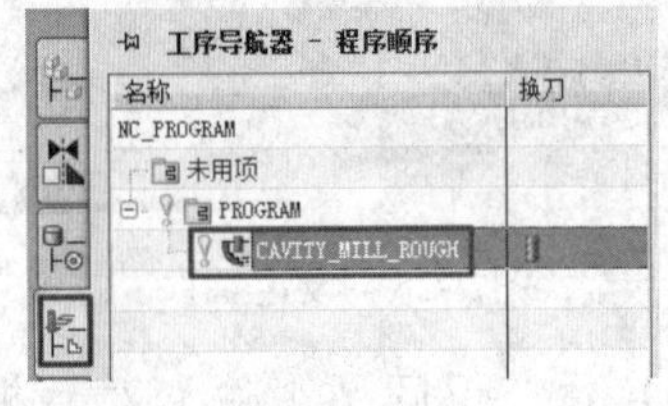

图 7-37　生成刀轨节点

（35）验证刀路轨迹。在操作导航器中用鼠标左键选择创建的操作，单击【确认刀轨】按钮，仿真效果如图 7-38 所示。

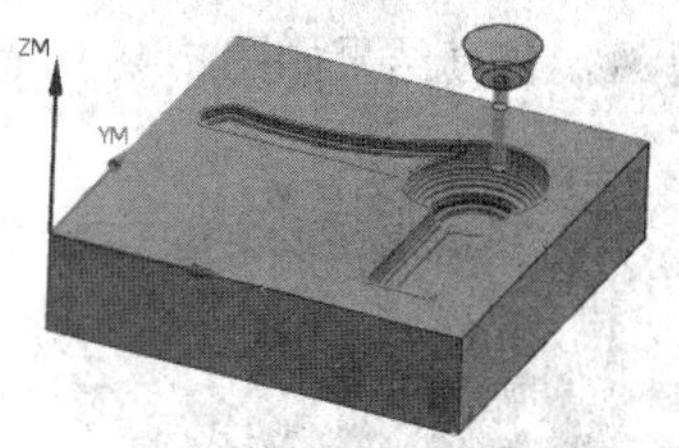

图 7-38　仿真结果

（36）创建固定轴曲面轮廓铣对主要曲面进行半精加工。单击【创建工序】按钮，系统弹出【创建工序】对话框，如图 7-39 所示进行设置。其中刀具使用的是直径为 10mm 的球头铣刀，几何体使用的是前面设定的 WORKPIECE，方法是 MILL_SEMI_FINISH。设置完成后单击【确定】按钮。

图 7-39　创建固定轴曲面轮廓铣

（37）系统弹出【固定轮廓铣】对话框，如图 7-40 所示进行设置，【几何体】选择 WORKPIECE，驱动方法选择【区域铣削】，系统会弹出提示框，单击【确定】按钮。

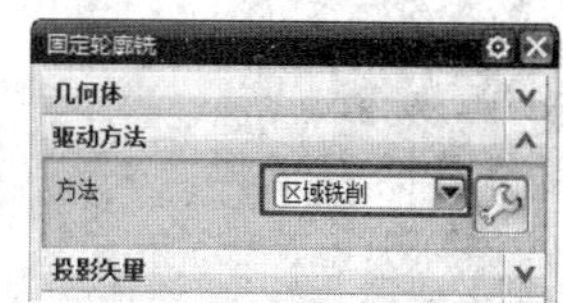

图 7-40　选用【区域铣削】方法

（38）系统弹出【区域铣削驱动方法】对话框，如图 7-41 所示进行设置，然后单击【确定】按钮。

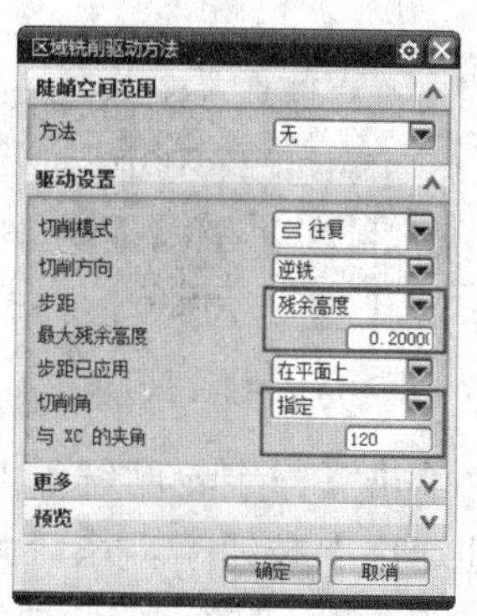

图 7-41　设置区域铣削驱动方法

（39）系统返回【固定轮廓铣】对话框，单击【指定切削区域】按钮，弹出【切削区域】对话框，如图 7-42 所示。

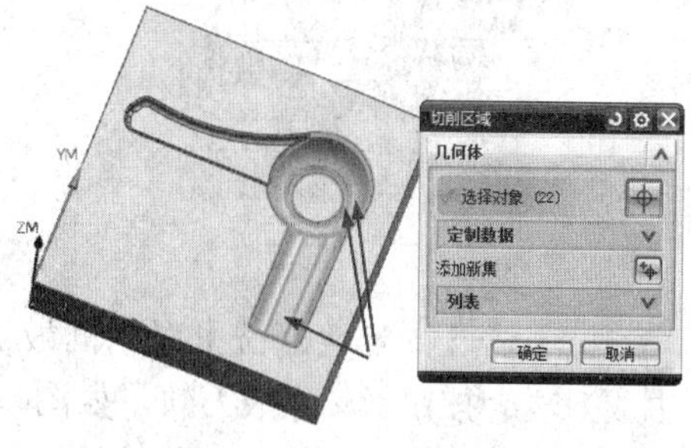

图 7-42　选择曲面

（40）系统返回【固定轮廓铣】对话框，单击【切削参数】按钮，系统弹出【切削参数】对话框。如图 7-43 所示对【策略】选项卡进行设置，其他选项卡都采用默认设置。然后单击【确定】按钮，系统返回【固定轮廓铣】对话框。

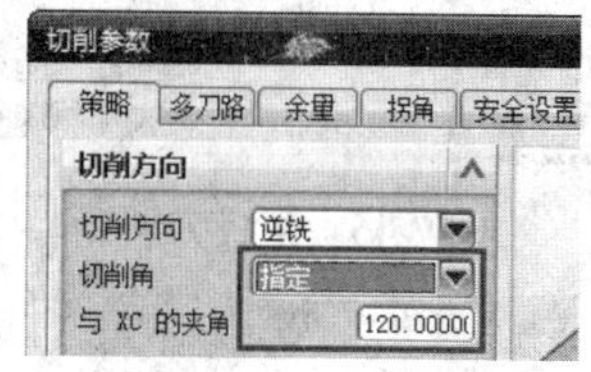

图 7-43　设定切削参数

（41）单击【固定轮廓铣】对话框上的【非切削移动】按钮，系统弹出【非切削移动】对话框。如图 7-44 所示对【进刀】选项卡进行设置。【退刀】、【转移/快速】、【避让】选项卡都采用默认设置。

图 7-44 设置进刀参数

（42）单击【固定轮廓铣】对话框上的【进给率和速度】按钮，系统弹出【进给率和速度】对话框。如图 7-45 所示对主轴速度和进给率进行设置。单击【进给率和速度】对话框上的【确定】按钮，返回【固定轮廓铣】对话框。

图 7-45 设置进给率

（43）单击【固定轮廓铣】对话框最下面的【生成刀轨】按钮，生成刀轨，如图 7-46 所示。单击对话框上的【确定】按钮，完成操作的创建。单击【程序顺序视图】按钮，在操作导航器中便可看到创建好的操作，如图 7-47 所示。

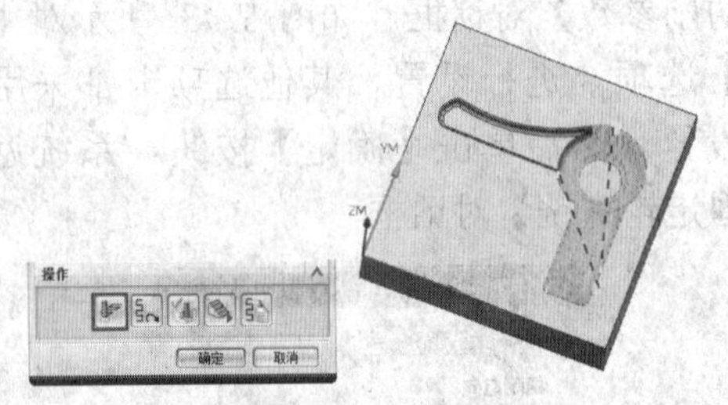

图 7-46 生成刀轨

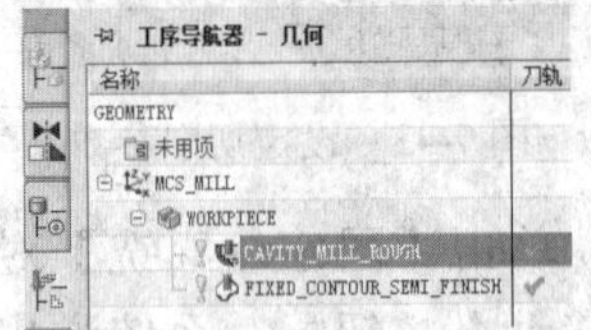

图 7-47 生成刀轨节点

（44）验证刀路轨迹。在操作导航器中用鼠标左键选择创建的操作，单击【确认刀轨】按钮，仿真结果如图 7-48 所示。

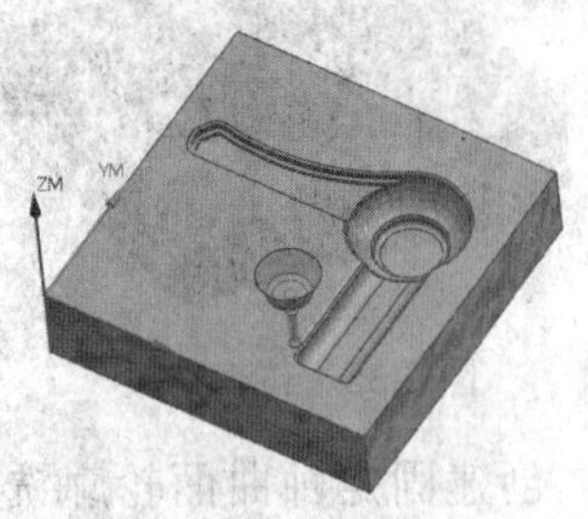

图 7-48 仿真效果

（45）创建面铣精加工 3 个小台面。单击【创建工序】按钮，系统弹出【创建工序】对话框，如图 7-49 所示进行设置。其中刀具使用的是直径为 6mm 的立铣刀，几何体使用的是前面设定的 WORKPIECE，方法是 MILL_FINISH，设置完成后单击【确定】按钮。

图 7-49 创建面铣精加工

（46）系统弹出【面铣削区域】对话框，如图 7-50 所示进行设置，【几何体】选择 WORKPIECE，【刀具】选择 MILL_D6_R1，【刀轴】选择+ZM 轴。

图 7-50 设置加工参数

（47）在【面铣削区域】对话框上单击【指定切削区域】按钮，系统弹出【切削区域】对话框，如图 7-51 所示在图形区域中选择部件的 3 个小台面，然后单击【切削区域】对话框上的【确定】按钮。

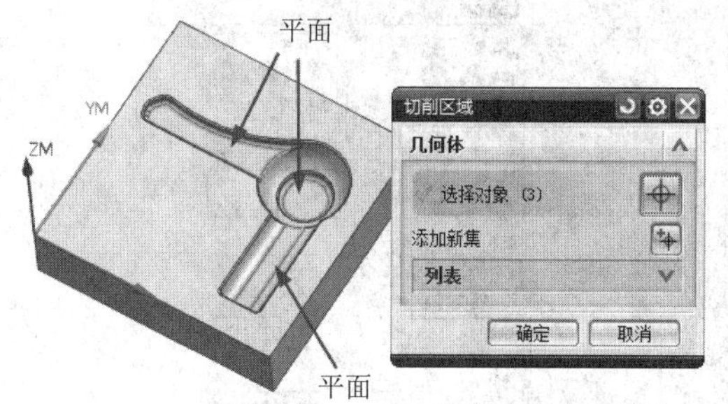

图 7-51　指定切削区域

（48）系统返回【面铣削区域】对话框，单击【切削参数】按钮，系统弹出【切削参数】对话框。如图 7-52 所示对【策略】选项卡进行设置，其他选项卡都采用默认设置，然后单击【确定】按钮。

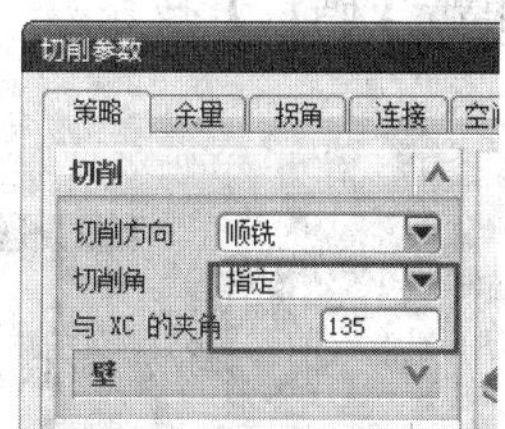

图 7-52　设定切削参数

（49）系统返回【面铣削区域】对话框，单击【面铣削区域】对话框上的【非切削移动】按钮，系统弹出【非切削移动】对话框。如图 7-53 所示对【进刀】选项卡进行设置，【退刀】、【起点/钻点】、【转移/快速】、【避让】选项卡都采用默认设置，然后单击【确定】按钮。

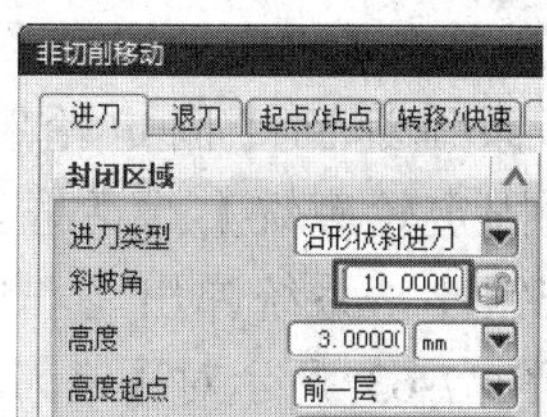

图 7-53　设定进刀参数

（50）系统返回【面铣削区域】对话框，单击【面铣削区域】对话框上的【进给率和速度】按钮，系统弹出【进给率和速度】对话框。如图 7-54 所示对主轴速度和进给率进行设置。单击【进给率和速度】对话框上的【确定】按钮，返回【面铣削区域】对话框。

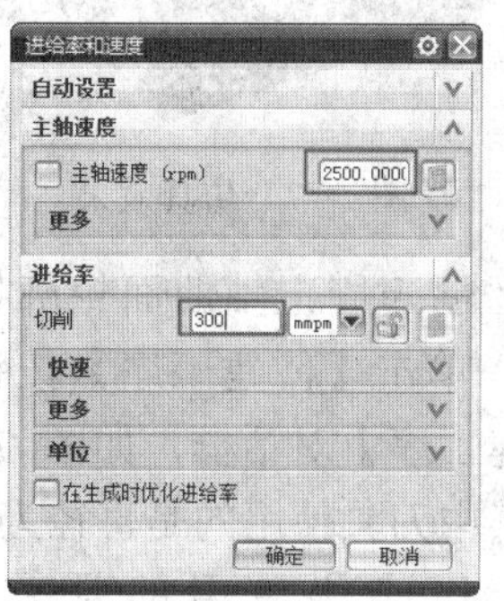

图 7-54　设置进给率

（51）单击对话框最下面的【生成刀轨】按钮，生成刀轨，如图 7-55 所示。单击对话框上的【确定】按钮，完成操作的创建。单击【程序顺序视图】按钮，在操作导航器中便可看到创建好的操作，如图 7-56 所示。

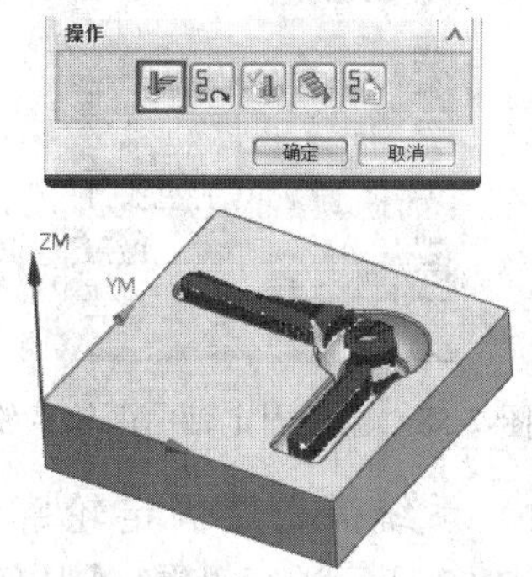

图 7-55　生成刀轨

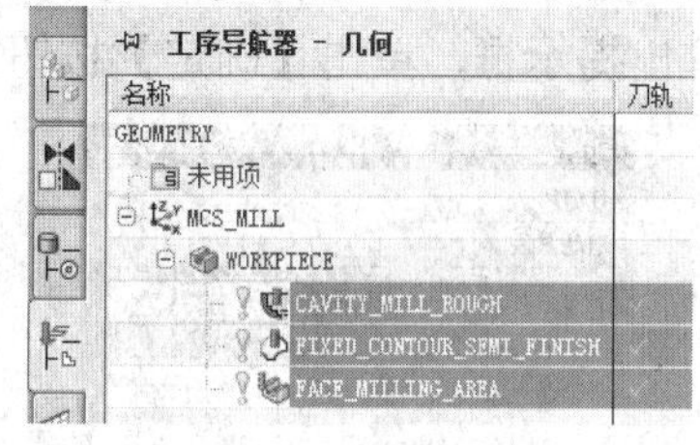

图 7-56　生成刀轨节点

（52）验证刀路轨迹。在操作导航器中用鼠标左键选择创建的操作，单击【确认刀轨】按钮，仿真效果如图 7-57 所示。

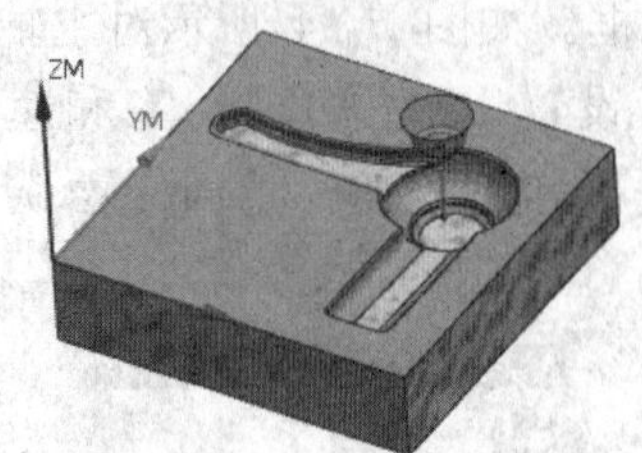

图 7-57　仿真效果

（53）创建固定轴曲面轮廓铣对曲面进行精加工。单击【创建工序】按钮，系统弹出【创建工序】对话框，如图 7-58 所示进行设置。其中刀具使用的是直径为 6mm 的球头铣刀，几何体使用的是前面设定的 WORKPIECE，方法是 MILL_FINISH，设置完成后单击【确定】按钮。

图 7-58　创建固定轴曲面轮廓铣

（54）系统弹出【固定轮廓铣】对话框，如图 7-59 所示进行设置，【几何体】选择 WORKPIECE，驱动方法选择【区域铣削】，系统会弹出提示框，单击【确定】按钮即可。

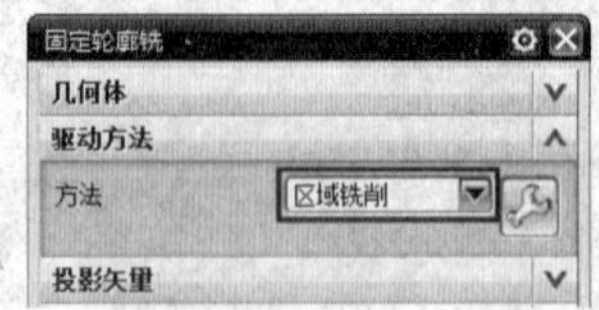

图 7-59　设定加工方法

（55）系统弹出【区域铣削驱动方法】对话框，如图 7-60 所示进行设置，然后单击【确定】按钮。

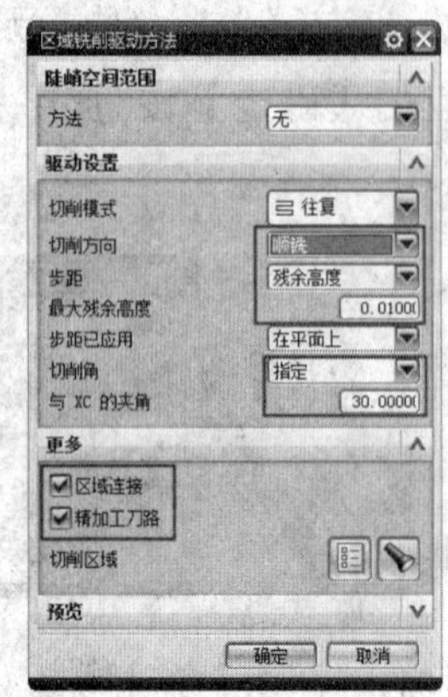

图 7-60　设定区域铣削驱动方法

（56）系统返回【固定轮廓铣】对话框，单击【指定切削区域】按钮。系统弹出【切削区域】对话框，在视图区域选择除了 3 个小平面之外的所有其他面，如图 7-61 所示，然后单击【确定】按钮。

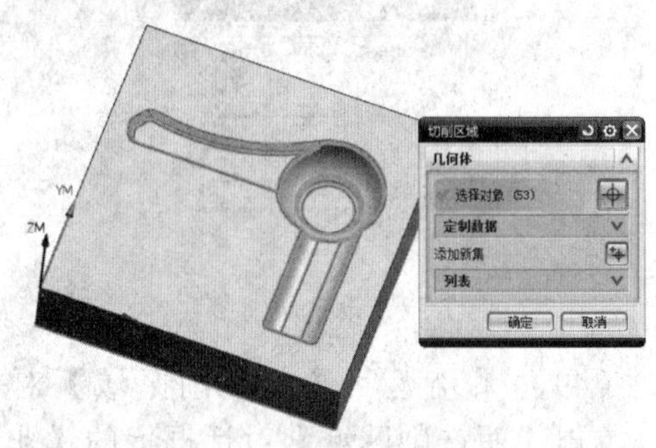

图 7-61　选定加工曲面

（57）系统返回【固定轮廓铣】对话框，单击【切削参数】按钮，系统弹出【切削参数】对话框。如图 7-62 所示对【策略】选项卡进行设置，其他选项卡都采用默认设置。然后单击【确定】按钮。

（58）系统返回【固定轮廓铣】对话框，单击【固定轮廓铣】对话框上的【非切削移动】按钮，系统弹出【非切削移动】对话框。如图 7-63 所示对【进刀】选项卡进行设置，【退刀】、【转移/快速】、【避让】选项卡都采用默认设置。然后单击【确定】按钮。

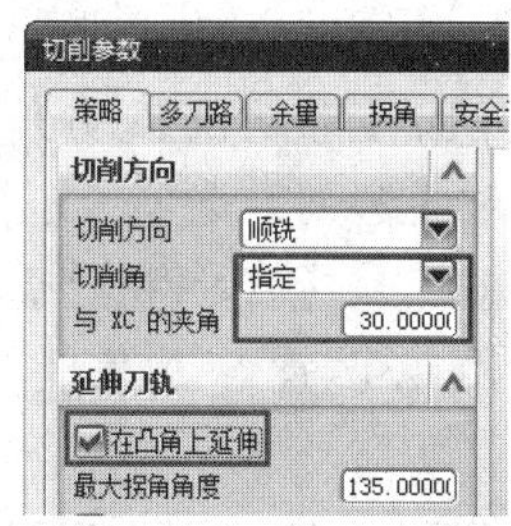

图 7-62　设定切削参数

图 7-63　设定进刀参数

（59）系统返回【固定轮廓铣】对话框，单击【固定轮廓铣】对话框上的【进给率和速度】按钮，系统弹出【进给率和速度】对话框。如图 7-64 所示对主轴速度和进给率进行设置。单击【进给率和速度】对话框上的【确定】按钮，返回【固定轮廓铣】对话框。

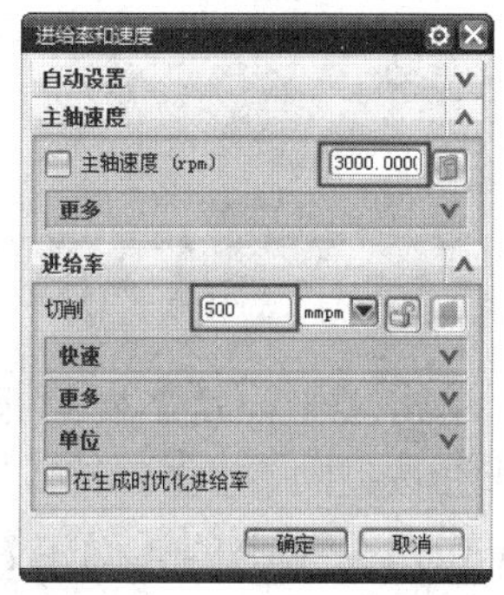

图 7-64　设定进给率

（60）单击【固定轮廓铣】对话框最下面的【生成刀轨】按钮，生成刀轨，如图 7-65 所示。单击对话框上的【确定】按钮，完成操作的创建。单击【程序顺序视图】按钮，在操作导航器中可以看到创建好的操作，如图 7-66 所示。

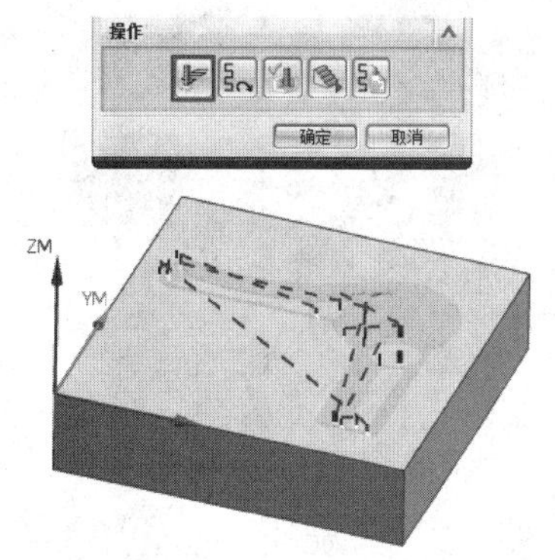

图 7-65　生成刀轨

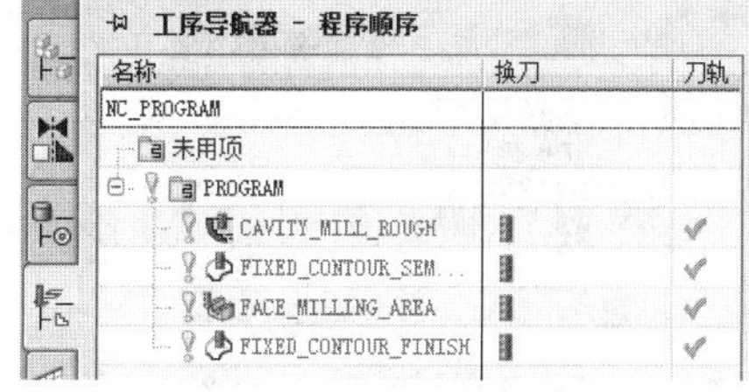

图 7-66　生成刀轨节点

（61）验证刀路轨迹。在操作导航器中用鼠标左键选择创建的操作，单击【确认刀轨】按钮，仿真效果如图 7-67 所示。

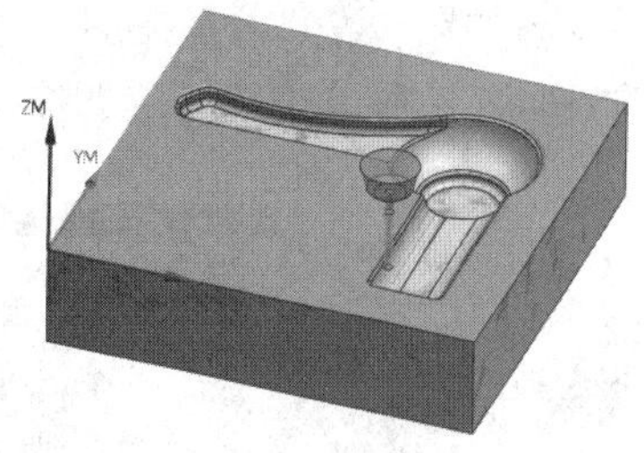

图 7-67　仿真效果

（62）创建平面铣对顶面平面进行精加工。单击【创建工序】按钮，系统弹出【创建工序】对话框，如图 7-68 所示进行设置。其中刀具使用的是直径为 8mm 的立铣刀，几何体使用的是前面设定的 WORKPIECE，方法是 MILL_FINISH。设置完成后单击【确定】按钮。

（63）系统弹出【平面铣】对话框，如图 7-69 进行设置，【几何体】选择 WORKPIECE，【刀具】选择 MILL_D8_R0，【刀轴】选择+ZM 轴。

图 7-68　创建平面铣对顶面平面进行精加工

图 7-69　设定加工参数

（64）在【平面铣】对话框上单击【指定切削区域】按钮，系统弹出【切削区域】对话框，如图 7-70 所示在图形区域中选择部件的表面，然后单击【确定】按钮。

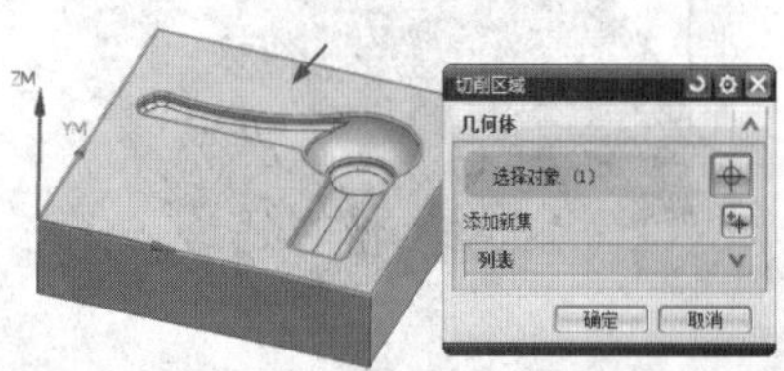
图 7-70　指定切削平面

（65）系统返回【平面铣】对话框，单击【切削参数】按钮，系统弹出【切削参数】对话框。如图 7-71 所示对【策略】选项卡进行设置，其他选项卡都采用默认设置，然后单击【确定】按钮。

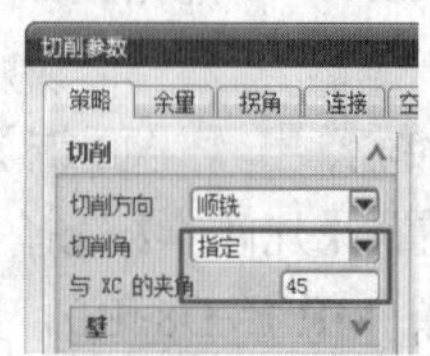
图 7-71　设定切削参数

（66）系统返回【平面铣】对话框，单击【平面铣】对话框上的【非切削移动】按钮，系统弹出【非切削移动】对话框。如图 7-72 所示对【进刀】选项卡进行设置。【退刀】、【起点/钻点】、【转移/快速】、【避让】选项卡都采用默认设置。然后单击【确定】按钮。

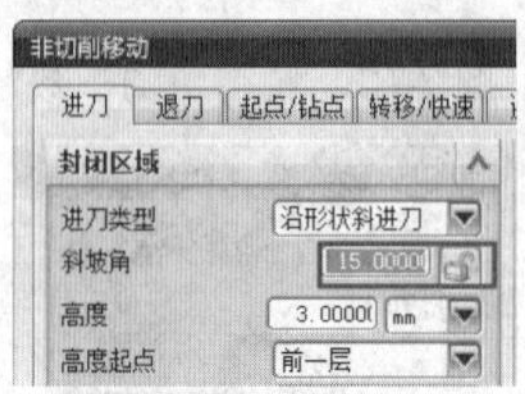
图 7-72　设置进刀参数

（67）系统返回【平面铣】对话框，单击【平面铣】对话框上的【进给率和速度】按钮，系统弹出【进给率和速度】对话框。如图 7-73 所示对主轴速度和进给率进行设置。单击【确定】按钮，返回【平面铣】对话框。

图 7-73　设定进给率

（68）单击【平面铣】对话框最下面的【生成刀轨】按钮，生成刀轨，如图 7-74 所示。再单击对话框上的【确定】按钮，完成操作的创建。

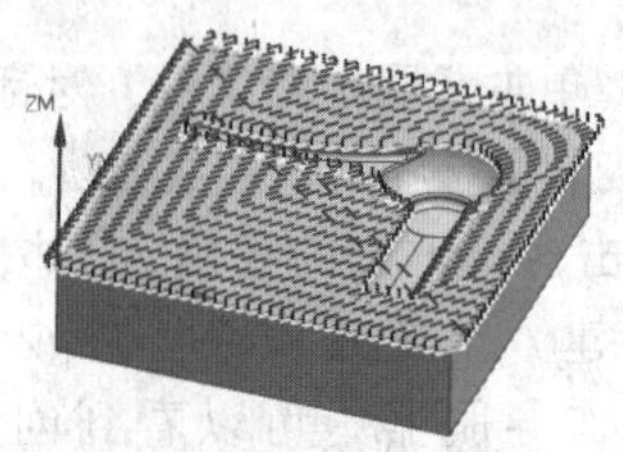
图 7-74　生成刀轨

（69）验证刀路轨迹。在操作导航器中用鼠标左键选择创建的操作，单击【确认刀轨】按钮，仿真效果如图 7-75 所示。

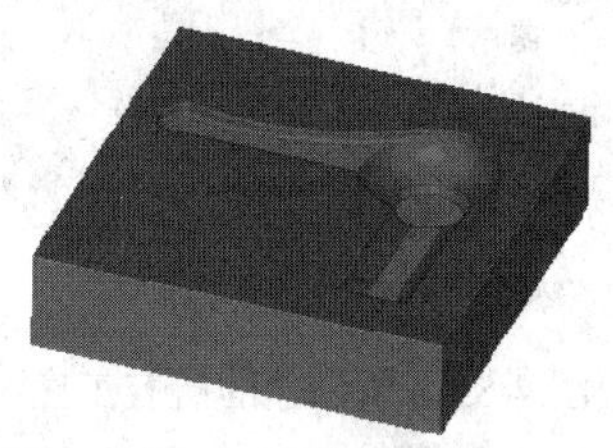

图 7-75　仿真结果

（70）创建清根操作对整个加工模型进行清根精加工。单击【创建工序】按钮，系统弹出【创建工序】对话框，如图 7-76 所示进行设置。其中刀具使用的是直径为 4mm 的球头铣刀，几何体使用的是前面设定的 WORKPIECE，设置完成后单击【确定】按钮。

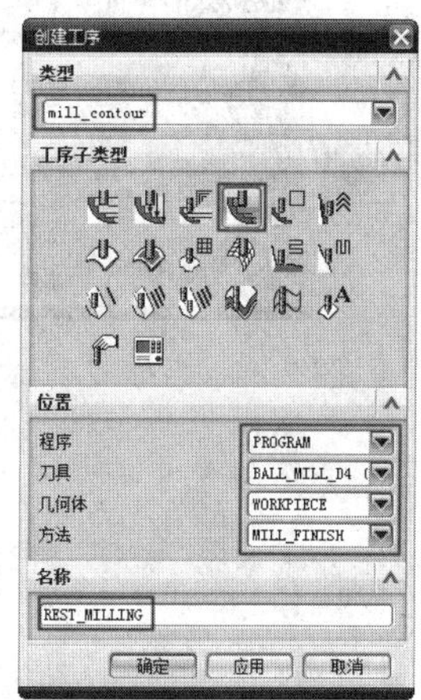

图 7-76　创建清根操作

（71）系统弹出【剩余铣】对话框，如图 7-77 所示进行参数设置。

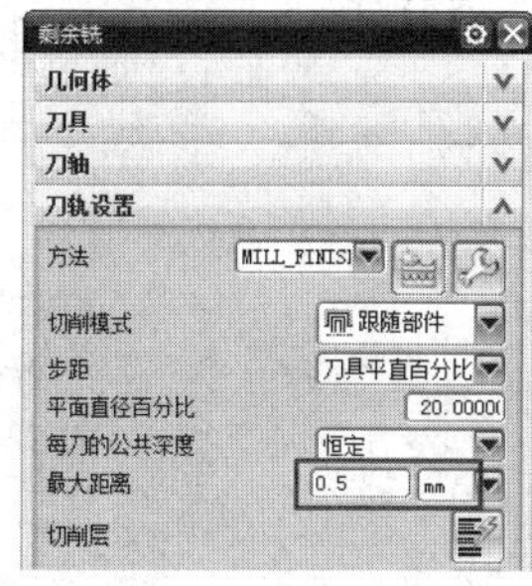

图 7-77　设定加工参数

（72）单击【剩余铣】对话框上的【切削参数】按钮，系统弹出【切削参数】对话框。如图 7-78 所示对【策略】选项卡进行设置。

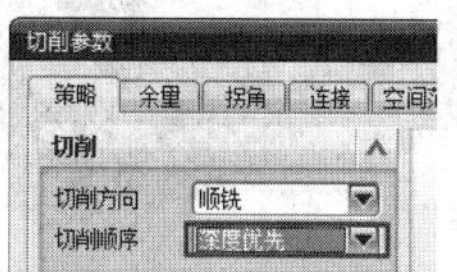

图 7-78　设置切削参数

（73）在【切削参数】对话框上选择【空间范围】选项卡，如图 7-79 所示进行设置。【余量】、【拐角】、【连接】、【更多】选项卡都采用默认设置。单击【切削参数】对话框上的【确定】按钮，返回【剩余铣】对话框。

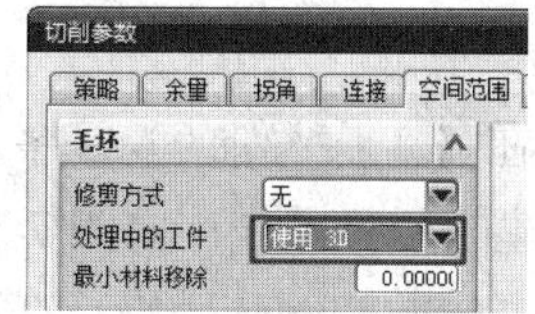

图 7-79　设定切削参数 2

（74）单击【剩余铣】对话框上的【非切削移动】按钮，系统弹出【非切削移动】对话框。如图 7-80 所示对【进刀】选项卡进行设置。【退刀】、【起点/钻点】、【转移/快速】、【避让】选项卡都采用默认设置，单击【非切削移动】对话框上的【确定】按钮，返回【剩余铣】对话框。

图 7-80　设定非切削移动

（75）单击【剩余铣】对话框最下面的【生成刀轨】按钮，生成刀轨，如图 7-81 所示。再单击对话框上的【确定】按钮，完成操作的创建。

（76）验证刀路轨迹。在操作导航器中用鼠标左键选择创建的操作，单击【确认刀轨】按钮，仿真效果如图 7-82 所示。

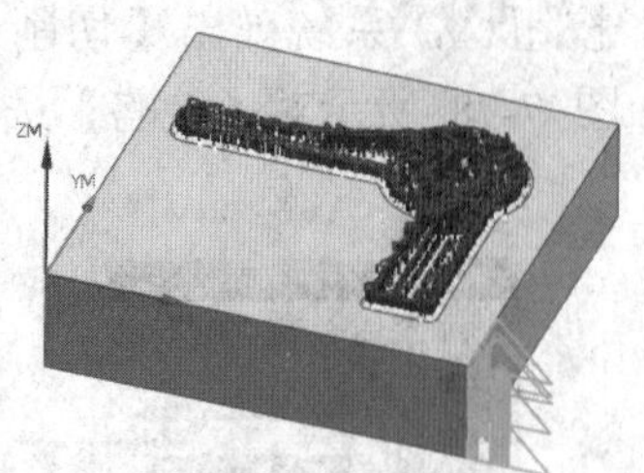

图 7-81　生成刀轨

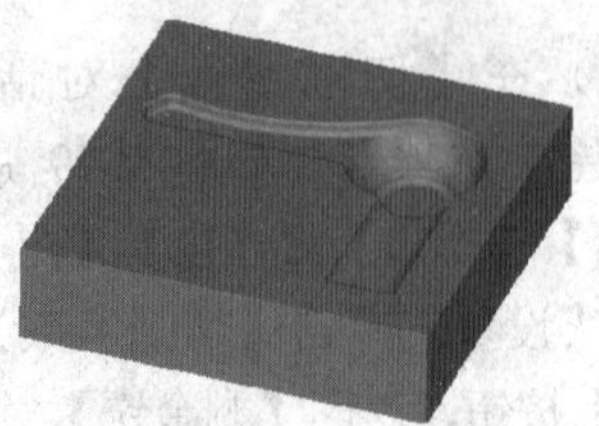

图 7-82　仿真结果

（77）在【工序导航器-程序顺序】中可以看到所创建的所有操作，如图 7-83 所示。

（78）生成数控 NC 代码。在操作导航器中，选择 PROGRAM 选项，单击【后处理】按钮，系统弹出【后处理】对话框，按如图 7-84 所示进行设置，文件名可以根据实际情况进行设定。

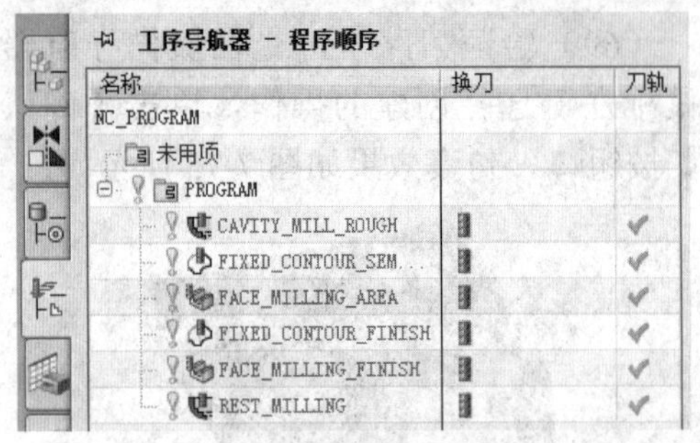

图 7-83　所创建的所有工序

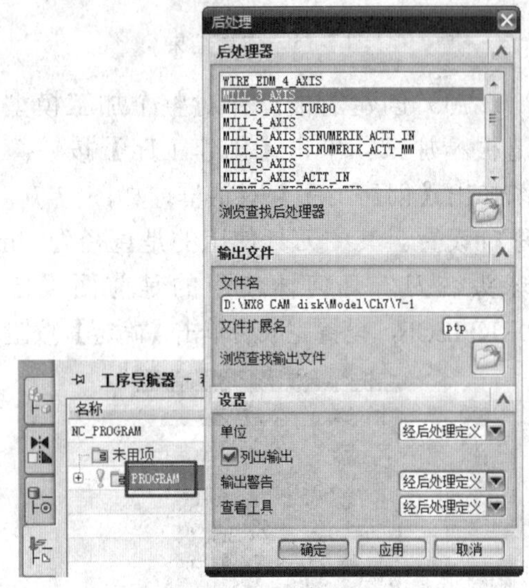

图 7-84　后处理

附录 A　UG NX 8.0 的安装方法

UG NX 8.0 的安装方法与之前版本类似，主要包括修改许可证文件、安装许可证服务器、安装 NX 8.0 主程序、替换注册文件、启动许可证服务器。下面详细介绍 UG NX 8.0 的安装方法。

（1）安装之前，请先确认您下载的安装程序为完整的。将下载后的压缩包进行解压缩成一个文件。

（2）在解压缩得到的文件夹中，找到 UGSLicensing 文件夹，并将其中的 NX8.0.lic 复制许可证文件复制到硬盘中的其他位置。

（3）用记事本打开 NX8.0.lic，并用自己电脑的名称替换打开后的 NX8.0.lic 文件中的“this_host”，保存并关闭文件。

（4）首先打开安装程序，双击打开 Launch.exe 文件，打开如图 A-1 所示的 NX 8.0 安装启动界面。

（5）在对话框中单击 Install License Server 按钮，开始安装许可证服务器，弹出如图 A-2 所示的许可证服务器安装界面。

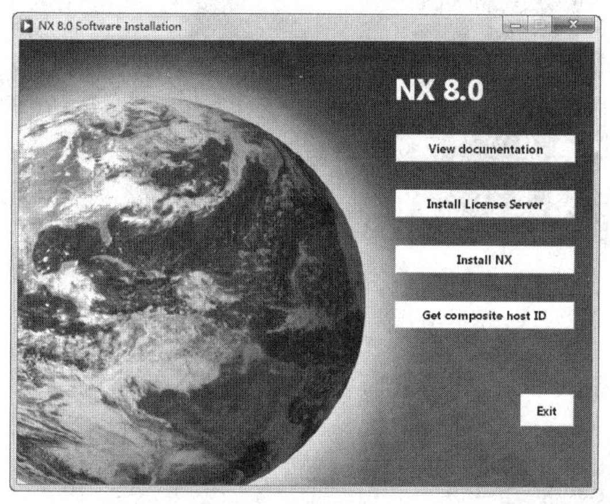

图 A-1　NX 8.0 安装启动界面

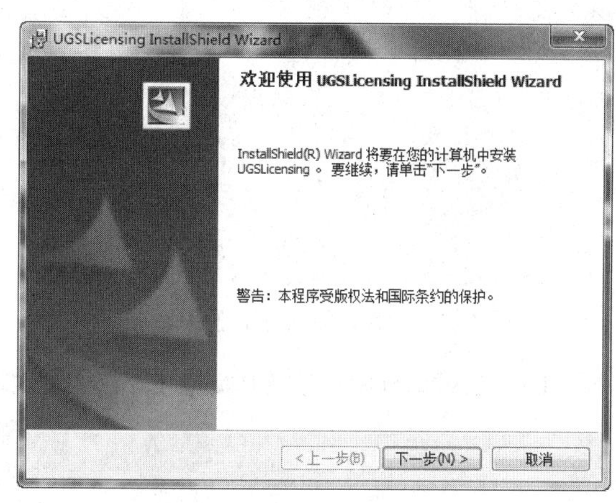

图 A-2　开始安装许可证服务器

（6）在对话框中单击【下一步】按钮，弹出如图 A-3 所示的对话框，设定许可证服务器安装文件夹。默认的安装路径是在 C 盘中，读者可以单击【更改】按钮，重新设定许可证服务器安装路径。

（7）在对话框中单击【下一步】按钮，弹出如图 A-4 所示的对话框，单击【浏览】按钮，选择第（3）步生成的许可证文件。

（8）在对话框中单击【下一步】按钮，弹出如图 A-5 所示的对话框，单击【安装】按钮开始安装许可证服务器，在完成后弹出如图 A-6 所示的对话框，单击【完成】按钮，完成许可证服务器的安装。

（9）在图 A-1 所示的对话框中单击 Install NX 按钮，弹出如图 A-7 所示的对话框，开始安装 NX 8.0 的主程序。对话框默认是【中文（简体）】语言。这里所显示的语言只是设定安装界面的语言。

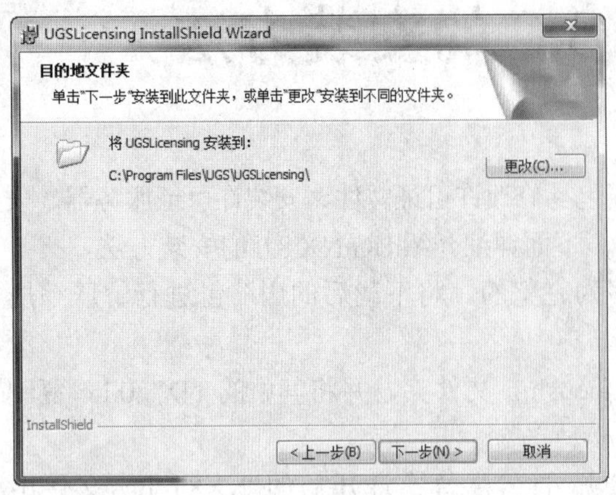

图 A-3　设定许可证服务器安装文件夹

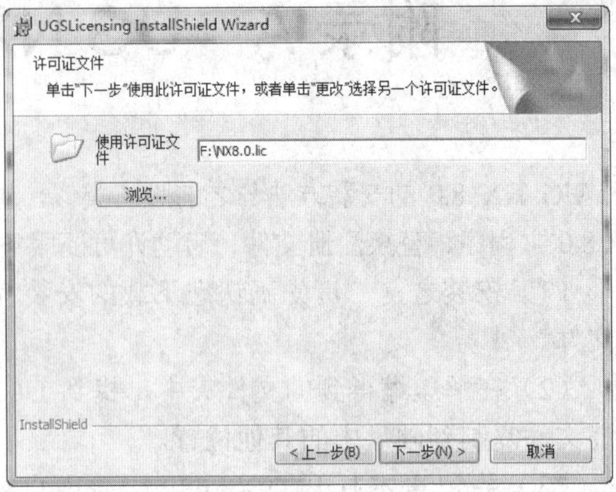

图 A-4　选择许可证文件

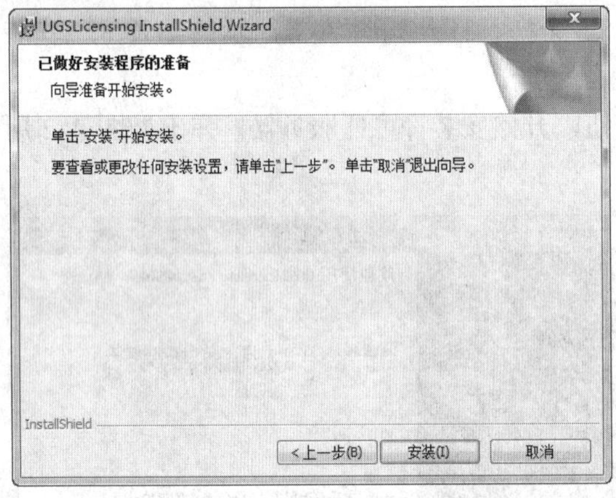

图 A-5　开始安装许可证服务器

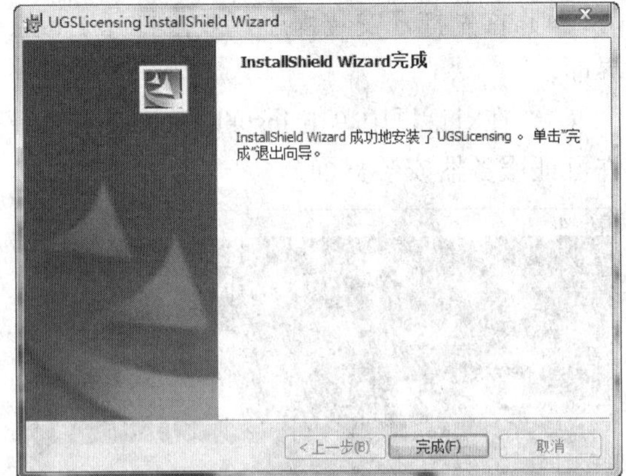

图 A-6　完成安装许可证服务器

（10）在对话框中单击【确定】按钮，弹出如图 A-8 所示的界面，开始安装 NX 8.0。

图 A-7　选择安装界面的显示语言

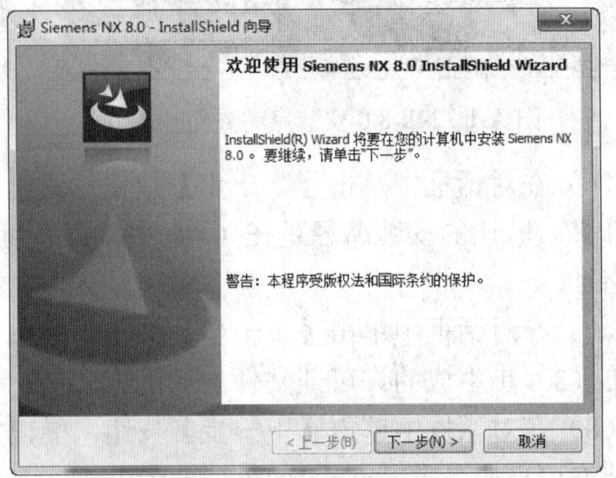

图 A-8　开始安装 NX 8.0

（11）在对话框中单击【下一步】按钮，弹出如图 A-9 所示的对话框，用户需要选定其中一种安装类型。通常我们选择【典型】类型，可以安装 NX 8.0 主程序的所有模块，但不包括一些插件，例如 Moldwizard 等。

（12）在对话框中单击【下一步】按钮，弹出如图 A-10 所示的对话框，系统默认的安装路径是在 C 盘，用户可以单击【更改】按钮更改 NX 8.0 主程序的安装文件夹。

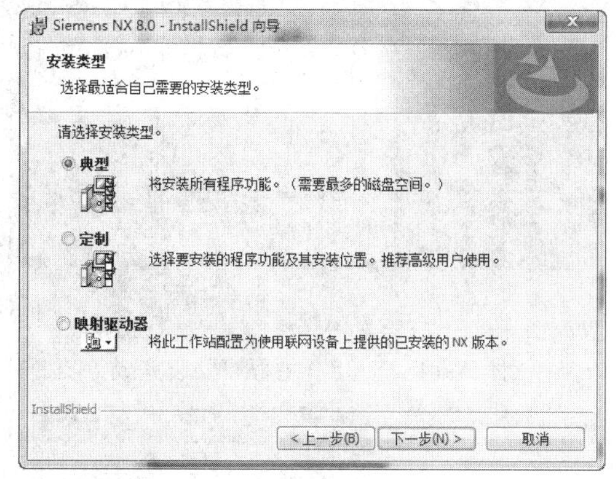

图 A-9　选择安装类型

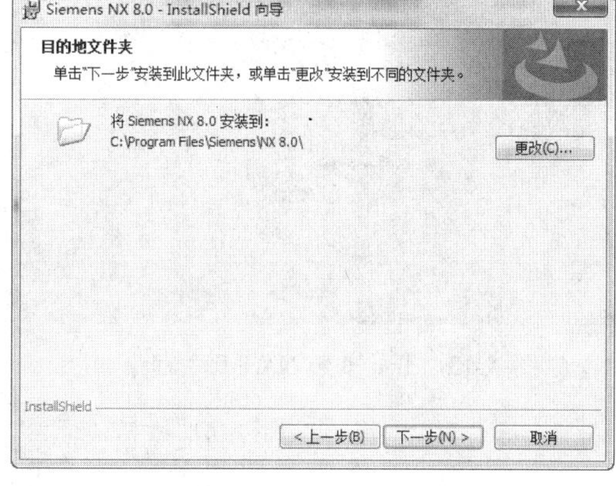

图 A-10　设定 NX 8.0 主程序安装文件夹

（13）在对话框中单击【下一步】按钮，弹出如图 A-11 所示的对话框，用户设定许可证文件，一般保持默认状态就可以。

（14）在对话框中单击【下一步】按钮，弹出如图 A-12 所示的对话框，选择 NX 8.0 界面所使用的语言，这里所选择的语言是 NX 8.0 界面所显示的语言。

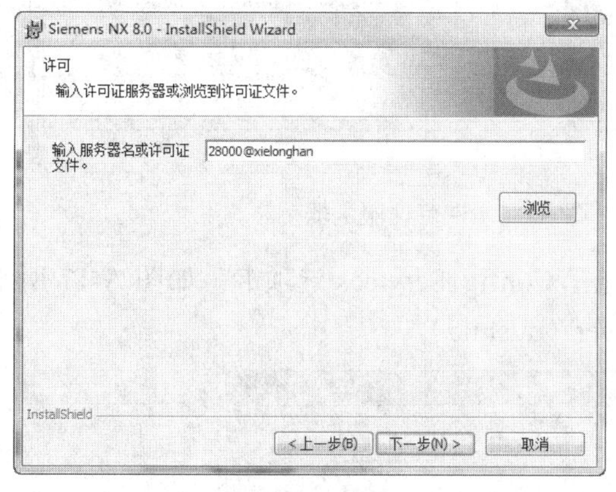

图 A-11　设定许可证

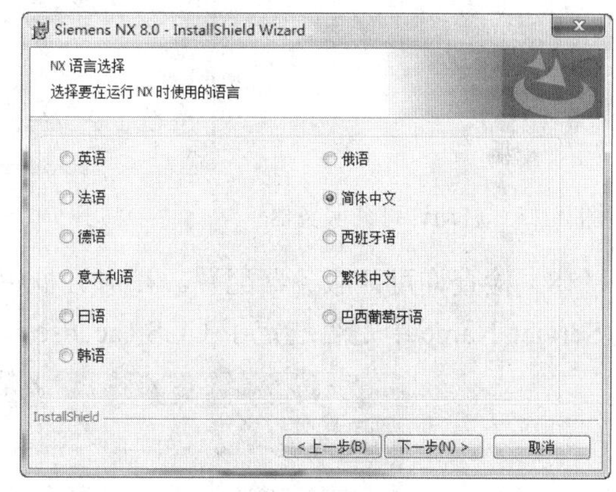

图 A-12　选择 NX 8.0 的安装语言

（15）在对话框中单击【下一步】按钮，弹出如图 A-13 所示的对话框，单击【安装】按钮开始安装 NX 8.0 主程序。经过几分钟后，安装完毕，弹出如图 A-14 所示的对话框，单击【完成】按钮，完成 NX 8.0 主程序的安装。

（16）更新若干文件。在第（1）步解压的破解文件中找到 DRAFTINGPLUS、NXCAE_EXTRAS、NXNASTRAN、NXPLOT、UGII 这 5 个文件夹，并单击【复制】按钮，直接复制替换 NX 8.0 的安装文件夹中相对应的文件。在第（1）步解压的破解文件中找到 UGSLicensing 文件夹，在其中找到 ugslmd.exe 进行复制替换第（6）步安装许可证文件中的对应文件。

（17）配置许可证服务器。从 Windows 的【开始】菜单中打开 Lmtools 程序，如图 A-15 所示，弹出如图 A-16 所示的许可证服务器。

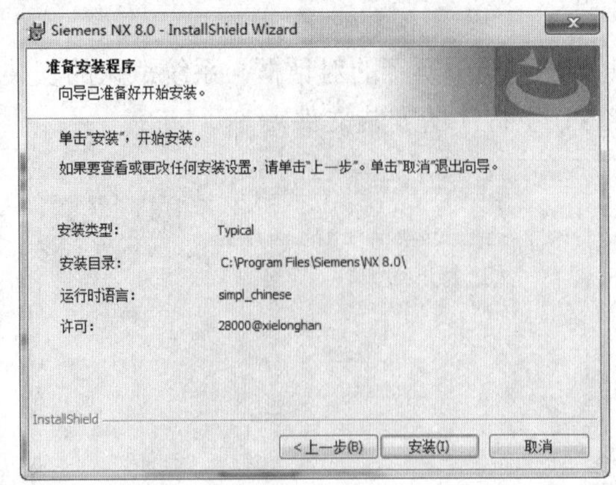

图 A-13　开始安装 NX 8.0 主程序

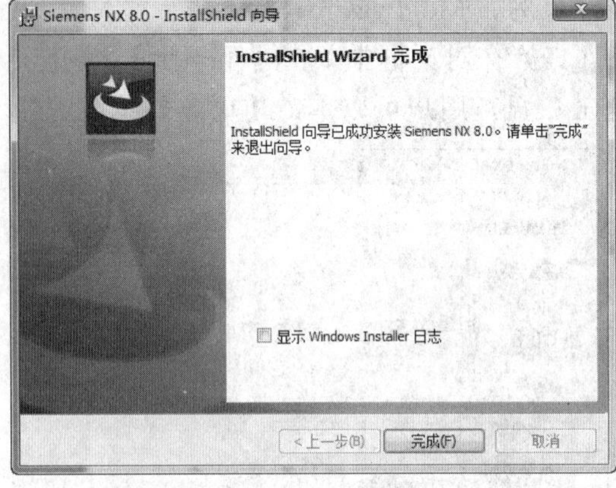

图 A-14　NX 8.0 主程序安装完成

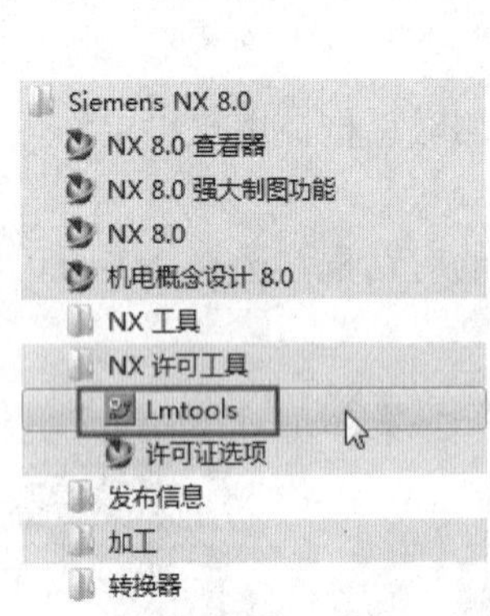

图 A-15　启动许可证服务器

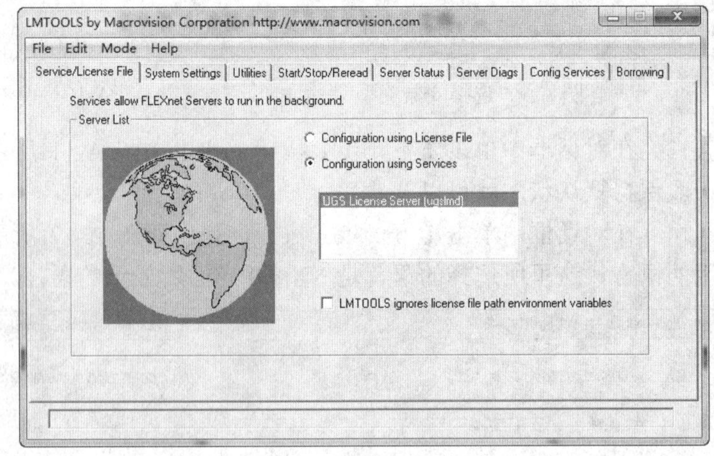

图 A-16　许可证服务器

（18）检查许可证服务器配置。在对话框中选择 Config Services 选项卡，如图 A-17 所示，检查 Service Name 中是否选定了 UGS License Server（ugslmd）。

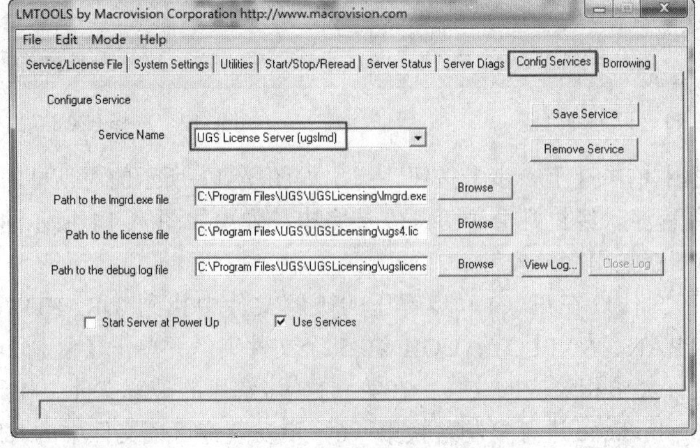

图 A-17　检查服务器的配置

（19）重启服务器。在对话框中选择 Start/Stop/Reread 选项卡，选中 Force Server Shutdown 复选框，接着单击 Stop Server 按钮，稍后单击 Start Server 按钮，重新启动服务器。

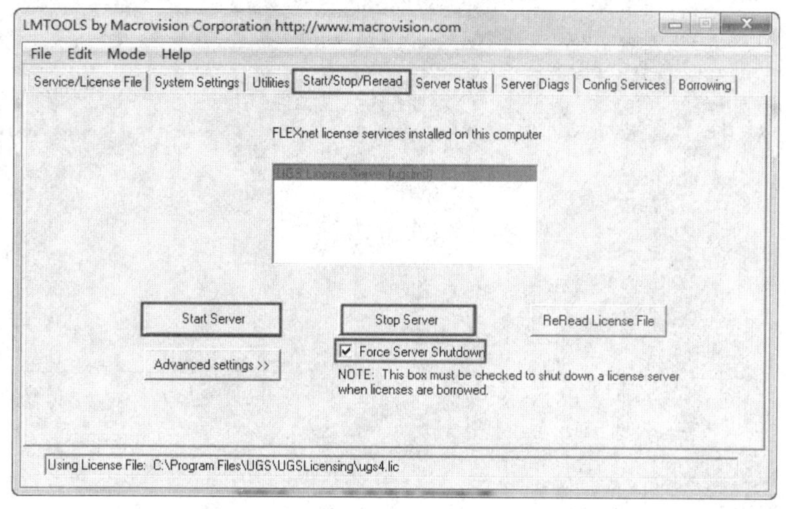

图 A-18　重启服务器

（20）启动 NX 8.0。从 Windows 的【开始】菜单中选择 NX 8.0 选项，如图 A-19 所示，启动 NX 8.0 主程序，如图 A-20 所示，从界面显示的 NX 8.0 来看，其安装成功。

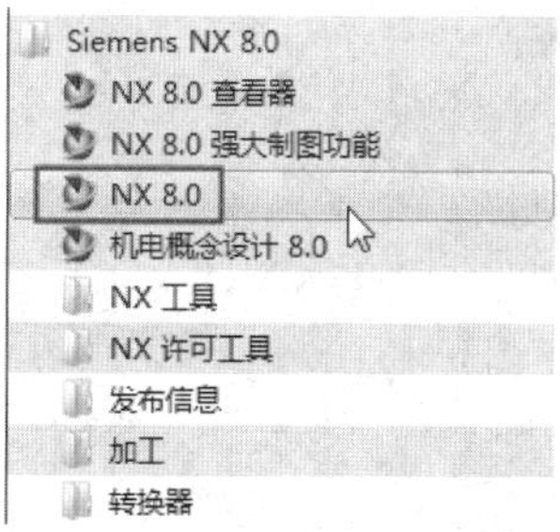

图 A-19　启动 NX 8.0

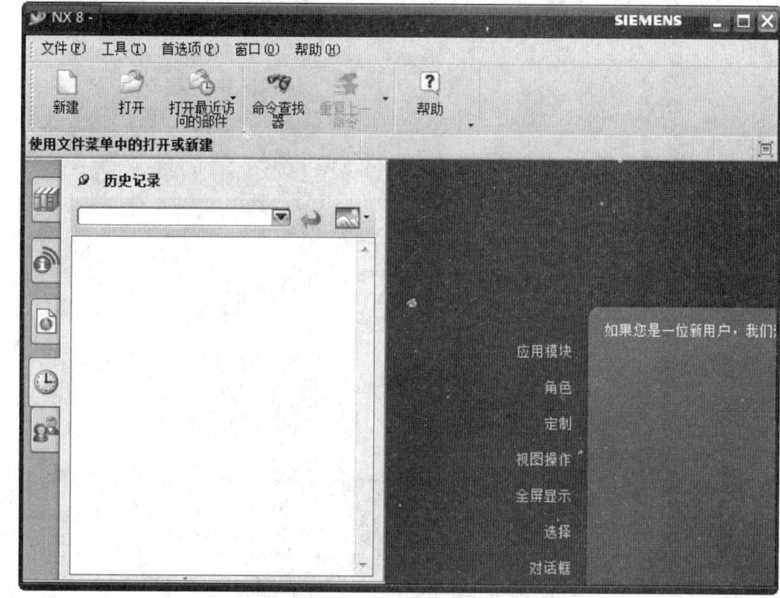

图 A-20　NX 8.0 主界面